他者

人類社会の進化

河合香吏 編

京都大学学術出版会

Otherness: The Evolution of Human Sociality
Kaori KAWAI ed.
2016
Kyoto University Press

目　次

序章　進化から「他者」を問う
　　　── 人類社会の進化史的基盤を求めて　　　　　　　　　[河合香吏] 1
1 ●「他者とともに生きる」ということ　1
2 ●「集団」，「制度」から「他者」へ ── 本書が生まれた経緯　4
3 ●インタラクションの相手としての「他者」── 本書における「他者」の立ち位置　7
4 ●「他者」を語る二つの相　9
5 ●「他者」を進化の文脈で語るということ　12
6 ●本書の構成　14

第1部　他者の諸相 ── その生成，成立，変容をめぐって

第1章　霊長類社会における承認する他者，不可解な他者
　　　　　　　　　　　　　　　　　　　　　　　　　　　[黒田末寿] 21
　　Keywords：承認する他者，不可解な他者，チンパンジー，ボノボ，平等原則，逸脱
1 ●〈他者〉を霊長類社会学に持ち込む　22
2 ●承認する他者と不可解な他者　24
3 ●初期発達過程での承認する他者の不在　26
4 ●共在の承認を求める主体と承認する他者　30
5 ●チンパンジーにおける不可解な他者　33
6 ●平等原則と不可解な他者　35
7 ●他者性を認める行為　38
8 ●逸脱から物語が始まる　39

第2章　動物は「他者」か，あるいは動物に「他者」はいるのか？
　　　　　　　　　　　　　　　　　　　　　　　　　　[中村美知夫] 43
　　Keywords：動物，チンパンジー，マハレ山塊国立公園，他者の条件，社会的な相手
1 ●他者と動物　44
2 ●「他者」とは？　44

3 ● 人間にとってどんな相手が他者か　46
4 ● 動物にとってどんな相手が他者か　50
5 ● チンパンジーにとっての他者　51
6 ● チンパンジー以外では？　58
7 ● 結論に代えて ── 「他者」を進化史的に理解するには　60

第3章　他者が立ち現れるとき　　　　　　　　　　　　　［曽我　亨］65
　　　　　　Keywords：相互作用，三項関係，巻き込み，他者の感知，参照基準
1 ● 得体の知れぬ「他者性」の感知　66
2 ● 他者を「理解」する　67
3 ● 三項関係と他者　72
4 ● 参照基準と他者　80
5 ● 他者を感知する三つの仕組み　84

第4章　「拒否できる他者」の出現
　　　── 人間社会への移行における不可避の条件　　　　　［北村光二］87
　　　　　　Keywords：相互行為システム，コミュニケーション，拒否できる他者，循環
　　　　　　　　　　　的過程，社会の秩序
1 ● 相互行為システムのコミュニケーション　88
2 ● 人間以前の社会における相互行為システム　89
3 ● 人間社会への進化　93
4 ● 人間の原初的な社会における秩序の形　102

第5章　共感と社会の進化
　　　── 他者理解の人類史　　　　　　　　　　　　　　［早木仁成］107
　　　　　　Keywords：同調，共感，認知，共進化，重層社会，私たち性
1 ● 他者と同調する　108
2 ● 自己と他者の生成　110
3 ● 集団の中で他者となじむ　112
4 ● 人類集団の進化　114
5 ●〈私たち〉の生成　118

第 2 部　他者と他集団 ── いかに関わりあう相手か

第 6 章　続・アルファオスとは「誰のこと」か？
　　　　　── チンパンジー社会における「他者」のあらわれ　　[西江仁徳]　125

　　Keywords：剥き出しの他者，制度的他者，相互認知 / 行為の構え / よどみ，認知的強靭さ

1 ●「他者」──「制度」を可能にする / 召喚するものとして　127
2 ●事件の背景と顚末 ── アルファオスの「失踪」とその後の「不安定感」　129
3 ●最初の「ニアミス」── ファナナの接近と逃避　132
4 ●二度目の「ニアミス」── アロフたちの「捜索」とファナナへの「突進」　137
5 ●チンパンジー社会における「剥き出しの他者」と「認知的強靭さ」　142
6 ●「他者」の進化史的基盤 ──「剥き出しの他者」と「制度的他者」　145

第 7 章　出会われる「他者」
　　　　　── チンパンジーはいかに〈わからなさ〉と向き合うのか　[伊藤詞子]　149

　　Keywords：〈すきま〉，〈わからなさ〉，探索，集中 / 非集中，チンパンジー

1 ●〈わからなさ〉と向き合う ── ヒトの認識に還元しない「他者」論のために　150
2 ●〈わからなさ〉を探索する　151
3 ●野生の森へ ── きざしの「他者」　153
4 ●チンパンジーのやりとり　157
5 ●集中性と非集中性　164
6 ●〈わからなさ〉に寄り添う ── 語られる「他者」から出会われる「他者」へ　170

第8章　見えないよそ者の声に耳を欹てるとき
　　　── チンパンジー社会における他者　　　　　　　　　　［花村俊吉］　177

Keywords：知り合い・仲間／よそ者，他者性への対処の仕方，プロセス志向，声や痕跡を介した相互行為，離れていることの可能な社会

1 ●「よそ者」の現れとその他者性への対処の仕方　178
2 ●チンパンジーの集団間関係　179
3 ●不意に到来するよそ者の声　181
4 ●プロセス志向的／ゴール指向的な対処の仕方　191
5 ●チンパンジー社会における他者 ── 「よそ者」と「知り合い」　195

第9章　「敵を慮る」という事態の成り立ち
　　　── ドドスにとって隣接集団とはいかなる他者か　　　　［河合香吏］　207

Keywords：東アフリカ牧畜民，隣接集団間関係，共感，倫理・道徳，ともに生きる

1 ●略奪の応酬のなかの共在・共存　208
2 ●「共感」の進化的基盤　210
3 ●問題の所在 ──「敵」であるはずの隣接集団トゥルカナへの「慮り」　212
4 ●ドドスのレイディングの特徴と，隣接民族集団との関わり　214
5 ●ドドスの他者／他集団認識の成り立ち　218
6 ●隣人トゥルカナとともに生きること　221

第3部　人類における他者の表象化と存在論

第10章　他者のオントロギー
　　　── イヌイト社会の生成と維持にみる人類の社会性と倫理の基盤
　　　　　　　　　　　　　　　　　　　　　　　　　　　　　［大村敬一］　229

Keywords：他者に対する責め，「真なるイヌイト」，生業システム，所有，主体性，共食

1 ●出発点 ── レヴィナスから人類学への二つの問い　230
2 ●「真なるイヌイト」（*Inunmariktuq*）のジレンマ ── 他者に取り憑かれた主体たちの疑い　232
3 ●生業システム ── 生活世界と拡大家族集団を生成する装置　236
4 ●共食 ── 食べ物を通したジレンマの先送り　238

5 ●他者のオントロギー ── 人類の社会性と倫理の進化史的基盤　　243

第 11 章　祖霊・呪い・日常生活における他者の諸相
　　　　── ザンビア農耕民ベンバの事例から　　　　　　　［杉山祐子］　251
　　　　Keywords：関係性としての他者，ナカマ，集合的他者，祖霊，物語

1 ●他個体と他者　　252
2 ●関係性としての自己と他者，物語と集合的他者の生成　　254
3 ●ベンバの日常生活と祖霊　　256
4 ●呪い・災厄と他者　　258
5 ●集団の離合集散と他者を作る物語　　264
6 ●物語のすりあわせと集合的他者の生成　　269

第 12 章　「顔」と他者
　　　　── 顔を覆うヴェールの下のムスリム女性たち　　　　［西井凉子］　275
　　　　Keywords：ダッワ運動，受動性，ムスリム女性，顔，ヴェール

1 ●顔を覆う布　　276
2 ●ダッワ運動と女性の活動　　277
3 ●顔を覆うヴェール着用の事例から　　279
4 ●ヴェール着用者が対峙する他者　　285
5 ●顔と他者をめぐる考察　　290

第 13 章　道義と道具
　　　　── 他者論への実践的アプローチ　　　　　　　　　　［田中雅一］　295
　　　　Keywords：資源，ソーシャル・キャピタル，関わり合い，セックスワーク，
　　　　　　　　　パトロン-クライエント，名誉殺人

1 ●身内，他人，他者，よそ者　　296
2 ●道義と道具　　298
3 ●身内，他人，他者　　302
4 ●よそ者の消滅　　309

第14章　他者としての精霊
―― イバン民族誌から　　　　　　　　　　　　　　　　　　　［内堀基光］315
Keywords：精霊，霊魂，二重世界，夢見，狩猟，首狩

1 ● ほぼ絶対的にヒト（だけ）的な他者というもの ―― 他者性の度合　316
2 ● イバンの生活誌から一つのエピソード　317
3 ● 経験の語り方 ―― 霊魂と夢　318
4 ● 精霊の存在　321
5 ● 精霊は自己の鏡像としての他者である　325
6 ●「他我」としての精霊　329
7 ● 他者＝異者の展開　332

第4部　広がる他者論の地平

第15章　野生動物との距離をめぐる人類史　　　　　　　　　　　［山越　言］339
Keywords：農作物被害，人獣共通感染症，野生動物観光，スポーツ・ハンティング，馴化

1 ●「他者」としての野生動物　340
2 ● 人と野生動物との接合面　340
3 ● 人類史の中でのヒト ―― 野生動物関係の変遷　341
4 ● 近代におけるヒトと野生動物の新たな関係　343
5 ● 野生動物を観察すること　344
6 ● 類人猿観光の現実と諸問題 ―― ギニア・ボッソウ村のチンパンジー保全　350
7 ● 新たな他者としての野生動物　353

第16章　環境の他者へ
―― 平衡と共存の行動学試論　　　　　　　　　　　　　　　　［足立　薫］357
Keywords：混群，環境，コミュニケーション，種間関係，生態学

1 ● 生物学に「他者」を開く　358
2 ● 動物のコミュニケーション　358
3 ●「他者」とはだれのことか　361
4 ●「他者」の場所　368
5 ●「生態学的他者」は可能か　374

第17章　社会という「物語」
―― 分業，協同育児と他者性の進化　　　　　　　　　［竹ノ下祐二］　379
Keywords：物語，分業，協同育児，他者＝役／役者

1 ●本章における他者　380
2 ●「心の理論」と誤信念課題　381
3 ●ヒトと動物を隔てるふたつのギャップ　386
4 ●ゴリラの「育児における協働」と，ヒトの「協同育児」の対比にみられる，他者のあらわれの差違　389
5 ●他者＝役／役者の進化 ―― 協同育児と分業　395

第18章　野生のチューリング・テスト
―― 非人間の〈もの〉が他者となるとき　　　　　　　　　［床呂郁哉］　399
Keywords：人間／非人間の境界の可変性，他者Ⅰと他者Ⅱ，機械のアニミズム，野生のチューリング・テスト

1 ●非人間の他者へ　400
2 ●非人間の他者の諸相　404
3 ●チューリング・テストという補助線　409
4 ●「野生のチューリング・テスト」（広義のチューリング・テスト）　411
5 ●「他者」の再帰性・恣意性　413
6 ●なぜ人間は「非人間（人間でないもの）」を「他者化」するのか？ ―― まとめと課題　414

終章　苦悩としての他者
―― 三者関係と四面体モデル　　　　　　　　　［船曳建夫］　419
Keywords：苦悩，四面体，手紙，排他的・包括的一人称，フンボルト

1 ●これまでの議論と前置き　420
2 ●困難ではなく，苦悩としての他者　422
3 ●ムボトゥゴトゥの儀礼における，二者間関係と第三項aの不在の克服　424
4 ●「手紙」という二者間関係　429
5 ●包括的一人称と排他的一人称　433
6 ●他者という苦悩とその可能性　435

あとがき　　［河合香吏］　439

索　引　447

序章　進化から「他者」を問う
—— 人類社会の進化史的基盤を求めて

河合香吏

1 ●「他者とともに生きる」ということ

　人類は，家族，仲間，民族，国家など，大小さまざまな集団の中で「他者とともに生きる」術をもっている．一生物種としての人類[1]は，群居性を共通の基盤としつつも，その具体的なありようをさまざまに進化させてきた霊長類の一員である．人類は，そして人類以外の霊長類（以下，単に霊長類と略す）たちも，種ごとに，また同種であってもしばしば集団ごとに異なるさまざまな様態で群れ，集い，平和的に，あるいは敵対的に，またあるいは最小限のかかわりを維持したり[2]しながら，他者とともに生きている．

　他者とともに生きることに関して，人類における顕著な特徴が，重層的，多面的で，柔軟性があり，複雑に絡み合い，ときに錯綜し，そして，しばしば巨大な集団の中でそれが展開されているという点であることは，まず間違いない．これらのことはとくに近代以降に顕著であるが，人類にのみ認められるこうした多様な集団の生成と，ひとりの人間が複数の異なる集団に跨ってそれぞれの集団の構成員として生きることが可能となっていることには，おそらく言語による表象のはたらきが決定的に重要な役割を果たしている．言語もそれ自体が一つの制度であると言えるが，人類社会にはほかにも複数個体の共在・共存，すなわち人びとがともに生きるためのさまざまなルールや規範や制度といったものが生み出されてきた．われわれの生きる現代社会を例にあげれば，その最も基本的で重要なものは，ホッブズからジョン・ロック，ジャン・ジャック・ルソーへと発展的に引き継がれ，近代国民国家体制を成立させるに至らしめた社会契約という装置であろう．

　だが，言語（という制度）の成立や社会契約という装置が準備されるはるか以前から，人類はさまざまなかたちで他者とともに生きる術を進化させ，また，発展させてきた．それは，いま目の前にいる自分と同集団に属する他者に始まり，地理的に隣接して住む他集団に属する，いまは目の前にはいないが時に出会うことがあるかもしれない他者へ，さらには，おそらく言語の獲得にともなって可能となった，遠く隔たった土地に住む，ほとんど，あるいはまったく出会うことのない他者へと，

ともに生きる相手を拡大させてきた過程であったのだろう．一方，人間的な音声分節言語をもたない霊長類たちもまた，ルールや規範，慣習やコンヴェンション等と呼び得る約束ごとや決まりごと，すなわち，最大限に広い意味での制度 ── 黒田末寿の言う〈自然制度〉(黒田 1999)を含む，本書の執筆者たちが『制度 ── 人類社会の進化』(河合編 2013) という本書に先行する書物において論じてきた「原制度＝プロト制度」── の生成にともなって，それぞれに種特異的な構造をもつ集団の中で，種特異的なかたちで他者と相互にやりとりをしながら[3]，ともに生きているのだと考えるのが，本書の基本的な立場である．

　この立場についてもう少し説明を付け加える意味で，本書における他者という語の用法についてあらかじめ簡潔に述べておく．それは，後に触れるように，哲学や倫理学といった学問領域において，「個 (individual)」の発見にともなって，自己 (自我) に対する他者 (他我) という位置づけで登場した抽象的な概念としての「他者」に限定されるものではないということである．すなわち，ここでの他者とは，目に見え，手で触れられる個体なるものの自明性ないし普遍性を手掛かりにして，ある個体を当事者として注目したときの他個体という意味での他者を考えるということである．さらに，そうした「他者」＝「他個体」は同種他個体に限らず，ある個体に働きかけ，その個体に行為選択を迫る何らかの存在者として広く捉えられるということ，すなわち，他者が異種の他個体であったり，あるいは環境やもの (非生物) であったりする場合までも，本書においては取りあげることとなる．また，同じ他個体という範疇にあっても，それが他者として現れたり現れなかったりする生成機序や，他者としてのありようは，関係や状況や文脈によってさまざまに異なるであろう．そのような広範かつ可変的な他者との社会的インタラクション (相互作用，相互行為)[4]のありかたを材料に，あくまでも具体性にこだわって，他者とともに生きることについての考察を深めたい．

　こうした立場は，同じく本書に先行する『集団 ── 人類社会の進化』(河合編 2009) という書物において，人類や霊長類たちの集まりについて論じるにあたって，抽象的な「社会」なるものにいきなり (思弁的に) 接近するのではなく，その構成要素であり，基底的実在である「集団」から出発したこと，すなわち，比較的目に見えやすい実体性のある実態的な対象としての個体の集まり (まとまり) を観察し分析し議論すること，言いかえれば，「集団」なる現象の具体性に賭ける，とした路線に通じるものである．

　われわれ人類が進化の過程で獲得してきた他者とともに生きる術とは，個体と個体が「相互にやりとりする」とか「なんとかいっしょにやっていく」といったニュアンスを含んだ「社会性」とほぼ同義である．「社会性」には英語では 'sociality'

の語を当てているが，この語は「(人間・動物などの) 社会性，集団性，群居性」といった意味とともに，「社交・社交性」とも訳される点においても，われわれが扱うところの「社会性」の訳語にふさわしい．本書では，「社会性」を「同所的に他者とともに生きていくための社会的能力」といった意味で用いたいと思う．こうした「社会性」は人類以外の種にも認められるが，これがきわめて多様かつ複雑に進化したものであるという点において，人類という種そのものの成立に関わる際だった特質の一つとみなし得る．本書が目指すのは，他者なるもの，他者の現れ，あるいは他者という関係の実態についての具体的なありようを詳らかにすることを通して，人類が進化の過程で獲得してきた「社会性」の進化史的基盤の解明に向けて新たな視座を投じることである．

　他者を進化の文脈において語ることは容易ではない．社会や精神といった認知的・心理的な機構の進化的な基盤と同様に，他者も，そして「社会性」も，身体形質や物質といったかたちあるものとしての化石にはその痕跡が残りにくい．したがって，その理論的，実証的解明のためには，現生の人類の社会を対象とする研究者と現生の野生霊長類の社会を対象とする研究者による比較研究や共同討議が有効な手段となろう．本書はそうした方法論的必然性を踏まえて，現生の人類の社会を対象とした研究，現生の野生霊長類の社会を対象とした研究，およびその両者を対象とした研究によって構成されている．本書における他者の取り扱いについて，今一度，その特異性(独自性)をあえて別の言い方で言うならば，人類や霊長類における個体間のインタラクティヴな行為・行動に注目し，その中に他者の出現の淵源をみようとする経験科学である，ということになろう．他者は個に対して「いつ，いかにして現れ，いかに対峙し，関係するのか」といった，他者の生成機序や維持機構，関係のありようなどについて，状況依存的あるいは文脈依存的でインタラクティヴな側面からとらえようとする，ということである．人類学 (とくに社会文化人類学) ではインタビューやヒアリングによる言説データの収集が現地調査の主要な方法になってはいるが，本書では，人類学のもう一つの中心的な方法である観察 (人びとの行為・行動の詳細な直接観察と参与観察) をも重視し，霊長類を対象とする場合と同じ視点に立てるように，これをできる限り意識的に採用することを目指した．

　後に詳述するが，本書では，他者に関して，「異質である他者」や「異集団に属する他者」と，「同質である他者」や「同集団に属する他者」という二つの視点が区別されている．後者は，異文化／異社会としての他者を重点的にあつかってきた社会文化人類学における他者論では，意図的に採られることがあまりなかった視点かと思う．だが，本書のもととなった共同研究では霊長類学の視点や方法を前面に

出し，個体間のインタラクティヴな行為・行動に注目することを人類学においてもはっきりと打ち出そうと試みた．霊長類学者との共同研究でなければ，社会文化人類学者たちはあえてこうした視点を前面に出すことはなかったであろうし，生態人類学者においてもそれを徹底させることができなかったかもしれない．本書のもととなった共同研究「人類社会の進化史的基盤研究」の第 1 期である「集団」をテーマとした共同研究，そして，第 2 期の「制度」をテーマとした共同研究はともに，霊長類学（霊長類社会学および霊長類生態学）と人類学（生態人類学および社会文化人類学）との共同研究であった．それゆえに，とくに表象やイマジネーションなどを主たる論題としてきた社会文化人類学者も，こうしたきわめて人間的なものや現象の淵源をめぐる，霊長類的な状況下でのインタラクションを念頭に置きつつ論じる素地ができていたと言えよう．

　本書の各章では，それぞれ互いに重なりつつも異なった他者の意味領域（ないし属性）が考察されることになる．その中には，先にも述べたように，異種他個体や，環境やもの（非生物）など，ふつうの日常的な語感，あるいは人文学的な議論としての「他者」の用法をはるかに超えていくものもある．本書では「他者」の厳密な定義をしないし，それを目指そうともしない．本書が，人類を含む霊長類における他者を分析・考察の対象とすること，すなわち，言語以前，人類以外の個体にとっての他者を守備範囲に含むものである点からも，これは理論的な必然かもしれない．そこで，後に別の角度から述べることになるが，こうしたより広いさまざまな対象を含むことを認めた上で，本書における「他者」という語の用法として，原則的に「同種他個体」という動物学の語義を中心に据えておくこととする．以下，本章の諸節ではその意味において「他者」という言葉を用いる．それは他者そのものの定義を目指すためではなく，他者を見る視線の出発点と行き着く先の広がりの可能性について語るためであると言ってよい．

2 ●「集団」，「制度」から「他者」へ ── 本書が生まれた経緯

　ここでまず，本書の出自について簡潔に触れておくことにしよう．本書は前述のとおり，霊長類学と人類学，より正確に言えば，霊長類社会学，生態人類学，社会文化人類学の三つの学問分野に与する者たちによる共同研究の成果に基づいて編まれている．この共同研究は，東京外国語大学アジア・アフリカ言語文化研究所における共同研究課題（旧・共同研究プロジェクト）である「人類社会の進化史的基盤研究 (3)」と題するものであり，「他者」をテーマとして 2012 年度から 2014 年度ま

での 3 年間に 15 回の研究会（以下，他者研究会と呼ぶ）と 2 回の関連シンポジウムを開催した．共同研究のタイトルに「(3)」と番号が付されていることからもあきらかなように，これに先立って，「人類社会の進化史的基盤研究」という名を冠する共同研究には (1) と (2) があり，それぞれ「集団」と「制度」をテーマとしていた（以下，集団研究会および制度研究会と呼ぶ）．前節で触れた二つの書物はこれらの共同研究の成果として刊行されたものであり，いずれも英文書として国際出版もされており（河合編 2009；Kawai ed. 2013；河合編 2013；Kawai ed. in print），また，専用の Web ページには毎回の研究会報告等が掲載されている．詳細はこれらの刊行物等を参照していただくとして，ここでは本書の立場を理解していただく上で最小限の内容に抑えて，先行する二つの共同研究の成果について，その概要を紹介する．

①「人類社会の進化史的基盤研究 (1)」（集団研究会，2005〜2008 年度）
　集団研究会では，人類が進化の過程で獲得してきた「社会性 (sociality)」に迫るため，人類や霊長類が現実に「集まる」という，きわめて単純な，具体的事実から出発することを明確に打ち出した．これは，例えば「社会」のような，より抽象度の高い概念に還元・回収されることなく個体同士の共在・共存の具体的なありようを明らかにすることを目指したものである．主たる成果として 2 点のみ，指摘しておこう．
　第 1 点は「非構造概念」の重要性である．ここで主として着目された「非構造」の集まりとは，例えば，西アフリカのオナガザル類の混群，すなわち，異種のサルたちが混じり合って採食や移動などの行動をともにする曖昧で融通無碍な群れや，なんらかの活動に際して集まった行為遂行集団，例えば，フィリピンの海洋民が海賊行為のために村や島や民族集団すらも越えて集まった集まりなどのことである．いずれも自律的な個体による緩やかで自由な集まり，一時的であるがゆえにダイナミックな集まりであるという共通点がある．こうした集まりは，生活時間に占める割合も決して少なくない，もっと正当に評価されるべき集まりであって，集団の現実の姿とは，「構造」だけでなく，何らかの「非構造」を常に内に含んでいることを積極的に評価しようとしたものである．
　第 2 の点は，われわれ人類が獲得した表象能力に関連する．われわれは目の前にいない不可視の相手をも仲間として，あるいは敵として認識する能力をもっている．それは，目の前，すなわち「いま，ここ」を越えた認識を可能にする言語表象能力を獲得したことによってより広域に広がるものとなったと言ってよい．ここでは，前者（仲間）は「われわれ」なるものの表象作用によって可能になっているものであり，例えば父系出自集団などの文化範疇や民族や国家などへの帰属意識＝アイデ

ンティティに裏づけられている．そこでは「われわれ意識」を共有するが，現実的にはその構成員たちは互いに顔見知りでないということがごく普通にある．それは後者（敵）を語る際に，「〇〇父系出自集団」とか「〇〇民族」とか「〇〇国民」といった言語表象によってそのイメージが強固になるような事態と相同のものであり，人類に特有な集団のありかたである．言うまでもなく，言語は人類が獲得した最も特徴的な制度の一つであるから，こうした表象能力による括り方は，人類における集団が制度による束ねであることをよく示している．こうして個体同士の共在・共存のための原則や力学の問題は，次なる制度研究会に引き継がれていった．

②「人類社会の進化史的基盤研究（2）」（制度研究会，2009～2011年度）
　集団にはそれを成立させ，維持するための何らかの原則ないし力学がある．逆に言えば，現実に複数の個体が集団を成して暮らしているということ自体，そこには複数個体が共在・共存するための何らかの原則ないし力学があることを示していると言えよう．われわれはそこに「制度」の起原やその萌芽をみようとした．
　人間の生活世界では，その隅々にまで，さまざまな制度が，あるときは明示的な法的規制として，あるときは半明示的な道徳律として，あるときはより暗黙的なコンヴェンション（因習，習律）として，浸透している．これらの制度は，言語によって媒介，構築されていることは確かであるし，通常の社会科学の制度論はこの前提に立つ．だが，われわれの射程はこうした通常の前提の奥にある進化史的な基盤に及ぶ．言語そのものも人類が構築してきた「制度」の一つであるから，言語を前提にした制度論では，その進化史的な基盤には迫れない．同時に言語を前提にしないことで，次のような問いも立てられる．すなわち，言語に媒介された制度ですら，その基盤には，言語的に表示されていない，あるいはされ得ない原理があるのではないか．それは個体間の関係を律する行動原理であり，人類以外の霊長類の社会に視野を広げてみて初めて理解されるような「原制度＝プロト制度」というべきものである．こうした部分に目を向けない限り，真の意味で人類社会の進化を視野に収めた制度理解とはならないであろう．
　制度研究会で得られた成果は次の3点に集約できる．(1)制度の最も原初的な形態を考えるとき，超越的な存在（神でも法でも何でもよい），すなわち外在的な第三項の存在を想定する必然性はない，(2)法的制度，とりわけ近代法には不可欠な刑罰の有無を制度生成の条件とする必然性はない，(3)制度の進化の過程では，行動レベルで発現するコンヴェンションが決定的に重要なものになると考えられる．以上の3点から捉えたとき，制度は大型類人猿段階ですでにその萌芽が，原制度＝プロト制度というかたちで現れており，その生成において，人間的な音声分節言語の

有無が制度生成の決定要因であると考える必然性はないと言えるのではないか．そして，現在のわれわれ人類もまた，不断に繰り返される日常的な相互行為の連続の中で，原制度＝プロト制度から受け継ぐ慣習的な行為・実践の束ねを，制度の中核としながら生きているのである．

　制度を具現化するのは，まずは集団内の各個体の行為・行動である．個の行為・行動があり，それが他者の行為・行動に接続し，さまざまな社会現象が生じてゆく．集団にせよ，制度にせよ，そこでは他者とともに生きることが前提となっていた．そこで，他者なるものが立ち現れる生成機序，あるいは種や地域によるその現れの多様性や共通性から人類の「社会性」の進化史的基盤に迫ると同時に，そこから集団や制度なる現象を再度捉え直すため，次なるテーマとして「他者」が選ばれたのである．ただ，振り返ってみれば，「集団」から「制度」，そして「他者」へとテーマを進めてきた過程は，ある意味では，遠回りをしてきたように映るかもしれない，とも思う．つまり「集団」から直接「他者」へと連結させてもよかったのではないか，ということである．それも一つの方法であったかもしれないが，「制度」をあいだに入れるという迂回をしてきたことが，人類の「社会性」についての進化史的基盤の理解をより深みの増したものにしたことも，また確かだと思われるのである．

3 ●インタラクションの相手としての「他者」
── 本書における「他者」の立ち位置

　あえて繰り返すが，本書は他者という言葉で示される事柄をてがかりに，人類が進化の過程で獲得してきた「社会性」に迫ろうとするものである．その視座は，上記のとおり，霊長類学と人類学の共同研究の成果に基づいたものである．したがって，本書が取り組む「他者」は，哲学や倫理学といった学問領域で主として展開される思弁の対象とは異なる立ち位置をもつ．それは，霊長類学と人類学という経験科学に基づく，社会的インタラクションの相手としての他者という現実的で具体的な文脈あるいは状況における個体ないし個体の集まりとして現出する他者である．そして，そうであるならば，自己もまた，そうした現実的で具体的な文脈や状況において他者とともに現出する個体や個体の集まりであることになる．

　他者という日本語は，その定義が必ずしも明白ではなく，また使われる文脈も幅広い．「他者」が哲学や倫理学の学術用語としての概念語である（しかも比較的新しい概念である）ことは間違いないが，日常的な文脈では「（任意の個人からみた）自分以外の人」といった意味で使われることもある．この点では「他人」に似るが，例

えば自分の家族や親族は他者（＝自分以外の人）ではあるが他人ではないというように，そのあいだにおいては指示対象の範囲に明らかな違いがある．試みに，独特の語義解釈で名高い『新明解国語辞典』（三省堂）を開いてみた．驚くべきことに，第4版（1997年）には「他者」という項目が無い[5]．1997年時点では，「他者」は一般的な日本語ではなかったというのか．そんなはずはないだろう．そこで，次に『広辞苑（第6版/2008年）』（岩波書店）にあたってみたが，これもやや意外な結果であった．「他者」の項目はあったが，説明文は「自分以外の，ほかの者」というごく簡潔な，というよりも素っ気ないものであり，矢印で「他者性」の項目を参照するよう指示されていた．「他者性」の項目を見ると「［哲］自己（私）の意識や能力には還元できない他者のもつ特性，例えば，非対称性・超越性・外部性などを指す．自我の絶対確実性から出発した近代哲学が見失った，他者の固有性や異質性を見直した語」と哲学上の説明がされている．

　どうやら国語学ないし国語辞典的には，「他者」という言葉は市井で普通に使われる日常語とはみなされていないらしい．ほかの辞典類を手当たり次第にあたることもできようが，これ以上の語義の追究は人文学の研究史の深みに入り込むことになりかねないし，それは本書に必ずしも必要なこととは思われないため，やめておく．ともあれ，この国の日常語文脈での「他者」は，なかなかに曲者であるらしい．それは，例えば英語のother(s)や，フランス語のautres（autrui）といった，自らと異なるものを広く指す日常的単語とはずいぶん離れたところにあるようである．

　一方，そのような日常語文脈から離れたところでは，今や「他者」は，哲学や倫理学はもちろんのこと，現象学，心理学，社会学，歴史学，政治学，精神医学，脳科学，生物学，等々，数多の学問分野において，それぞれに一つの研究領域をなすほど中軸的な課題ともなっている．言うなれば，2016年現在，「他者」は学術界の流行でもある．本書もまた，そうした潮流に関わるものだとみなされるかも知れないし，それはそれでいたしかたがない．ただし，前節で述べたように，本書は10年ほど前に始まった霊長類学と人類学の共同研究「人類社会の進化史的基盤研究」の第3期にあたる他者研究会の成果論集である．つまり，「他者」は，人類の「社会性」について「集団」や「制度」といった側面から追究する過程で析出してきたテーマであって，この流行に乗ることを目指したものではないし，だからこそ，今日人類が抱えている諸問題（例えば，紛争の解決や共存[6]という課題）にも，根源的・本質的（ラディカル）に迫ることができるのではないか，と自負する．

4 ●「他者」を語る二つの相

　他者をめぐって，霊長類学と人類学との共同研究において討論を続ける中で，他者を語る視点＝他者を語る「相」の相違が浮上してきた．この相の違いこそが他者を進化の枠組みで扱うことの問題点を浮き彫りにするものであると思われる．そこで，本節では他者という言葉の用いられ方や，他者の語られ方の軸と広がりについて，相の違いという点から検討することとする．それは他者そのものというよりも他者を見る視線の可能性についての議論である．
　本書で語られる大きく二つに区別される他者，すなわち，「自集団における他者」と，「他集団の存在を前提とする他者」ないし「他集団の中の個体に注目する時の他者」は，「自己と同質の他者」と「自己と異質の他者」と言いかえることができる．前者を人類についていえば，自己（私）にとって同じ集団に属する他者，つまり家族という集団内における自己（私）にとっての父母やキョウダイといった他者や，あるいは学校のクラスや職場など，さまざまな仲間集団における他者のことである．ここでは自己も他者も，さまざまなレベルではあるが ── 広くは「日本国民」であるとか，「人類」であるとか ── 同じ母集団に帰属して「われわれ」を構成している．「われわれ」の構成員や規模に制限はない．これに対し，後者においては，他者は自己（私）とは何らかの点で別とみなされた集団に帰属する．自分の帰属する家族以外の人びとや，自分の帰属する民族集団以外の民族集団に帰属する人びとなどのことである．こうしたことからわかるように，前者と後者の違いは，他者という対象に言及する枠組みの違いであって，対象そのものの違いではない．つまり，客観的には，あるいは第三者的には，同じ者と言える他者が，前者の視点での他者にもなれば，後者の視点での他者にもなり得るのである．
　他者について語る際には，この二つの相に自覚的になる必要がある．本書においては，人類学者と霊長類学者との共同研究，すなわち人類の社会と霊長類の社会との比較という方法論的な要請から，生態人類学者も社会文化人類学者もともに「自集団における他者（上記，二つの相のうちの前者）」を主として取りあげ，あたうる限り観察可能なインタラクション，言いかえれば，フィールドで展開される日常的な実践における具体的な人びとのやりとりに寄り添い，これを詳細に描き出そうとしている．
　そもそも社会文化人類学は西洋近代にとっての異民族や異社会を筆頭に，自ら（単数／複数）にとって異なる相手を他者（異者）として研究の対象としてきた．すなわち，こうした意味での他者は，いろいろな度合いがあると思われるが，常に「自

分とは異なる者」＝「異者」であった．とくに社会文化人類学は，この学問の発生からして，自他の異質部分を強調してきた経緯がある．したがって，最も素朴なかたちでは「自文化（自社会）」対「他文化（他社会）」の比較研究を専らとし，同じ社会（集団）の中における「個」あるいは個体の問題は背景に退きがちであった．と言うよりもむしろ，研究対象の社会の中での「個」を語る前に，他文化の自文化に対する異質性がより強く表に出てくるものであった．もちろん，異質な社会を重点的に探究するという文脈において「社会性」を問題としてきたことは，個人間のインタラクティヴな関係を前面に押し出したイギリス社会人類学のマンチェスター学派を中心に，ケーススタディ・メソッドと呼ばれる研究手法が構造機能主義批判の観点からすでに1960年代に確立していたし，70年代にはトランザクション理論も活性化していた．だが，この時期以降の日本ではむしろ，アメリカ文化人類学における象徴人類学や解釈人類学が主流となっていったという経緯があり，個体（個人）レベルでのインタラクティヴな他者は20世紀の終わりになってようやく振り向かれるようになってきたのが現状であろう[7]．

　霊長類学では事情は大きく異なっている．霊長類学者にとって研究対象である霊長類は生物学的に異種であることから，人類学者にとっての「異者」よりももっと隔たっていると言ってよい．観察者としての霊長類学者（人類）は，原則的には，研究対象である霊長類との共通性を前提にできない（しない）．同時に，霊長類学者は意思や意図といった個体の内面への還元を避けようとしてきた．繰り返しになるが，他者とは，そして自己もまた，インタラクションを通じて具体的に現出するものであり，その内側（内面）を想起させる存在である必然性はない．本書の第1章黒田論文の冒頭では霊長類の社会を分析する概念として「他者」や「他者性」を持ち込む意義について検討が加えられているが，霊長類学では，そもそも「他者」や「異者」という哲学的な用語を用いることがほとんどなかったし，いっぽう複数からなる対象に向かうときには，単数の個体と個体，例えば2頭のサルなりチンパンジーなりの個体間の関係を焦点化するという視座をとってきた．「個体間関係」という用語の採用は，例えば，霊長類学者が擬人主義に陥ることを避けようとした際に，観察対象であるサルなりチンパンジーなりを行為者として，その個体（自己）の視点に立って，これに対峙する個体を他者としてみるという見方を原則的にはしてこなかったことの，いたしかたのない帰結である[8]．これは，究極的には，霊長類が自己という概念をもっている（自己認識ができる）か否かという本質的な問題にかかわるものでもあるが，現在のところ，客観的にそれを評価する確固とした方途はない．だが，それ以前に，霊長類学者は，観察対象である霊長類たちの行為・行動の詳細に徹底的に寄り添いつつ，あくまでも観察者としての立場に立って，あえ

て霊長類たちの視点から他個体を見るということをしないようにしてきたということでもある．

　したがってここにあるのは，単に言葉（用語）の問題ではない．あくまでも第三者としての「客観的」な立場から個体間関係を見てきた霊長類学者は，インタラクトしている2頭（ないし複数頭）の個体（の集まり）に対して，「自」「他」の区別から離れたところにいる．霊長類学者たちは，個体間関係をニュートラルに第三者的な立場から見てきた，という言い方が正しいとは，こうしたことである．だが，それにもかかわらず，霊長類学は対象種の「社会性」そのものを問う研究を志向してきた．したがって，霊長類学者が取りあげる他者は，原則的には「自集団における他者」（先述の二相でいう前者）になるのである．

　以上は何度も繰り返してきたように「原則的」な側面を取りあげた ── 繰り言のごとき ── 議論である．人間との共通性を前提にすることが擬人主義として批判されてきたのは確かだが，一方では，ある程度の共通性を想定しないと対象であるサルなりチンパンジーなりの「ふるまい」を社会（学）的に理解することもまた困難になるというディレンマもある．そもそも，経験的事実として，例えば，霊長類学者がフィールドにおいてサルなりチンパンジーなりを追跡しているとき，多くの場合，彼／彼女はその個体に「肩入れ」して観察しており，そちらの視点で記録していることが普通である．つまり，彼／彼女は追跡対象個体に没入ないし一体化し，いわば主体的な行為／経験者としてサルなりチンパンジーなりの行動を記載するのである．こうした状況の中，フランス・ドゥ・ヴァールのように，擬人化あるいは擬人的思考の方法論的な有用性を積極的に認めようとする欧米の霊長類学者も出てきており（ドゥ・ヴァール 2006 など多数），これは「戦略的擬人主義」とも呼ばれる．個体識別法を前提とした擬人化ないし擬人的手法はもともと1940年代に始まった日本の霊長類学の黎明期から続く，とりわけ霊長類社会学における重要な方法論であったが，行動学の伝統を基礎に置く西欧の研究者からは「科学的（生物学的）」ではないとして，認められてこなかったのである．

　他方，近年の認知科学の発展により，個体の意思や意図といった内面への還元，すなわち，個体の意思や意図が行為・行動の拠り所となるとする立場に立った研究も，主として飼育下の実験によって進められている．そこでは，人間の乳幼児や子どもと大型類人猿との比較実験などを通して，人間と霊長類の内面，すなわち認知能力の共通性や違いがさかんに議論されている．だが，これらの研究は，当事者である個体がどのような意思や意図をもっているかによって，当該の行為・行動が説明されてしまうという点から，結局は個体還元主義と言わざるを得ない．こうした視点は，一面では「他者」や「社会性」を取り扱いつつも，それ自体の理解に向か

うものではないということなのだろう．これに対し，本書では，先に述べたように，個体の行為・行動として現出する観察可能な経験的事実の詳細に徹底的に寄り添い，「他者」や「社会性」について考察する．ネオダーウィニズムと社会生物学に生態学，行動学を総合した進化生態学の理論に則った研究が圧倒的に優勢である現在の霊長類学界においては，未だはなはだ少数派ではあるものの，このような立場を，とくに霊長類社会学の一潮流と位置づけたい．

　以上のように，他者を語る相には二つがあり，本書においてはその内の「自集団における他者」を語る相が主として採用されていることを示した．その上で，人類学者も霊長類学者もフィールドにおける詳細な経験的事実に寄り添い，徹頭徹尾，思弁的な態度を排した議論によって，これに臨もうとしていることを指摘しておきたいと思う．

5 ●「他者」を進化の文脈で語るということ

　他者をめぐる社会事象の議論を進化の文脈に乗せることにはどのような意味があるのだろうか．われわれが具体的に研究対象としているのは現生の霊長類と現生の人類である．したがって，古人骨や化石を扱う古人類学や考古学のように具体的な時間的要素はここには入ってこない．だからこそ，われわれが目指すところは，人類社会の「進化」ではなく「進化史的基盤」の解明なのである．本書の大多数の章では，進化といえば当然言及されるはずのわれわれの祖先やその傍系であるアウストラロピテクスやネアンデルタールなどの古人類（化石人類）が登場しない．その理由の一つは，言うまでもなく，他者のありかたや「社会性」なるものは，古人骨や石器などとは異なり，かたちとして残りにくいものであるためである．これを突き詰めて言うと，進化を軸に考えるとは言っても，本書では他者なるものの進化的変遷や進化の段階的みちすじといった時間的（歴史的）展開を辿るわけではない．このように，あえて「時間」という軸を外さざるを得ない以上，進化に関しては，あくまでも抽象的な議論を展開するほかないということになる．だが，われわれの議論の強みはむしろここにある．と言うのも，霊長類と人類を結びつける比較の論理的基盤は進化でしかないこともまた確かであり，われわれは進化という基盤に立って霊長類と人類の「社会性」を探ろうとしている．その基盤から具体的に社会的なるものを立ち上げてゆく過程が社会生成の論理であり，集団研究会においても制度研究会においても，この論理過程をもって進化史的基盤としてきたのである．他者研究会が「集団」や「制度」の底にあるさらなる深層を掘り下げようとして企

図されたものだということは,「社会性」のより生物学的(身体的)な基礎に焦点を当てようということに他ならない.あたかも人類進化の物語のごとく歴史性・時間性を語るのではなく,人類学者も霊長類学者もともにフィールドで具体的に観察され,経験される諸々の詳細な事実から「社会性」の進化史的基盤を考えるというストイックな態度を徹底したところに,本書の方法論的な慎重さがあるのだということを,ここで強調しておきたい.

　本書の各章における他者の概念についても,すでに述べたように本書全体で厳密な定義を共有していないため,各章においていろいろな定義づけがなされているし,その広がりも大きいものとなっている.だが,このことについては,これまでに論じてきたことでほぼ整理はついていると思う.ここで,一つ付け加えるとしたら,はじめに「他者」=「同種他個体」と暫定的な定義をしたせいもあるが,霊長類においては他者は基本的に種レベルで同質的であり(同種他個体),異質的な他者(異種他個体)はあまり想定されてこなかったかのような誤解を与えてしまうかもしれないということであろうか.だが,例えばオナガザル類のサルたちにみられる混群のように,多種が同所的に存在し,ともに活動を同調させるような事態ではその限りではないので,異種他個体としての他者がいないということにはならない.あるいはまた,野生霊長類にとっては,他種であるところの捕食者や被捕食者もまた重要な他者として扱われ得る.さらに,環境やもの(非生物)についても同様に他者となり得ることはすでに述べた.こうした他者をめぐるさまざまな広がりについても,本書の各章では「例外」や「逸脱」としてしりぞけることなく,積極的かつ,きめ細かに取りあげられている.

　翻って,人類学においては,他者はそのさまざまな個別的属性が前面に出てきており,そうした属性なしの「剥き出しの他者」(本書第6章西江論文)ではあり得ない.したがって,「自」「他」の区別は出自集団や民族,国家といった,より具体的なものに回収ないし還元される.つまり,他者の問題について,とくに社会文化人類学は主として他民族や他文化や他社会の中に,あるいはそれらをとおして現れる「他性」(alterity)そのものを対象としてきたのだから,これは当然の態度ないし立場かもしれない.だが,本書は人類学と霊長類学とのあいだのこの分極的傾向をそのままに踏襲しようとするものではない.前節で述べたように,むしろこうした傾向を排すべく,共同研究での議論を踏まえて,人類学者たちもまた何らかのレベルの集団の中における他者を扱おうとしているからである.

6 ●本書の構成

　本書は，この序章に続いて4部18章を収め，最後に他者をめぐる議論をより抽象度の高い視座から論じた終章によって結びとする．以下，各部，各章について簡潔に紹介する．

第1部　他者の諸相 ── その生成，成立，変容をめぐって

　第1部は霊長類学と人類学，より正確には霊長類社会学と生態人類学の分野から，本書が第2部以降で取りあげていく，他者をめぐる進化史的基盤に関する個々の事例の分析と考察にとって導入となる議論を展開した論攷を集めた．ここでは，他者（的）なるもの，他者性，他者なる関係といった社会事象が，霊長類と人類それぞれの社会集団において，いかなる過程を経て生成，成立，変容するのかについての機序（メカニズム）が問われることになる．

　具体的には，チンパンジー属2種について，主体（個体）が他個体＝他者と，承認を介して〈私たち〉なる共同体を形成する一方，他個体の逸脱によって，〈私たち〉が破綻し，逸脱者が不可解な他者となって現れる機序を論じた第1章黒田論文，「他者＝ヒト（人類にとっての同種他個体）」という前提を排除した上で，チンパンジーの事例を数多く取りあげつつ，社会性昆虫まで視野に入れて，さまざまな動物種にとっての他者なるものを網羅的に検討した第2章中村論文，コミュニケーションが発生するところには他者が常に出現するとして，その出現の機序を，参照基準によるものと相互作用や「巻き込み」によるものとに求め，他者性の感知や他者理解のありかたを論じた第3章曽我論文，霊長類社会と人類社会とに共通した「相互行為システムのコミュニケーション」という土俵の上に，どの段階でどのような他者が付け加わることによって人間社会が出現したのかをあきらかにすることを試みた第4章北村論文，人類の並外れた他者との同調能力を「共感」の生物学的（進化的）基盤とし，人類史においては認知能力と共感能力が共進化して〈私たち〉性が出現し，それが家族的ユニットを含む人類の重層社会を可能にしたとする第5章早木論文，によって構成されている．

第2部　他者と他集団 ── いかに関わりあう相手か

　第1部の議論を受け，それでは，実際の現実的な生活ないし生存の場面において，

他者やその敷衍としての他集団はどのような現れ方をするのか．第2部では，具体的な他者の現れと，それをインタラクションの相手として引き受ける存在が，個々の状況にどのように対峙し，対処するのかについて論じた論攷を集めた．すなわち，野生チンパンジーの集団を対象とした，いずれも臨場感あふれる詳細な一次データに基づく3本の論攷と，牧畜民の民族集団間関係における他集団の現れについて記述し，論述した1本の論攷をまとめた．

具体的には，チンパンジーの単位集団におけるアルファオス失踪という非日常的な状況下で，「出会っていない相手」を双方がどのように捉えているのかを詳述し，「剥き出しの他者」というチンパンジー的な他者のありようを導き出した第6章西江論文，他者の進化史的基盤は生きものが遭遇するさまざまな事象との向き合い方と連続的であるとし，他者そのものというよりも，チンパンジーが「他性」（わからなさ）といかに向き合うのかに関心の中心がおかれた第7章伊藤論文，野生チンパンジーにおいて，本来的に「敵（敵対的な関係）」であると考えられてきた他集団（ほかの単位集団）の個体の声を聴いたときの，普段とは異なるふるまいや相互行為からチンパンジーの他者（他集団）経験について考察した第8章花村論文，対象は人類の牧畜民にかわるが，第8章に連続して集団レベルの他者（他集団）をとりあげ，隣接民族集団間の敵対的/非敵対的なやりとりをもとに，複数の隣接集団の存立機構について「共感」と「相互承認」の視点から論じた第9章河合論文，によって構成されている．

第3部　人類における他者の表象化と存在論

第1部と第2部が，霊長類の社会と人類の社会の両者を対象とした論攷が混在していたのに対し，第3部では人類の社会を対象とした論攷のみを集めた．ここでは，人類に特有な言語表象を媒介とした他者の存在様態や他者との関係のありようの詳細が記述され，分析・考察されて，人類社会における他者の存在論的特徴を際立たせている．

具体的には，カナダ・イヌイト社会では，被狩猟動物が自らを食物として人間に供するとともに，人びとに「食物の分かち合い」を命じるという関係が成立しており，それが倫理の基盤となって他者の存在を保証するさまを詳述した第10章大村論文，ザンビア・ベンバ社会において，集団が構造化される局面で生じる「物語」の共有によって「現実」が構築される際の過剰性や多層性と，それに付随して現れる他者の諸相を集団の離合集散と関連づけて論じた第11章杉山論文，生物学的身体と社会関係の交点として，身体の一部でありながら強いイメージ喚起力をもつ

「顔」に着目し，南タイにおけるムスリム女性のヴェールで「顔」を覆う行為を通して，他者の存在論を展開した第 12 章西井論文，道義と道具という人びとの行為を律する二つの態度に着目し，自他関係や他者表象の揺らぎ，すなわち，近しい他者（身内）とそうでない他者（他人）が容易に入れ替わるさまに実践的アプローチから検討を加えた第 13 章田中論文，ほぼ絶対的に人類にだけ特徴的な霊魂的 / 精霊的な他者がいかにして現前するかという存在論的課題を，自己と同一平面上にあり，ほとんど同等な動作主としての資格をもって現れる他個体としての他者との対照の中に探る第 14 章内堀論文，によって構成されている．

第 4 部　広がる他者論の地平

　これまでの各部，各章で扱われてきた他者，すなわち，インタラクションの相手が，概ね同種の他個体や他個体たちであったのに対し，第 4 部では，人類とそれ以外の動物（主として野生動物）との関係を同じ地平で論じることを試みた論攷や，他者が異種の個体や個体たちであったり，さらには環境やもの（自然物や人工物）といった存在にまで拡張されたりする論攷を集め，他者論の広がりを眺望することとした．

　具体的には，ともに生物学的存在である「われわれ」ヒトとその「他者」たる野生動物に現れる両者の境界でのふるまいを，両者の物理的距離などに着目しつつ，過剰な人馴れや農作物被害，観察，観光等を例示しながらヒト－野生動物関係を読み解く第 15 章山越論文，周りの環境と「そこそこ」上手くつきあって生きることを普遍的な特質とする生きものの環境との相互作用の検討を通して，他者を正面から扱うことのない生物学に，他者へ開かれる様相が存在し得る可能性を探究した第 16 章足立論文，ゴリラの育児における協働とヒトの協同育児を比較し，大型類人猿が現実世界から自己の物語を仮構し，自他共に役を演じるのに対し，ヒトでは自他の物語を重ね合わせて「大きな物語」を共有し演じていることを論じた第 17 章竹ノ下論文，他者としての〈非人間〉の存在者（ヒト以外の動物，自然物，人工物）を仮定することにより，他者の外延の拡張という現象を考察し，特定の社会的・文化的状況や文脈下において，それらが他者として立ち現われ得ることを論じた第 18 章床呂論文，によって構成されている．

　本書では最後に終章をおくが，ここでは「他者」の発生ないし発見の場である西欧近代の哲学や倫理学の視点を無視することなくこれにも触れながら，「他者」をめぐる本書の議論についてモデル化を試みた船曳論文を位置づけた．船曳のモデル

は，あるいは数学的と言ってもよいほど抽象度の高いものである．あくまで観察される生物学的事象や日常的な実践を基礎に議論しつつも，他の学問領域，特に哲学や倫理学といった領域での議論に噛み合うようにするには，むしろ大胆な抽象化が必要だと考えた所以である．

別の言い方をすれば，アカデミズムの流行に追われることなく，しかし，今世紀の人類にとって最大の課題とも言える「他者」の問題について根源的・本質的に迫るには，緻密で慎重な観察・経験的なアプローチと，大胆な理論化のあいだを行きつ戻りつすることが不可欠である，というのが本書の根本的な立ち位置である．したがって，本書では各章ごとに提示される事例は幅広く，キー概念も多岐にわたる．しかし，本序章で整理したように，方法論としても認識論としてもこれらは一つに収斂されるとみなせよう．

われわれの次なる目標，すなわち，他者研究会に続く「人類社会の進化史的基盤研究 (4)」のテーマは —— 終章でも「極限」として触れられるが ——「生存・環境・極限」であり，2015 年度より共同研究が始まっている．それは，「集団」，「制度」，「他者」のすべてに通奏低音としてあった「環境」と，そこでの「生存」を意識化し，その「極限」的な局面を詳らかにする試みである．「生存」はまずは生物学的／生態学的に捉え得るが，人類を含む霊長類が他者とともに生きる以上，そこには社会的な要素が存在し，それ故にその方法（生存戦略）は，非決定論的で可変的でコミュニケーショナルなものとなる．この点を焦点化することにより，人類の「社会性」の進化史的基盤の解明に向けた新たな視座を切り開いてゆくことを目指している．

注

1) 本章では，とくにことわりがない限り，「人類」とは現生人類を指すこととする．
2) 例えば単独性の高い種における交尾期のみの接触など．
3) ここでは「種特異的」と断定した言い方をしているが，現実には同種であっても集団によって社会構造や社会的行動（他者とのやりとり）のしかたが異なる場合が少なからずあることを断っておきたい．
4)「インタラクション」の語義や用いられ方については木村 (2010) に詳しい．
5) 手元にあった『新明解国語辞典・第 4 版 (1997 年)』には「他者」の項目がなかったが，後に調べたところ，翌年の 1998 年に改定された第 5 版にはこの項目が載っていた．説明文は「なんらかの意味で自分と対立する存在として考えられる自分以外の人．第三者」とあった．相変わらずの独特の語義解釈である．
6) ここでは，人間同士の共存に限らず，人間と動物との共存，人間と環境との共存など，「共存」の概念を広く捉える．これにともない，現代的な問題として，絶滅危惧種や環境破壊

などの問題群がここに含まれてくる．
7）詳細は船曳（1997）を参照．
8）ただし，本書第1章黒田論文，第16章足立論文が採用しているように，「主体」という用語が行為・行動の当事者として用いられることはある．

参照文献

ドゥ・ヴァール，F（2006）『チンパンジーの政治学 ── 猿の権力と性』（西田利貞訳）産経新聞出版．
船曳建夫（1997）「序　Communal と Social，そして親密性」『岩波講座文化人類学第4巻・個からする社会展望』岩波書店，1-24頁．
河合香吏編（2009）『集団 ── 人類社会の進化』京都大学学術出版会．
──（2013）『制度 ── 人類社会の進化』京都大学学術出版会．
Kawai, K (ed) (2013) *Groups: The Evolution of Human Sociality*. Trans Pacific Press and Kyoto University Press.
──（in print）*Practices, Conventions and Institutions: The Evolution of Human Sociality*. Trans Pacific Press and Kyoto University Press.
木村大治（2010）「インタラクションと相対図式」木村大治・中村美知夫・高梨克也編『インタラクションの境界と接続 ── サル・人・会話研究から』昭和堂，3-18頁．
黒田末寿（1999）『人類進化再考 ── 社会生成の考古学』以文社．

第 1 部

他者の諸相 ── その生成，成立，変容をめぐって

第1章 霊長類社会における承認する他者，不可解な他者

黒田末寿

❖ Keywords ❖

承認する他者，不可解な他者，チンパンジー，ボノボ，平等原則，逸脱

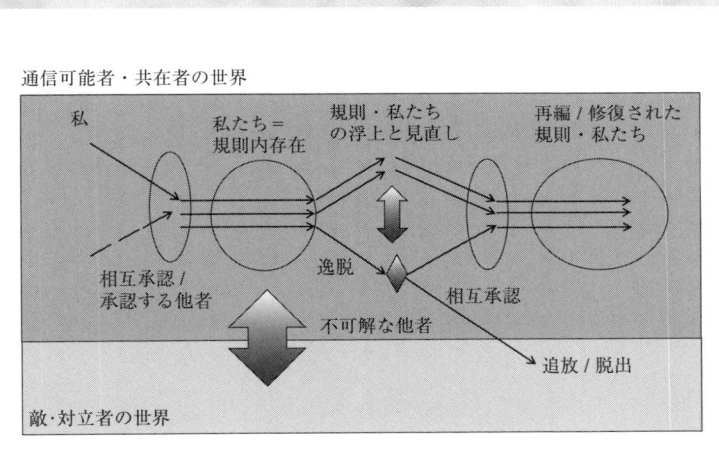

　主体は他個体と相互承認するか承認する他者に受け入れられて〈私たち〉（共同体ないし行為遂行集団）を形成する．逸脱によって〈私たち〉が破綻すると規則と〈私たち〉の外延が意識化され，逸脱者が不可解な他者となって現れる．主体は他者性が前面化した他者を前に彼／彼女を追放するか，規則と〈私たち〉の修復／再編を選択する．この過程は霊長類の遊び，チンパンジー属の同盟の形成や移籍個体の編入などに適合するが，チンパンジー属では，規則と〈私たち〉を変化させるような再編はほとんど生じない．これに対し，人間社会では規則と〈私たち〉の再編がしばしば生じる．つまり不可解な他者は〈私たち〉の世界の更新を迫る者となる．

1 ●〈他者〉を霊長類社会学に持ち込む

　ヒト以外の霊長類の社会を分析する概念として〈他者〉ないし〈他者性〉(本書序章を参照)を持ち込むことに意義があるだろうか.

　人間の存立は個人だけでは不可能である. にもかかわらず, デカルト以来の近代哲学は自我を出発点にする独我論に立ったため, 論理的に他の主体の存在を扱えない. 哲学においてはこのような反省から〈他者〉(以下括弧を省略)の概念が導入された(中山 2007). また, 心理学や社会学では, 個人のアイデンティティや規範は, 主体が生まれ出た共同体の文化を体現する周囲の人々との交渉によって獲得されると考えられてきた(エリクソン 1973；ミード 1991). この文脈における他者は, 個人が共同体の一員として社会化していくことを導く存在である. したがって, これらの分野で使用される他者は, 自我・アイデンティティ・規範などとセットになった概念であり, 言語をもたず, 自我をもつか否かを明瞭に示す方法が確立していない霊長類を相手にこれを持ち込むのは無謀に見える.

　しかし一方で, 霊長類社会学は人間の社会学・人類学の概念を仮説的に適用することで開始され, 発展してきた(伊谷 1987). また, 人間社会にのみ見られる制度にしても, 規則や規範の条件を少しゆるめれば, 霊長類社会, とくにチンパンジー属(チンパンジーとボノボ)という人間に最も近い類人猿2種の社会との対比で, 人間社会の制度を成立させる進化史的な基盤を検討することが可能になる(黒田 1999, 2013；西江 2013). こういうことが可能になるのは, 社会のオリジンが社会学者や哲学者が考えているよりはるかに古く, 類人猿の社会構造の基本が人間社会のそれと共通するからである. 伊谷純一郎(1987)は, ジャン＝ジャック・ルソーの『人間不平等起源論』と彼の霊長類社会の共存論をつなぐ試みで, ルソーがいう孤独かつ自由な「自然人」以前に社会があったこと, つまり, 孤独かつ自由な「自然人」は存在したことがなく, 人間社会の始まりの議論は類人猿の社会を受け継いだところから始めなければならないとした. この主張は, 人間に近縁なチンパンジー属の社会は平等原則が卓越する社会というだけでなく, 個体が社会的ステータスに合わせて平等原則を体現するよう振る舞う能力＝社会意識をもつこと(黒田 1999)によっていっそう支持される. 類人猿社会に人間社会の特性の原型や変型を見いだすのは,「原型探しゲーム」ではなく, 人間社会の進化史的基盤を発掘し, 相対化することでより深い理解を求める作業である.

　他者問題は, 人間が成長し生きていく上で関与せざるを得ない他の人々や社会との関わりから生じる. そうであるなら, 他者との共在にともなう喜びと苦悩も人間

の社会から始まったとは限らない．例えば，西田利貞 (1981) はチンパンジーについてつぎのような観察をしている．チンパンジーの雄はしばしば発情した雌とともに集団を離れて配偶関係を続けようとするが，雌は必ずしも雄の言いなりになるわけでなく，雄は雌についてこさせるのに際限なく気を遣う．また，順位争いの旗色が悪くなったアルファー雄が，挑戦者がベッドに休んだあとも 1 頭で暗い森の中を歩み続け，谷川の水を 2 度飲み（滅多にない行動だった），ため息をついて，なおも低い声を漏らして，やっとベッドを作って休んだという観察もしている．これらをたんなる人間との表層的類似に過ぎないと片付けることができるだろうか．

　むろん，自我を明証できない霊長類を対象に議論するときは，他者が本来もつ哲学的な意味合いや心理学・社会学の意味からずれざるをえず，議論するのは正確には〈他者的なるもの〉である．それでもこのような試みは，他者を産出する進化史的・社会的基盤，そして他者という存在に対する対処の仕方について，その起源も含めて理解を進めると考えられる（本書第 1, 2 部参照）．

　本書に先行する 2 冊の本の一つ，『集団』の中で，私は，チンパンジー属の共存原理である平等原則による集団は不安定であること，多数個体が集まると興奮状態に陥る集団的興奮（非構造相）がその困難さを解消する共存維持機構であると論じた（黒田 2009）．また，もう一方の『制度』の中では，平等原則が逸脱を生じやすい機構であること，逸脱がそれまでしたがっていた規則やコンベンションを意識化する重要な契機であることを指摘し，また，共存機構としての制度の発生をチンパンジー属社会の中に探るとき，集団的興奮がそのベースのひとつになる可能性を示した（黒田 2013）．本章でもチンパンジー属の社会を中心にして，他者の現れを探るが，そこから明らかにできることは，平等原則とそれを裏から支える父系型社会構造が，〈他者性〉をともなう他者の出現に深く関連することである．伊谷 (1987) は（必ずしも研究者間で同意を得ていないとはいえ），この社会構造と共存原理を人間社会の基本構造と考えている．そうであるなら，他者性（レヴィナス，後述）をともなう他者の出現は，この構造と共存システムの系譜を特徴付けるものということができる．これが霊長類社会学に他者という概念を持ち込むことのひとつの解答になるだろう．

　霊長類社会学そのものにとっては，この試みは別の意味ももつ．それは，他者に迫るには観察対象個体の立場にたった，他個体との交渉の詳細な観察と分析が必要になることによる．霊長類相手でなくてもいえることだが，インテンシヴな調査を長年続けると，いやでも対象動物の行動パターンに目や耳がなじみ，観察している個体がその背後にいる他個体の気配を感じていることや，応答の間合いの長短や視線・姿勢のかすかな動きといった，振る舞いの機微が見て取れるようになるし，そ

の意味が推測できるようになる．こういうデータには，行動自体の詳細な記述と，他個体に向ける関心の微妙な現れの2種類があるが，フォーカル・サンプリング（個体追跡）をする場合，こうした機微にふれる記録が多くなる．しかし，後者のタイプのデータは自由に書ける一般向けの本には現れても，社会関係についての学術的な論文に利用されることはほとんどない．というのも，こういうたぐいのデータは観察者の関心によって見えたり見えなかったりするし，論文にする際には，より明瞭に記述でき数値化できるデータの方が採用されるからだ．なによりも，こうした微妙で詳細なデータ（黒田 2015）を必要とするテーマはこれまでの霊長類社会学ではあまり注目されてこなかったから，少なからぬ観察者にとってそれこそが対象の霊長類をリアルに感じる源泉であるにもかかわらず，データの多くは眠らせるしかなかった．

他者を霊長類社会学に持ち込む試みは，この眠れる精に舞台を用意する（本書第6，7，8章参照）．さらに，観察者の個別性に依拠するデータの質から，その表現は既成の形式に収まらず工夫を余儀なくされる．いわばこの精を踊らせるには，観察者が振り付けを工夫し，観客に主題が伝わるようアレンジしなければならない．このように他者を霊長類社会に導入する試みから，霊長類社会を記述する新しい方法が出現する可能性が期待できる．

2 ●承認する他者と不可解な他者

霊長類社会に適用するために，他者概念の本来の用法と矛盾しない程度の簡略化をおこない，そこから霊長類社会学として議論がどのように拡がりうるかを検討する．他者概念は分野と哲学者・研究者によって内容がかなり異なるが，対立的のように見えるふたつの他者概念だけを対象にして考える．

一方の他者は，主体の自己形成やアイデンティティ形成は他者との相互関係の中でおこなわれるとする E. H. エリクソン（1973）や G. H. ミード（1991）から引き出そう．エリクソンは，自己形成にとっても心的外傷からの回復にとっても今の自己を他者から承認されることが不可欠であるという．また，ミードによれば，他者を自己内に取り込むことによって社会化していくが，それは他者による承認/不承認によって方向づけられる．この発達論的自他関係からとらえる他者を〈承認する他者〉と名づけておく．

承認する他者の概念は，主体の中に承認されたい欲求，被承認欲求がなければなりたたない．発達論の枠内にとどまれば，被承認欲求—承認/不承認の対は子ども

とおとな（とりわけ保護者）の関係になり，この承認は「存在そのものの受容」や「アイデンティティの承認」（エリクソン 1973）の意味合いが強くなるが，ここではそれに限定しないでより広くとらえる．例えば，社会の中で承認機能が特権化すれば権力になるし，対等者同士の連帯のように対称的で相互的に承認する他者になることも，また，黙認という形の消極的な承認も，承認する他者のスペクトラムに入れる．もし，承認が社会集団の規矩にそっておこなわれるとすれば，その承認 / 不承認は，伊谷純一郎 (1987) が霊長類の社会構造の形成に関わる行為として重視した〈許す / 許さぬ〉の二分律に重なる．

　他方の他者は，他者性を前面に出したレヴィナスの他者（本書第 10 章大村論文参照）を参考にする．この他者は他なる我，他我であるが，私が自分をわかっているようにはわかることが決してできない，「つねに私の理解を超えてあふれでる存在」（中山 2007）である．しかし，レヴィナスは「私に対する他者のこの〈抵抗〉（＝他者性）は，私に暴力を振るうものでも否定的にふるまうものではない」という．つまりは，この他者は，私が把握しきれない不可解な部分を抱えながら私と共在する者ということになるが，それだけのことではない．私が共在を求め理解しようとするゆえにこの不可解さを棚上げできない，あるいは理解したと思うがゆえに相手がなおも私の理解を超えてあふれ出てしまう存在とわかるのだろうから，承認する他者が承認を求める主体との対で出現したように，他者性をもった他者は，他者との共在を求める主体によって出現する．他者との共在を求めるとは，人間が社会的存在であることにほかならない．他者性をもった他者，強く他者性を意識せざるを得ない他者のことを〈不可解な他者〉と名づけておく．

　主体にとって自己とは異なる他の人は多少なりとも他者性をもっているが，それは反省的に認識するだけで，通常，私たちは，普段つきあっている相手に不可解さを見ているわけではないし，また，異文化の人間であっても交渉をめざす以上は不可解さを棚上げにして「通じること」を優先する．したがって何らかの親和的な行為のさなか，あるいは，共在者としてともにあるとき，主体にとって相手の他者性は消えている（この行為遂行集団とそれに含まれる共在集団を主体の立場で〈私たち〉と表現する：黒田 2013）．だから，不可解な他者が現れるのは，少なくともその最初は，不意のことである．自己と他者が同じ世界にいる了解のもとにあると思っていた主体にとって，つまり〈私たち〉を構成していると思っていた主体にとって，相手がそれをはみ出ていた，または，はみ出たことに気づく瞬間である．

　このように解釈すると，不可解な他者が出現するのは，主体がしたがっている共同体の価値観や行為遂行集団の相互了解の枠からはみ出る逸脱の場にほかならないことになる．主体がそれでも共在を求めれば，相手に復帰を要求するか，共在のあ

り方（ルールないしコンベンション）と〈私たち〉を問いなおさなくてはならない．後者なら，主体はそれに応じて自ら変わるか，拒否＝相手を排除するかの判断，つまり，ルールを変えて〈私たち〉を再編するか，ルールを変えずに〈私たち〉を解消ないし分裂するかの判断に立たされる（黒田 2013）．

　これらの二つの他者は異なるように見えるが，いずれも自己に関わる存在から出現するという共通性がある．それゆえ，両者が交錯して同一人物に表れることもある．また，承認する他者を拒絶すれば自己を閉ざす社会的な孤立になり，不可解な他者を拒絶すれば自己を保守の殻に閉じ込め活力を縮小することになるだろう．だから，他者性が現れた他者であっても，まずは，主体はそのことを受け入れ，向き合わなければならない．たとえば，離乳期の子どもに対する母親のように，何もかも受容してくれていた承認する他者が突如として授乳や抱擁を拒めば，子どもにとって不可解な他者に転換するだろう．だが，その他者と決別するわけにいかなければ，新たな共在のあり方を探さなければならない．この場合，不可解な他者は主体の世界を更新させる存在になる．

　さらに，上記のことをまとめてこのふたつの他者をつぎのように対比させることもできる．承認する他者は承認を求める者がもつ価値観や行為を是とする存在であるから，〈私たち〉を形成ないし維持，あるいは深める他者であり，不可解な他者は，〈私たち〉を意識化し改変の縁に立たせる他者である．

　以下では上記のような二つの他者像を踏まえて，霊長類の社会に他者を適用する試みをする．ただし，何度も述べたように他者性を緩やかにとらえ，不可解な他者も，なじみのない相手との交渉における躊躇，それまでの共同行為ないし共在が破綻した瞬間，通常には見られない行動をおこなう相手に対する特別な行為，交渉開始までに生じるギャップ等から，「他者性が現れたと推測可能な者」に拡張する．不可解な他者と関係を維持しようとすれば，主体は新たに自己の行動を変更・調整しなければならない．つまり，不可解な他者は他者性を前面に出すことによって，主体に自己の変更を迫る者とも言い換えられる．

3 ●初期発達過程での承認する他者の不在

　承認はある存在や行為を是とする行為であるが，黙認というその反対の拒絶をとおしてのみ明瞭になる形もあり，その拡がりが大きい．そこでここでは，発達過程で重要と考えられる承認する他者と共存に関して現れる承認する他者，そして承認行為の非対称性と対称性の２軸で分類して，人間の典型的な場合を押さえた上で，

霊長類に適用してみる.

　人間の発達過程で乳幼児と保護者の間に現れる最初の承認は相互の全面的受け入れであるが，そうしたものはここでは省こう．人間の初期発達で注目しておくことは，幼児が被承認の欲求を絶え間なく表し，それが発達論的な承認する他者を出現させる源であることだ．人間の乳児は 4 カ月ぐらいから母親と微笑み合い（社会的微笑：竹下 1999），声を交わすようになる．そのやりとりはほどなくして乳児が離れた母親を呼び，また，母親の呼び声に応える形に発展する．こうした乳児からの発声は承認要求で母親の応答は承認と受け取ることができる．反対に母親は，乳児からの微笑み返しや発声が母親としてのこのうえない喜びになったと語るから，乳児にその意図がなくても乳児は母親を受容し承認する他者といえる．

　1 歳を過ぎて積み木などを扱えるようになると，うまく積み重ねたことを褒められる＝行為を承認されることに喜びを表すようになり，2 歳以降には自分がつくったものやできるようになったことを「見て！　見て！」と言葉で承認を要求するようになる．このとき，達成の喜びと近しい他者に承認を求める欲求が一体として表出され，それを承認されることによって幼児の達成感と新しい試みへの意欲がいっそう高まる．

　このような承認要求は，幼児が「周りの大人の期待に沿った存在」であることの表現とその承認要求が重なっているが，大人がその評価をするには幼児の能力と眼線に合わせる必要がある．だから，これは「私の立場に立って私の達成を見なさい」という要求であり，つまりは「私の世界をあなたの世界にしなさい」という過剰ないし理不尽な要求にほかならないが，周りの人々はほとんど意識せずしてそれに応える．このやりとりを〈深い関与〉と呼ぼう．周りとの〈深い関与〉の願望は，抑制と自律性を獲得した大人ではあからさまに表明されないかもしれないが，人間の資質として引き継がれている．そうでなければ，「共在の苦悩」（本書第 10 章大村論文参照）が存在することもなく，したがって〈不可解な他者〉も現れることはないからだ．

　幼児による行為の承認要求には，それ自体に大人の期待，つまりは共同体の価値観の取り込みが入っているから，それは幼児が共同体の一員として自己を定位する行為である．それに対し，承認者である大人の方は承認 / 不承認によって彼らの価値観，文化的態度を子どもにあてはめ修正していく．もし大人の方から，承認されるべき事項の提示とともに承認 / 不承認の行為が強調されて示される場合，〈しつけ〉になり，〈教示〉になり，模範者ないし教師が生まれるだろう．一方で，親がわざわざしつけなくても振る舞いが親に似てくることもよく知られている．これは，同じものに向き合う中で子が親にアイデンティファイし，共感的関係の中でおきる

身体の同調によって獲得されると考えられる（本書第5章早木論文参照）．

　このような承認する他者を出現させる被承認の欲求は，幼児の社会化と教育を成立させるベースでもあるだけでなく，人間の表現欲，名誉欲，顕示欲といわれる社会的欲求のベースであるといえる．つまり，承認する他者は，こうした人間社会を成立させる基本的な社会的欲求と出自を一にしている．

　では，以上のような発達過程における被承認の欲求と承認する他者は，霊長類社会，とくにチンパンジーとボノボの社会で出現するのだろうか．乳幼児と母親の関係が基本的には全面的に受け入れ合う関係であるのは人間と変わらないが，じつは，その後の発達過程で被承認の欲求も承認する他者もはっきり現れることはなく，簡単なしつけや訓練のような行為もみられない．チンパンジーやボノボの母親は子どもが危険なものに近づくと，止める，抱えて逃げる，相手を攻撃する，のどれかをするだけだ．これだけで，攻撃されるかもしれない優位者や危険なものに子どもは近づかなくなるので結果的には十分なのだが，母親が，子どもが悪さをしてもたしなめず，子どもが何かに成功しても喜びを表さないのは冷淡に思えるほどである．それとセットになっているのが子どもからの被承認要求の欠如だ．これらによって，母子で「行為の結果」を共有する承認らしい行為が現れない．それは人間と人間に最も近いチンパンジーとボノボを分ける大きな心理上の分水嶺である．

　被承認要求と承認の欠如を確認できる例に，NHK（1998）の「生き物地球紀行」で放映されたビデオがある．コートジボワールのボッソウ村の森に生息するチンパンジーは，石の台とハンマーを使って堅いアブラヤシの種子を割り，中の栄養に富んだ胚乳を食べる．3.5歳頃から母親たちの使用を見ながら石を使って試行錯誤的に試みるが，時々偶然に割れるだけで，石の台とハンマーの適切な組み合わせを選び，ハンマーをほどよい力で振り下ろして上手に割れるようになるのは7歳頃になるという．ビデオは，4歳の子どもが母親の石器使いを見る様子，種子を手でたたいたり，傾いた台石の上においた種子が転がり落ちるなどの様子を映したあと，偶然にうまく割れた場面を映し出した．だが，驚いたことに，子どもは無表情にゆっくり胚乳を食べるだけで，それが視野に入っているはずのそばの母親も他のチンパンジーにも何の変化も現れず，それぞれが自己の動作を淡々と続けたのだった．

　そのケースが特別というわけではない．飼育下でチンパンジーのさまざまな課題解決能力を検査する複数の研究者に聞いても，課題を解決できたとき特別な表情や動作をしたという情報はなかった．繰り返すが，このようなとき人間の子どもなら「これでよかった？」とか「できたよ！」と，同意を求めたり，得意げな顔でそばのおとなを見る[1]．つまり，承認を求める．しかし，チンパンジーには，達成の喜びも承認の求めも現れないようなのである．したがって，承認する他者も存在しな

写真1 ●ボノボの子どもは母親に強く依存し，移動で母親に少し遅れると大声で泣く．人間の子どもに似て母親に〈深い関与〉を求める．

いことになる[2]．

　ただし，ボノボはチンパンジーと少し異なる．ボノボの乳幼児はほうっておかれると泣き叫び，保護者を呼ぶ[3]．また，子どもは樹上の行列で母親から少し遅れると，「ビービー」とうるさく悲鳴を上げる．ケアをした研究者はボノボの幼児は手がかかるが，相手の意図をくもうとするといっている．これらは人間の赤ん坊ほどではないが，〈深い関与〉の要求につながる性向である（黒田 1999）．これに比べるとチンパンジーの乳幼児はより自立的である．そして例外的だが，つぎのような観察例もある．

　4歳の雄の子ども TW がサトウキビを食べているアルファー雄の KM の正面にくっつくようにすわり，顔をのぞき込んで口元に手を伸ばし物乞いする．しばらくして KM は2度，口からサトウキビの小片を TW の手に落とす．TW は母親に駆け戻り触って，また KM に戻り物乞いする．TW は1歳ほど年上の CHT に駆け寄って触り，また KM に戻る．TW は自分でサトウキビの小切れを拾ってきて KM の前に戻って食べ，また CHT に駆け寄りすぐに KM に戻り，小片をもらう．CHT はサトウキビを食べている第2位の雄 YS に近寄ってのぞき込むが，YS は無反応．CHT はサトウキビを食べている若い雄 MN に近づいたあと，また YS の前にすわるが YS はやはり無反応．ちらっと YS を見て母親の元に戻る．TW は続けて KM から2度小片をもらう．

　CHT の反応から見て，TW は KM からサトウキビをもらったこと，ないし，もらおうとしていることを母親と CHT に知らせたと推測できる．しかし，なぜそんなことをしたのだろうか．私には TW が KM からサトウキビをもらえた喜びを母親と遊び仲間に伝えたものとしか思えない．人間の幼児でいうなら，「見て！　見て！」である．それに対する母親からの反応を認めることはできなかったので，承認する他者は現れなかったというべきだが，ボノボに被承認願望に近いものがある可能性は否定できない．

4 ●共在の承認を求める主体と承認する他者

　チンパンジー属にも観察できる承認行動として重要なのは，何らかの集団や場に参加する共在または共同の承認である．共在ないし共同の承認で非対称なものは，集団や場の主権者からの承認であり，伊谷（1987）の言葉を使えば〈許し〉である．これに対し，相互に共在を承認し合う行為をここでは相互承認と呼ぼう．実際の行為では，承認の対称性と非対称性はきれいに分けることができない場合があるが，

ここでは不問にして進める．霊長類の遊びにおける相互承認に関しては，本書第 5 章早木論文と黒田 (2013) を参照されたい．

　ここで以下の議論の前提として，簡単にチンパンジー属の社会構造を紹介しておく必要がある．チンパンジーとボノボは，いずれも数十頭から百数十頭の社会集団で生活する．この集団は雌が移出入し雄たちは生まれた集団にとどまる父系型である．しかし，両種で大きく違うところは，チンパンジーの雄たちはアルファー雄を中核にして雄集団をつくり，かつ，隣接集団と敵対するのに対し，ボノボの雄たちは雄集団を形成しないし，隣接集団と対立することはあっても平和的関係も築けることである．チンパンジーの場合，敵対する隣接集団と単独で出会えば，攻撃され殺されかねない危険性があるが，ボノボではそういうことは全く観察されていない．さらに，ボノボの雌たちは集団で雄に対抗するため，最終的な力関係は雌の方が優位になる（古市 1991；加納 1986；チンパンジーの社会については本書第 2, 6, 7, 8 章参照）．

　チンパンジーでは，挨拶と思春期後期（青年期）の雄が成年雄たちの集団に加わろうとして接近する行為，そして移籍してきた若い雌がシニア雌と関係をつくるときに，承認を求める主体と承認する他者が現れる．挨拶は，離合集散するチンパンジーたちが出会ったときに緊張を解消し関係を確認する行為と考えられている．大人雄同士の場合は，対等な形で抱き合ったりキスをするが，優位な雄に出会った雌や若者の雄は劣位の表情とあえぎ声とともに手をさしのべ，相手がそれに応じて触ることによって落ち着く．優位な雄に出会ってもこういうことをしない雌もいるので，挨拶というより優位者に対する自己顕示と関係の確認行為という解釈もある．

　チンパンジーの雄にとって，思春期は母親への追随をやめ大人の雄の仲間に入ろうとしてあがく時期である．対照的に，ボノボでは母親への追随は大人になっても継続し雄集団もないので，こういうことは生じない[4]．チンパンジーの雄は思春期に入ると，まず，大人の雌より優位になろうとして挑戦する．それがある程度成功して思春期後期に入ると，今度は，大人雄の集まりに参入する努力を始める．若者の雄は劣位者が出すあえぎ声「アッアッアッ」（パントグラント）を発しながら手をさしのべたり，おじきをしながら大人の雄たちに接近し，接触が許されるとグルーミングをして追随する．雄たちは，最初は脅したり攻撃して追い払うが，若者はそれでも接近を繰り返し，やがて大人雄たちに仲間入りを承認してもらう（Goodall 1986；早木 1991）．一方で，次節で例を挙げるが，若者の雄は順位の低い大人雄に挑戦して優位になり，大人雄の順位序列に参入していく．

　大人の雄たちが最初に若者を拒絶するのは既存の順位秩序にしたがった行為で，そこに入ってくる者を排除していると考えられる．しかし，大人雄のグループに参

第 1 章　霊長類社会における承認する他者，不可解な他者　　31

入できなければ低順位以下の状態になるばかりか，排除されたまま単独行動をしていると，敵対集団に出会えば殺されかねない．すると，若者雄にとって社会構造上適応的な行動としての選択肢は，雄集団の一員になる努力を続けることしかない．こうして拒絶されても承認を求め続ける主体が出現し，最終的に承認する他者たちが出現する．

　チンパンジーとボノボの若い雌にとっても，移籍先の集団で共在の承認を得ることが不可欠になる．最初の移籍先が気に入らなくても，いずれはどこかの集団に入らなければならない．これも他に選択肢がないのである．チンパンジーの場合，移籍してきた若い雌は，最初は，集まりのはずれにいることが多く慎重に振る舞う．こういう若い雌に対し雄や子どもは許容的で遊びや交尾に誘うが，既存の雌たちはしばしば威嚇や攻撃をする．若い雌は許容的な高順位の雄に接近して雌の攻撃を避け，また，許容的な有力な雌に追随して次第に集団の一員になってゆく．この過程でうかがえるのは，集団のメンバーになろうとする主体の努力とほとんど黙認といえる形の承認する他者たちである．

　ボノボの若い雌の場合も，移籍先の雄と子どもに歓迎され交尾と遊び相手として休む暇もないほど活発に交渉するが（黒田 1982），既存の雌の態度は必ずしもよくない．子どもは若い雌と遊んでいるのにその母親は彼女を威嚇して排除したりする．しかし，ボノボには雌同士の緊張を解消し融和する性器こすり（ホカホカ）があり，チンパンジーとは異なる様相も見られる．若い雌に対し有力な雌は概して許容的で，若い雌のホカホカの誘いに応え共在を許すことが多く，そのうちに若い雌は特定の有力な雌に追随するようになる（伊谷原一 1991）．

　観察例を挙げよう．ワンバのE1グループにやってきた若い雌アエイは雄や子どもたちと交尾と遊びを繰り返すものの，雌たちに邪険にされていたが，有力な雌ハルとホカホカを繰り返し追随するようになった．そのハルが顔をハチに刺されて小さい悲鳴を上げたとき，そばにいた他のボノボたちは全く反応しなかったが，アエイは5，6m離れた位置から駆けつけ，ハルの顔にそっと触った．いかにアエイがハルに対し注意を向けていたかがわかる．この数日後のこと，アエイが若い雄とサトウキビの奪い合いになったとき，ハルが応援に駆けつけ2頭でその雄を追い払ったのだった（黒田 1982）．ハルはアエイとの共在を承認しただけでなく，保護者ないし連合者として振る舞ったといえる．ただし，若い雌が追随する相手はしばしば変わり，子どもを産むとあからさまに特定個体に追随することはなくなる．

　これらの例は，チンパンジー属の若い雄と雌が共在の承認を求める主体になるのは，その社会構造と深く関連し他に選択肢がないことを示す．承認する他者の出現はその結果である．そうしてかなう共在の様式はかれらの社会構造のベースそのも

のであり，そこから遊離した特定の価値観のようなものが介在するわけではない．

5 ●チンパンジーにおける不可解な他者

2節で，不可解な他者が出現するのは，主体がしたがっている共同体の価値観や行為遂行集団の相互了解の枠からはみ出る逸脱の場であるとした．また，不可解な他者は主体に共在のあり方（ルールないしコンベンション）と共同体としての〈私たち〉を問いなおす存在であるとした．

この規定からすると，チンパンジーやボノボで他集団からやってくる移籍個体（若い雌）をめぐる個体関係は不可解な他者の出現の場とはならない．移籍個体は集団の既存個体にとっては見知らぬ他者であろうし，移籍個体自身にとっては参入した集団の成員すべてが見知らぬ他者ではあっても，そこでの関係はまだ相互了解や価値の共有以前の関係だからだ．したがって，どちらが攻撃されても歓迎されてもそれが意外な対応とか了解の逸脱とはいえないからである．

だが，出自集団から雌が出る過程では不可解な他者が出現しているといってもよいかもしれない．ボノボでは，7-8歳頃から娘はじょじょに社会交渉の頻度が下がって，休息時・遊動時ともに1頭だけでいる時間が多くなる．遊動集団の中心にいる母親から離れて茂みに隠れるようにしている娘を見いだすのは，隠者にも見えて不思議な気がするほどである．こうした娘を弟や年下の子どもが遊びやグルーミングに誘うことがあるが，身をひいてしまい，そして9歳頃には集団からいなくなる．しかし，出自集団の仲間にとって娘が不可解な他者となっていたとしても，だれも彼女と共在を回復しようとはせず，〈私たち〉の一員がフェードアウトしていくままにするだけである．娘のこのような出ていき方と，前節で述べたような新しい集団での活発な姿は，観察者にとっては理解に苦しむ奇妙な対比である．

移籍に関連していえば，チンパンジーの場合，新参の雌が半年から1，2年内に雄の子を出産したとき，不可解な他者が現れる可能性がある．マハレ山塊では最近は止んでいるが，かつては新参の雌が最初に生んだ子が雄の場合，雄たちがその子を殺しカニバリズムをした（中村 2012）．参入した集団で親和的関係を築いたはずの雄たちが，彼女の新生児を取り上げ殺して喰うことになれば，雄たちが不可解な他者に映ると想像しても間違いとはいえないだろう．しかし，意気消沈した母親は乳児を失ったことで発情を回復し，子殺しをした雄たちと交尾して妊娠する．そしてこの後は雄たちとより接近して行動する傾向がある．最初の雄の子を選択的に殺す原因はよくわかっていないが，2番目の子は殺されないから，雌にとっては暴力

的な不可解な他者の存在を認め，いっそうの共在を求めることで対処するのが結果的には妥当ということになる．

　チンパンジーとボノボでは，若い雄がそれまで従順にしたがっていたシニア雄に対し突然挑み，執拗に順位逆転を試みることがよく起こる．とりわけチンパンジーの場合，この順位争いはシビアでその過程において不可解な他者の出現が推測できる．なかでもジェーン・グドール (1986, 1994) が報告したゴブリンのケースは，とくにそうである．

　ゴンベストリームのカサケラ集団のフィガンは兄フェイバンと堅い同盟を組んでトップになった雄であるが，フェイバンが死んだあとも同盟者を確保しトップの座を 10 年間確保した雄である．フィガンにゴブリンという雄の子どもが追随するようになり，フィガンはグルーミングしてやるなどケアをし，ゴブリンはフィガンが誇示行動したあとでそっくり同じことをするといったことを繰り返して成長したが，14 歳の時，まだ若いにもかかわらず成年雄にチャレンジし始めた．そのやり方は，小柄なフィガンが体格の不利をカバーするためによくおこなっていた，待ち伏せや相手の上や背後から不意打ちをするもので，明らかにフィガンから学んだ戦術であった．挑まれた相手は後ろ盾のフィガンを恐れてほとんど抵抗しなかったし，抵抗してゴブリンを撃退してもゴブリンは決してくじけずに執拗に挑み続けたので，順位を年齢不相応に上げていった．そのゴブリンがとうとうフィガンに挑み，フィガンを木から落下させた．それに対し成年雄たち全員が結束してゴブリンを撃退し，大けがを負わせたが，傷が癒えるとまた，ゴブリンは執拗にフィガンたちを攻撃し，フィガンの動揺が増していくのがみてとれる中で何が原因かわからないがフィガンは姿を消してしまった．そして，ゴブリンはジョメオという年上の同盟者を得て 17 歳という異例の若さでアルファー雄になったが，激しい性格でしばしば雌や子どもも容赦なく攻撃したせいか，集団全員がゴブリンに襲いかかり大けがを負わせることが 2 度もあり，結局はそれがもとで死んでしまった．

　グドールは，ゴブリンは同盟者をつくらず 1 頭だけで最優位まで上り詰める挑戦を続けた点できわめて特殊だったといっているが，小さいときから追随してきて庇護していたゴブリンがフィガンに襲いかかったとき，フィガンにとってはゴブリンが不可解な他者に映ったにちがいない．また，何度ひどくやられても挑戦をあきらめないゴブリンにすべての成員が得体の知れない恐怖を覚えた可能性もある．そうでなければ，小柄で体力が劣るだけでなく同盟者もいないゴブリンが勝利を収めることはなかったろうと思われる．この不可解な他者に対し，雄たちは闘って排除することを試み，それが失敗すると，奇妙にも無視する方略をとった．ゴブリンが近寄るとその激しいディスプレイにもかかわらず，雄同士で一心不乱に 10 分以上も

グルーミングをして無視することを繰り返したのである（グドール 1994）．ゴブリンは最終的にはそこに飛び込んで蹴散らした．

単独の実力で最優位に立ったゴブリンだったが，年上のジョメオに接近してグルーミングや肉の分配をして同盟者を得た．これによってやっとゴブリンの緊張も和らぎ，激しいディスプレイの回数も半分になり，落ち着いてアルファー雄らしくなったし，これ以降，2頭は狩猟で得た肉を必ず分け合った．このことはチンパンジーの雄にとって同盟が相互承認であり，同盟者がいかに重要であるかを示している．また，相互承認が不可解な他者を共在者に引き戻したといえるかもしれない．しかし，それでもゴブリンは，暴君のように突然のディスプレイで容赦なく他の個体を攻撃した．最後に集団の全員がゴブリンを襲って殺したのは，彼らにとってゴブリンはもはや共在できない他者＝敵になってしまったことを意味する．

アルファー雄であったときのゴブリンは，発情を開始した母親に交尾を迫るという，もうひとつの不可解な他者の面を表している（グドール 1994）．このときゴブリンは19歳だったが，それまでに母親に対し性的欲求を見せたことはなかった．母親は無理矢理交尾しようとするゴブリンに激怒し反撃したが，ゴブリンは簡単にあきらめず，母親を踏みつけて何度も交尾しようとした．結局，母親はなんとか交尾を回避できたが，母親はゴブリンを恐れ一緒に過ごすことを避けるようになった．不可解な他者となった息子との共在を破棄するしかなかったということである．兄弟姉妹間のインセストの試みは，やはりグドールの研究地で何度か観察されているが，姉妹の方が悲鳴を上げて逃げる．他の交尾の組合せに比べ極端にまれなことなので，この場合も不可解な他者の出現といってよいだろう．グドールの研究地の雌は半分近くが思春期以降も出自集団から出ていかず，母親の元に残るので兄弟とのインセストが生じる可能性が出てくるのである．

6 ●平等原則と不可解な他者

伊谷（1987）は，霊長類が集団を形成して共存する機構に平等原則と不平等原則の2種類を認めた．不平等原則は，優劣関係を固定してそれを規矩にして共存する方法で，平等原則は，対等な形で交渉することで共存する方法，あるいは優劣関係があってもそれをないもののように対等に振る舞うことで共存する方法である．さらに，伊谷（1987）は，オナガザル上科に一般的な母系型社会集団において不平等原則が卓越している一方で，人間に近縁なチンパンジーとボノボは父系型の社会集団をもち，そこでは不平等原則による秩序に破綻をきたし平等原則が台頭している

とした.

　チンパンジーの社会集団を単純化すれば，成年雄の集団が中核にありそこに他集団出自の雌たちが加わって構成されている．雄たちは強い結束をもって隣接集団と敵対しているが，同一集団の雄同士もまた，順位が高いほど妊娠可能な雌との交尾頻度が高く，順位と雌との交尾をめぐるライバル関係にある．その中で高い順位を安定的に保つには，互いに助け助けられる雄の同盟者が不可欠になる（グドール 1994；ドゥ・ヴァール 1987；西田 1981）．

　だが，チンパンジーの雄たちの交渉を理解するにはそれだけではなく，つぎのふたつのことがより重要である．まず，チンパンジーの雄同士は基本的に対等な力量をもち，順位争いで敗れて劣位になっても，状況次第でまた上位になろうとする，打ち負かされない性格をもつ個体が少なくないこと．そして，自らの順位を上げ維持するために特別な同盟者を確保する能力をもつ一方で，いったん形成された同盟者を状況次第で裏切る能力ももっていることである．したがって，雄たちが順位秩序をつくり平穏さが保たれていても，それはパワーバランスによる一時的な仮契約のようなものでしかなく，アルファー雄は地位を維持しようとすれば，劣位者である同盟者や支持者に対し優劣の逆になるサービスでつなぎとめなければならない（ドゥ・ヴァール 1987, 1993；黒田 2009）．

　このように雄間にはっきりした順位があるといっても，それは不平等原則による安定した順位秩序とはまるで別物であり，その維持にはアルファー雄をはじめ成員の自制が必要になる．しかし，対等ないしより優位であろうとする平等原則者たちは上記のように裏切りの芽を育てている．そうしてあるとき，仮契約を破る不可解な他者として現れる．

　一方，この不安定な集団秩序を維持する別の機構も考えられる．それは，雄たちの自制の解放がコミュニタス的な集団的興奮となって集団の連帯を強化する仕組みである（黒田 2009）．とくにチンパンジーの場合，集団的興奮は敵対集団との遭遇や闘い時に強く見られる．そのときの恐怖と攻撃性の渦の中でチンパンジーの雄たちは抱き合って互いを鼓舞し，その中で彼らの対立は頼り頼られる連帯の中に解消する．このコミュニタス的状況は，仲間間で他者性が一切消滅する状態といってよい．

　不平等原則に生きるニホンザルも他集団と敵対するとき集団的に行動するが，このようなコミュニタス的な状況は生じないし，最終的にはトップの雄同士の力量で集団間の優劣が決まるから，集団間の争いの場が集団内の個体関係に何らかの影響を及ぼすことはない．チンパンジーの社会集団における他者性の消滅も不可解な他者の現れ同様に，平等原則と構造的に結びついているといえる．

写真2 ●ボノボの若い雄が雌を至近距離でのぞき込む．相手に関与をゆだねる行為と推測される．

平等原則に関してチンパンジーの雄との関連で述べてきたが，もちろん雌にも平等原則が貫いている．それは優劣原理が個体間交渉の規矩になっていないということや食物分与が見られる（黒田 1999）といったことにとどまらない．チンパンジーもボノボも雌が集団間を移籍する父系の効果は，雌が血縁から解放されることであり，また，コストを払わないといけないにしても，新しく入った集団が気に入らなければまた他の集団に移ることができる能力の獲得である．これに対して母系の霊長類では血縁が雌間の順位を決める鍵になるだけでなく，雌の血縁集団に入ってくる雄から逃れようがなく，行動の自由は格段に低くなる．要するに，父系社会の雌は母系社会の雌より行動の自由度がより高く，順位関係があったとしても個体の力量でつくるから，血縁による順位関係より自由度（流動性）が高いはずである．つまり，雌から見ると平等原則は父系社会と強くリンクしているとわかる．

7 ●他者性を認める行為

　ゴリラ，ボノボ，チンパンジーには，他個体を近くからのぞき込む行為が見られ，とりわけボノボののぞき込みは，額が相手の顔にくっつくような至近距離で数十秒にわたっておこなわれる（写真 2）．飼育下のボノボはこれを人間の研究者に対してもおこなう．それが現れる状況から研究者はこれを疑問符行動と解釈しているものの，よくわかっているとは言いがたい（Greenfield, PM からの私信）．ワンバのボノボののぞき込みでは，そのあとホカホカやグルーミングが起こることもあるが，ほとんどの場合に何も起こらず，のぞき込んだ方が静かに去る．何かが起こった場合はすべて，のぞき込まれた方がわずかに身体を動かしそれに対してのぞき込んだ方が応える形で生じている．こうした観察と，ホカホカやグルーミングを誘う場合ははっきりしたサインがともなうことからすると，何のサインもないのぞき込みは，おそらく行為そのものの選択も相手にゆだねてインタラクションを誘っているものと解釈できる（黒田 1999）．

　この解釈に沿えば，のぞき込みは，何かしたいが相手が欲していることがわからないので出方を待つ行為，あるいは，相手が望むままにまかせると主体を投げ出しているといってもよい．つまりは，相手の要望がわからないまま自己の要望を抑制し相手を受け入れるということである．それは，相手に全幅の信頼を置いているというだけでなく，相手が自己と違う独自のものをもっていると認識しているらしいことを示唆する．このようにいうのも，飼育下のボノボには世話をする研究者が要求することをじっと聞いて意図に沿おうとする態度が見られるし（サベッジ＝ラン

バウ 1993),「心の理論」問題を解くことができるからだ (NHK 2000). また野生でもつぎのような行動が見られる. グルーミングするときに一方が他方の頭の髪をつかんで 10 m 以上移動することがよくあるが, このとき引っ張られていく個体は頭を押さえられている格好になって前方がまったく見えない. それを相手にゆだねて素直についていくのである.

このような推測が当たっているとすれば, つぎのことがいえる. これまでのチンパンジーやボノボでの不可解な他者に関する議論では, 不可解な他者は逸脱者として不意に現れた. それに対する主体の対処は,(離乳期の母親というケースを除けば)結局のところそれを排斥する (行為を中止する, 関係を絶つ) 形にしかならなかった. つまり, チンパンジーやボノボに現れる不可解な他者は〈私たち〉の改変を要求する他者にはならなかった. しかし, のぞき込みが, 相手が欲していることがわからないので出方を待つ, あるいは, 相手が望むままにまかせると主体を投げ出していることなら, 相手に他者性を認め, かつ, それを受け入れるという, 他者性に対する違う態度が含まれることになる. この他者性は逸脱に現れる不可解さとは異なっているが, のぞき込みは, 他者性の承認であり, 他者に主体性をもたせようとする行為といえることになる. ほとんどの場合は相手が応えず実現しないのではっきりとは言いがたく, まだ仮説でしかないのだが.

至近距離で顔を合わせるのぞき込みのような行動は, ニホンザルなど不平等原則の種では, 劣位な方が逃げ去ってしまうのであり得ない. この他者性を現前させるようなのぞき込みも, また, 平等原則の種だからこそ可能なのである.

8 ●逸脱から物語が始まる

発達論的な承認する他者と他者性が前面に出た不可解な他者を軸にしてチンパンジー属の社会における他者の現れを見てきた.『制度』の論文では自然制度においては逸脱によって規則と規則を担う〈私たち〉が意識化され更新されると述べたが, 本論でも同じ結論になった. 不可解な他者が現われる逸脱によって, 主体と規則が問いなおされ, 世界が更新する扉が開かれる. チンパンジー属の社会にあっては, この扉は実際にはほとんど開かれることはないが, 人間社会ではしばしば大きく開く. それは既成の世界の破壊でもある. 神話も民話も逸脱から物語が始まり, 新たな秩序が顕現して終わる. 規則と逸脱をセットにしたことが, 人間社会の特性の一つといえるだろう.

注

1) さらに加えると，人間の子どもは課題の模範解答例を提示されると，ごく簡単に解答のゴールに達することがわかっていても，模範解答のプロセスを模倣すること自体に集中する (Whiten et al. 1996). 私には，これは人間の子どもは大人にアイデンティファイすることによって問題に向かうことを示しており，ここから興味深い人間の幼児・子どもの特性，例えば大人に対する従順さや保守性が説明できると思える．
2) 私は被承認欲求と達成の喜びの表出こそが類人猿社会が人間社会に転換したときの重要な要因ではないかと考えているので，これらの有無の判断は慎重にしてこのテーマに関心を払う研究者が出現して研究を進展させることを待ちたい．達成の喜びの表出に関しては，ボノボやチンパンジーでは全員が固唾を呑んで個体の行為を見つめているような場面では，その遂行や成功に対して当の本人とまわりから大歓声があがるというそれに近い現象が観察されている (ドゥ・ヴァール 1982；黒田 1982). 同様な例として杉山 (1981) は，ボッソウのチンパンジーが，手が届かないイチジクの枝を苦心の末に引き寄せてそちらに移ることができたとき，見ていた仲間から大歓声があがり，当の本人はイチジクを食べもせずに樹上を 2 分間も狂気のように走り回ったと報告している．だが，これらを達成の喜びといってよいかどうかは簡単に判断できない．ボッソウの場合でいえば，チンパンジーの雄は，果実がたわわになった大きな樹に着くとそれが労せず見つかったかどうかにかかわらず採食にかかるまで数分から 5 分以上大声を上げて騒ぐのが通常で，この騒ぎで雌たちがやってくるので，雌たちを呼んでいるという解釈があるからだ．
3) それでもほうっておかれると呼びかけや食べ物にも無反応になる (黒田 1982).
4) ボノボは形態的には成長しても上半身がチンパンジーの子どもや青年の段階にとどまる幼型化タイプで，母親への追随は行動や性向においても幼型化傾向があることを示している (黒田 1999).

参照文献

ドゥ・ヴァール，F (1987)『政治をするサル —— チンパンジーの権力と性』(西田利貞訳) どうぶつ社．
—— (1993)『仲直り戦術 —— 霊長類は平和な暮らしをどのように実現しているか』(西田利貞・榎本知郎訳) どうぶつ社．
エリクソン，EH (1973)『アイデンティティ —— 青年と危機』(岩瀬庸理訳) 金沢文庫．
古市剛史 (1991)「父系社会を牛耳るメスたち —— ピグミーチンパンジーの母権的順位構造」西田利貞・伊沢紘生・加納隆至編『サルの文化誌』平凡社，561-581 頁．
Goodall, J (1986) *The Chimpanzees of Gombe: Patterns of Behaviour*, The Belknap Press of Harvard University Press. Cambridge, MA.
グドール，J (1994)『心の窓 —— チンパンジーとの 30 年』(高崎和美・高崎浩幸・伊谷純一郎訳) どうぶつ社．
早木仁成 (1991)「青年期の終わり —— チンパンジーの若者が体得するもの」西田利貞・伊沢紘生・加納隆至編『サルの文化誌』平凡社，371-388 頁．

伊谷原一（1991）「ワカメスのアイデンティティ —— ボノボの集団間移籍をめぐって」西田利貞・伊沢紘生・加納隆至編『サルの文化誌』平凡社，523-542 頁.
伊谷純一郎（1987）『霊長類社会の進化』平凡社.
加納隆至（1986）『最後の類人猿 —— ピグミーチンパンジーの行動と生態』どうぶつ社.
黒田末寿（1982）『ピグミーチンパンジー —— 未知の類人猿』筑摩書房.
—— （1999）『人類進化再考 —— 社会生成の考古学』以文社.
—— （2009）「集団的興奮と原始戦争 —— 平等原則とは何者か」河合香吏編『集団 —— 人類社会の進化』京都大学学術出版会，255-274 頁.
—— （2013）「制度の進化的基盤」河合香吏編『制度 —— 人類社会の進化』京都大学学術出版会，389-406 頁.
—— （2015）「霊長類を観察する —— 生態的参与観察の可能性」床呂郁哉編『フィールドワークへの誘い —— 人はなぜフィールドに行くのか』東京外国語大学アジアアフリカ言語文化研究所，132-148 頁.
ミード，JH（1991）『社会的自我』（船津衛・徳川直人訳）恒星社厚生閣.
中村美知夫（2009）『チンパンジー —— ことばのない彼らが語ること』中公新書.
中山元（2007）『思考の用語辞典』筑摩書房.
西江仁徳（2013）「アルファオス」とは「誰のこと」か？ —— チンパンジー社会における「順位」の「制度的側面」河合香吏編『制度 —— 人類社会の進化』京都大学学術出版会，121-142 頁.
NHK（総合）（1998）「生きもの地球紀行 —— アフリカ・ギニアの森，親から子へ道具を伝えるチンパンジー」.
NHK（総合）（2000）「カンジとパンバニーシャ —— 天才ザルが見せた驚異の記録」.
サベッジ＝ランバウ，S（1993）『カンジ —— 言葉を持った天才ザル』（加地永都子訳）日本放送出版協会.
杉山幸丸（1981）『野生チンパンジーの社会』講談社.
竹下秀子（1999）『心とことばの初期発達 —— 霊長類の比較発達学』東京大学出版会.
Whiten, A, Custance, DM, Gomez, J-C, Teixidor, P and Bard, KA (1996) Imitative learning of artificial fruit Processing in children (*Homo sapiens*) and chimpanzees (*Pan troglodytes*), *Journal of Comparative Psychology*, 110: 3-14.

第2章 動物は「他者」か，あるいは動物に「他者」はいるのか？

中村美知夫

❖ Keywords ❖

動物，チンパンジー，マハレ山塊国立公園，他者の条件，社会的な相手

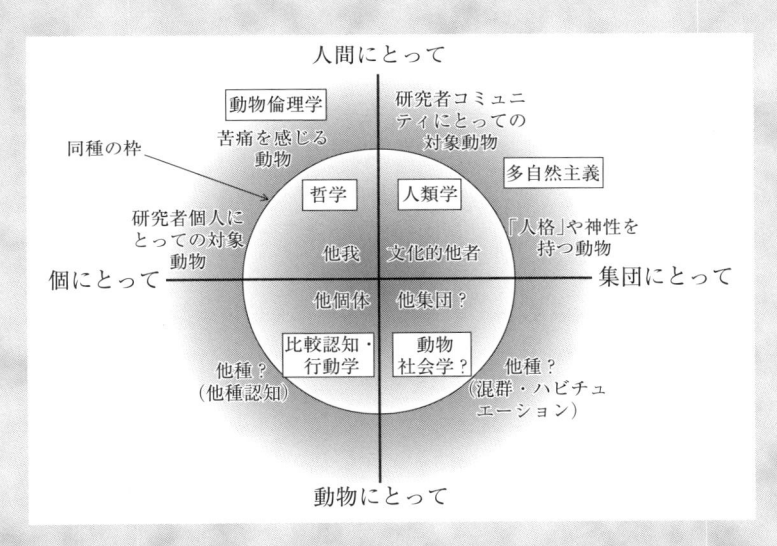

誰にとってかという基準で分けた他者の4象限．それぞれの象限で相手が同種か他種かといった区別(内側の円)もありうる．通常は，図の上半分の半円内，すなわち人間にとっての人間しか他者として議論されない．他者が人間にしかないと考えるのでないかぎり，図の下半分，および円の外側を検討する必要がある．それぞれ対応する学問分野を白い四角の中に示している．

1 ●他者と動物

　哲学や人類学などで「他者」が問題にされる際には，まず当事者双方（自己と他者）が人間である（ヒト = *Homo sapiens* という種である）ことが暗黙のうちに想定されていることが多いようだ．だが，「人類社会の進化史的基盤研究」という立場から他者を問題にするならば，そもそもヒト以外の動物が他者でありうるのか，またヒト以外の動物にとっても他者は存在しうるのかという点をまずは検討せねばならない．本章では，「他者＝ヒト」ということを前提とせずに，動物に「他者」という概念が適用できるのかを検討したい．その際，諸学問で他者概念が異なる点には十分留意しなくてはならない．

　出発点として以下のことを確認しておこう．

　私はタンザニアのマハレというところで野生チンパンジー（*Pan troglodytes*）の研究をしているが，私にとってチンパンジーは「他者」である．少なくとも私にはそう思える（中村 2009：第 7 章）．そして彼ら同士のやりとりもまた，「他者」同士の関わりであると私には思える．ここで言うチンパンジーとは一般化された「the chimpanzee」ではなく，誰それと思い浮かべることのできる具体的・個別の存在である（写真 1）．

　そしてもう一つ，人間は動物であって動物ではないという両義的な存在であるということを確認しておこう．人間（＝ヒト）は動物の一種（動物界 Animalia に属する生物種）である一方で，人間は「人間性」なるものを持っており，ゆえにたんなる動物（＝ケモノ）とは異なる，と考えられることも多い．極めて人間中心的なカテゴライズではあるのだが，以下本章で「動物」という場合には「ヒト以外の動物」を指すこととする．

2 ●「他者」とは？

　他者には二面性がある．似ているから分かるという側面と，異なるから分からないという側面である．日常的には，周りにいる他の人々と分かり合えて（分かり合えた気になって），互いに交渉が可能だ．仲良く話をしている相手が，次の瞬間に殴りかかってくるなどとは夢にも思わない．相手はそんなことをしないということが暗黙のうちに分かっているからだ．一方で，厳密に考えれば他者は「私」とは異なる．私の痛みは私だけが感じるものだし，私が見ている「赤さ」と相手が見ている

写真1 ●ンコンボという名のチンパンジーの雌 —— 彼女はチンパンジーの一個体ではあるが，マハレで研究をしている者にとっては，他のチンパンジーたちとは異なる個性を持った「ンコンボ」という具体的な他者である

「赤さ」が本当に同じ質のものなのかは原理的には分かりえないといった考え方もある．

　動物について他者を論じる上で問題になるのは，誰にとっての他者か，ということだ．他者についての議論の多くでは，人間にとっての他の人間が他者となるわけだが，そこに動物が絡んでくるとき，人間にとって動物が他者でありうるのかという問題と，動物にとって同種・他種の動物（この場合ヒトも含む）が他者でありうるのかという問題の二つをひとまず区別しておくことは有用であろう．

　もう一つ軸がある．人間にとっての他者の場合，個としての他者か集団としての他者かという区別が可能そうである．哲学における自己（自我）と他者（他我）という問題の場合，たった一人の個体が他者となりうる．一方，文化人類学などで問題となる他者は，多くの場合，自集団にとっての他集団（文化集団であれ，民族集団であれ）といった側面が強い（本章扉図参照）．

第2章　動物は「他者」か，あるいは動物に「他者」はいるのか？　　45

3 ●人間にとってどんな相手が他者か

3-1　他者の条件

まず，人間にとっての他者の条件[1]から検討しよう．その際，本章での立場は，他者となりうる対象に動物も含めて考えてみるということである．以下の括弧の中の h は human の h を示す．

　　　　条件 0(h). 「他者とは，h と同種の者である（人間である）」

先にも述べたように，これは最もありふれた —— ただし，明示的に言われることは少ない —— 前提である[2]．これを採用すると，最初から動物が排除されることになるので，ここでは検討の意味をなさない．

　　　　条件 1(h). 「他者とは，h と同様の X を持っている者である」

「私（＝自我）」とまったく同じではないが，「私」と同じような X を持っている（ように見える）存在（＝他我）．X には主体性・心・魂・理性・認知能力……などが入りうるだろう．X は通常，内面的／心的な働きであって，「私」（ひいては人間）を特徴付けるものとされることが多い．また，X は経験科学では簡単に証明できないものが多いのもミソである．

この意味でも，動物は通常他者ではない（というか議論の俎上に載らない）．動物に X は欠落しているか（デカルトの「理性」：デカルト 1953），あっても貧しい（ハイデガーの「世界／精神」：ド・フォントネ 2008 による引用）ことが前提である．現代思想などで「動物」を語る際に，こうした前提はいまだに健在であるように思える．例えば，東（2001）の「動物化」とは，「間主体的な構造が消え，各人がそれぞれ欠乏―満足の回路を閉じてしまう状態の到来」を指す．つまり動物に他者はいない．

逆に動物が「X を持っている」ことを認めれば，論理的帰結として動物は他者である．たとえば，X に「苦痛を感じる能力」を入れて動物に権利を認めるシンガー（2011）なども（裏返しではあっても）まったくこの路線と同じである．苦痛を感じる動物（＝他者）を食うとはケシカラン！という論理になる．

この種の議論は，いわゆる自我―他我問題と密接に絡んでいる．基本的には個と個の問題であって，自立した「個」[3]という近代西洋の発想が前提にあるように思われる．我思う故に我在り．「で，あんたはどう？」というわけである．

条件 2(h). 「他者とは，h の属する Y に属さない者である」

　これは，Y という何かの補集合である．自分たちとはけっして分かり合えない何者か．言語を共有していなかったり，コミュニケーションの範囲外にあったりする者たち．異文化の人たち．たとえば，Y には「日本人」・「村人」などが入れられるだろう．日本人ではないガイジンや村人ではないヨソ者などが他者となる．

　コミュニケーションの範囲外とは言っても，実際には完全にコミュニケートが不能なわけではない．たとえば日本人とガイジンはコミュニケートできるし，村人とヨソ者もまたそうである．だから，正確に言えば，コミュニケーションの仕方や頻度などが異なるということになりそうだ．この考え方は，「社会はコミュニケーションの激減域によって区切られる」(Wilson 1975) という，社会生物学における「社会」の範囲とも類似している．

　2(h) は，1(h) と違って「私」個人にとっての他者ではなく，「我々」にとっての他者という文脈で使われる．集団があることが基盤となるのかもしれない．

　この意味では，動物は他者でありうる．近年の人類学における動物論（たとえば奥野ら 2012）はこの路線にあると思われる．すなわち，人間の通常の（言語的）コミュニケーション圏外にある人間以外の存在（＝非人間）を取り上げようとしているようだ．

　こうしたコミュニケーション範囲外の者たち（たとえば，古代ギリシアにおける「ヘレネー（＝ギリシア人）」に対する「バルバロス[4]」）は，そもそも「他者」ですらなかったのかもしれない．ただし，かつて他者ですらなかった野蛮人や異人が他者に昇格したことを考えれば，動物は現在この段階（他者ですらない状態から他者に移行する中間段階）にあるとも言える．人間は自分自身のアイデンティティを問う際に，つねに「我々ではない」他者を必要とするのかもしれない．

　ただ，私たちは 1(h) に付随する「近代的な個」やその内部にある何か，そして 2(h) に付随する集団の全体をいちいち想定しながら他者と面しているわけではない．もっと日常に即した条件はないか．

条件 3(h). 「他者とは，h と社会的にインタラクト可能な相手である[5]」

ここには以下の二つが含まれうる．

条件 3(h)-1. 「他者とは，実際に h と社会的にインタラクトする（した）相手である」

条件 3(h)-2. 「他者とは，潜在的に h と社会的にインタラクトすることが可能な相手である」

3(h)-1 は現実的に観察可能なので分かりやすい．ただ，3(h)-2 も必要であると思われる．実際にインタラクトしなくても他者と認める場合があるからだ．たとえば，電車の中で同席になった人と実際に話したりしなくても[6]，その辺の石ころのように突然蹴飛ばしたりはできない．それは隣席の人もまた潜在的にインタラクト可能な相手だと認めているからである．

ひとまずこの 3(h) の条件で，人間以外の存在者が人間にとって他者であるのかどうか，いくつかの例を見ていくことにしよう．

3-2　人間にとって他者である相手？

ある人がペットと遊んでいるとき，よほどのへそ曲がりでなければ，そこには社会的なインタラクションが成立していると考えるだろう．その意味では，ペットは飼い主にとって他者である．

同様に，猫に裸を見られて「恥ずかしい」と思ってしまったデリダ (2014) にとっては，その猫もまた他者であると言うべきだろう．他者の眼差しなしに「恥ずかしい」という感覚が生じるとは考えにくい．

また，荘子は川で魚が跳ねるのを見て魚の楽しみを知った（金谷 1975）．このときの荘子にとっての魚もまた他者と呼べるのではないかと思う．通常，跳ねる魚とそれを見る人間との間に社会的なインタラクションが成立しているとは言わないだろう．ただ，そこで魚の楽しみを感じられたとき，荘子にとっては，魚は潜在的にインタラクト可能な相手となっている．

3-3　人間にとって他者ではない相手？

スーパーで買ってきたパック入りの豚肉を食べるとき，そのブタが他者として立ち現れることはまずないだろう．豚肉を食べる人はそのブタと社会的にインタラクトすることを考えもしない．これは豚肉が死物であるというだけの問題ではない．たとえば，息子の遺骨（これも死物である）をいまだに墓に納骨できないでいる両親にとって，その遺骨はおそらく他者である．

コウモリであるとはどのようなことかを考えたネーゲル (1989) にとってのコウモリもまた他者ではない[7]．彼にとってコウモリは具体的にその場にはおらず，仮想的な推論の対象でしかないからだ．

似た例だが，先述の荘子に対して，その場に一緒にいた論敵の恵子はこう言う．「君は魚じゃないから魚の楽しみなんて分かるまい」（金谷 1975）．魚が跳ねるという現

象は荘子にも恵子にも現われている．もし，「魚の楽しみなんて分かるまい」という言葉で恵子自身が魚とインタラクトする可能性を封じてしまっているならば，荘子と同じ場で同じ現象を前にしているにもかかわらず，恵子にとっての魚もまた他者とは言えないことになる．

3-4 微妙な相手

　微妙な例もある．SFの話だが，たとえば『最悪の接触(ワースト・コンタクト)』に登場するマグ・マグ人（筒井 1979）がそうである．地球人とマグ・マグ人とは表面的には言語を用いたやりとりができるのだが，決して理解できない．友好な関係ができたと思ったら殴られたり，いきなり自殺を図ろうとしたりする．このようにきちんとインタラクトできている感じのしない相手が果たして他者と言えるのかどうか．

　アイボのようなペットロボットの場合，最初は生き物のペットと同じようにインタラクトできる感じがする．その関係が続く限りにおいてはアイボも他者と言ってよいが，たとえば飽きて電源すら入れず押し入れに片付けたままになったら，その動かない物体はすでに他者ではないだろう．生き物のペットが相手の場合は，電源を切って片付けておくわけにはいかない．餌はねだってくるし，糞は片付けなければならない．もっとも，生きたペットの場合でも，インタラクトする可能性を遮断して捨ててしまうような場合には，その時点で他者ではなくなるのだろう．

　ペットロボットの場合，人間の行動に対して何らかの「反応」をするようにプログラムされているが，普通の人形などはまったくそういった反応をしない．したがって，原理的にはインタラクト不能なはずである．それでも，人形と遊んでいる子供にとって人形は他者ではないと言い切れるだろうか．

　子供の遊び相手は，そもそも「実在」していないことすらある．一定数の子供が大人には見えない想像上の遊び相手を創り出す（Mitchell ed. 2002）．当の本人には実際に姿が見え，声が聞こえ，触ることができる「リアル」な存在であることもある．本人以外から見れば，その子はまったくの「虚空」とインタラクトしている（虚空を他者にしている）かのように見えるだろう．

　テレビの中の人はどうであろうか？　画面の中で語る有名人とあなたはインタラクトしているのだろうか[8]．相手が動物の場合にも同様のことが言える．多くの自然ドキュメンタリー番組などで，私たちはいろんな動物を画面の中で見かける．ただこれは，実際に動物と対峙する経験（中村 2015）とは，直接的な応答可能性が欠けているという点で大きく異なるような気がする．

　このように，人間にとって誰が他者かを問う場合でも，他者は大きくぶれる．唯

ー 0(h) のような条件を採用する限りにおいて動物は排除される．1(h) や 2(h) では X や Y に何を入れるか次第である（定義によって決まる）．3(h) では他者であると感じる範囲は状況によって動くと言える．

4 ●動物にとってどんな相手が他者か

次に，動物にとってどんな相手が他者でありうるのかを見てみよう．人間の場合と同型の内容を保持したまま，ここまでに見た括弧の中の h (= human) を a (= animal) に変換してみよう．

　　　　条件 0(a).「他者とは，a と同種の者である」

比較認知科学における「他者認知」や動物行動学における「他個体」は，概ねこれを前提としている．そういう意味では，比較的人間に近い認知能力を持っているとされる動物に関しては，他者が存在することは前提となっている．

　　　　条件 1(a).「他者とは，a と同様の X を持っている者である」

そもそも X は人間に特有のもの，かつ経験科学では証明しにくいものが入ることが多いので，ここではあまり役に立たない．唯一意味をなすのは，人間と少数の動物だけが持っている能力を X に入れることだが，それをどこまで拡張するのかといった問題は残る．たとえば，X に「鏡像自己認識能力」を入れればそれらしいが，「目で物を見る能力」などを入れてもほとんど意味はないだろう．この条件では，結局人間に都合のよい線引きがなされることにもなりかねない．

　　　　条件 2(a).「他者とは，a が属する Y に属さない者である」

この条件では動物にとっても他者は存在しうる．たとえばメンバーシップが明確な集団を作る動物には，「自集団のメンバー」ではない他者（＝他集団のメンバー）というものが存在するだろう．少なくとも行動上，他集団のメンバーに対しては自集団のメンバーとは明確に異なる振る舞いをする．自集団と他集団のメンバーを混同しないということは明確な集団を作るということとほぼ同義である．

また多くの種で，自分の種のメンバーと他種のメンバーが混同されることは少ない[9]．たとえば，チンパンジーにとって，チンパンジーではない他者（＝ゴリラ・ヒト）といったものはありうるだろう．行動上チンパンジーはゴリラやヒトのようには振る舞わないから，チンパンジーとゴリラを混同することはないと思われる．

ただし，こういった自他の区別ならなんでも他者の条件として認めるのか，というと微妙なこともある．たとえば，ある昆虫が羽根の色彩パターンに「機械的に」反応して同種を明確に区別するということはありうる．また同様に，アリなどで，匂い物質で他のコロニー（他集団）のメンバーと自分のコロニー（自集団）のメンバーを区別しているということもありうる．それはヒトが他集団のメンバーを排除することと同等に捉えてもよいのか．

条件 3(a)．「他者とは，a と社会的にインタラクト可能な相手である」
条件 3(a)-1．「他者とは，実際に a と社会的にインタラクトする（した）相手である」
条件 3(a)-2．「他者とは，潜在的に a と社会的にインタラクトすることが可能な相手である」

ここでは，2(a) で疑問となった色彩や匂いなどに「機械的に」反応しているような場合（したがってそれは「社会的」ではないと考える場合）は除外することができるだろう．機械的に反応した結果のインタラクションも「社会的」であると認めるならば，そうした相手が含まれても構わない．以下，動物についてもひとまず 3(a) の条件で，具体例を見ていこう．

5 ●チンパンジーにとっての他者

ここでは，私が研究対象としているチンパンジーにとっての他者について見ることにしよう．大きく分けると同種の他個体と，他種の動物に分けられるだろう．

5-1 同種個体

チンパンジーは単位集団という定常的な集団で暮らしているので，同集団の個体（つまり，顔なじみの個体）という他者が存在するだろう．そういった他者とは，日々毛づくろいをしあったり，出会ったり別れたり，挨拶をしたり，けんかをしたり，といった多様なインタラクションをおこなう（写真2）．

こうした集団内のチンパンジー同士のインタラクションは「社会的」に見える．上の条件 3(a) に則して言えば，人間が日々他者と共に暮らしているのと同様に，彼らもまた日常的に多数の他者とともに暮らしていることになる．

では，他集団の個体はどうだろう．チンパンジーの単位集団間は敵対的であると

写真2 ●チンパンジーの日常的なインタラクションである毛づくろい

言われ，他集団の個体は日常的にインタラクションを交わす相手ではない．いわば，他集団の個体は見知らぬ相手であり，避けるべき相手となる．

　私の研究しているタンザニアのマハレでの集団間の出会いは，たとえば以下のようなものである．

【事例1】大騒ぎの理由

　　調査対象のM集団のチンパンジーたちが，遊動域南部の尾根の上にいる．少なくともM集団の全オトナ雄とほとんどのオトナ雌が周辺にいることが確認されている．急に多くの個体が南方向を見たかと思うと，耳をつんざくような大声をあげる．雄たちは互いに抱き合ったり，他の雄の腰に手を回したりする．何頭かが尾根から少し南手の藪へ入っていく．尾根から直線距離で1キロほど南側にムクルメという山がある．今度はムクルメの北山腹から他のチンパンジーの声があがったのが私にも聞こえた．こちら側にM集団の雄が全員いて，ムクルメのほうの声にも雄と思われる声が入っているから，おそらくM集団の南に隣接するN集団の声だろう．M集団が声をあげるとN集団が声をあげ，N集団の声が聞こえるとM集団がまた声をあげる，といった声の応酬が続く．かなり距離があるので，直接姿を見たり，物理的な接触があったりす

るとは考えにくい．こうした声の応酬がしばらく続いた後，M集団の個体たちは北に進路を取り，結果N集団と思われる声は聞こえなくなる．

つまりこれは，見知らぬ相手との声を介したインタラクションと言える．これを「社会的」と言うかどうかについては解釈が分かれるかもしれない．たんに，聞き慣れぬ音に対して反応しているだけ，という解釈は可能だ．ただし，この事例での反応は，自集団のチンパンジーの声や他の動物の声，飛行機の音などへの反応と同じではない．したがって，自分の集団ではないチンパンジーをなんらかの形で想起しつつ大声をあげたり抱き合ったりしていると考えれば，直接会っていないにもかかわらず，そこに潜在的には交渉可能な他者が立ち上がっていると考えてもよいだろう．

このように，他集団というのは，オトナの雄にとっては潜在的に敵対的な相手であるのだが，雌にとってはやや異なる．とくに，M集団に生まれ性成熟に達した雌にとっては，他集団は移籍する先でもある．雄たちが緊張の趣で声のやり取りをしている間，若い雌たちはひょっとすると自分が将来移籍する先として品定めをしているのかもしれない．

では，雌が移籍した直後は何が起こるのだろう．他集団からM集団に移入して間もない雌の事例（Nakamura and Itoh 2005）を見ると，集団の既存メンバー[10]は移入雌の周りに集まり，明らかに通常よりも高い関心を示す（つまり，既知のメンバーとは明らかに扱いが異なる）．にも関わらず，軽い威嚇や毛づくろいといった，普段よく見るようなインタラクションが交わされる．つまり，これまでに見たことのない個体は，既知のメンバーとは同じではないにしても，交渉可能な他者として受け入れられるようなのである．

もう一つ，通常の他個体とは異なるのは，想像上の相手と遊ぶような例である（たとえば早木 1990）．この時には，社会的にインタラクトする相手はいない（少なくとも観察者の目には見えない）のだが，社会的にインタラクトしようとする行為自体は見られる．この点では上述した人間の「想像上の遊び相手」と変わらない．実際には存在しない「他者」を頭の中で創り出すということすらチンパンジーにも共有されている可能性がある[11]．

5-2 他種の動物

チンパンジーは，同所的に棲む他の動物とも多様な関わりの中に生きている．マハレでは，最も頻繁に関わりを持ち，しかもその関わり方が多様なのはアカコ

ロブスかもしれない．アカコロブス（*Procolobus rufomitratus*，以下コロブス）はオナガザル科コロブス亜科に属する霊長類である．チンパンジーが狩猟して食べる動物として有名であるが，たんに食う—食われるというだけでは収まらないさまざまな関わりがある．いくつか例をあげてみよう．

【事例2】コロブスを小突く
　あるとき，オトナ雄がコロブスを捕まえた．雄はコロブスの尻尾を掴んでいるが，コロブスはまだ生きていて「キューキュー」と声をあげる．隣で見ていたオトナ雌のンコンボはその頭を何度か軽く小突いた．小突くたびにコロブスは「キューキュー」と声をあげた．

　チンパンジーは，獲物にとどめを刺すのが上手ではないので，捕まったコロブスがまだ生きていることはしばしばある．そうすると，食べられながらコロブスがまだ動いているという，一見凄惨な事態が生じる．しかし，通常はただ食べるだけで，この事例のように何らかの働きかけをすることは稀である．インタラクトして「他者」になってしまうと食べにくいのだろうか．

【事例3】コロブスを挑発する
　セレナという若い雌が，木を登りながら幹を足で叩く．コロブスが樹上で「ェアウッ・ェアウッ」という警戒声を発する．さらに登るとコロブスの雄がセレナの方へ少し走る．セレナ，木を少し降りる．その後もコロブスに近寄ったり追い払われたりを繰返す．

　単独で，それも若い雌だけで，狩猟するのは難しいので，これを狩猟の試みであるとは言いにくい．むしろ，セレナはコロブス側の反応を楽しんでいるようにも思われる．だとすれば，その際，コロブスはセレナにとって「獲物」というよりも，「他者」として立ち現れていることになるだろう．

【事例4】コロブスに威嚇されて逃げる
　オトナ雌のリンダは他のチンパンジーたちからやや離れて，樹上で果実を食べていた．そこへ南から枝伝いにコロブスの群れがやってくる．コロブスの雄が走り寄ると，リンダは木を途中まで降りる．さらにコロブスが威嚇．リンダは地面まで降りて，急ぎ他のチンパンジーたちがいる方向へと移動していく．

この場合，威嚇して走ってくるコロブスを他のチンパンジーに置き換えれば，間違いなく社会的なインタラクションが生じていると解釈される．インタラクションが成立しているという意味では事例3と同じだが，「からかって楽しむ相手」がここでは「怖がる相手」になっている．

食物としての「肉」は，もはや他者とは考えにくいが，生きているコロブスとはさまざまな形でインタラクトが可能である．したがって，コロブスとの関係は一概に「食う―食われる」関係とは言い切れない．

人間の場合も，手塩にかけて育てた家畜を「肉」として食べるということはある．つまり一義的には「食べる」相手であっても，そこに社会的なインタラクションが成立することはありうるだろう．

ヒョウ（*Panthera pardus*）もまた，チンパンジーにとって多義的な相手である．おそらく一義的にはヒョウは怖れるべき相手である．西アフリカの調査地ではヒョウにチンパンジーが襲われた例が観察されているし（Boesch 1991），マハレでもヒョウの糞からチンパンジーの骨が見つかっている（Nakazawa et al. 2013）．したがって，ヒョウは潜在的な捕食者であり，基本的には警戒し，避ける．だが，チンパンジーがヒョウを威嚇することもあるし，ヒョウのコドモを殺す（Hiraiwa-Hasegawa et al. 1986）といった事例も報告されている．さらには，ヒョウの死体にチンパンジーが興味を示す（Nishida 2012）といった例もある．

イボイノシシ（*Phacochoerus africanus*）との遭遇例もマハレではけっこう多い．イボイノシシを捕食した例は，1966～1995年のデータではわずか2例である（Hosaka et al. 2001）が，警戒・挑発・驚いて逃げる・追いかけ回すといった交渉は，もう少し頻繁に見られる．一つ例を見てみよう．

【事例5】イボイノシシとの遭遇
　エモリーというワカモノ雄がイボイノシシをうかがう（写真3）．イボイノシシは気にしているのかいないのか，エモリーのほうに軽い駆け足で近寄ってくる．近寄られるとエモリーは逃げる．少し距離が開くとエモリーはまたイボイノシシを眺め，木を揺すったり，少し距離を縮めてみたりする．

この場合，「食おう」と思っているわけではないようだが，エモリーにとってイボイノシシは何か気になる存在ではあるらしい．解釈は難しいのだが，私には「興味」と「警戒」の入り交じったような反応に思えた．

ヒトもまた，チンパンジーにとっては他種の動物である．ヒトは，地域によってはチンパンジーを食べるし，食べないまでも，皮や呪薬などのために狩猟すること

写真3 ●イボイノシシを覗うエモリー

もある．また，現在動物園で見るチンパンジーも，由来を辿ればアカンボウの時に捕まえられ（母親は殺され），連れてこられた個体（やその子孫）がほとんどである．したがって，一般的にヒトはチンパンジーにとって危険な存在である．

例外的に，研究者という種類のヒトは，「人づけ[12]」しようという意図を持ってチンパンジーに近寄ってくる（本書第15章山越論文参照）．チンパンジーは最初警戒するのだが，時間をかけて遭遇頻度を増やし，危険がないことを示し続ければ，ヒトの前でも何ら警戒せずに振る舞うようになる．

ヒトに慣れてしまえば一括りでヒトを見ているかというと，そうでもない．たとえば，観光客に対しては，なじみの研究者に対してとは明らかに態度が異なることもある（中村 2009）．

ここまでは，一応生きた哺乳動物について見てきたが，その他の動物（例えば昆虫）や動物の死体などはどうだろうか．事例を見てみよう．

【事例6】蛾と遊ぶ
　イマニというコドモ雌が生きた蛾を捕まえた．殺さずに口で羽を咥えて，バタバタと羽ばたかせて遊んでいる．蛾の動きが鈍くなると放り投げ，蛾がまたバタバタと動くと捕まえて咥える（Nakamura 2013）．

　この例を社会的なインタラクションであるとは言いにくいかもしれない．しかし，蛾に動きがある（＝生きている）ことが遊びとしての楽しさを作り出しているように見える．したがって，他者の成立の周辺的な事例と考えることはできるのかもしれない．
　次に，哺乳類だが，既に死んでいるケースである．

【事例7】ヤブイノシシの死体を怖がる
　チンパンジーが半分腐敗したヤブイノシシ（*Potamochoerus larvatus*）の死体を発見した．何頭かは近づいて匂いをかぐなどし，何頭かは木に登って上から眺めては「ラーッ！　ラーッ！」と怯えた声をあげる．

　チンパンジーは，他のチンパンジーの死体（保坂ら 2000）やツチブタ（*Orycteropus afer*）の死体（Hosaka et al. 2014）に対しても興味と怖れの入り交じったような反応を見せる．こうした事例の解釈も難しい．動物の死体と，(それを捕殺したかもしれない)ヒョウの存在との連合学習という可能性はある．つまり死体そのものを怖れているわけではなく，死体があれば近くにいるかもしれない捕食者[13]を怖れているという可能性である．一方で，死体そのものに対して単なるモノとは異なる反応を示している可能性も捨てきれない．「死んでいる」という状態が怖れを引き起こしているのならば，チンパンジーがある程度まで「死」を理解していることになるが，より節約的には「見慣れない物[14]」や「通常とは異なる状態の物」はひとまず忌避するという説明が可能だろう．
　一方，小型動物の死体の場合は少々感じが異なる．

【事例8】ジェネットの死体を運搬
　ジェネット（ジャコウネコ科 *Genetta* sp.）は子猫ほどのサイズの小型の哺乳動物である．カルメンというワカモノ雌がジェネットの死体（腐りかけ）を見つけてしばらくの間背中に載せて運搬した（写真4）．

　死体なので当然動きはない．したがって，相手が動くことそのものを楽しんでい

写真4 ●ジェネットの死体を運搬するカルメン

る（ように見える）事例6とは異なる．若い雌は，よく木の皮・枝・人工物なども運搬するので，あえて動物の死体だから運搬したと考える必要はないかもしれない．一方，上の事例7のような「怖れ」は見られていないことから，単純に「死んでいる動物」が恐怖を引き起こすわけでもないようである．

6 ● チンパンジー以外では？

ここまで見てきたチンパンジーは，当然ながら「動物」の代表ではない．デリダ（2014）が指摘するように，動物は「動物」という一語でまとめて「人間」に対置されるほど均質ではない．人間とチンパンジーが異なるのと同様に（もしくはそれ以上に）ある動物種と別の動物種間での違いがあることも忘れてはならない．

他者の成立が進化史的にごく最近のできごとであった（たとえば類人猿の系統や霊長類の系統で生じた）ということを前提としないならば，ヒトとは系統的に離れている動物においても他者が成立しうるのかを検討しておく意義はあるだろう．全ての動物を検討することは到底できないので，ここでは敢えて，チンパンジーからの類推ではやや解釈の難しいような事例に限って見てみよう．

6-1 種内

哺乳動物とは大きく異なる社会性を持った動物として社会性昆虫が考えられる.たとえば,アリの行列を考えてみよう.アリの個体と個体は互いの体を触角で触ったり,触角同士を接触させたりする.そしてこうした「交信」によって,アリの集団は見事な行列を作って歩いたり,巨大な獲物を狩ったり,分解して巣に引きずり込んだりといったことを全体として成し遂げる.

また,古典的な例ではあるが,イトヨという魚の縄張り防衛について考えてみよう(ティンベルヘン 1957).イトヨの雄は,繁殖期になると縄張りを作り,腹部が赤くなる.そして同種の雄の赤い腹に反応して攻撃をする.

いずれの場合も,現象としては,同種個体間での社会的インタラクションが成立している.しかし,たとえばアリ個体の匂い(フェロモン)を人工的に変えればもはや同一集団の個体とは見なされなくなるし,下半分を赤く塗った楕円形の板をイトヨに提示すると,彼らは生き物でもない相手に執拗に攻撃を加える.人間が与えた「間違った」情報に反応してしまうところを見ると,彼らのインタラクションはもっと機械的/物理的な反応であるように見えてしまう.

アリやイトヨのインタラクションが社会的ではないと主張したいわけではない.ただ,それらは私たちが普段おこなっているものと質的に異なっている側面があることは考慮するべきであろう.アリにも「他者」がいると言えるのかもしれない.ただ,その他者は私たちが普段やっているような形では理解できないのかもしれない.

6-2 種間

異なる2種の動物間でなんらかのインタラクションが観察されるのは,大きく分けて捕食—被食関係,共生もしくは寄生,そして混群などである.

このうち捕食—被食関係は,想像しやすい.ライオンがシマウマを食べたり,クモが巣にかかった蛾を食べたりするのがそうである.寄生も分かりやすい.たとえば,シラミやダニなどはヒトにも寄生する.共生の例は,たとえば,キリンとウシツツキという鳥の間に見られる.サバンナでキリンなどの大型草食獣の首や肩などによくこの鳥が載っている(写真5).ウシツツキは,キリンに付いた寄生虫を食べることで利益を得,キリンは寄生虫を除去してもらうことで利益を得る.混群は,異なる種が複数集まって一つの群れを作る現象である(足立 2003).霊長類や鳥類などによく見られる.

写真5●キリンとウシツツキ

　こうしたさまざまな動物間の種間関係については，生態学的なコスト・ベネフィットは議論されてきたが，種間で社会的なインタラクションが成立しているかどうかについてはこれまであまり議論がなされてこなかったように思える．こうした種間関係の相手は単に自分に利益（もしくは害）をもたらす「環境」にすぎないのか，それともそこに他者性の萌芽のようなものがすでに見られるのかについては検討の余地はありそうである．

7 ●結論に代えて──「他者」を進化史的に理解するには

　「動物は『他者』か，あるいは動物に『他者』はいるのか？」という本章タイトルの問いに一応答えておくならば，それは「条件や状況によってイエスであり，ノーである」という何とも歯切れの悪いものになる．それは，そもそも「他者」という語が多義的であり，人間について語られる場合であっても，異なる研究分野では異なる意味で用いられているからである．
　本章では，人間や，人間的な心を前提とせず，なるべく広く「他者」を捉えるという立場を採った．「他者」の進化史的基盤にアプローチするためには，まずはな

るべく他者概念を広げておいた方がよいと私は考えている（その際，人間にとってよりもむしろ，動物にとっての他者の方を拡張するほうがより重要であろう）．他者とは社会的な相手である[15]という立場に立てば，他者はさまざまな動物種に広く認められることになる（少なくとも観察者がそのように捉えることは可能である）し，その対象は同種の個体に限定される必要もない．もちろん，本章で私が「他者」である可能性について言及した例の中には，多くの人がそうとは認めないものもあることだろう．しかし，「他者」（そう言いたくなければ「他者性の原初的な形態」と言ってもよい）を多様な動物たちの中に認め，それぞれの類似点と相違点を明らかにし，比較していくことは，人間的な「他者」がどのように成立してきたのかを考える上で重要な作業であろう．

　一方で，他者概念を動物に拡張する際には，注意するべき点も多い．たとえば，チンパンジーのような，人間と姿も似ていて行動でも共通点が多い動物の場合，観察者が「他者」を読み込むのは容易になる[16]が，アリのような，人間とは異なる社会性を持った動物の場合，そうした読み込みはより困難になるだろう．また，観察者であるヒトがその特有の表象能力や想像力のゆえに，動物たちのインタラクションに，勝手に「他者」を読み込んでいる可能性も残される．ただ，これらの問題は，原理的には対象がヒトの場合でも成立する．アプリオリにヒトに「他者」が存在すると仮定しない限り，観察者が他のヒト（それは他の動物よりも観察者本人に似ているだろう）同士のインタラクションに「他者」を読み込んでいる可能性は否定できないからだ．

　本章では，動物の他者について何か結論めいたものを導き出すというよりも，なるべくシンプルな形で問題を整理することを意図した．単純化しすぎとの批判は甘んじて享受したい．ただ，それぞれの研究者や学問分野が，独自に（そして相互に翻訳不可能なくらい複雑に）他者を定義し，「私の考える他者」や「この分野での他者」について議論していくだけではなかなか共通理解には達しえない．進化史的に「他者」を理解しようとするためにまず必要なのは，さまざまな分野での他者概念がどういった位置関係にあるのかを意識し，そのどの部分を議論しているのかを明確にすることではないかと思う．その上で，他の動物の社会も含めつつ，多角的に議論することのできる土壌が形成されていくことを期待したい．

注
1) 以下の条件は相互に排他的ではないし，これらの条件だけでこれまでの他者概念がすべて網羅されると言うつもりもない．また，これらの条件間に甲乙を付けようという意図も

ない．ひとまず不十分ながらも状況を整理して，それぞれが動物に適用可能かを見てみようというのが本章での作業である．

2) 厳密には「種」とは何かという難問は残る．ここではたんに「人間ではない」という理由だけで（他の条件は吟味せずに）動物を「他者」から排除するような場合を想定しており，後で見るように動物でも同等の形式で使うために便宜的に「h と同種」という語を用いている．

3) 東 (2001) によれば，人間は「間主体的な欲望」を持つという点で，個々の「欲求」しか持たない動物と決定的に異なる．「間主体的」というと，自立した個が前提にはされていないようにも思われる．しかし，「間主体的な欲望」とは「他者の欲望を欲望する」ことだと東は言い換えている．だとすれば，「（他者の欲望を）欲望する」のは「私」(＝自我) であって，「私」とは異なる欲望を持つ「他者」(＝他我) が存在していることはそもそもの前提となっていることになる．

4) 本来は「よく分からない言葉を話す者」という意味のギリシア語 (前川 1998)．英語のbarbarian（野蛮人・未開人）の語源でもある．ヘレネーが閉鎖的ポリス内部の共同体意識を示していたのに対して，その外部のペルシア人などに対する「蔑視」の意味もあったという．本書の基盤となった他者研究会での熊野純彦氏の発表によれば，当時はヘレネー (＝市民) だけが「人間」であったという．

5) 当然ながら，この条件は「社会的に」インタラクトするということの内容によって意味が変わる．ここでは，たとえば「物理的/化学的な」相互作用 (＝インタラクション) などと区別するくらいの意味で用いている．1(h) での X や 2(h) での Y に代入するものを限定しなかったのと同様に，ここでも「社会的にインタラクト」に代入可能なものを広く捉えておこう．

6) ここでは，直接話をしたりしなくても，広い意味では「出会って」おり，「共在」している．それも「社会的にインタラクト」したことに含めるならば 3(h)-2 は不要となる．

7) ここではあくまで 3(h) の条件での話をしている点に注意．たとえば，ネーゲルはコウモリが「体験」を持つことは疑っていない．したがって，1(h) の条件で X に「体験」を入れれば，コウモリは他者であることになる．

8) もちろん，上述の「想像上の相手」と同様，テレビの中の相手とインタラクトできると主張する人はいるかもしれない．その場合は，その人にとってテレビの中の人間も他者となるが，その場合，テレビのスイッチを切ることは，こちらの都合で他者を自由に「消す」ことになってしまうのだろうか．

9) 内容としては似ているが，これは条件 0(a) とは異なる．0(a) では，チンパンジーにとってのチンパンジーだけ（つまり自分と似ている者）が他者だが，ここではチンパンジーではない者（つまり自分たちとは異なる者たち）が他者となる．

10) チンパンジーやボノボの社会では，雌が集団間を移出入する．新しい移入個体 (immigrant individual) に対して，もともとその集団にいる個体を英語では resident individual と言う．かつて移入した雌であっても，継続して集団に在籍していれば resident となる．この語に対応するよい定訳がないのだが，ここではその集団へのメンバーシップに着目して「既存メンバー」と呼んでいる．本書第 8 章花村論文で「在住個体」と呼ばれているのもほぼ同義である．

11) ただし,「想像」できるのはヒトだけであると考える研究者が多い（たとえば, Mitchell 2002).
12) 動物の研究をする際に,観察者の存在に対象動物を慣らすこと.
13) ヒョウは半分腐敗した死体にも再度戻ってきて肉を食べることが知られている.
14) ヤブイノシシもツチブタも夜行性であるので,昼行性のチンパンジーと遭遇することは少ないであろうし,出会ったとしても,すぐに逃げるだろうから,じっくり観察する機会は少ないに違いない.
15) 結局,「他者」という不可解な語を「社会的」という別の不可解な語に置き換えただけではないかという反論がありうるかもしれない. ただし,「他者」という語はそれに対する「自己」を強く想起させ,動物にとって「自己」があるのか,あったとしてもそれがどういうものなのかを直接問うことはかなり困難である. 一方,動物に「自己」があるかないかは問わなくても,彼らが社会的に振る舞っているということは観察可能であるし,「社会的」という語は動物の行動などを扱う学問分野でも強い反発なしに用いられている. だとすれば,動物も含めて進化史的に議論する際には,後者のほうがまだ汎用性は高い.
16) 初期の日本霊長類学者たちは,この点を積極的に利用した. 例えば,河合雅雄 (1964) は日本霊長類学に独自の方法論の1つである「共感法」を,「サルの生活にとけこみ,一体化し,相互に通じ合う感情的チャンネルをもつことによって,かれらの生活を実感的に感知する」方法と説明する. この場合,研究者は明らかに対象のサルに「他者」を読み込んでいる. その後,こうした方法はネガティブなニュアンスを込めて「擬人主義」(たとえば西田 1999) と呼ばれるようになる. ただし,完全に擬人主義を排してしまっては観察やその解釈が極端につまらなくなるのも事実である.

参照文献

足立薫 (2003)「混群という社会」西田正規・北村光二・山極寿一編『人間性の起源と進化』昭和堂, 204-232 頁.

東浩紀 (2001)『動物化するポストモダン ── オタクから見た日本社会』講談社現代新書.

Boesch, C (1991) The Effects of Leopard Predation on Grouping Patterns in Forest Chimpanzees. *Behaviour*, 117: 220-242.

デリダ, J (2014)『動物を追う, ゆえに私は (動物で) ある』(鵜飼哲訳) 筑摩書房.

デカルト, R (1953)『方法序説』(落合太郎訳) 岩波文庫.

ド・フォントネ, E (2008)『動物たちの沈黙 ──《動物性》をめぐる哲学試論』(石井和男・小幡谷友二・早川文敏訳) 彩流社.

早木仁成 (1990)『チンパンジーの中のヒト』裳華房.

Hiraiwa-Hasegawa, M, Byrne, RW, Takasaki, H and Byrne, JME (1986) Aggression Toward Large Carnivores by Wild Chimpanzees of Mahale Mountains National Park, Tanzania. *Folia Primatologica*, 47: 8-13.

保坂和彦・松本晶子・ハフマン, MA・川中健二 (2000)「マハレの野生チンパンジーにおける同種個体の死体に対する反応」『霊長類研究』16：1-15.

Hosaka, K, Nishida, T, Hamai, M, Matsumoto-Oda, A and Uehara, S (2001) Predation of Mammals by the Chimpanzees of the Mahale Mountains, Tanzania. In: Galdikas, BMF, Briggs, NE, Sheeran, LK, Shapiro, GL and Goodall, J (eds), *All Apes Great and Small Vol I: African Apes*. Kluwer Academic/Plenum, New York, pp. 107-130.

Hosaka, K, Inoue, E and Fujimoto, M (2014) Responses of Wild Chimpanzees to Fresh Carcasses of Aardvark (*Orycteropus afer*) in Mahale. *Pan Africa News*, 21: 19-22.

金谷治訳注 (1975)『荘子 —— 第二冊 [外篇]』岩波文庫.

河合雅雄 (1964/1981)『ニホンザルの生態』河出文庫.

前川裕 (1998)「使徒言行録におけるバルバロイ」『基督教研究』60(1): 83-98.

Mitchell, RW ed. (2002) *Pretending and Imagination in Animals and Children*. Cambridge University Press, Cambridge.

ネーゲル, T (1989)『コウモリであるとはどのようなことか』(永井均訳) 勁草書房.

中村美知夫 (2009)『チンパンジー —— ことばのない彼らが語ること』中公新書.

Nakamura, M (2013) A Juvenile Chimpanzee Played with a Live Moth. *Pan Africa News*, 20: 22-24.

中村美知夫 (2015)「森の中で動物と出会う」木村大治編『動物と出会う I —— 出会いの相互行為』ナカニシヤ出版, 79-81頁.

Nakamura, M and Itoh, N (2005) Notes on the Behavior of a Newly Immigrated Female Chimpanzee to the Mahale M group. *Pan Africa News*, 12: 20-22.

Nakazawa, N, Hanamura, S, Inoue, E, Nakatsukasa, M and Nakamura, M (2013) A Leopard Ate a Chimpanzee: The First Evidence from East Africa. *Journal of Human Evolution*, 65: 334-337.

西田利貞 (1999)「霊長類学の歴史と展望」西田利貞・上原重男編『霊長類学を学ぶ人のために』世界思想社, 2-24頁.

Nishida, T (2012) *Chimpanzees of the Lakeshore: Natural History and Culture at Mahale*. Cambridge University Press, Cambridge.

奥野克巳・山口未花子・近藤祉秋編 (2012)『人と動物の人類学』春風社.

シンガー, P (2011)『動物の開放 —— 改訂版』(戸田清訳) 人文書院.

ティンベルヘン, N (1957)『動物のことば』(渡辺宗孝・日高敏隆・宇野弘之訳) みすず書房.

筒井康隆 (1979)「最悪の接触」『宇宙衛生博覽會』新潮文庫, 127-158頁.

Wilson, EO (1975/2000) *Sociobiology: The New Synthesis*. Belknap, Cambridge, MA.

第3章 | 他者が立ち現れるとき

曽我　亨

❖ Keywords ❖

相互作用，三項関係，巻き込み，他者の感知，参照基準

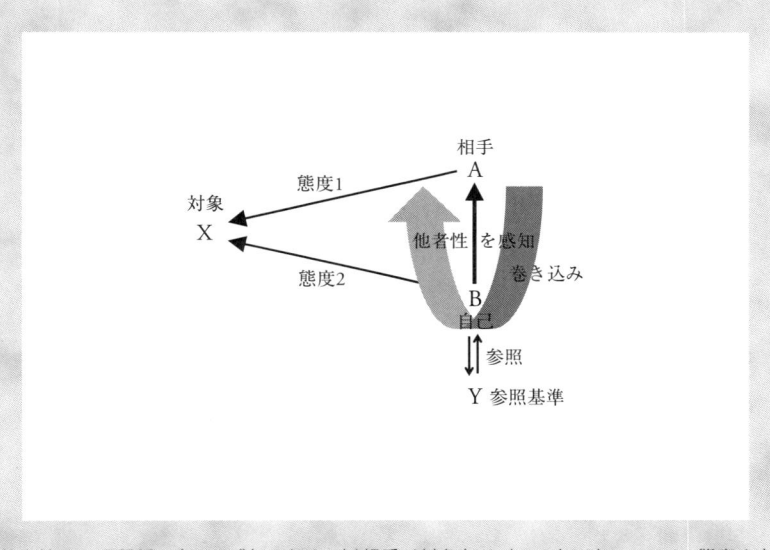

他者性は三項関係のなかで感知される．(1)相手が対象〈ヒト／モノ／コト〉についての態度1を開示し，自己自身の態度2とのあいだに差が大きく生じたとき，自己は相手に他者性を感知する．また，(2)相手が自身の価値観や態度を正しきものとして自己を巻き込むとき，自己は相手に対して他者性を感知する．さらに，(3)対象に対する相手の行為が，自己の参照基準に反するとき，他者性を感知する．

1 ●得体の知れぬ「他者性」の感知

　「フェイスブック（Facebook）」というソーシャル・ネットワーキング・サービスがある．2015年11月，フランスのパリでイスラム過激派組織によるテロがおきると，フェイスブック社は犠牲者を追悼しフランスへの連帯を示すために，自分の写真にフランス国旗を重ねて表示できるようにした．すると，瞬く間に多くのユーザーが，自分のプロフィール写真にフランス国旗を重ねていった．

　ところが，この無邪気な追悼の意思表明は，思わぬ反論を受けることになる．シリアやイラクではテロが頻繁におきていて多くの人が死んでいるのに，フランスだけ追悼するのはおかしい，というわけだ．その是非はさておき，わたしが興味深く感じたのは，多くの人びとがフランス国旗をつぎつぎと掲げたときに，少なからぬ人たちが違和感を表明したことである．友人のリストがフランスの国旗だらけになっていくとき，得体の知れぬ同調圧力を視覚的に感じ，違和感を覚えたのであろう．わたしが本章で論じたいのは，親しい友人が急に自分から遠ざかっていくような，そんな他者性の感知である．

　人類社会の進化を考える上で，他者は重要な意味をもっている．人類は他者との関係を変化させることで，多様な社会をつくりあげてきた．たとえば狩猟採集民ブッシュマンの社会では人間関係に緊張が生じると，その地を去り空間的に距離をおくことで緊張を解消しようとする．気の合わない他者とは関係をもたないようにするブッシュマンは，離合集散し，政治的に統合性の低い社会をつくりあげてきた．一方，牧畜民ガブラの社会では，たとえ殺人を犯した者であっても，同じクランに帰属するならば問答無用で支援しようとする．他者をクラン制度によって「同化」したり，あるいは逆に「異化」したりする．ガブラは同じクランに属するか否かによって，他者との関係をまずは自動処理する社会をつくりあげてきたのである（曽我 2013）．これらに対し，わたしたちが暮らす市民社会においては，自分とは異なる他者の存在を前提とし，制度を設けることで共存を実現しようとしてきた．それと同時に，制度を活用しながら他者と激しく争うことも可能にしてきた．

　これら三つの社会を整理すれば，ブッシュマンは「他者とは顔をあわせない社会」，ガブラは「制度的に他者をクランの外部に追いやり，クラン内部には他者がいないとする社会」，わたしたちは「制度的に他者との共存を目指す社会」ということになるだろう．もちろん，これらの分類は理念的なものにすぎない．現実には，ブッシュマンも気の合わない他者との軋轢をかかえたまま暮らすこともあるし，ガブラも同じクランの者と争ったり論争したりする．わたしたちの社会には「いじめ」

がしばしば見られ，ルールの届かないところでは陰湿な暴力が発生している．

　これまでわたしは，人類が作る「集団」や「制度」の成り立ちについて考えてきた（曽我 2009, 2013）．それらはいずれも，他者との関係の結びかたを問題にしていた．けれども本章では，逆に，他者が出現するメカニズムを明らかにしていきたい．他者はどのような社会であっても常に現れる．親しい者のなかにも現れ，綻びを生み出す．また社会の外側にいる異民族を他者として感知し，殺戮の対象とすることもあれば，異質な他者を歓待することもある．わたしたちは，どのように他者を感知したり，しなかったりするのか．そのメカニズムを考えよう．

2 ●他者を「理解」する

　まず，哲学において他者がどのように扱われてきたかを見ておこう．哲学において，他者は，はじめから理解しがたい存在として扱われてきた．他者がどのように出現するかではなく，他者をどのように理解するかが問題になってきたのである．他者を理解する上で，哲学は大きく二つの立場から議論してきた．一つは他者を理解可能なものとして扱う立場であり，もう一つは他者を「絶対的に他」なるものとして扱う立場である．

2-1　他者を理解できるとする立場

　他者を理解することができるとする立場としては，フッサールが展開した「間主観性論」やメルロ＝ポンティの「間身体性」が挙げられる．これまで人類学や社会学，社会心理学，エスノメソドロジーなど「他者を理解すること」に情熱をかける諸学は，他者を理解するための方法論的根拠として，フッサールやメルロ＝ポンティの他者論を礎としてきた．鶴真一（1998）の説明を要約すると，その原理はつぎのようになる．

　　フッサールの現象学的他者論では，「他者」は単なる「私のコピー」ではないが，「私の自己の変様態」であるとされる．同様の経験を多くの人びとがお互いに経験することによって，「私」にとっての「他者」が，今度は逆に「私」を「他者」とみなすようになる．こうして形成される共同的な主観「間主観性」にもとづいて，誰もがみな同じ世界を見ているはずだという確信が生まれる．ゆえに「私」の主観も「他者」の主観も現われ方においては異なるものの基本

的には同じ構造をもつ主観であり，そうであるからこそ，「私」は「他者」を理解することができる．

　人類学者はフィールドワークに赴き，さまざまな体験をしながら「他者」を理解しようとする．そのときに，鍵となるのは，「私」にも「他者」にも備わっている間主観性や間身体性である．しかし，誰もが間主観性や間身体性を備えているからといって，すぐさま他者を理解できるわけではない．長期間のフィールドワークが必須なのは，フィールドの人びとと同じ主観を獲得するのに多くの経験が必要だからだろう．
　それでもなお，理解できない他者がある．たとえば首狩りをする他者，食人する他者などは，長期間のフィールドワークを行ったとしても，理解できるか定かでない．けれども，衝撃的な体験をすることで，この壁を乗り越えることもある．つぎに挙げるのは，レナート・ロサルド（1998）が，それまで理解しがたく感じていた首狩りへの衝動を，妻の死をきっかけに理解した印象的な場面である．

　　　かれらが死別における怒りがどのようにひとを首狩りへと駆り立てるのかを語ったとき……わたしは自分の経験からは，イロンゴットたちが死別のさいに感じるという激しい怒りを想像することができなかった．わたしは悲しみの中にある怒りの激しさが自分で納得できなかった……1981年，ミシェル・ロサルドとわたしは，フィリピンのルソン島北部に住むイフガオ族に混じって，フィールド研究を始めた．その年の10月11日，彼女は2人のイフガオ族の仲間を連れて小道を歩いているときに，足を踏み外し，8メートルほどの険しい断崖絶壁から転落し，下を流れる濁流にのまれて死亡した．わたしは彼女の亡骸を見つけた直後，激怒してしまった．彼女がわたしを置き去りにしてしまうなんて．なぜ彼女は愚かにも転落してしまったのか．わたしは泣こうとした．すすり泣きしたが，怒りのあまり涙も出なかった（9-19頁）．

　妻の死という深刻な喪失を経て，ロサルドはイロンゴットが感じる死別のときの激しい怒りを理解した．衝撃的な体験によって他者を理解したのである．もちろんロサルドは，その怒りがイロンゴットの感じる怒りとは，同一であるとは限らないことを認めている．たとえばイロンゴットは怒りを首狩りへと向けるが，ロサルドは喪失の怒りを首狩りに向けはしなかった．けれどもこの事例は，ほとんど理解不能と思われることでさえ，経験を重ねることで理解することができるという可能性を，わたしたちに示しているのである．

2-2 他者を理解できないとする立場

　さて，長期間のフィールドワークや衝撃的な体験を経て「他者を理解した」と確信できたとき，わたしたちは，何が可能になるのだろうか．東アフリカの牧畜社会を例に考えてみよう．

　東アフリカの牧畜社会で調査をする人類学者ならば，誰もが牧畜民のベッギング（ねだり）に悩んだ経験があるに違いない．とくにトゥルカナ人のベッギングは強烈で，人類学者たちは執拗なベッギングに苦しみつつも，これを理解しようと試みてきた．たとえば太田（1986）は，トゥルカナ人のベッギングの特徴を，利他的に惜しみなく与えるという一般的互酬性の強調と，ベッギングをする側の相手に対する一方的な優位性の2点にまとめ，互酬性を支える負債感が不活性な状態に置かれると指摘した．北村（1991，1996）はトゥルカナ人が「今ここで」呈示されているものに対して全面肯定的に臨むことを指摘し，彼らの社会が「深い関与」を求める社会であると理解した．

　ただ，いかにベッギングを理解しようとも，目の前のトゥルカナ人とのコミュニケーションから逃れられるわけではない．北村（1991）は，ベッギングを理解しようとする苦闘のなかで「不適応の状態から脱出するという方向にしか，異文化を理解するという困難な試みの道は開かれない」と述べている．これは一体，どういう意味なのだろう．

　わたしたちは，仮に「他者を理解した」と確信できたとしても，わたしたちが他者のことを隅々まで理解したというわけではない．屁理屈を言うようだが，もし目の前の相手を完全に隅々まで理解しているのならば，何も話すことはなくなり会話も成立しなくなってしまうだろう．けれども実態は逆で，わたしたちは，他者を「理解」することで，他者とより会話を交わしたり，関与したりするようになる．北村（1991）が言おうとしたのは，他者を理解するとは，他者とのあいだに生じた不適応の状態から脱出するという方向しかないということだ．ベッギングを理解したとき，わたしたち自身も「深い関与」に囚われていく．わたしたちは他者を理解することで，ぎこちないやりとりから脱出することはできるが，逆に，脱出に成功すればするほど，他者との関わりに引き寄せられていくのである．

　こうした理解の方向性をレヴィナスに確認しよう．フッサールの現象学的他者論を批判的に継承したレヴィナスは，他者を理解できないとする立場の代表である．

　レヴィナスの他者論を解説するなかで，鶴（1998）はフッサールの間主観性やメルロ＝ポンティの間身体性による他者理解を，「他者の他者性」を消失させるものだとして厳しく批判している．他者の「他者性」とは，「絶対的に他なるもの」な

のであって，それを「間主観性」を基盤に理解可能なものとしてしまうことは，他者の「他者性」のみならず「私」の個別性をも奪ってしまうからである．それでは，「他者」を「絶対的に他なるもの」と見なすレヴィナスは，他者をどのように考えたのであろうか．

　　　レヴィナスは，他人を認識の対象として設定する枠組みに代えて，他人との関わりを実践的な次元で問題とすべきことを主張し，私と他人との共通性ではなく，その異質性が私にもたらすものは何かという問いを導きとして独自の他者論を構築した．レヴィナスによれば，他者は「顔（visage）」という独特の仕方で現れる．他者との「対面」においては，他者は認識の対象ではなく，「応答しなければならない」という責務を私におわせるものである（鶴 2012，下線は筆者による）．

　他者を認識の「対象」として理解することを目指すのではなく，むしろ異質性がわたしにもたらすことを問うのがレヴィナスの他者論だ．ここでいう他者とは，対面的な相互作用をわたしに強いる相手である．この他者はわたしの観念を絶えず破壊し，はみ出しているが故に，他者とのコミュニケーションは思いがけない反応や多様な応答を生み出していく．異質な他者は，自己にとって世界を紡ぎだしていくパートナーといえるだろう．語り合い，しぐさや表情を読み読まれ，コミュニケーションを互いに接続していくなかで，他者はわたしに意味をもたらすのである．
　そうであるならば，たとえ現象学的に他者を「理解」できたと感じても，日常の相互作用において他者を理解できた気になれないのは当然のことであろう．鶴（1998）は，現象学の「他者論」における「私」と「他者」の関係において，「私」は「他者」に問いかけもしなければ問いかけられることもない，と批判している．いわば沈黙の他者理解である．わたしたちは，沈黙の他者理解に向かうのではなく，他者を対面的な相互作用のなかにおかなければならないのである．

2-3　動的な他者理解

　レヴィナスの他者論を踏まえ，本章では他者を認識の対象として理解しようとするのではなく，むしろ人びとの相互作用のなかに必然的に現れる他者について考えていこう．レヴィナスは他者を相互作用の必要条件と考えたが，同時にこれは十分条件ともなる．相互作用がある限り，そこには必然的に他者が現れるのである．他者を捉える際，二つの点に注意しよう．

一つは他者の範囲を，時間と空間の双方においてひろくとることである．学問分野によっては，他者の問題を，特定の期間に属する自己に作用する相手として捉えることもある．たとえば，心理学の分野において，他者は自己像を形成する上で不可欠の存在とされてきた．他者の言動や態度は，とくに青年期において，自己の発達に重要な役割を果たすとされてきたのである（溝上 2008）．けれども，本章では青年期に限定することなく，人生のあらゆる時期に相互作用をする相手として他者を捉えたい．こうした他者は，自己の「発達」に関与するものではないかも知れないが，自己に変容をもたらしうる．若者にとって年長者は，自己像の発達に関与する他者であるかもしれないが，逆に高齢者にとっても若者は他者となりうるのである．自己と他者を，ある特定の時期や世代にのみ意味ある存在として固定するのではなく，さまざまな世代間の相互作用のなかにおいても他者は出現するのだと考えよう．

　また，空間的にも，ひろく他者を捉えていく．人類学においては，交流のある異民族が他者として扱われてきた．他者との交流にはいろいろなやり方がある．たとえば，エチオピア西南部に住む農牧民ホールは，近隣に暮らす民族を三つのタイプ，すなわち「敵の民族」，「不浄の民族」，「友好な民族」に分類しているという．ホールはそれぞれの民族と異なるコミュニケーションを取っており，「敵」とは戦争など否定的な応酬をし，「友好な民族」とは共存し，「不浄の民族」にはコミュニケーションを取らないようにしているという（宮脇 2006）．こうした異民族も，コミュニケーションの違いによって出現する他者として扱おう．さらに，メディアやインターネットの発展は，地球の裏側に住む者とのコミュニケーションも可能にした．今では，地球温暖化などの地球規模の課題をめぐって，グローバルに意見が戦わされている．政治的迫害から国外に逃れたディアスポラが，地球の反対側の対立に加勢することも起きている．現代的な状況においては，地球の反対側に住んでいる者も他者となりうる．本章では，地球の反対側に出現する他者までは扱えないが，コミュニケーションが発生するところに，他者が常に出現することを念頭に置く必要がある．

　二つ目の視点は，他者を変容する存在として捉えることである．先の心理学的研究では，他者を青年期の自己形成に影響を及ぼす存在としていた．このことは逆に，「青年期が終われば他者はさほど重要ではなくなる」と見なされていることを示唆している．自己像が発達するときと，発達した後とでは，自己に対する他者の意味が変容するのである．他者は固定的な存在ではなく，自己の状態が変化することで他者の存在も変容する．本章では，こうした他者の揺らぎを重視したい．

　他者の揺らぎは，振り子のようでもある．たとえば，エチオピア西南部の農牧民

ダサネッチを調査した佐川徹 (2011) は，近隣民族との関係が友好的になったり，戦争になったりの繰り返しであることに注目した．その上で，「平和的な民族」とか「好戦的な社会」というような，固定した民族の性質というものはないと指摘した．民族間の関係は，戦争と平和のあいだを揺らいでおり，その動態こそを明らかにすべきだというのである．さらに佐川は，敵対的な相互作用であれ友好的な相互作用であれ，それらの相互作用の背後には相反する関係形態へと向かう動きが潜在的に存在している，と述べている．

レヴィナスに引き寄せれば，この潜在的動きとは他者が「絶対的に他なるもの」であることと関連している．佐川 (2011：423-424) はレヴィナス (2006：89-104) に言及しつつ「戦争を遂行しうる人びとの集まりこそが多様性の表現状態としての平和へと到達することができ，平和を達成しうる人びとの集まりこそが多様性の帰結として勃発する戦争状態にいたりやすいという逆説が成立する」と述べている．本章においても他者について考える際，こうした関係性の揺らぎに注目したい．

他者とは固定的な存在ではない．他者を完全に理解できたと感じるとき，依然として他者の根底に「絶対的に他なるもの」が横たわっていたとしても，他者の「異質性」は消えていく．相手と考えがぴたりと一致していると感じたり，相補的に話が噛みあっていると感じたりする．逆に，自己と他者の考え方が離れていくときには，他者は「異質性」を増していく．何事も話が合わなくなったり，怒りがこみ上げてきたり，信頼することができなくなったりする．

また，他者の異質性（理解しがたさ）は，他者のごく一面を現しているにすぎない．他者は「絶対的に他なるもの」を根底に置きつつも，日常世界の相互作用のなかでは，一面において理解可能であり，一面において理解不能な存在として登場する．日常的な相互作用は，相手の行為に自己の行為を接続することによって成立するが，日常的な相互作用にほころびが生じるとき，異質な他者が立ち現れてくる．日常生活において，身近な人に他者性を感知するのは，どういうときだろうか．他者が立ち現れる状況を考えていこう．

3 ●三項関係と他者

3-1 自己・他者・対象モデル

心理学が論じる自己形成は，他者の言動や，見方，考え方，規範，価値観などを内在化することで行われるとされる．その内在化は，どのような関係性のなかで行

われるのだろうか．トマセロ（2006：108-113）によると乳児期初期の乳幼児は，自己と他者の対面状況において相手の行動を真似る，あるいはモノを触るという二項関係のなかで生きている．そのコミュニケーションは自分と身近な他者（おおくは母親）とのあいだに閉じている．他者に注意が向いているときは，たとえ近くにモノがあったとしても，そちらに注意が向かないし，モノに注意が向いているときは，他者に注意が向かない．ところが，9ヵ月をすぎると乳児は自己・他者・対象（モノ／コト／ヒト）の三項関係のなかで生きるようになる．乳児はモノ（対象）に注意を向けるだけでなく，同時に他者がそのモノ（対象）に注意を向けていることを同時に意識できるようになる（浜田 1988；トマセロ 2006）．

　乳幼時期の自己の形成は，この三項関係をもとに行われている．自己・他者・対象の三項関係のなかで，自己はみずからも対象（モノやコトやヒト）を見つつ，他者が対象（モノやコトやヒト）に対して，どのような言動をとったり，考えたり，理解しているかを学んでいく．その見方や考え方を内在化することで，自己を形成していくのである．この内在化を，前節で検討した「他者の揺らぎ」に重ねるならば，それは自己と他者が接近していく局面の一つであると理解できる．

　自己と他者の接近には，自己が他者を内在化する「自己像の形成」のほかにも，双方が互いを内在化したり，他者が逆に自己を内在化したりする場合があるだろう．また，このときに自己が内在化しているのは，ある他者の，ある対象に示した，ある側面（ある言動，ある見方，ある考え方など）であることがわかる．自己が他者を内在化すると言ったとき，それは他者のごく一部を内在化しているにすぎない．他者が「絶対的に他なるもの」であるのは，部分的な内在化しかできないことと関連している．

　さて，自己・他者・対象（モノ／コト／ヒト）の三項関係による自己形成が，自己と他者の接近する局面の一つであるならば，逆に他者の出現についても三項関係を活用すれば検出できるはずである．自己形成が他者の内在化の働きであったのに対し，ここで検出するのは自己と他者が離れる動き，すなわち異化の働きである．異化を感知するには，「他者になりうる相手（A）」と「わたし（B）」が，第三項（X）（モノ／コト／ヒト）に対して，いかなる言動をとるか，あるいはいかなる見方，考え方，価値観を表明するかが手がかりとなる．第三項（X）をめぐって「他者になりうる相手（A）」が何かしらの意見や価値観を表明し，「わたし（B）」がそれに違いを感じるとき，「わたし（B）」は「相手（A）」に対して異質性を感知するのである．

　この異質性は，「他者になりうる相手（A）」が自分の意見や価値観に「わたし（B）」を「巻き込む」とき，さらに大きく発現する．この「巻き込み」は他者の感知に必須の条件ではないが，人が意見や価値観を述べるときは，同時に，周囲の人への同

調の呼びかけであることが多い．この同調を強いる力が「巻き込み」である．本章では，この「巻き込み」にも注目していこう．

3-2 第三項への態度によって感知される他者性

　まず，第三項（モノ／コト／ヒト）に対する他者の対応をみることで，他者性を感知する例をみていこう．相手（A）が第三項（X）について何かの態度をとるとき，わたし（B）は相手（A）に共感することもあるが，逆に，相手（A）に違和感を覚えてしまうことがある．

　こうした他者性は，わたしが調査しているエチオピアの牧畜民ガブラ・ミゴの人たちにも，感知されているようである．わたしは，思い掛けない言葉から，それを知った．2002年，わたしがガブラ・ミゴ人の歴史を再構成しようと，歴史に詳しいとされる人を探していたときのことである．ガブラ・ミゴには，政治・儀礼を司る「ガダの父」という役職があり，わたしは歴代の「ガダの父」たちの名前を同定しようと試みていた．人びとは，すぐにわたしが調査しようとしていることを理解し，彼ら自身も夢中になっていった．そして毎日，わたしが調査結果を披露するたびに，誰がガブラ・ミゴの歴史に詳しいかを競うように話し，「誰それならもっと知っている」「誰それはすごく詳しい」と，それぞれの主張を言い合うのだった．ガブラ・ミゴの人びとは，激しく議論するのがとても好きな人たちなのである．

　あるとき，ハッサノという男性が，妻の父について「彼ほど物知りな人はいない，彼は他のガブラ・ミゴが誰ひとり知らないことも知っている」と自慢した．人びとはそれに対し，「いや誰それの方が知っている」などと話していたが，やがてハッサノの友人であるボナイヤが，「もし，彼しか知らないガブラ・ミゴの歴史があるならば，彼の知識はガブラ・ミゴの歴史ではないということだ」とつぶやくように言った．

　このボナイヤのつぶやきを聞いたとき，わたしは心打たれた．まず彼の話し方が穏やかで，他のガブラ・ミゴ男性とは違って，興奮した様子がなかった．そして話の内容も，「誰のほうが知っている」というような競合的な内容ではなく，むしろ議論から超越的にハッサノの発言を否定するものであった．このとき，わたしはボナイヤがハッサノに対して，なにがしかの異質性を感じているように思われた．これを整理すると図1のようになる．ハッサノ（A）は，妻の父（X）が他の誰よりも優れた知識人であると過剰な主張をしてしまった．このときハッサノ（A）はボナイヤ（B）にとって他者として現れたのである．

　もう一つ，別の事例をみていこう．今度はケニアに住むガブラ・マルベ人である．

いつも喧嘩にみちたガブラ・ミゴ人とは異なり，ガブラ・マルベ人は物静かな人たちだ．かつて調査を行った故原子令三は，ガブラ・マルベ人のことを「哲学者のような人たち」と語ったことがある．ところが1997年にフィールドを訪れると，彼らは物静かな仮面を脱ぎ捨て，伝統的役職者のポストをめぐって激しい争いを繰り広げていた．

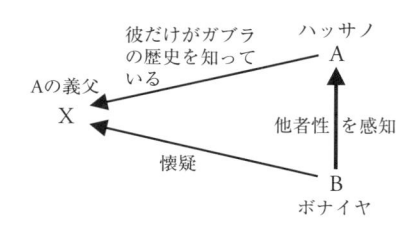

図1 ●第三項（X）への態度と他者性の感知

当時，ケニアでは，ちょうど国政選挙が行われていた．ガブラ・マルベの人たちは，選挙戦に巻き込まれる過程で社会が分断されるのを経験した．選挙戦ではライバル候補者の支持者を切り崩すために伝統的役職者の権威が活用された．従来，伝統的役職者が強権的にふるまうことはなかったが，選挙戦において彼らは権力をふるい，人びとの耳目を集めた．また伝統的役職者の支持を取り付けるために，候補者たちは多額の資金を伝統的役職者に与えたことから，役職者に就きたいと願う者が増えたのである（曽我 2002）．

あるとき，この喧嘩を見ていたシャフィ老人が，「むかしは誰も役職者になど就きたい者はいなかった．役職に就くと，調停や儀礼でいそがしくなり，自由に放牧することができなくなるからな」とつぶやいた．彼は，かつて「ジャッラブ」と呼ばれる伝統的役職を務めたことがあった．その忙しさを知る彼の目には，役職に就きたがる若い人たちの行動が理解できなかったのだろう．

この事例も三項関係によって説明できる．若い世代の人たち（A）は，伝統的役職者（X）の地位に就きたいと願い，そのポストをめぐって争った．しかしシャフィ老人（B）には，この喧嘩を理解できなかった．第三項（X）への対応をみることで，シャフィ老人（B）は，若い世代の人たち（A）に他者性を感知したのである．

3-3 観察者が感知する他者性

わたし（B）がコミュニケーションの過程で相手（A）に他者性を感知するとき，その感知はわたし（B）の内心に生じる現象であり，外部の観察者の目には知ることができないはずである．けれども，ボナイヤやシャフィの発言をみると，彼らが他者性を感知していることが観察者に明確に伝わってくる．彼らの発言の何が，他者の感知を伝えているのだろうか．

まず，ボナイヤもシャフィ老人も，他の人たちが夢中になっていた事柄から，す

こし身を離したところから発言していたことが挙げられる．ボナイヤは「誰がより物知りである」という論戦から身を離していたし，シャフィ老人も伝統的役職に就きたがる人たちから身を離していた．また，彼らの発言が「つぶやき」の形をとっていたことも関係ある．

　もし，ボナイヤやシャフィ老人が論戦に身を投じ，相手を説得しようと大声をあげるならば，彼らは決して，相手に他者性を感知することはないだろう．今の時点で，お互いが異なる意見をもっていても，相手を説得しようとしたり，論破しようとしたりしている者は，相手に対して他者性を感知しないからだ．なぜなら，目の前の相手は，「今」は異なる意見をもっていても，「やがて」は自分と同じ考えをもつようになると期待されるからである．

　これに対し，ボナイヤやシャフィ老人 (B) の「つぶやき」は，相手 (A) を説得しようとするものではなかった．相手 (A) への説得を放棄した発言を聞くとき，外部からコミュニケーションを観察する者たちは，その人 (B) が相手 (A) に他者性を感知している，と察するのである．

　では，どうしてボナイヤがハッサノに，シャフィ老人が若い人たちに他者性を感じたのだろう．他者性は，彼らが単に「違う」ことによって感知されている．レヴィナスが言うように，他者は「絶対的な他者性」を帯びているのであり，日常の相互作用において意見や態度が違うのは，あたりまえのことである．ただ，こうした違いのなかにも，大きく違うものもあれば，小さな違いにとどまるものもある．小さな違いは，むしろ会話を活性化させることになるだろう．けれども大きな違いは，他者性を感知させることになるのである．

　第三項 (X) は，その大きな違いを顕在化させる契機となっている．小さな違いを顕在化させるのも，大きな違いを顕在化させるのも，第三項 (X) があってのことである．人 (A) と対象 (X) との関係のありかたが，さまざまな違いを生みだしている．その違いがすべての他者性の根源であるといえるだろう．さまざまな第三項 (X)，第三項 (X')，第三項 (X") をめぐって，人はさまざまな意見や態度をとる．ここで，焦点があてられる第三項に応じて，他者性は感知されたりされなかったりする．他者性の感知は状況依存的なのである．

3-4　強い「巻き込み」によって感知される他者性

　つぎに見るのは，相手 (A) が第三項 (X) にたいする自分の意見や価値観を提示し，わたし (B) を「巻き込む」ときに他者性が発現する事例である．先に，わたしは「小さな違いを顕在化させるのも，大きな違いを顕在化させるのも，第三項 (X) があっ

写真1 ●ガブラ・ミゴ人はほぼ全員がイスラム教徒である．イスラム教の教師（マーリム）のいる村では，早朝，子どもたちがクルアーンを学んでいる．

てのことだ」と述べた．つぎの事例は，複数の第三項 (X, X') について接近しつつあったふたつの民族が，ある第三項 (X") をめぐる「巻き込み」によって他者性を感知していく様子を示している．他者性の感知が状況依存的であることを確認するとともに，わたし (B) に同調を強いる「巻き込み」が他者性を感知させるメカニズムを見ていこう．

　ガブラ・マルベとガブラ・ミゴは，おなじガブラという名称を名乗ることから，互いを同じ民族であると考えているが，最近まで人的交流がとぼしかった．両者のあいだには敵対する牧畜民ボラナが住んでいるからである．ところが 2000 年頃から，北ケニアの選挙や，南エチオピアの民族紛争に対応するために，両者は急速に協力するようになっていった．

　北ケニアのマルサビット市を中心とする選挙区では，ガブラ・マルベ人やブルジ人，レンディーレ人，サンブル人ら少数民族が，マジョリティであるボラナ人を挫いて議席を獲得するために，選挙協力をさかんに行っている．一方，北ケニアの国境の町モヤレ市の選挙区では，マジョリティであるボラナ人が議席を獲得しつづけてきた．そこでモヤレ市近郊に住むガブラ・ミゴ人は，ガブラ・マルベ人の協力を得て，ボラナ人から議席を奪取しようとした．この場合，ガブラ・マルベ人 (B) とガブラ・ミゴ人 (A) は，選挙ライバルであるボラナ人候補者から議席 (X) を獲得するために協力し合い，ガブラ・マルベ人 (B) はガブラ・ミゴ人 (A) に異質性を感知しなかった．

　同様に，南エチオピアではガブラ・ミゴ人とボラナ人としばしば民族紛争をおこしてきたが，ガブラ・ミゴ人はガブラ・マルベ人と共同でボラナ人を挟み撃ちするようになってきた．この場合も，共通の敵であるボラナ人 (X') に対するガブラ・マルベ人 (B) の態度とガブラ・ミゴ人 (A) の態度は一致しており，ガブラ・マルベ人 (B) がガブラ・ミゴ人 (A) に対して異質性を感知することはなかった．

　ところが，ガブラ・マルベ人とガブラ・ミゴ人の交流が進むにつれて，別の第三項 (X") が両者の関心を集めることになった．それはイスラム教 (X") への改宗である．ガブラ・マルベ人は，少数のカソリック教徒と少数のイスラム教徒が混じっているものの，大多数は伝統的な唯一神ワーカを信仰する．カソリックと伝統的一神教の関係は良好で，対立することはない．ところが，ガブラ・ミゴ人は，ほぼ全員がイスラム教徒であった．とくにモヤレ市周辺のガブラ・ミゴ人は，原理主義的傾向が強いワッハーブ派のモスクにかよう熱狂的なイスラム教徒であったことから，異教徒であるガブラ・マルベ人に積極的に改宗を薦めたようである．これに対し，かつてわたしの調査助手を務めたガブラ・マルベ人の男性 (カソリック教徒) は，ガブラ・ミゴがあまりに改宗を勧めるものだから，ガブラ・マルベは彼らを好まなく

なってきていると述べた．

　まず，他者性が状況依存的であることを確認しておこう．他者性は第三項(X)に対する態度の違いとして感知されるものである．ここで第三項(X)が別の第三項(X')に変われば，第三項(X)に関する他者性が背景に退き，あらたに第三項(X')に関する他者性が感知される．この事例では，第三項「議席(X)」や「ボラナ人(X')」については，ガブラ・ミゴとガブラ・マルベの関係は良好になり，両者は接近していった．しかし第三項「イスラム教(X")」については，両者の親和的な関係は背景にしりぞき，ガブラ・マルベはガブラ・ミゴに他者性を感知したのである．

　とはいえ，ここで重要なことは，第三項「イスラム教(X")」そのものが，ガブラ・マルベ人にガブラ・ミゴ人に対する他者性を感知させたわけではないということである．ガブラ・マルベ人のなかにもイスラム教徒は存在しており，ガブラ・ミゴ人がイスラム教を信じること自体は，他者性を感知させる理由にはならない．彼らが他者性を感じたのは，むしろ改宗を強く要請する「巻き込み」を受けたからである．改宗は典型的な「巻き込み」である．強い「巻き込み」が他者性を感知させてしまうのは，誰もが「絶対的に他なるもの」を備えているからだろう．改宗であれ何であれ，強い「巻き込み」は，自己と他者のあいだに絶対的に横たわる差異を顕在化させてしまうのである．

　改宗に限らず，誰か(A)がわたし(B)を説得しようとするとき，相手(A)は「よく話し合えば，わたし(B)を説得できる」と考えている．説得は，わたし(B)に異質性を感じる者が行うことではなく，むしろわたし(B)に「近さ」を感じる者(A)が取り組むことだ．そうであるからこそ，説得者(A)の努力が不調におわり，どうしてもわたし(B)を納得させることができなかったとき，説得を試みた者(A)がわたし(B)に対して近親憎悪的な感情（これもひとつの他者性の感知なのだが）をもつことがある．

　逆に，わたし(B)が主張者(A)に他者性を感じるのは，主張者(A)の第三項(X)への主張が受け入れがたいものであり，かつ主張者(A)がわたし(B)を説得などの形で「巻き込もう」としているときである (図2)．ときには先の事例でみたように，第三項(X)の内容ではなく，「巻き込み」自体によって他者性を感知することもある．なぜなら「巻き込み」は，主張者(A)によるわたし(B)への支配とも言えるからである．他者性の概念は，わたし(B)に対する主張者(A)の「支配の行使」への

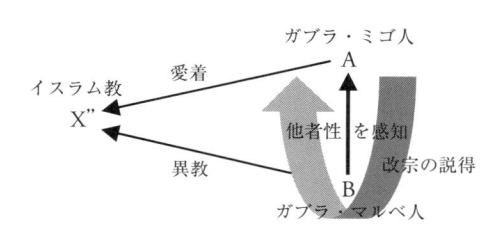

図2 ●強い「巻き込み」と他者性の感知

反発として顕在化し感知されるのである．

4 ●参照基準と他者

4-1 参照基準による他者性の感知

　これまで日常世界における他者の感知について検討してきた．互いのことを良く見知った者が，日常的な相互作用のなかで感知する他者について論じたことになる．ここからは，もう少し疎遠な者に対して感知する他者性についてみていこう．ここで論じられる他者性は，異なる文化や社会，宗教を背景とする者が接触する状況で感知される．いわゆる異文化が接触する状況で現れる他者性である．

　遠い世界の人びとに他者性を感知するメカニズムは，これまで検討してきた三項関係とは少し異なっている．異民族の人びとの「対象」に対する態度やふるまい方を見聞きするとき，人はみずからがとる態度やふるまい方を参照基準としている．三項関係との違いをみていこう．

　たとえばガブラ・ミゴの人びと (B) が良く話すことの一つに，白人 (A) の食事の仕方 (X) がある．これは，ガブラ・ミゴの人びとが一つの器に盛った料理を皆が囲んで一緒に食べるのに対し，白人はそれぞれが自分だけの器で別々に食事をとるというものである．ガブラ・ミゴが「美徳」とすることの一つに「苦楽を共にする」という考え方があり，一つの器に盛られた料理を皆が囲んで一緒に食べる行為は，この美徳を体現することでもある．そこでガブラ・ミゴ (B) は，白人 (A) が別々に食べる (X) のをみるとき，白人に強く他者性を感じるのである（図3）．

　食事をめぐる他者性の感知については，佐川 (2011) も指摘している．佐川が調査するダサネッチの人びと (B) は，近隣の牧畜民と敵対する一方で，歓待しあう関係にある．ところが町に住むエチオピア高地人 (A) は，ダサネッチと敵対もしないが，ともに食事をすることはなく，ましてダサネッチの人びとを招いて歓待することもない (X) という．ダサネッチにとって敵対する近隣の牧畜民は，この文脈において他者ではない．彼らが大きな他者性を感知するのは，むしろエチオピア高地人に対してなのである．

　さて，このとき自己と他者のあいだに相互作用はほとんど生じていない．ここで感知された他者性は，日常的な相互作用のなかではなく，むしろ他民族を離れたところから「観察」することによって感知されている．相互作用なしに他者を感知するメカニズムは，これまで検討してきた自己・他者・対象の三項関係とは別のもの

である．彼らは，他者が対象（食事）をめぐって行っていることを，みずからの参照基準に照らし合わせることで，他者性を感知しているからである．

こうした他者性の感知の例をもう一つ挙げておこう．たとえばガブラ・マルベ人は，近隣民族トゥルカナ人について，じつに多くのことを話す．「トゥルカナは毎年子供を妊娠する」とか「まだ母親は授乳中なのに，もう妊娠しておなかが大きくなっている」といった具合である．これはガブラ・マルベ人が，子供を3年間隔でもうけることを是とする参照基準をもっているからである．このように，自分たちの参照基準に外れる行為を見聞きするとき，他者性が民族の境界にそって感知される．民族ごとに育まれた参照基準 (Y) が，異民族との境界線を強化するとともに，異民族を他者として排除することで，同時に参照基準そのものが再生産されていくのである．

ただし，先に検討したダサネッチの歓待し合う近隣民族のように，同じ参照基準を複数の民族が共有していることもある．たとえば北ケニアに住む多くの牧畜社会には，複数の民族に共通する神話や儀礼や，年齢制度の存在が知られている (Schlee 1989；Kurimoto and Simonse 1997)．参照基準が民族ごとに存在することは確かだが，参照基準が複数の民族に共有されることもある．他者性が民族の境界にそってのみ感知されているわけではないことは強調しておく必要がある．

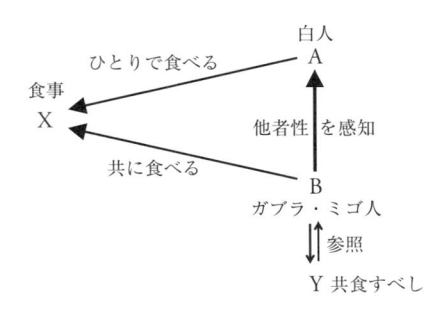

図3 ●参照基準と他者性の感知

4-2 参照基準による他者理解

参照基準によって人は相手との相互作用なしに他者性を感知するが，その一方で，参照基準は相手との相互作用なしに他者を理解する道具にもなり得る．参照基準をもちいて他者をいとも手軽に「理解」しようとする人間の性向を見ていこう．

先にあげたレナート・ロサルド (1998) だが，妻の死に直面する前は，ずいぶん手軽な方法でイロンゴットを首狩りに駆り立てる情動を理解しようとしていた．

　　わたしは悲しみの中にある怒りの激しさが自分で納得できなかったので，なぜ年配の男たちが首狩りをしたがるのかがもっと深く説明できる，違うレベルの分析を求めた．……わたしはインサンという……男に，人類学者の交換モデ

ルについて説明した．彼は当惑した様子だったので，わたしはさらに首狩りの犠牲者は自分の近親者の死と交換され，そうすることによっていわば帳尻をあわせるのだといった．インサンはしばらく考えてから，そういう風に考えるひともいるかもしれないが，彼もほかのイロンゴットたちも，そういう風には考えないと答えた（ロサルド 1998：9-10）．

　ロサルドは当初，イロンゴットの情動を直接的に理解するかわりに，適当な人類学理論に頼ることで彼らの情動を「理解」しようとしたのである．こうした態度は，決して非難されるべきことではない．わたしたちはフィールドで常に新しい理解の仕方を模索する一方で，大学教育においてはさまざまな理論を学生に教え，それを使って現象を「理解」するよう勧めている．
　また，ロサルドが頼ろうとしたのは，「専門家」によって作りだされた理論であるが，日常生活においては，さまざまな「しろうと理論」（ファーンハム 1992）が幅をきかせている．たとえば，ガブラ・ミゴは，2005 年頃，民族が分裂する危機に直面したが，その時に乱れ飛んだ言説を，人びとは姻族関係という「しろうと理論」を用いて解釈して見せた．

　　　エチオピアでは1994年に民族に基盤をおいた連邦制が施行された．ガブラ・ミゴはオロモ民族とソマリ民族の両方から，どちらにつくのか意思表示するよう求められた．2005 年頃までガブラ・ミゴは，どちらかの民族になろうと議論を重ねてきた．けれども，この議論で明らかになったのは，容易には埋まらないほどの溝の大きさである．このときオロモ民族の居住地域に住む人びとはオロモ派となり，ソマリ民族の居住地域に住む人びとはソマリ派となった．わたしはオロモ派の人びとがマジョリティである地域に暮らしていたが，ある日，オロモ派の人びとが，ある会議でソマリ寄りの発言をした男性について噂するのを聞いた．その男性はガリ・ソマリの娘を第二夫人として娶っており，だから彼はソマリ寄りの発言ばかりする，ということであった．

　この男性が，いかに民族の将来を考えてソマリ寄りの発言をしたとしても，人びとは耳を貸そうとしないだろう．人びとは「ソマリ人の妻を娶っているから，彼はソマリ寄りの立場を取るのだ」と決めつけていた．姻族関係が当事者の態度を決定するという「しろうと理論」に頼って，この男性の行動を理解した．学術的な理論であれ「しろうと理論」であれ参照基準をもちいることで，人は相互作用なしに他者性を感知したり，逆に他者を理解したりすることが可能なのである．

4-3 参照基準と相互作用の関係

　では，参照基準をもちいるとき，なぜ相互作用が軽視されてしまうのだろうか．磯部卓三(1998)は，ルネ・ジラールの「欲望の三角形」を手がかりに，「行為者」「対象」「規制者」の三者関係を論じている．磯部によると，行為者が規制者の存在を意識するとき，対象との関係は十全のものとはならないことがある．たとえば，弟(対象)に優しくするようにと母親(規制者)に言われた娘(行為者)は，弟の気持ちに添うことなく「優しさ」を押し売りするといった事例である．
この場合，弟への「優しさ」は，母親の評価(図4矢印(2))を受けるために行われており，それ故，「優しさ」の押し売りになってしまう．このとき，弟への関心(矢印(1))は払われない．本来，弟(対象)への関心に基づいて優しくするべきところが，規制者が登場することで，対象への関心は消滅してしまうのである．

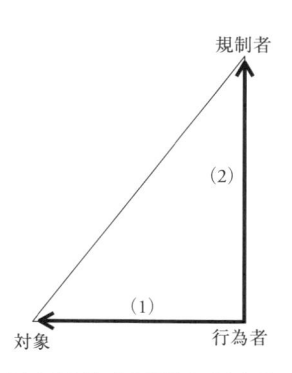

図4 ●行為者の意識のベクトル

　この構図は，イロンゴット(対象(X))を人類学の理論(参照基準(Y))によって理解しようとしたロサルド(自己(B))と同型のものである．ロサルドが理論によって現象を説明しようとしたとき，対象となる「他者」への関心を，もっているようで実はもっていない．また，ガブラ・ミゴの事例では，ソマリ派の男性(対象(X))の発言は，その男性の妻がソマリ人の出自である(参照基準(Y))という「しろうと理論」によって理解されてしまった．ここでも，男性の真意は顧慮されない．

　学術的な理論であれ「しろうと理論」であれ，こうした理論によって「対象」が理解されてしまうと，逆に「対象」への関心が失われてしまう．けれども，ここで重要なことは，もともと「対象」への関心があったからこそ，「規範(規制者)」が登場したということだ．人類学は「他者(対象)」と格闘することで「理論(規制者)」を生み出してきたし，ガブラ・ミゴの人びとも，日々の暮らしのなかから，さまざまな「しろうと理論」を生み出してきた．こうした「理論(規制者)」は，社会の複雑性を縮減するための装置となっている．参照基準は，相手との相互作用なしに他者性を感知させもするが，同時に他者を理解するための装置にもなっているのである．

5 ●他者を感知する三つの仕組み

　ここまで，他者を感知するメカニズムについて考えてきた．人は，(1) 対象 (X) に対する他者の態度や振る舞いから他者性を感知することもあれば，(2) 他者からの「巻き込み」によって他者性を感知することもある．さらに (3) 参照基準に照らすことで他者性を感知することもある．

　けれども，これらの仕組みには，他者性を感知するだけでなく，逆に他者を自己のなかに取り込もうとする動きも内在している．たとえば三項関係は，そもそも対象に対する他者の振る舞いや態度，価値観などを自己のものにしていく乳児期の発達モデルから借用したものであった．そこでは，(1) 対象 (X) に対する他者の態度は，自己を変容させる源泉となっていた．自己の発達は青年期を超えると心理学的にはほとんど検討されなくなるが，成人してからも他者の振る舞いや態度や価値観を自己のものにしていこうとする動きがなくなってしまうわけではない．自分の周囲の人のなかからロールモデルとなる人物を選び，その人物の行動を真似て実践していくなかで，自己を変容しようとすることがある．三項関係は，他者性を感知する仕組みであると同時に，他者に近づくように自己を変容させる仕組みでもある．

　また，(2) 他者からの「巻き込み」が他者性を感知させる一方で，他者からの「巻き込み」に進んで巻き込まれていくこともある．ここですぐに思い浮かぶのは説得である．とくにビジネスの世界では相手を説得するためのコミュニケーション技法が開発されているが，これは説得という「巻き込み」が反感を買うこともある一方で，当初は耳も貸してくれなかった相手であっても，最終的には説得に耳を貸し協力者にすることができる，という経験則に基づいている．また，前節でも検討したように，(3) 参照基準に照らすことで他者を手軽に「理解」することもある．これらの仕組みは，他者性を感知するだけでなく，他者を自己に取り込む動きを説明するものでもあるのだ．

　進化論的な観点からすると，対面的な相互作用だけでなく，人類が参照基準によって他者を理解したり他者性を感知したりする心性を備えていることが注目に値する．人類は長い狩猟採集の時代を経て，農耕や牧畜を営むようになり，都市を作り，ついには国民という「想像の共同体」を作り出した．大型類人猿とは異なり，人類はより多くの構成員からなる社会のなかで暮らすことを可能にした．こうしたことを可能にしたのは，相互作用による他者理解や他者性の感知ではなく，文化や言語，宗教や法・制度などの参照基準による他者理解と他者性の感知のおかげであろう．

　人類は，よく知らない者に出会ったとき，ときに襲い殺害することもあったかも

しれないが，同時に，許容し共に居ることができる能力を備えていた．すなわち人類は，一方では価値についての体系（文化やモラル）を作り出し，異質な他者を感知・排除しておきながら，他方では，その他者を理論や規範によって「理解」することで，親密に繋がりはしないまでも，共に暮らすことを許容するように進化したのだろう．他者を中途半端に理解したまま，複雑性を縮減する能力は，人類社会の進化において重要な役割を果たしたに違いない．

　一方，相互作用による他者理解や他者性の感知は，硬直しがちな参照基準を揺り動かす契機となっている．たとえば，なんらかの参照基準に照らしていろいろな人びとを「われわれ」とするとき，その「われわれ」の内部において生じる対面的な相互作用は，「われわれ」のなかに他者性を感知させることがある．同様に，参照基準に照らしてある人びとを「彼ら」と他者化したとしても，「彼ら」の誰かと個別に出会い，対面的な相互作用をするなかで，「彼ら」がわたしと同じであると感じることもある

　かつてわたしは，疲れ果てたトゥルカナ人の旅人が，夜更けにガブラ・マルベ人の村を訪れ，一夜の宿を乞うた場面を目撃したことがある（曽我 2009）．このとき，村人はしばらく旅人の話に耳を傾けると，村に泊まることを許しお茶を振る舞った．当時，トゥルカナ人とガブラ・マルベ人は，民族紛争を終結させたばかりで，両者のあいだには深い傷跡が残っていた．この村でも青年がひとり殺されていた．参照基準に照らせば，トゥルカナ人は敵であるとガブラ・マルベ人の誰もが思い，またトゥルカナ人もガブラ・マルベ人のことを敵と見なしていたから，この旅人がガブラ・マルベ人の村を訪れたのは，よくよくのことであったに違いない．

　一夜の宿を乞う男の〈顔〉の呼びかけに，村人は深い同情で応えた．対面的な相互作用は，人びとにみずみずしい経験をさせる．こうした村人の行為は，トゥルカナ人を敵とする参照基準を弱めたり，後退させたり，疑義を生み出す方向に作用する．もちろん一回の行為や経験が，強固な参照基準を揺り動かすことは，ほとんどない．しかし，相互作用は常に参照基準に影響をあたえつづけ，参照基準を弱めたり，逆に強めたりするのである．

　さまざまな対象をめぐって，人は他者を自己のうちに取り込もうとしたり，逆に他者性を感知したりする．他者性の感知や他者理解には，参照基準によるものと相互作用や巻き込みによるものとがあるが，これらは互いに関係し合い，参照基準が相互作用に優越したり，相互作用が参照基準に優越したりする．参照基準と相互作用の力関係のなかで，他者性が感知されたり，感知された他者性が消えたりしているのだと理解したい．

参照文献

ファーンハム，A（1992）『しろうと理論 —— 日常性の社会心理学』（細江達郎監訳，田名場忍・田名場美雪訳）北大路書房．
浜田寿美男（1988）「ことば・シンボル・自我 ——〈私〉という物語のはじまり」岡本夏木編著『認識とことばの発達心理学』ミネルヴァ書房，3-36 頁．
磯部卓三（1998）『道徳意識と規範の逆説』アカデミア出版会．
北村光二（1991）「「深い関与」を要求する社会 —— トゥルカナにおける相互作用の「形式」と「力」」田中二郎・掛谷誠編著『ヒトの自然誌』平凡社，137-164 頁．
── （1996）「身体的コミュニケーションにおける「共同の現在」の経験 —— トゥルカナの「交渉」的コミュニケーション」菅原和孝・野村雅一編『コミュニケーションとしての身体』大修館書店，288-314 頁．
Kurimoto, E and Simonse, S (1997) *Conflict, Age & Power in North East Africa: Age Systems in Transition*, James Currey, Oxford.
溝上慎一（2008）『自己形成の心理学 —— 他者の森を駆け抜けて自己になる』世界思想社．
宮脇幸生（2006）『辺境の想像力 —— エチオピア国家支配に抗する少数民族ホール』世界思想社．
太田至（1986）「トゥルカナ族の互酬性」伊谷純一郎・田中二郎編著『自然社会の人類学 —— アフリカに生きる』アカデミア出版会，181-215 頁．
ロサルド，R（1998）『文化と真実 —— 社会分析の再構築』（椎名美智訳）日本エディタースクール出版部．
佐川徹（2011）『暴力と歓待の民族誌 —— 東アフリカ牧畜社会の戦争と平和』昭和堂．
Schlee, G (1989) *Identities on the Move*, Manchester University Press, Manchester.
曽我亨（2002）「国家の外から内側へ —— ラクダ牧畜民ガブラが経験した選挙」佐藤俊編『遊牧民の世界』京都大学学術出版会，127-174 頁．
── （2009）「感知される「まとまり」 —— 可視的な「集団」と不可視の「範疇」の間」河合香吏編『集団 —— 人類社会の進化』京都大学学術出版会，203-222 頁．
── （2013）「制度が成立するとき」河合香吏編『制度 —— 人類社会の進化』京都大学学術出版会，1-18 頁．
トマセロ，M（2006）『心とことばの起源を探る —— 文化と認知（シリーズ　認知と文化　4）』（大堀壽夫他訳）勁草書房．
鶴真一（1998）「レヴィナスの他者論」『発達人間学論叢』(1)：99-105.
── （2012）「レヴィナスにおける超越を起点とした倫理と宗教」『大阪薬科大学紀要』(6)：27-36.

第4章 「拒否できる他者」の出現
人間社会への移行における不可避の条件

北村 光二

❖ Keywords ❖

相互行為システム，コミュニケーション，拒否できる他者，循環的過程，社会の秩序

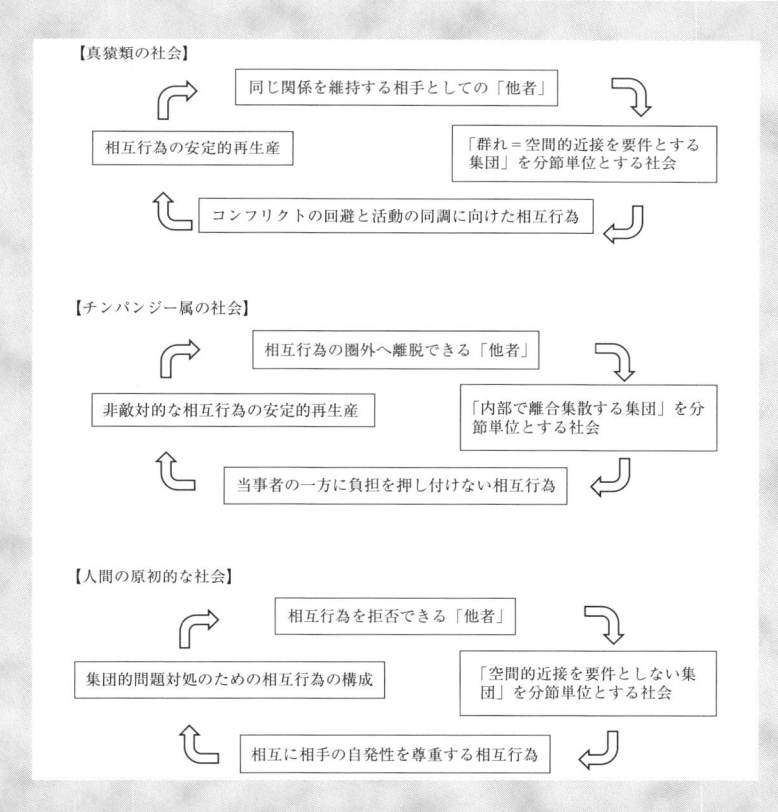

【真猿類の社会】

```
          同じ関係を維持する相手としての「他者」
  ↱                                              ↘
相互行為の安定的再生産          「群れ＝空間的近接を要件とする
                              集団」を分節単位とする社会
  ↖                                              ↙
          コンフリクトの回避と活動の同調に向けた相互行為
```

【チンパンジー属の社会】

```
          相互行為の圏外へ離脱できる「他者」
  ↱                                              ↘
非敵対的な相互行為の安定的再生産    「内部で離合集散する集団」を分
                                  節単位とする社会
  ↖                                              ↙
          当事者の一方に負担を押し付けない相互行為
```

【人間の原初的な社会】

```
          相互行為を拒否できる「他者」
  ↱                                              ↘
集団的問題対処のための相互行為の構成   「空間的近接を要件としない集
                                    団」を分節単位とする社会
  ↖                                              ↙
          相互に相手の自発性を尊重する相互行為
```

　人間以外の霊長類の社会から人間の社会への移行において起こったことを，これらの社会に共通する相互行為システムのコミュニケーションを題材に考察する。ここでの注目点は，それらのコミュニケーションにおいて人びとはどのような「他者」を想定してその「他者」とどのようなタイプの相互行為を行おうしているのかという点にある。ここにあるそれぞれの社会ごとの違いは，それぞれの社会の構造やその秩序の形の違いに対応したものだと考えられるが，それらは上記のような循環的な過程に組み込まれて，システム内で繰り返し生成しているのだと考えられる。

1 ●相互行為システムのコミュニケーション

　本章では，人間以外の霊長類社会と人間社会とに共通したコミュニケーションのあり方として「相互行為システム[1]のコミュニケーション」を考える．この相互行為システムとは，「同じ場所に居合わせていること」を前提に，当事者双方が互いに相手に向けた行為を接続して何らかの結果を実現しようとしてなされるコミュニケーションのまとまりのことであり，このまとまり（＝コミュニケーション・システム）は，絶え間なく中止されたり新たに始まったりする運命にある．そのような性質を持つシステムやその要素である個々のコミュニケーションは，人間社会とそれ以外の霊長類社会で共通していると考えられる．したがって，人間以外の霊長類の社会から人間の社会への進化という脈絡で人間社会の特徴を考えようとする本章の立場からすると，この共通の土俵の上に，どのような変化が付け加わることによって人間の社会が出現したのかを明らかにすることが取り組むべき課題になるのである．

　一方，それぞれの種の社会のあり方やその秩序の形を問題にする観点からいえば，相互行為システムが絶え間なく中止されたり新たに開始されたりしながら，それがそのようなものとして再生産可能になるためには，個々の相互行為を超え出る社会という基盤を考えることがどうしても必要だということになる（ルーマン 1995）．すなわち，個々の相互行為の前後や外部というより広い範囲に及ぶ秩序を確保しようとする社会の選択が想定されなければならないのである．そして，ここで取り上げようとする動物の社会や原初的な人間社会においては，それが何か特別な手段によって実現されるのではなく，相互行為システムのコミュニケーションそれ自体によってもたらされるのだと考えなければならない．本章では，それぞれの種の社会の相互行為のコミュニケーションを取り上げて，当事者がコミュニケーションの相手としてどのような「他者」を想定しているのか，そして，その「他者」とどのようなタイプの相互行為を行おうとしているのか，という点を検討する．それによって，それぞれの社会の選択がどのように異なっているかを明らかにできるのではないかと考えるからである．

　以下では，相互行為システムのコミュニケーションの接続においては，それぞれの個体は相互行為が導き出すものとしての何らかの特定の結果を実現しようとするとともに，個々の相互行為を超え出る範囲に及ぶ社会の秩序を確保しようともしているのだと考える．そして，そのような相互行為システムの再生産に不可欠な社会の秩序を確保しようとする選択がどのような「他者」を想定した，どのような秩序

を志向するものになっているのかについて，進化史的なそれぞれの段階に対応させて考察しよう．

2 ●人間以前の社会における相互行為システム

2-1　哺乳類の群居的な生活形の社会

　相互行為システムのコミュニケーションの前提は「同じ場所に居合わせている」ことである．人間を含む霊長類の社会は，少数の例外を除いてほとんどすべての種において，複数の個体が同じ場所に居合わせて共存しながら，同じ活動を一緒に行っているという意味で，群居的な生活形を採用している．哺乳類全体を考えてみても，群居的な生活形を基本とする社会は少なくなく，そのような社会では，そのときどきの活動の枠組みを仲間と共有することによる「社会的促進」と，そのような場面で顕在化する可能性が高い仲間とのコンフリクトを回避しようとする「社会的抑制」という2つの原則に律せられた共存状態が実現されていると考えられている（クマー 1978）．

　このうちの「社会的促進」では，環境にある資源との関係における動機づけを，近くに居合わせる同種他個体たち（＝「他者」たち）と共有して，そのときの活動を相互に同調させようとするという行動傾向が定着していると考えられる．そのようなごく一般的な傾向性を背景として，「他者」たちは，活動の大枠を同調させ合う相手とみなされることになる．そして，そのような「他者」たちとの間に，そのときその場において同じ活動を一緒に行うという状態がもたらされるだけではなく，それとは別の時間と場所においても，このような状態が繰り返し再生産可能なものとなるという社会秩序が確保されることになるのだと考えられる．

　そのうえで忘れてはならないことは，このような相互の活動を同調させることによって，それぞれの個体は一体どのような利得を獲得できるようになるのかという点である．周囲の「他者」たちと行動を同調させようとするという遺伝的な基盤を持つ行動傾向とは，そのように振舞う個体が生き残る可能性がより高くなるという結果を伴うようになって初めて定着することになると考えられるからである．この場合には，そうすることによって，1頭では見つけ出せない価値ある資源を見つけられるようになったり，捕食者から身を守るうえで，多数による目くらましの効果を得ることができたりもすると考えられている．すなわち，それぞれの個体は，「他者」たちとの関わりを調整しようとしながら，同時に，環境にある「もの」との関

わりにおける自らの利得を確保できるようになってもいるということである.

もう一方の「社会的抑制」では,一般的な行動傾向として,近くに居合わせる「他者」たちと活動を同調させようとしながらも,いつでも近づき過ぎないようにして,可能な限りコンフリクトを回避しようとするというやり方を採用している.そのときの「他者」たちは,相互にコンフリクトを回避しあう相手とみなされている.そして,そのような「他者」たちとの間には,コンフリクトが回避された状態が繰り返し再現されるようになるのだと考えられる.その上で,「他者」たちと活動を同調させながらも近づき過ぎないようにするという一般的なやり方を続けることによって,コンフリクトの可能性が現実に顕在化してしまったときにも,無理なくそれを回避する相互の行動の調整が実現できたりもすると考えられるのである.

これらの「社会的促進」と「社会的抑制」は,群居的な生活形を採用する種の社会における活動のあり方の大枠を規定しているものであり,個々の場面における相互行為を超え出るより広い範囲に及ぶ社会の秩序を確保するうえで不可欠なものになっているはずである.ただし,これらの大枠のもとで,それぞれの個体は具体的な場面における具体的な行動の選択によって,その場に期待される行動連鎖レベルの秩序を生み出しつつ,それぞれの個体の生存上の利得に結びつく結果を生み出してもいることを見逃してはならない.したがって,それぞれの個体が採用しているこれらの一般的行動傾向のたんなる重ね合わせが社会的秩序を生成しているというのではなく,具体的な場面におけるそれぞれの個体による具体的な行動の選択とその相互の接続における調整という過程の積み重ねこそが「他者」たちとの共存状態を秩序だったものにしているのだと考えられなければならない.

その一方で,それぞれの種の社会全体のあり方を問題にする観点からいえば,この2つの原則の重ね合わせがそのような社会的秩序の再生産を不確実なものにする可能性を残している点にも目を向けざるを得ない.すなわち,一方の「社会的促進」は,同種個体が同じ場所に居合わせていることを前提に,そのときどきの活動を相互に同調させようとする行動傾向に依存して,「同種個体どうし」という関係で同じ活動を一緒に行うという秩序だった状態を繰り返し再生産可能なものにしていると考えられる.それに対して,他方の「社会的抑制」は,同種個体とは可能な限りコンフリクトを回避しようとする行動傾向のもとで,彼らと近づき過ぎないようにしようとしているのであり,むしろ離れ合おうとする傾向を助長してしまうことも十分予想できるのである.それによって,相互に活動を同調させ合おうとする同種個体たちが近くにいないという状態がもたらされたりもすると考えられるのである.

それでも,多くの種において,群居的な生活形という社会の秩序のあり方が維持

されているのは，たとえ上記のような過程が進行して同種個体が離れ離れに生活を送るという状態がもたらされても，たとえば，重要な食物が集中的に分布する状態になるという，社会的な関係世界の外部からもたらされる条件の変化に反応して，再び，同じ場所に居合わせる「他者」たちと同じ活動を一緒に行うという状態を繰り返し再生産するという過程に回帰することになっているのだと考えられるのである．したがって，この進化段階にある群居的生活形の社会においては，「相互行為における振舞い方」そのものによってそれぞれの社会の秩序の形が直接生み出されているとまではいえない，ということになろう．

2-2 真猿類の群れ社会

それに対して，群居的な生活形の社会のより進化した段階にあると考えられる真猿類（例えば，ニホンザル）の群れ社会においては，この「相互行為における振舞い方」そのものが，社会の秩序の形を生み出しているという状態により近づいていると考えられる．群れ社会とは，「メンバーシップの定まった集団」としての群れからなる社会である．そこでは，種社会のメンバーの空間分布における分節的集中に由来する群れというまとまりが基準となり，「同じ群れのメンバーどうし」という関係が重要になる．そして，哺乳類の群居的な社会における「同種個体どうし」という関係で採用される「社会的促進」や「社会的抑制」という共存状態の秩序を維持するためのやり方が，「同じ群れのメンバーどうし」のものに置き換わっている．すなわち，種社会の内部に複数の「分節的集中」が成立すれば，その空間的まとまりが手がかりとなって，個々のまとまりのメンバーどうしという関係でその分節性を再生産するような行動の接続が遂行されるという循環的な過程が動き出し，それによって「群れ」が安定的に維持されることになっているのだと考えられるのである．

そのような循環的な決定過程が作動し続けて群れ社会の秩序が再生産されるようになるためには，哺乳類の群居的な社会にあった社会秩序の再生産を不確実にしてしまう障害が何らかの形で取り除かれるというのでなければならない．その障害とは，「社会的促進」に求められる一般的行動傾向と「社会的抑制」に求められるそれとが，単純には両立しないという点にあった．そして，このような障害を解消した群れ社会への移行にもっとも貢献した変化は，「社会的抑制」の原理に関わる部分にもたらされた．

真猿類の群れ社会では，「社会的促進」に求められる行動傾向は，以前と同様のものが，「同じ種のメンバー」に対するものから，「同じ群れのメンバー」に対する

ものへと置き換わっているだけであるのに対して，「社会的抑制」という側面に関しては，コンフリクトの回避という状態を実現する上での対応のあり方が，全く異なったタイプのものになっている．以前の場合は，その行動を向ける相手が誰であるかとは無関係に，この原則に適合する一般的な行動傾向が求められることになっていたのに対して，群れ社会では，その行動を向ける相手としてどのような「他者」を想定して，その「他者」との間にどのような秩序を作り出そうとするのかが問題になるのである．

　この場合には，コンフリクトの回避という状態を実現するための抑制的な行動を向ける相手として想定されている「他者」とは，自分にとって「優位」者と位置づけられる「他者」である．その相手との行動の接続において自分が相手に従属する「劣位」者として振舞うことで，コンフリクトの可能性を排除した状態を作り出すという対応がとられることになる．それによって，「社会的抑制」に対応する振舞い方と「社会的促進」に対応するそれとは，全く何の矛盾する要素も含まないものになったのである．すなわち，たとえば，同じ群れのメンバーのうちの自分よりも優位な「他者」に対しては，劣位者として，相手の意向に従属することで争いを回避しようとするとともに，その相手に追随しようともすることで相互の活動の同調も強化されることになる．

　個体の抑制的な行動によってコンフリクトを回避しようとするやり方として，この優位な「他者」との行動の接続において劣位者として振舞うというやり方は，きわめて有効なものである．しかも，真猿類の群れ社会では，群れのすべてのメンバーがいつもコンパクトにまとまった集団を形成して一緒に同じ活動を行っていて，コンフリクトの可能性がいつでも顕在化しうるという状態にあると考えられることから，このような対処なしには，それらの種の社会における共存の秩序の維持は不可能になるのではないかと思えるほどである．しかし，この鉄壁に見えるやり方にも弱点はある．このやり方が社会の秩序形成に有効であるためには，当該の個体間の一方が優位で他方が劣位であるという関係が確実なものとして当事者たちに共有されなければならないという点が問題になるからである．そして，そのような懸念が現実味を帯びることがないようにするためには，群れのメンバー間のさまざまな組み合わせで繰り返し行動が接続されることで，この関係が変更のないものとして確認され続けなければならない．すなわち，この場合も，一旦成立した関係が手がかりとなって，その関係を確認しつつ再生産する行動の接続によって，その関係が確実なものになるという循環的過程が動き出しているのだと考えられる．これらの社会における「メンバーシップの定まった集団」の成立も同様であるが，そのような循環的過程が生み出す現象は一見したところごく確実なものに見えるが，それを支

えているいくつかの条件に変化がもたらされると，その社会の秩序のあり方が根本的に覆ってしまうこともあるのである．

　以下では，より人間社会に近い形の社会秩序を生み出していると考えられるチンパンジー属の社会を取り上げる．この社会では集団のメンバーがいつでも同じ場所に一緒に居ようとはしていないのであり，そのことに伴ってコンフリクトを回避する上での個体間の優劣関係の重要性も明らかに低下している．そのような変化がもたらされたところでは，どのような「他者」が想定されて，その「他者」との間にどのような形の秩序を作り出そうとすることになるのだろうか．その問題を人間社会への進化というコンテキストで考えよう．

3 ●人間社会への進化

3-1　チンパンジー属の離合集散する社会

　チンパンジー属の社会が，真猿類の社会と根本的に異なる点は，本書第6章西江論文等で述べられるように頻繁に離合集散する集団からなる社会であるというところにある．チンパンジー属のチンパンジーとボノボの社会では，頻繁に離合集散が繰り返されるが，そうしながらも定期的により大きなまとまりの遊動集団が形成されるのであり，それを可能にする「単位集団」という枠組みがあると考えられている（Nishida 1968; 黒田 1982）．このような集団のあり方をもたらした変化は「社会的促進」という側面に関わるものであり，これらの社会では，それぞれの個体が同じ集団のメンバーであれば誰とでも活動の枠組みを同調させようとするというやり方をやめて，一部のメンバーとは離れて暮らすという選択の余地が確保されるようになったのだと考えられよう．ただし，その場合でも，そこに再び合流する可能性が確保されていることを忘れてはならない．この点に注目すれば，それぞれの個体は，必要に応じて，一部のメンバーと一時的に離れて暮らすという状態を選択することができるようになったのだともいえるはずである．そして，その場合の「離れて暮らすこと」の機能の第1のものとは，コンフリクトの可能性を前もって排除するということにあると考えられる．

　彼らが実際に，そのような見通しを持ってそうしているのか否かは不明だとしても，少なくとも，チンパンジー属の社会では，真猿類の社会に比べて，個体間の優劣関係に依存してコンフリクトを解消するというやり方の重要性は明らかに低下している．真猿類のやり方では，コンフリクトの可能性が顕在化したところで，劣位

者がそのときの相互行為から離脱することでその可能性を排除しながら，一方で，相互行為の圏外には立ち去らずに活動の大枠は共有したままにしておこうとするのであり，それによって，コンフリクトの可能性は効果的に排除しながら安定的な共存を確保しているのだと考えられよう．それに対してチンパンジー属の社会は，同じ集団のメンバーの一部とは，必要に応じて離れて暮らすという選択が可能になったことに伴って，コンフリクトの可能性を排除しようと当事者の一方がそのときの相互行為から離脱するというやり方が，集団のメンバーの相互行為の圏外への退去ということにつながってしまう可能性が現実的なものになってしまっていると考えられる．そして，そこで彼らが取った「社会の選択」は，その方向にそのまま身を委ねるのではなく，そこにある種の「歯止め」を設けることであった．

そこでの彼らの選択とは，第1に，コンフリクトの可能性の排除において，当事者の一方にのみ負担を押しつけるというやり方をとらないことであり，第2に，そのために双方の当事者が協力して，その場に非敵対的な相互行為を作り出すというものであった．それによって，たとえその場でコンフリクトの可能性が顕在化しても，当事者のいずれの側もそのときの相互行為から離脱しなければならなくなったりはせず，しかも，その後の安定的な共存の可能性も確保されることにもなっているのである．そして，この対処法によって，コンフリクトの可能性がきちんと排除された上で，集団のメンバーが次々に相互行為の圏外に退去してそれぞれがばらばらになってしまうという可能性も，現実的な問題ではなくなっているのだと考えられよう．

そのような対処法の典型的なものは，非敵対的な場面で行われる相互行為で，特徴的なパターンであることからそれとわかるものを，必要に応じて操作的にその場に構成することによって，コンフリクトの可能性を積極的に排除し，そのときの共存の秩序を維持しようとするというやり方である．たとえば2頭のオトナのオスのチンパンジーの間で今まさに敵対的な衝突が起ころうとしているときに，2頭がお互いに相手を毛づくろいすることによって衝突が回避され，その後平和に共存できるようになるということが起こる（ドゥ・ヴァール 1994）．それ以外にも，「挨拶行動」や「宥和行動」と名づけられた定型化した非敵対的な相互行為を行うことによって，その場にある緊張を解消したり，コンフリクトの可能性を排除したりしつつ，それに続く平和な共存を確保しようとするということもふつうに起こる．

「食物分配」という，チンパンジー属の社会の特徴を考察する上で無視するわけにはいかないトピックも，ここでいう，「他者」が相互行為から離脱してしまうことがないようにしつつ，その後の安定的な共存の可能性も確保しようとする相互行為のあり方の一つの典型例だと考えられる．食物分配は，親が子に餌を与えること

に類する「親の投資」として説明できるもの以外の，大人どうしで行われるものとしては，人間とチンパンジー属に特徴的なものだといえる（西田・保坂 2001）．チンパンジー属の食物分配の相互行為では，分配を要求する側は相手が自発的に対応するまで待とうとし，要求される側も，その要求に特に反発したりせずに平穏な状態を維持しようとすることで，どちらの側も「他者」がその相互行為から離脱せざるを得なくなるということがないように配慮した上で，コンフリクトを回避すべく調整がなされていると考えられる．

　そして，人間社会の食物分配との違いを強調するならば，チンパンジー属では，要求がなければ分配はなされないこと，要求があっても分配が開始されずにいつまでも放置されることがあること，分配されるとしても小さい方やまずい方が与えられることなどという特徴が指摘できる（西田 1973；黒田 1999）．そのとき，要求する側は，相手に要求することで自分がそれを消費できるようになるという結果に結びつく相手の対応を引き出そうとしているだけであり，一方，要求される側も，その場でのコンフリクトを回避して，相手がそこでしようとしていることと両立する結果を実現しようとしているだけだともいえる．したがって，少なくともそれが，「分配」という出来事について双方が合意することによって実現された出来事だとは考えられないということになる．

　以上のような「相互行為における振舞い方」とは，相互行為の相手である「他者」として「いつでも相互行為から離脱してその圏外に退避してしまう可能性のある者」を想定して，そのような「他者」との間で，そうならないように配慮しつつ非敵対的な相互行為をその場に生成することによって，そのときの共存の秩序を維持しようとするものであると考えられよう．ただし，ここで問題として残ることは，一部のメンバーと一旦離れた後で再び合流する際に必要となる「同じ単位集団のメンバーであることを確認するための手続き」が確実なものとはいえないという点である．実際，離れ離れに暮らしていた遊動集団が合流する際には大きな抵抗が伴うことで大騒ぎになってしまうのが常なのである．

　チンパンジー属の社会では，必要に応じて一部の集団メンバーと離れて暮らすという状態を選択できるようになったが，このような限定条件があることから，その選択肢をコンフリクトの回避のための便利な手段として気軽に利用するということにはならず，むしろ，ふつうは，相互に相手がそのときの相互行為から離脱せざるを得なくならないように配慮しているのだと考えられるということである．そして，その後に来る人間の社会では，この限定条件が，言語の獲得という進化史上の画期的な転換によって見事に解消されることになるのであり，それによって，さらに異なった対処が引き出されることになると考えられるのである．

3-2　人間社会の秩序の形

　人間以前の霊長類の社会では，相互行為においてそれぞれの個体は，自らの行為を生存上の利得に結びつくものとして選択しながら，相手の行為との接続によってその場に行為連鎖的な秩序を生成しようとしている．そして，それと同時に，相互行為の相手になる「他者」として「同じカテゴリーのメンバー」を想定し，そのような「他者」であれば誰が相手でも同じように対応することによって，結果的に，個々の相互行為を超え出る範囲に及ぶ「社会の秩序」を確保することにもなっていると考えられる．そのとき，相互行為システムのコミュニケーションの再生産が確保されることと安定したメンバーシップの空間的まとまりが成立することとの間には，一方が他方の原因でも結果でもあるという循環的関係が成立していて，当事者たちはそのような共存状態を維持することに絶え間なく取り組まなければならなくなっているのである（北村 2009）．

　それに対して，人間の社会における相互行為システムのコミュニケーションは，同じ集団のメンバーが同じ場所に居合わせるという状態が繰り返し再生産されることが前提になっているというのではなく，第三者的な立場で誰もが利用できる言語情報を手がかりにした集団のメンバーの識別によって，そのような「他者」との間でいつでも実行可能になっているのである．すなわち，集団のメンバーである仲間との相互行為を何らかの理由で中止してそのまま離れ離れになったとしても，その後に，より容易に新たなコミュニケーションを開始できるようになったのであり，仲間たちとの空間的近接を維持することに絶え間なく関与しなければならないというそれまでの不可避の負担から解放されることになったのである．それによって人間社会は，相互行為システムの再生産可能性を確保するうえでの大きな自由度を手にして，仲間との相互行為において，それぞれの個人が自らの生存上の利得を確保するという活動により積極的に取り組む余裕がもたらされたのだと考えられる．

　そこで取り組んだことは，個人的な対処では解決が難しい問題に仲間と協力して対処するという試みである．しかも，コンフリクトに至る可能性が高い当事者相互の利害が対立する問題にも仲間と一緒に取り組もうとする．その場合には，たんにそのコンフリクトの可能性を排除するというのではなく，そこにある課題を解決するうえで有効だと考えられるやり方を工夫しつつ，集団的対処によって当事者双方が納得する決着をその場に生み出さなければならなくなるのである．人間以前の社会の相互行為のコミュニケーションでは，基本的に，仲間と活動を同調させたり，コンフリクトの可能性を排除したりして共存の秩序を作り出して相互行為の可能性を確保することによって，間接的に，それぞれの個体にとっての利得を手にしよう

としていたに過ぎない．だが，人間社会では，個人はもっと積極的に自らの利得を獲得しようとしているのだと考えられるのである．そして，そのことに対応して，相互行為システム一般の再生産可能性を確保するというだけではなく，問題への集団対処のための相互行為を繰り返し再生産可能なものにする「社会の秩序」を確保しようともすることになるのだと考えられなければならない．

　人間の社会の場合でも，同じ場所に居合わせているという条件のもとではじめて可能になる相互行為システムのコミュニケーションでは，それが絶え間なく中止されたり新たに開始されたりしながら，そのようなものとして再生産可能なものにならなければならない以上，個々の相互行為を超え出る「社会の選択」という基盤を確保することが不可欠になる．以下においては，人間以前の社会との連続線上にあって，それらの社会と同様に，そのような「社会の選択」を，相互行為システムのコミュニケーションそれ自体によって実現していると考えられる原初的な人間社会を仮設する．そして，そこでのコミュニケーションがどのような「他者」を想定して，その「他者」との間にどのような共存の秩序を志向することになっているのかを考えよう．そのような原初的な社会とは，社会の内部に政治的・経済的な優劣にもとづく階層が生成しておらず，制度のような相互行為の外部からもたらされる絶対的な基準もそれを支える社会的権威も，いまだに社会の前面には出現していない単純な社会だということになる．

　ここで，言語の獲得によってもたらされた「仲間との相互行為が，中断後にもより容易に再開できるようになる」という新しい条件が，「相互行為における振舞い方」というレベルでどのような対応を要求しているのかについて考えよう．そのような条件のもとでは，実は，「他者」は相互行為の途中で離脱して，ひいては相互行為の圏外に退避してしまう可能性がより高くなるという皮肉な影響がもたらされることになるのだと考えられる．したがってそれぞれの当事者は，問題対処に向けた相互行為における相手の積極的な参与を引き出すように工夫しなければならなくなるだけではなく，たとえ相手が相互行為の継続を拒否して圏外に退避することになったとしても，別の機会にそれが再開される可能性をより確実にするような工夫に心を砕くことが必要になるのである．このときの「他者」とは，相互行為に関与しつつも拒否する自由も行使する存在として自覚的に識別すべき対象になるのである．

　直面する問題への集団的対処において，「他者」との相互行為を実質的なものとして維持し続けるうえで重要な工夫の一つに，「他者」の自発的な選択を尊重していることを明示するように振舞うというやり方がある．それぞれの当事者は，自分自身の利得をより確実にしようとしているのだから，相手からその選択を尊重して

いるように対応されるところでは，決して自分からその相互行為を放棄しようとはしないはずである．しかし，相互の利害が対立する問題への対処においてそれぞれの当事者は，「他者」に対してそのように振舞いながらも，当然ながら，自らの利得を確保しようと「他者」の譲歩を引き出そうともする．このことから，そのときの相互行為は決着に至ることが難しい交渉となる．そして，そのような膠着状態が想定されるところで，自らに有利な決着を実現することに執着せずに，そのような相互行為の遂行を容易で望ましいものにする秩序を確保することに重心を置く対応が考えられる．その典型として以下の2つが考えられる．

　第1のやり方は，相互に相手の自発的な選択を尊重して，たとえそれが自らの期待に反するものであってもそのときの交渉を放棄せず，あくまでもコミュニケーションの接続による共通理解を先へ先へと進めることによって，双方が納得する決着を実現しようとするというものである．そこにある工夫は，最終的にどのような決着に至るかはなりゆきに委ねつつ，共通理解の積み重ねがもたらした結末を，自らも参与した「われわれの選択」として受け入れようとすることにある[2]．

　それに対して第2のやり方では，同じく相互に相手の自発的な選択を尊重しようとするのであるが，この場合には，相互行為における相手の反応を直接指示するような働きかけを徹底的に回避することで，相手が自発的に参与することを当然のことにしてしまう状況を作り出そうとするのである．それによって，そのときの相互行為が導き出す結末をいつでも双方が承認を与えるはずのものにするのである．そして，その一方で，それぞれの当事者は，自らの利得を確保しようとするという意味で相手の譲歩を引き出そうともするのであり，相手がそれ以上の譲歩を望まないときには，相互行為の継続を拒否するということが起こりうるのである．ただし，その場合でも，双方の自発的な選択の重なり合いとしてその中断が起こったと考えられるのであり，そのような結末についても双方の承認が得られることになるのである．

　この第2のやり方の工夫とは，何らかの決着がつけられるようになるのか否かということまでもそのときの交渉のなりゆきに委ねる一方で，相互行為の進行に沿ってそれが生み出す結果のおのおのに対して相互の承認が積み重ねられるようにすることで，そのような相互行為はどのような運命をたどるとしても，人びとの平和な共存の再生産を保証するものとして位置づけられることになる．そして，このような相互行為では，どこで中断があっても，それで最終的決着とすることも，決着がつかないままのものとして放置することも，その後に交渉を再開することも，それらのいずれの扱いも容易になると考えられるのである．

　第1のやり方では，相互に利害が対立する問題への集団的対処において，そこで

目指す結果が全く食い違っているという困難を乗り越えて双方が納得する決着を実現しようとする．このやり方では，自分たちが同じ「われわれの選択」を共有する仲間であることを確認しようとする動機づけが明白である．それに対して第2のやり方では，そのときの問題対処の取り組みにおいて，何らかの決着を実現できるようになるのか否かまでもそのときのなりゆきに委ねて，個々人が，自らの自発的な選択を前面に押し出した交渉を行おうとする．この場合には，「他者」との間に，コンフリクトが回避された相互行為を再生産可能なものとして構成するという最低限の秩序を作り出そうとしているのだと考えられる．

このうちの第1のものには，社会のメンバーが共有する価値観のようなものがほのめかされているのに対して，第2のものでは，個人の自発的な選択の重なり合いとしての相互行為における振舞い方の調整が最低限の社会的秩序の生成に直接結びついているかのように見える．この第2のものこそが，相互行為に自発的に関与しつつも拒否する自由も行使するという意味での「拒否できる他者」の出現という社会進化の新しいステージへの移行において必要とされる最もシンプルな対応だと考えられるのである．以下では，私が調査したボツワナの狩猟採集民ブッシュマンの社会におけるコミュニケーションのあり方を取り上げ，そこにこの第2のやり方の具体例を見出そう．そして，ここで展開した進化論的考察にもとづく理解を参照することによって，狩猟採集社会が「平等主義社会」であるとする従来からある言説を再検討し，それに代わる新しい理解のあり方を提案したい．

3-3　狩猟採集民ブッシュマンの相互行為システムのコミュニケーション

これまで私は，ブッシュマン社会のコミュニケーションのあり方を考えるにあたって，有名な「食物分配」がその一例となる，集団的消費に向けた「もの」のやり取りにおける「もの」の与え方と受け取り方を取り上げ，そのような相互行為における振舞い方の調整が，繰り返し再生産されるものとしての「社会の秩序」を生み出していることに注目してきた．これまで私が他の論文で何度も取り上げてきたパイプ煙草の回し喫み（北村 1996，2008）を例に，ここまでの分析で用いてきた用語を使って，この場面で行われていることを記述し直してみよう．

この回し喫みにおいて，自分の分を喫み終わってそれを次の人に手渡そうとするとき，いつでもそうなるわけではないがごくふつうに，相手がそれに気づかないということが起こる．そこで，手渡そうとしていた人は無理に相手に気づかせようとはせず伸ばした手を一旦戻してからしばらく待ち，その後もう一度差し出すと，今度は相手も気づいてそれを受け取ることになる．この場面で与える側がしている

ことは，相手が気づかなければ，それに気づいて自発的に受け取ろうとするまで待つことで，相手の自発的な選択を尊重していることを明示するように振舞うのである．そして，その後再度パイプを差し出すことで，それを受け取ろうとするという相手の自発的な反応を引き出している．それに対してそれを受け取る側は，最初に相手が手渡そうとしたときには，それを無造作に受け取らず，一旦もらわないでおくという状態を作り出すことによって，それでも相手が再度手渡そうとするように促している．このような相互の行為の接続によって，パイプが次の人へと移動するという出来事が生み出されるわけであるが，それと同時に，双方の当事者の自発的な選択の重ね合わせによってそのような結果がもたらされたことについて，相互の了解が間違いなく成立することになる．

　多くの狩猟採集社会でごく当然のことのように行われているといわれる「食物分配」についても，同様のことが指摘できる．そのときの相互行為における人びとの振舞い方として指摘されていることは，分配する側も分配される側も，どちらもが控え目で抑制された態度を示すように求められるということである（例えば，Lee 1979）．このような振舞い方が求められていることが意味するものとは，本章での考え方によれば，この分配が分配される側の要求に主導されて引き起こされているチンパンジー属の分配とは違うものであるとともに，分配をそうすべきこととする規範に従って義務的に行われているものでもないということをうまく説明するものにもなるのだということになる．

　これらの社会では，大きな動物が仕留められたときには，その肉を同じキャンプに暮らす人びととの間で集団で消費することを当然のこととする生き方が選び取られているのであるが，そのような集団的消費を実現するときの相互行為においてどのように振舞うかは，一方の側の指令に他方が従うというやり方で決まるというのでも，「規則」に双方が従属するということで決まるというのでもない．そうではなく，このときの相互行為のコミュニケーションに関与する人びとが，それぞれ相互に相手の自発的な選択を尊重しながら，自らの利益を確保しようともして，その場で相互に調整し合うことによって決まるものなのである．そして，そのようなやり方で相互のコミュニケーションを接続し続けることによって，そのときの相互行為が導き出す結果を，与える側にも受け取る側にも承認できるものとしているのであり，それと同時に，そのときの相互行為を当該の人びとにとっての共存の秩序を再生産可能なものとして確認する特別な機会にもしているのだと考えられるのである．

　当然のことながら，このような振舞い方は集団的消費に関わる相互行為に限ったものではなく，ありとあらゆる場面に及ぶ彼らの社会に特徴的なやり方になっている．それはたとえば，日常生活における相互行為のコミュニケーションとして最も

高い頻度で起こる「会話」における彼らに独特のやり方にも見て取れる．私がブッシュマンの人びとと生活を共にし始めて，彼らの振舞い方で私たちとは違うものとして一番印象に残ったものは，「発話の重複」という現象である．もちろんいつもそうなるというわけではないが，彼らの発話は，かなり頻繁に，しかもかなり長い時間重なり合うことがある．彼らの間では，相手の発話を無視して話し始めるということがよく起こり，しかもそのとき相手も話をやめない，すなわちその発話を無視して話し続けるので，結局二人が同時にしゃべるということがふつうに起こるのである．

　たとえば次のような出来事が観察された．ある男が別の男にしつこく文句を言った後に，相手がおもむろに反論を始めたところ，その男は急に別の方向に向き直って，離れたところを通りかかっていた人間に大声で話し始めたのである．そのとき，自分の反論を無視された男はまるで何もなかったかのように話し続けたのだが，それによって長い発話重複が続くことになった．まず，この相手の反論を無視して話し始めた男がしていることは，これまでの議論に即していえば，個人の自発性を前面に押し出した振舞い方だということになる．それに対して，自らの反論を無視された側の男が話をやめないのは，相手が自分の話にかぶせて話し始めても，それは，自分がすでに話し始めていることとは無関係な相手の自発的な選択であって，そのようなものとして尊重すべきものになるのだとすれば，自分の発話はそれとは無関係にそのまま続けるべきだということになるからである．

　上記の「会話」の例では，そこで話をかぶせられている側はその相手から話を聞くことを拒否されているのであり，この二人はそれぞれ話し続けているが，そのときの「会話という相互行為」は中断され，その後そのまま放棄されることになった．もし私たちの社会でこんなことが起きれば，それはひどく気まずいことになるはずであるが，彼らの間では，それは双方の自発的な選択の重なり合いの結果として受け止められるという意味で，当該の人びとの平和な共存の再生産にとっての障害にはならないのである．それに対して最初の集団的消費に向けた相互行為では，そのときの相互の行為の接続が導き出すはずの結末として期待されていることは双方の当事者にとって明確であり，それぞれがそのときの相互行為の行きがかりに不満を抱いてそれを表明することがあるとしても，結局は人びとが期待している結末に向けてそれぞれの行為を調整することになるのだ．

　クン・ブッシュマンを調査したリー（Lee 1979）が記述したエピソードにある，「ハンターと共に獲物の解体に行った男たちが，口々に失望の念を表明してハンターを侮辱する」というクンの振舞い方も，同様のものとして理解可能になる．獲物を分配する側であるハンターも，分配される側の男たちも，そのときの具体的なやり

第4章　「拒否できる他者」の出現　　101

取りの進行に不満を抱いてそれを表明することがあるとしても，それによって分配が中止されてしまうということにはならない．それぞれが相手の主張を尊重しながらも自らの利益も確保しようとすることによって，結局は，予定通りの分配がなされるように相互の行為を調整することになるのである．
　リーが記述したこのエピソードが有名なのは，彼がここに「成功を収めたハンターに起こりがちな傲慢な振舞いを根こそぎにする」という平等主義社会の根幹を支える規範の作動を認めているからである．しかし，彼がこのような主張を展開できたのは，彼をはじめとする多くの人類学者が狩猟採集社会を「平等主義社会」だと考えているからであり，もしそうならば，人びとの振舞いは「平等主義」的規範の支配下にあるはずだと考えたということにすぎない．本章におけるこれまでの議論から明らかなように，ブッシュマンの人びとの振舞い方を理解するために「平等主義」と呼ぶべき特別な規範や価値観を想定しなければならなくなる必然性はどこにもないと思える（北村 1996）．そのことについては，最後のまとめとともに論じたい．

4 ● 人間の原初的な社会における秩序の形

　これまでの考察をまとめつつ，人間の原初的な社会が自ら選び取った秩序の形がどのようなものとして考えられるべきかについて，新たな理解の可能性を提示してみよう．
　これまでの考察によれば，人間の社会への移行においてもたらされた大きな変革は，言語の獲得によって，仲間との相互行為のコミュニケーションが中断後にも，より容易に再開できるようになったことから派生したと考えられた．すなわち，言語的手がかりによる集団メンバーの識別によって，たとえ離れ離れの状態にあった相手とも「同じ集団のメンバーどうし」という関係にもとづくコミュニケーションをより容易に開始したり再開したりできるようになったということである．さらにそこから導き出された変化として，以下の2点が重要である．その第1は，仲間との相互行為の再生産可能性を確保するうえでの大きな自由度を手にしたことから，個人的な対処では解決が難しい問題に仲間と協力して対処するという，自らの生存上の利得を確保しようとする試みに進んで取り組む余裕がもたらされたということである．そして第2は，この変革後のコミュニケーションの相手は，仲間とのコミュニケーションに積極的に関与もするが拒否する自由も行使する「拒否できる他者」として想定されなければならなくなることから，そのような「他者」とのコ

ミュニケーションでは，相手の積極的な関与を引き出しつつ，たとえ相手から拒否されても，その相手との平和な共存の再生産に支障が生じることがないように振舞わなければなくなったということである．

　第1の点に関連した変化は，仲間との相互行為システムのコミュニケーションが，その再生産を容易で望ましいものにする「社会の秩序」を作り出すことそのものに焦点がある活動であることに加えて，当事者であるそれぞれの個人の生き延びる可能性を高める結果を追求する試みという性格を持つものにもなったということである．それによって，とくに，当事者相互の利害が対立する問題への対処において，双方が納得するような決着をつけるという，望ましいものではあるが実現がひどく困難である目標とどう向き合うのかということについて，何らかの選択が求められることになるのである．ここでは，狩猟採集社会は，問題への集団的対処において，何らかの決着をつけられるようになるのか否かという点までもそのときのコミュニケーションのなりゆきに委ねたうえで，そのようなコミュニケーションを繰り返し再生産可能なものにする社会秩序の確保を優先するというやり方を採用したのだと考えた．

　第2の点に関連しては，まず，「拒否できる他者」とのコミュニケーションにおいて，そこで提示される相手の自発的な選択に対して，それを最大限尊重していることを明示する反応を示すことによって，相手がそのときのコミュニケーションに自発的に関与することを当然のこととしてしまう状況を作り出そうとするというやり方を採用した．その一方で，自らの利得を確保しようと相手の譲歩を引き出そうともすることで相手がコミュニケーションのそれ以上の接続を拒否するということも起こりうることになる．ただし，たとえそうなっても，その中断は双方の自発的な選択の重なり合いによってもたらされたものとして双方から承認されることになり，その後の両者の相互行為の再生産に何の障害をもたらすこともないということになりうるのである．

　このようなやり方に沿って遂行されるコミュニケーションは，当事者のそれぞれが自らの自発的な選択を前面に押し出した交渉になるのであり，地位の差や役割の分化がない基本的に対等な関係にある者どうしが行う「平等主義的」なものになることは間違いない．しかし，そこで彼らがそのように振舞っているのは，「平等主義的な規範や規則」と呼ぶべき確固としたものが相互行為に先立ってあって，外部からもたらされたそのものに従ってそうしているのだと説明するのだとしたら，それが具体的にはどんなもので どのような経緯で彼らの社会にもたらされたのかを問わなければならなくなるはずである．それに対して，ここでの進化論的な考察では，相互行為の外部からもたらされた規定に従ったかのように見える状態が，相互行為

の内部におけるそれぞれの当事者の自発的な選択の重ね合わせによってもたらされているのだと考えられることになる．この理解にとって肝要なところは，人間社会への移行における上で述べたような変化のもとで，直面する問題に仲間と協力して対処しようとする相互行為を繰り返し再生産可能なものとして確保しようとすることの直接的な帰結として，このような「平等主義的」な振舞い方が顕在化したと考えている点にある．そして，それとともに，人びとがそのような振舞い方を望ましい結果を実現するうえで必要不可欠なものとして受け入れて実行するようになることで，「平等主義的」な社会秩序が繰り返し再生産されるようになっているのだと考えられるのである．すなわち，人間の原初的な社会が選び取った秩序とは，相互行為の外部からもたらされた規定に従属することによってではなく，相互行為の内部で上記のような循環的で自己制作的な過程が動き出すことによってもたらされていると考えるのである．

この種の循環的過程が生み出す現象は一見したところごく確実なものに見えなくもないが，私たちが事実として知っているように，それを支えている条件が変化すると，その秩序のあり方が根本的に覆ってしまうこともあると考えられるのである．そして，このような条件の変化に伴う秩序の大きな変更は，単純な因果論によっては説明できないという点も重要である．ここで提案した人間社会の進化論的研究はまだ試行の段階に止まるものであるが，今後の研究の展開が期待される所以である．

注

1） ルーマン（1993）は，彼の社会の理論の基礎に「社会システム（複数形）」を据えつつ，この社会システムに，相互行為，組織，社会という3つの類型を区別した．相互行為システムのコミュニケーションについては，北村（2014）と北村（2015）でより詳しい説明を行っている．
2） このようなやり方については，私が長年にわたって調査を継続してきた東アフリカ牧畜民トゥルカナの事例を手がかりに，詳細な分析を行った（北村　印刷中）．

参照文献

ドゥ・ヴァール，F（1994）『政治をするサル —— チンパンジーの権力と性』（西田利貞訳）平凡社ライブラリー．
北村光二（1996）「「平等主義社会」というノスタルジア —— ブッシュマンは平等主義者ではない」『アフリカ研究』48：19-34．
——（2009）「人間の共同性はどこから来るのか？ —— 集団現象における循環的決定と表象による他者分類」河合香吏編『集団 —— 人類社会の進化』京都大学学術出版会，39-56頁．

―― (2014)「島に暮らす人びとが大切にしていること ―― 岡山県白石島の事例から」『文化共生学研究（岡山大学大学院社会文化科学研究科）』13：43-60.
―― (2015)「相互行為システムのコミュニケーション ―― ヒトと動物を繋ぎつつ隔てるもの」木村大治編『動物と出会うⅡ ―― 心と社会の生成』ナカニシヤ出版，143-159頁.
―― (印刷中)「東アフリカ牧畜民トゥルカナの自己肯定的な生き方を支えているもの ――「物乞い」のコミュニケーションを中心に」太田至・曽我亨編『サバンナ塾』昭和堂.
クマー，H (1978)『霊長類の社会 ―― サルの集団生活と生態的適応』(水原洋城訳) 教養文庫.
黒田末寿 (1982)『ピグミーチンパンジー ―― 未知の類人猿』筑摩書房.
―― (1999)『人類進化再考 ―― 社会生成の考古学』以文社.
Lee, RB (1979) *The !Kun San*. Cambridge University Press, New York.
ルーマン，N (1993)『社会システム論（上）』(佐藤勉監訳) 恒星社厚生閣.
―― (1995)『社会システム論（下）』(佐藤勉監訳) 恒星社厚生閣.
Nishida, T (1968) The Social Group of Wild Chimpanzee in Mahali Mountains. *Primates*, 9: 167-224.
西田利貞 (1973)『精霊の子供たち』筑摩書房.
西田利貞・保坂和彦 (2001)「霊長類における食物分配」『講座生態人類学8　ホミニゼーション』京都大学学術出版会，255-304頁.

第5章 共感と社会の進化
他者理解の人類史

早木仁成

❖ Keywords ❖

同調，共感，認知，共進化，重層社会，私たち性

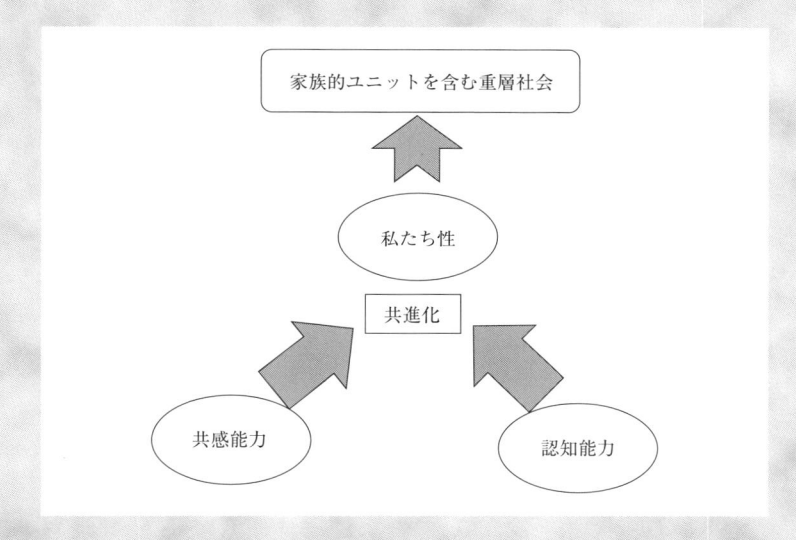

本章では，人類における他者理解の進化に注目して，以下のような仮説(私たち性仮説)を提示する．初期人類，おそらくホモ・エレクトスの時代に生じた認知能力の進展により，他者の意図や行動の意味をうまく理解することで，集団内の構成員間の協力関係が大幅に拡大し，目的を共有した効率的な共同行為をするようになった．それにともなって共感能力が共進化してステップアップし，〈私たち〉性が出現した．この〈私たち〉性の生成が，家族的ユニットを含む重層構造の社会を可能にした．

1 ●他者と同調する

　海を回遊するイワシの群れは，海中で撮影された映像を見れば，その群れ自体が白銀に光る巨大な生物のようである．マグロなどの捕食魚がその群れに突進すると，群れはあっという間に伸縮して突入をかわし，再び元の巨大な姿に戻る．個々のイワシ個体は，巨大生物の一部品であるかのように，互いに同調し，協調して群れを維持している．渡りをする鳥類の群れや，長距離の季節移動をするヌーの群れなど，「無名の群れ」を形成する多くの動物たちは，その群れを維持するために周囲の他者と見事に同調する能力を備えている．

　このような周囲の他者と共振して行為を一体化させる能力を〈同調能力〉と呼ぶことにする．同調能力は，おそらく捕食者対策として進化したと考えられるが，その起源はかなり古いということが予想される．

　ニホンザルのようにメンバーの安定した集団を形成する動物が，その集団を維持しながら遊動することができるのは，移動・休息・採食などの活動のリズムを集団内の他者と同調させているからだろう．外敵や捕食者などが出現した場合には，ばらばらに逃走するのではなく，周囲の他者と同調して同一方向に逃走するし，場合によれば外敵に対して一斉に威嚇することもある．群れ内の個体が他者と同調して同一行動をとる場面は，さまざまな状況で見ることができる．

　一方で，人間ほど，他者の行為に完全に同調することができる動物（哺乳類）はいないかもしれない．軍隊の行進やスポーツの応援に見られる動作の完全な同期は，行為の図式を共有した作為的な同調である．演奏や合唱などの音楽や集団でのダンスなども完全な同期を要求する．重い物を協力して持ち上げるときには，呼吸を合わせる合図（せーの）を用いて同調し，単独では不可能な重量の物の移動を可能にする．

　同調行動は，ある場面に居合わせる者たちの気分やムード，雰囲気といったものにもかかわっている．たとえば，ニホンザルのクーコールは群れが森のなかで落ち着いた状態にあるときに発せられる音声であるが，誰かがクーと鳴くと，あちらこちらからクーという声が聞こえてくる．餌場で餌が撒かれるのを待っているニホンザルは，やや興奮したような声でホイヤーと鳴く．誰かがホイヤーと鳴くと，あちらこちらでホイヤーが始まる．アイドルのコンサート会場で聞かれる黄色い悲鳴とどこか似ている．

　人間の場合には，笑いや悲しみ，不安感や怒りさえ，しばしば周囲に伝染する．私は，野生のチンパンジーを追跡しているときに，あくびの伝染を経験したことが

ある．他の集団から移籍をしてきてまだ数年しか経っていないのに急速に人に慣れたプリンという名の若い雌を追跡していたときのことである．プリンが移動を止めて藪のなかで仰向けに寝転んだので，私もすぐ横に座りこんだ．そのとき，プリンがあくびをし，私もつられてあくびをした．私の方を見ていたプリンはもう一度あくびをした．私もつられてもう一度．すると，プリンはまたあくびをしたではないか．その後，私は意識的にあくびをしてみたが，結局 10 回近くプリンと私は交互にあくびを繰り返したのだった（早木 1990）．

　同調は，ゆるい同調と強い同調に区別することができる．ゆるい同調は活動のリズムや気分，場の雰囲気，ムードなどにかかわる同調であり，なじみの相手と，いつものやり方で，なじみの活動をするときに生じる現象である．生活の背景を共有して，互いに同調しながらいつものあたりまえの生活をする．そこにはいつもと変わらない安心感がある．一方，強い同調は往々にして外敵の出現などのできごとによってもたらされるもので，その場の状況が理解されると一瞬にして強い情動が共有される．ゆるい同調を「地」の共有と表現するなら，強い同調は「図」の共有である．人類は強い同調を人為的に生み出すさまざまな方法を生み出してきた．その代表格が音楽や踊りであるといえるだろう．

　このような同調能力を基盤として，他者と情動や気分を共有することを〈共感〉と呼ぶことができる．フランス・ドゥ・ヴァール（2010）によれば，共感は 1 億年以上も前からある脳の領域を働かせる．この能力は，運動の模倣や情動伝染とともに，遠い昔に発達し，その後の進化によって次々に新たな層が加えられ，ついに私たちの祖先は他者が感じることを感じるばかりか，他者が何を望み必要としているかを理解するまでになったのだという（本書第 9 章河合論文も参照のこと）．

　犬や猫が飼い主の気分をまったく読み取っていないとはとても考えられないだろう．もちろん猿同士も同様である．動物，とくに哺乳類には，周囲の他者の気分や情動を感じ取る能力が備わっている．チンパンジーなどにしばしば見られる宥和行動，慰撫行動，仲直りなど，相手の興奮を落ち着かせたり，恐れを取り除いたり，元気付けたりする行動は，他者の気分や感情を読み取ることができなければ，ありえない．このような他者理解の方法は共感による他者理解といえる．共感による他者の情動理解は即時的であるが，それだけでは相手にうそをつくことや，相手のうそを見破ることは難しいかもしれない．他者理解には，認知能力の発達が欠かせない．

2 ●自己と他者の生成

　社会の中の個に注目すれば，誕生という場面は「他者」が立ち現れるべき最初の場面であろう．生まれ出た赤ん坊にとって，誕生は母親の胎内から分離されて，突然世界に投げ出されたようなものであり，自他の知覚/認知は形成すべき課題であると思われる．そういう意味では，「他者」は「自己」とともに成長の中で生成される．一方，母親にとって赤ん坊は分離された自分の一部のようなものであるが，自分ではコントロールできない他者としての赤ん坊がそこに出現する．隔離飼育されたアカゲザルの研究などでは，出産直後に母親が赤ん坊を拒否し，攻撃したり異物として扱ったりすることが知られている．野猿公苑のニホンザル群の研究では，若い母親は赤ん坊の扱いが下手で，初産の赤ん坊の死亡率が経産の赤ん坊に比べてかなり高いことが知られている（長谷川 1983）．野生チンパンジーでは，雌はしばしば仲間から離れて孤独に出産するようであるが，出産後に赤ん坊を抱いて集団の中に現れ，他の仲間たちに赤ん坊を見せるような場面がよく観察されている．入れ替わり赤ん坊を覗きに来る集団の仲間たちにとって，赤ん坊は新しい成員としての他者であるにちがいない．チンパンジーでは，そのような赤ん坊をめぐって子殺しとカンニバリズムいう不可解な現象[1]が時折生じる．そこにも，「他者」という問題がかかわっているように思われる．

　さて，成長のプロセスの中で〈自己/他者〉が生成されるとするなら，それはどのようなプロセスなのだろうか．リード（2000）によれば，ヒトの場合，生後3カ月ごろまでに乳児は自己のエージェンシー（行為主体性）と他者のエージェンシーを理解し始め，外的事象（とくに，動物的事象）についての予期を形成するようになり，自己のエージェンシーのコントロールを学習し始める．また，物のアフォーダンス[2]を選択的に探索し，ある物に固有の特性があることへの予期を身につけ，その予期を自分の運動を通して確証する．そして，大人のジェスチャーと発声のリズミカルな構造を手がかりに（相手の行動を予期することで），二項的な相互行為が創発するという．「規則」という視点で見ると，物に対する予期は「規則性」の学習であるのに対して，「他者」に対する予期はコンティンジェンシー（不確実性をともなった随伴関係）の学習であるといえるかもしれない．養育者との二者間でのかかわりを繰り返すことで，習慣的な対処を確立して，なじみの相互行為が形成されるのである．養育者以外のなじみのない者とは，予期を修正しつつ，徐々になじんでいくのだろう．

　ヒトは生後9カ月ごろから，一つの物または事象に養育者とともに焦点化する能

力を獲得し，環境のアフォーダンスを他者と共有する三項的相互行為（リード 2000）または共同注意フレーム（トマセロ 2008）を発達させて，「意図をもつ存在」としての他者を理解し始める．このような能力が，言葉の獲得に重要な役割を果たすと考えられている．

　ヒト以外の霊長類では，このような三項的相互行為がヒトと同様に乳幼児期に発達するという報告はないが，霊長類の社会行動全体を眺めてみると，複数の個体がある一つの事象に焦点を合わせることはしばしば観察される．たとえば，ニホンザルでは移動を始めるときにはしばしば有力な個体の動向が注目されるし，警戒音が発せられた時には多くの者が警戒すべき対象に注目する．特定の個体に対する共同攻撃も三項的である．チンパンジーにみられる集団狩猟[3]や特定個体に対する集団リンチ事件（Nishida et al. 1995）なども三項的といえる．これらの事例では，たしかに三項的な枠組みが成立しているが，ヒトの三項的相互行為にみられるように対象（第三項）への注意を保持しながらそれを媒介項として二者間相互行為を展開しているとはかならずしもいえない．むしろ多くの場合，同一対象に対する行為が同時的に生起したものという理解が可能である．

　ヒト乳児の三項的相互行為に類似しているのは，チンパンジーにみられる「のぞき込み」行動かもしれない．若いチンパンジーはしばしば何かをしている（たとえば，何かを食べるための作業をしている）大人の手元をすぐそばまで接近して熱心に長い間見つめる．見つめられる側は取り立てて見つめる者に対する反応を示すわけではないのだが，追い払ったりはしないという消極的な意味で二頭の間に相互行為が成立しているとみなすことができる．

　繰り返し実践される三項的な相互行為が共通の間主観的な場をつくり出すのだとすれば，それは他者への信頼や他者との共感を生み出す場ともなるだろう．ヒトの幼児はその後 4〜5 歳頃になって，他者が，その行動に現れる意図や注意だけではなく，行動には表現されない可能性もある思考や信念ももっているという理解，つまり他者を「心をもつ存在」として理解するようになるという（トマセロ 2006）．このような他者理解を認知的他者理解と呼ぶことができる．

　認知的他者理解も，共同注意の発現に見られるように，その始まりは他者（通常は養育者）との同調，同一化にあると考えられる．他者も自己と同様に意図をもつ存在であること，すなわち他者の自己性を理解すると，他者の視点で物事を見ることが可能になる．ただし，この他者理解は自己理解の成熟度に応じたものである点には注意を要する．ごっこ遊びにふける 2〜3 歳の幼児は，遊びのなかで自分以外の他者になる経験を延々と積む．ごっこ遊びにおいて役を演じることは，自分以外の他者の視点で事物を操作することである．といっても，幼児たちは 4〜5 歳にな

るまで，まだ「心の理論」の理解は十分ではない．おそらく，この時点では〈共感的他者理解〉と〈認知的他者理解〉はまだ未分化な状態にあり，両者が相互に影響を与えながら発達することが必要なのであろう．

　ヒトの乳幼児の他者理解発達過程は，多少モディファイすることで人類の進化史のなかに位置づけることができる（第4節で詳述する）．おそらくホモ属が出現した頃，人類は「心をもつ存在」として他者を理解する認知能力を高め，それが他者への共感能力をさらに高めたのだろう．他者に対する理解が深まれば，その深さに応じて共感することができる範囲も広がるはずである．認知的他者理解と共感的他者理解は，相互に影響を与えながら，共進化してきたのではないかと思われる．

3 ●集団の中で他者となじむ

　霊長類の社会構造は多様であるが，ニホンザルのような母系社会では，母娘のつながりを通した血縁関係が群れ内の個体間関係に大きな影響を及ぼしていることは間違いない．群れ内の一個体に着目して周囲の他個体を眺めてみると，母親や自分の息子，娘を含む血縁でつながった者たち（家系集団）とそれ以外の群れ内の者たちとの間には，明らかに付き合い方の相違がある．前者を身内，後者を顔見知りと呼んでおこう．これらの群れ内個体のほかに，時折群れの外から見知らぬ者があらわれる．

　さて，血縁者をそうでない者よりも優遇することをネポチズムというが，ネポチズムには血縁選択[4]による進化（Hamilton 1971; トリバース 1991）といった生物学的背景がある．ただし，動物が自分の血縁者と非血縁者をカテゴリーとして認知しているとは考えにくい．母親が母乳で子を育てる哺乳類では，子どもの時からの近接や接触などのなじみの度合いを指標にして行動することで（長谷川・長谷川 2000），結果的にネポチズムが生じていると考えられる．そうであるなら，たとえばニホンザル個体にとって，身内と顔見知りの違いはカテゴリカルな質的相違というよりもなじみの程度による量的相違と考えられる．身内と顔見知りというカテゴリーをつくり出すのは観察する研究者の側であって，ニホンザル個体ではないということになる．

　一方，顔見知りと見知らぬ者との相違はニホンザルにとってさえ程度の差であるとはいえないだろう．知っているか知らないか，多少ともなじみがあるかないかという不連続な差がそこにはある．見知らぬ者との出会いにみられる強い警戒と敵対性が，その相違を物語っている．しかし，見知らぬ者はただ排除されるわけではな

い．たとえば，交尾期に現れる立派な体躯をしたハナレ雄は，群れ内の雌にとってはしばしばきわめて魅力的な存在のようである．そのようなハナレ雄は群れ内の多くの個体から攻撃を受けながらも，隠れて何頭かの雌と交尾をすることに成功する．ハナレ雄にとっては，雌との性関係を手がかりの一つとして，群れ内の個体と知り合いなじむことが移籍を成功させることにもつながる．

群れ内の身内や顔見知りは，これまでのさまざまな相互行為を通して，程度の差はあれ，なじみの関係を形成している仲間である．お互いの行為はある程度予測可能であり，そのため，共にいることに対してある程度の信頼感や安心感があるだろう．群れの外からやって来るなじみのない見知らぬ者に対しては，そのような安心感はない．集団間の出会いは通常敵対的であり，群れ内の個体からみれば，群れ外の者は仲間ではない者（すなわち敵？）である．しかし，群れ外のたとえばハナレ雄からみて群れ内の者は必ずしも敵対すべき相手ではない．見知らぬ者間の関係はかならずしも対称的ではないようである．

チンパンジーのような父系社会では，母娘のつながりが娘の移籍によって断たれてしまうので，ニホンザルのような家系集団は形成されない．ネポチズムは，未成熟個体を除けば，母と成熟した息子，および同母兄弟の間に限定される．同様の社会構造をもつボノボでは母親と息子の強い結びつきが見られるが，チンパンジーでは目立たない．また，相互に協力し合う兄弟の事例は知られているが（グドール 1990），集団内に大人の兄弟がいること自体がそれほど多くはない[5]．したがって，チンパンジーの単位集団[6]は限定的な身内と大多数の顔見知りで構成されているといえる．このような集団の中で育った雌は性成熟を迎えた後に集団を離脱して他集団へと移籍する．逆に言えば，単位集団の中に見知らぬ雌がやってくる．新規に加入してきた雌は，既存の雌から攻撃を受けたりいじめられたりすることがあるが（伊藤 2009），雄から攻撃を受けることはほとんどない．新入り雌には，加入した集団内に出身集団で顔見知りであった雌がいる可能性もあり，その場合にはその雌を新しい集団になじむ足がかりにすることができる．こうして新入り雌が集団のさまざまな個体とかかわる中で，集団内の個体もその雌に徐々になじんでいくことになる．

霊長類の社会は，原則として顔見知りの者たちで構成される集団である．集団内の個体は見知らぬ者に対して排他的であるが，ときに見知らぬ者を受け入れる．移入者は集団内の個体とさまざまな相互行為を繰り返しながら，しだいに集団の一員となる．つまり，見知らぬ者が見知らぬ者として集団に留まり共存するわけではない．

集団を形成する霊長類は，日常的にゆるやかに他者と同調し，生活のリズムを合

わせている．個体の発達という視点で見ると，赤ん坊の最初の同調対象は母親である．母親との二者間相互行為を通して，認知的理解も進むだろう．身体能力が上昇すると，同調の対象は同年齢あるいは近い年齢の子どもへと広がる．同調は身体機能と強く結びついているので，類似した身体機能をもつ者同士が同調しやすい．遊びは他者との身体的同調を直接的に経験する場である．成長とともに，同調の範囲は拡大し，集団内の他個体たちと日常的にゆるやかに同調するようになる．繁殖の時期になると，繁殖相手の異性との同調が大きな課題となる．独特の求愛行動システムは，同調のための仕掛けと見ることもできる．

　このような個体発達は，集団内の他者と「なじむ」プロセスである．「なじみ」は慣れや馴化といった学習の一種であり，したがって，動植物や環境に対してなじむこともできる．ペットや家畜となじむことができるし，危険なものでも慣れれば一定の関係を保った上でうまく付き合える．周囲の環境になじめば，安心して生活ができるのである．

4 ●人類集団の進化

　600〜700万年前に出現した私たちの祖先[7]がどのような社会をもっていたのかを直接物語る資料はない．化石資料によれば，猿人[8]の脳容量は現在の大型類人猿と同程度だが，直立二足歩行をし，犬歯が縮小しているという点が顕著である．彼らともっとも近縁な現生種であるチンパンジー，ボノボ，ゴリラ，そしてヒト（ホモ・サピエンス）の社会と行動を念頭に置けば，いくつかの共通点が浮かび上がる．まず，脳容量から，彼らの知的能力はチンパンジーやゴリラと同程度であっただろう．どのようなタイプかは分からないが，集団で暮らしていたはずである．長い未成熟期間をもち，赤ん坊は3〜5歳くらいまで母乳を飲み，母親が常に連れ歩いていた．7〜9歳程度で性成熟するまで，子どもは母親から離れて単独で動き回ることはほとんどなかった．雌は性成熟後に生まれた集団を離脱して別の集団かあるいは雄のもとに移籍し，その移籍先で子どもを生み育てただろう[9]．雌はだいたい5年ごとに子どもを生み，うまくいけば生涯で5〜6頭の子どもを育てることができただろう．雄の生活史については，チンパンジーとゴリラで大きく異なるため，ここでは不明ということにしておこう．長生きする者は50歳程度まで生きたであろうから，集団の中には子ども世代だけでなく，孫世代やひ孫世代あたりまでの最大で4世代程度がいたと思われる．ただし，雌が性成熟後に移籍することを考慮すれば，母と娘の血縁を通した血縁集団が形成されることはなかった．

```
                                                              (万年前)
        600              400              200         100
● サヘラントロプス
      ● オロリン
         ⬬ アルディピテクス
                            ⬬ アウストラロピテクス
                                          ⬬ パラントロプス
                       ⬬ ホモ・ハビリス
                         ⬬ ホモ・エルガスター
                       ⬬ ホモ・エレクトス
                                     ⬬ ホモ・フロレシエンシス
                                  ⬬ ホモ・ハイデルベルゲンシス
                                 ⬬ ホモ・ネアンデルターレンシス
                                         ⬬ ホモ・サピエンス
```

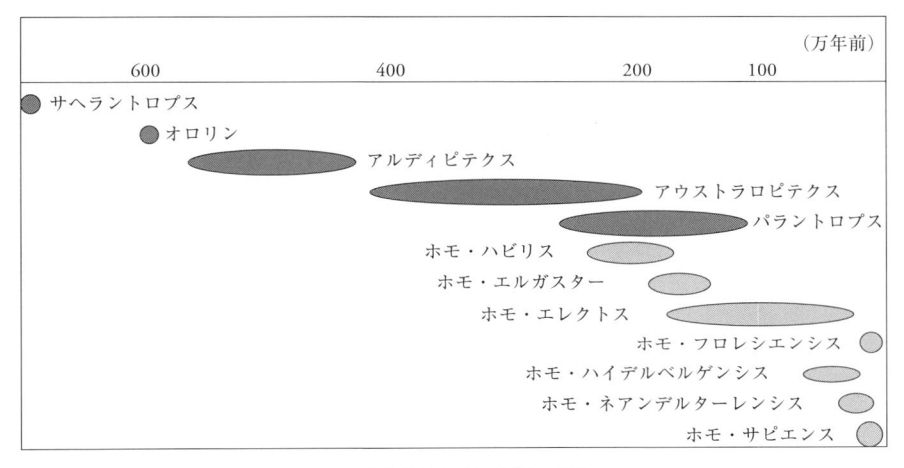

図1 ● 代表的な化石人類の系譜

　最初の猿人が，ゴリラのような単雄群集団であったか，チンパンジーやボノボのような複雄群集団であったか，あるいはそのどちらでもないタイプの集団であったのかは分からないが，何らかの集団をつくっていたはずである．サヘラントロプスやアルディピテクスは森林性の動物化石を同伴し，初期の猿人は森林あるいは森林の周縁で暮らしていたと考えられるので，夜には樹上でベッドを作って寝ていただろう．その後は，徐々に乾燥化した環境に適応していったことが確実なので，捕食者対策として複雄群集団を形成するようになった可能性が高い．森と草原を行き来していたのであれば，森では比較的小さなパーティに分散し，草原に出るときには大きなパーティをつくるというような離合集散をしていた可能性もある．犬歯が縮小したという点も，雄間の厳しい競合関係が低下して許容性が高まったことを物語っており，雄が集団内に共存していたとする方が納得できる．

　猿人の一部，おそらく華奢なタイプのアウストラロピテクスの中から，250万年前頃に最初のホモ属が出現した．その頃からオルドワン石器が使用されるようになり[10]，脳容量も急激に増大し始めた[11]．身体も一回り大きくなり，現代人と違わない完成された直立二足歩行をして，食性も堅果や果実などの植物食中心から，肉食へと傾斜していった．遊動域は大幅に拡大し，その一部ははじめてアフリカ大陸を出て，ユーラシアへと拡散した．これらの変化は認知能力が一段と高まったことを明確に示しており，心の理論に基づく認知的他者理解を人類の進化史の中に位置づけるとすれば，このホモ属の出現時点が最もふさわしいだろう．初期のホモ属がホモ・エルガスターやホモ・エレクトスへと進化する中で，共に暮らす他者を「心を

もつ存在」として認識し始めた可能性は高い．ホモ・エレクトスの時代に，乳児期と子ども期の間に，それまではなかった早期子ども期 early childhood が出現したらしい (Thompson and Nelson 2011)．だとすれば，育児システムや他者理解の発達パターンがこの頃に変化した可能性がある．スティーブン・ミズン (2006) によれば，心の理論をもった初期人類は，他者の感情，信念，願望，意図をよく理解できるようになり，現代のサルや類人猿には不可能な形で他者の行動を予測できただろうという．石塊から剥片を打ち欠く石器製作の技能を発展させて世代から世代へと伝えるには，心の理論と母子コミュニケーションの発達が不可欠であったと考えられる．

ホモ・エレクトスの時代に，特定の雌雄間の持続的な絆が成立していたのなら[12]，そのようなユニットがいくつか集まって大きな集団となるマントヒヒのような重層社会をつくっていたかもしれない (Yamagiwa 2015)．これは，かつて伊谷純一郎 (1983) が家族の起原を考察する中でプレバンド説と呼んだ家族の析出説と同等の構造であり，西田利貞 (1999) は猿人の社会がすでにこのような重層社会であったと推測している．以下はあくまで想像である．

特定の雌雄がつくるユニットが一夫一妻を基本としながらも一夫多妻も含む構成をもつとすれば，その上位集団の中にはこのような家族的ユニットが複数含まれ，その他に若い雄を中心とした雄だけのユニットがあっただろう．家族的ユニットの中で子どもは育つが，成熟すると雄は家族的ユニットを出て，雄ユニットに入り込んだだろう．サバンナに進出した初期人類は遊動域を大幅に拡大させていたはずなので，ひょっとするとゴリラのように (山極編 2007) テリトリーは消失していたかもしれない．集団はゆるやかにあるいは頻繁に離合集散しながら遊動域内を動き回っていたと考えられるが，そんな中で，他集団と遭遇することもあっただろう．チンパンジー社会では集団間の遭遇はきわめて敵対的な結果に終わるが，犬歯が縮小して雄間の拮抗性を弱めた初期人類はむしろボノボのような集団間の一時的融合 (加納 2001) を引き起こしたのではないか．そのときのお祭り騒ぎのような混乱と興奮 (黒田 2009) の中で，若い雌たちが移籍をし，新たな集団で雄と新規ユニットを形成したと考えたい．

ここで想定した初期人類の重層社会は，マントヒヒやゲラダヒヒの重層社会とその構造上類似しているが，その内実はレベルがかなり異なる．マントヒヒでは，単雄ユニット内の雌はしばしば雄から離れて勝手な行動をする．そのたびに雄は首噛み行動などを用いて力ずくで雌を引き戻す (クマー 1972)．雄は常に自分のユニットの雌の動向に目を配っていなければならないのである．また，ゲラダヒヒの単雄ユニットでは，ユニットのまとまりは雌間の血縁的絆によって維持されており，雄はいわば雌のまとまりの中に入り込んでいるだけである．初期人類のユニットが雌

が移籍する父系の構造をもつとすれば，マントヒヒの単雄ユニットに近いと想定されるが，人類社会ではマントヒヒのように雄がいつも雌に目を光らせているわけにはいかない．

　初期人類，それもホモ・エレクトス段階になると，彼らはハンドアックスなどのかなり精巧な石器を製作し，頻繁に狩猟をしていたと考えられる．この頃に認知的他者理解が大きく進展したとすれば，他者の行為の意図や意味をうまく理解できるようになり，目的を共有したさまざまな協力行動が可能になったと思われる．それまでは原則として一人でおこなってきた事柄を，お互いの目的を共有することで，意図的に役割を分担して効率的に共同作業をすることができるようになっただろう．だとすれば，彼らがさまざまな活動をするとき，つねにユニットメンバーが一緒に同行していたとは考えにくい．いくつかのユニットが合流して，雄たちは雄たちだけでさまざまな協力行動をしただろうし，雌たちは雌たちで集まって共同で子育てなどをしていたかもしれない．初期人類は，ユニットのメンバーがときどき一時的に分解（つまり離合集散）しながらも，ユニットとしての一体性を持続させていたと考えたいのである[13]．これが雌とその子どもだけなら，チンパンジーでもときどき生じているといえるかもしれないが，そこに血縁関係のない雄が入ってくると，ユニットの維持はそう簡単ではない．

　実は，チンパンジーの社会においても，特定の雌雄がカップルをつくり，一時的にではあるが独占的な性関係を維持することがある．これには二つのタイプがあり，一つはアルファ雄がかかわる配偶行動，もう一つは中高順位の雄がかかわるサファリ行動と呼ばれる．前者では，アルファ雄がお気に入りの発情した雌を常に引き連れて歩き，他の雄が接近すると妨害することで，カップルが維持される．集団の中で最優位であるからこそ可能な方法であるが，アルファ雄が目を離した隙に雌が逃げ出して他の雄と交尾をし，知らぬ顔で再びアルファ雄の元に戻ってくるといったことも観察されている．後者のサファリ行動は，中高順位の雄がまだ発情していない雌を誘い出して他の集団メンバーがいない場所を数日から数カ月間2頭で遊動し，その間に交尾を繰り返すというものである．

　この二つのタイプのカップル形成は，あくまでも一時的なものであり，その後の安定した雌雄関係へとは結びつかないのであるが，霊長類社会においてカップルを維持するためにとりうる二つの方法を示している．一つは力ずくで維持する方法であり，マントヒヒもこの方法を用いていた．もう一つは競争者から離れるという方法であり，テナガザルのペア集団やゴリラの単雄群はこの方法を採用しているといえる．いずれの場合も，カップル内のメンバーがカップル外のメンバーと接触することを抑止することで，カップルを維持しようとする試みである．

想定される初期人類の重層社会では，カップル内のメンバーがカップル外の異性を含むメンバーと接触する自由を保持したままカップルを維持しなければならない．初期人類の雌がチンパンジーやボノボのように明瞭な発情の兆候を示さないという点は，重層社会の成立に不可欠であっただろう．個体間の協力関係の拡大と雌雄関係の安定という集団の中で相反するベクトルを一本にまとめることが必要なのである．

　現代の人間社会においては，家族は家という閉鎖空間を共有することによって部分的に家族外のメンバーから隔離された上で，家族外のメンバーと自由に接触することが保障されている．それを可能にしているものは，おそらくさまざまな社会的規範や社会制度の存在だろう．初期人類はまだ言語を獲得していないはずなので，現在のような社会制度が成立したとは考えられないが，その端緒となる社会的規範や自然制度（黒田，1999）がこのとき出現したのではないか．

5 ●〈私たち〉の生成

　初期人類，おそらくホモ・エレクトスの時代に生じた認知的他者理解の進展は，他者の意図や行動の意味をうまく理解することで，集団内の構成員間の協力関係を大幅に拡大した．狩猟や獲物の解体，採集，育児など，さまざまな活動において，目的を共有した効率的な共同行為をするようになった．このような共同行為の繰り返しは，身振りや音声によるコミュニケーション能力を飛躍的に高め，第3節でみた「なじみ」による安心感を超える信頼関係を醸成しただろう．目的を共有した共同行為のなかで，自分の行為と他者の行為が合わさって目的が達成されるというリアルな実感は，その行為の参与者たちに〈私たち〉性 we-ness（トマセロ 2013）を生み出したのではないか．

　集団内でその集団の構成員たちとなじむことは，二者関係の集積として〈私たち〉性の背景をゆるやかに構成するかもしれない．しかし，なじみの関係はあくまで1対1の二者間相互行為の繰り返しによってつくられるので，〈私たち〉という輪郭のあるまとまりにはならない．〈私たち〉性が現れるには，ゆるい同調ではなく，強い同調が必要である．認知的他者理解に基づく共同行為のなかに強い同調が組み込まれることで，共感的他者理解がステップアップして，〈私たち〉性が出現する．

　この〈私たち〉性の生成と集団内の信頼感の醸成が，初期人類の重層社会を維持するための社会的規範の出現を可能にしたと考えたい．そこでは，家族的ユニットのカップルはカップルという二者関係においてのみ成立するのではなく，ユニット

の外にいる集団の構成員たち（つまり第三者）の承認と保障の上で成立する[14]．集団の構成員はそれぞれのユニット内のカップル関係を承認し，カップルもそのことを承知している．だからこそ，カップルはいつでも一時的に分散することが可能となり，それが〈私たち〉のやり方となることで，社会的規範が生まれる．

　ところで，ヒト以外の霊長類は自分に直接かかわる他者の動向には強い関心を向けるが，チンパンジーなどの大型類人猿でさえ，自分に直接かかわらない他者同士の関係については全般に無関心である．たとえば，霊長類社会に広く見られる母子間や兄弟姉妹間のインセスト回避はあくまで二者間の規則であり，逸脱者がいても第三者は何の反応もしない（黒田 2013）．大型類人猿は二者間の相互行為のなかでコンベンショナルな規則を見出して，当事者として行動を調整することはうまくできるが，それを「いま，ここ」から切り離して外部の眼で見て第三者に適用することは困難なようである．大型類人猿には，社会的規範にかかわる行動が広範に見られるが（ドゥ・ヴァール 1998；河合編 2013），トマセロ（2013）は社会的規範を「社会的に取り決められ，互いが承知しているような期待が社会的圧力を生じ，第三者集団によって監視され執行されること」とするなら，大型類人猿には社会的規範は見られないという．

　黒田（2013）は，チンパンジーの集団間抗争において，徒党を組んで隣接集団の遊動域に侵入して殺戮をする現象を〈私たち型制度〉と呼んだ．たしかに，複数の雄たちが隣接集団の個体を殺害するという共通の目的をもち，強い興奮と同調の中で暴れまわる姿には，〈私たち〉性が出現していると感じられる．しかし，普段のチンパンジーの生活のなかでは，三者以上の個体が目的を共有して共同行為をする場面はほとんど見られない．ヒトの場合には，幼児でさえごっこ遊びの際に「この人形は赤ちゃん」と宣言すれば，一緒に遊んでいる者たちは即座に目的を共有して人形を赤ちゃんとして遊び続ける．ヒトは言語を用いて簡単に目的を共有し，一緒に共同行為をする〈私たち〉を生み出す．チンパンジーでは三者間での遊びがほとんど見られないこと，チーム対抗遊びがまったく見られないこと（西田 2008）からも，ヒトとの相違は明瞭である．チンパンジーにはまだ〈私たち〉を生成する能力が十分には備わっていないようである．おそらく猿人たちも同様であろう．

　〈私たち〉とは表象であり，実体のない仮の構築物である．あるときは，「いま，ここ」にいる私とあなたを示し，あるときは私と何人かの友人たちを示し，あるときは私と家族を示し，あるときは私の学校や会社を示し，あるときは人間全体を示すこともある．曖昧で伸縮自在な存在である．一方で，〈私たち〉は何ものかを共有しているというリアルな実感をともなうものでもある．このような〈私たち〉の生成が，その後の人類社会の歴史を導いてきたように思われる．

認知的他者理解の進展によって高まった強い共感能力は，ときに自己と他者の一体化を促進して，〈自己/他者〉を消滅させ，強い情動をともなった〈私たち〉を生み出す．そのとき，その〈私たち〉の外側に新たな〈他者〉が現れる．新たに現れた〈他者〉は潜在的な〈私たち〉なのか，それとも〈私たち〉とは相容れない不可解な〈他者〉なのか．このような〈私たち/他者〉の対立は，ホモ・サピエンスの歴史の中で常に政治的に利用されてきたといってよいだろう．

注
1) 子殺しという現象は，多くの霊長類で見られるが，チンパンジーでは同一集団内の生物学的に父親である可能性のある雄による子殺しが観察され，カンニバリズムをともなうという点で特異である．
2) アフォーダンスとは，生態心理学者のジェームズ・J・ギブソンが提唱した概念で，環境が動物に提供する資源や情報のことである．生態心理学では，それらの資源や情報が動物主体の行為を可能にする（afford）と考える．
3) コートジボワールのタイで見られるチンパンジーの集団猟では，複数の狩猟者が同じ獲物に対して異なる役割分担をするコラボレーションが知られており（Boesch and Boesch 1989），他者の意図を理解してそれに協力するという意味できわめて三項的である．
4) 自然選択による生物の進化には，個体が自ら残す子孫の数だけではなく，遺伝子を共有する血縁者の繁殖成功も影響するということ．
5) こう見ると，大きな親族集団を形成するヒトの方が，チンパンジーやボノボよりもネポチズムが社会に与えるインパクトが強いように思える．
6) 霊長類各種はそれぞれ種固有の基本的な社会単位（Basic Social Unit：BSU）をもつ（伊谷 1987）．そのような単位としての集団が単位集団であり，例えばニホンザルでは，母系の構造をもつ「群れ」がBSUであり単位集団である．チンパンジーのBSUは，ニホンザルと同様に複雄複雌の構成をもつが，その中で各個体が頻繁に離合集散を繰り返すため，全構成員が一緒に「群れる」ことはない．また，各個体はいつも一時的な小集団（パーティ）に分かれているため，単なる「集団」という表現では，それが一時的集団を指すのか，単位集団を指すのかがあいまいである．そのため，日本のチンパンジー研究者はチンパンジーのBSUを「単位集団」と呼んできた．海外ではこの単位集団をコミュニティと呼ぶ（グドール 1990）．
7) 最古のホミニン（ヒト族）化石は，アフリカ中央部のチャドで発見された700万年前頃のサヘラントロプス・チャデンシスである．
8) ここでは，ホモ属以外のホミニンを猿人と呼び，初期のホモ属を初期人類と呼ぶことにする．
9) 中川（2009）は，霊長類全体の進化を見渡しながら，すべての類人猿に地理的分散傾向として雌偏向分散が見られ，それは初期人類にも見られたはずだと指摘している．
10) 最近，ケニアで330万年前の最古の石器が報告された．
11) 脳の増大は180万年前頃に一段落し，その後60万年前頃から再開する（ミズン 2006）．

12) ラブジョイはラミダス猿人の犬歯の性差がきわめて小さいと考えられる点から，猿人段階ですでに一夫一妻的な社会が生まれていたという．中川 (2009) も猿人が一夫一妻型の社会であった可能性を指摘している．
13) 猿人の時代にすでに雌雄のペアボンドが成立していたとすれば，マントヒヒと同様に，猿人のカップルはいつも一緒にいて一緒に遊動していたはずだと考えたい．
14) この段階で，船曳 (2013, 本書終章) のいう「象徴作用をもつ記号としての a」が立ち上がったわけではないだろう．ホモ・エレクトス段階では，何らかの記号をともなうコミュニケーションは成立していたかもしれないが，それが象徴作用をもつには，ホモ・ハイデルベルゲンシス以降のさらなる認知能力の発達が必要だと思われる．

参照文献

Boesch, C and Boesch, H (1989) Hunting behavior of wild chimpanzees in the Tai National Park. *American Journal of Physical. Anthropology*, 78: 547-573.
ドゥ・ヴァール，F (1998)『利己的なサル，他人を思いやるサル —— モラルはなぜ生まれたのか』(西田利貞・藤井留美訳) 草思社．
—— (2010)『共感の時代へ —— 動物行動学が教えてくれること』(柴田裕之訳) 紀伊国屋書店．
船曳建夫 (2013)「制度の基本構成要素 —— 三角形，そして四面体をモデルとする『制度』の理解」河合香吏編『制度 —— 人類社会の進化』京都大学学術出版会，309-323 頁．
グドール，J (1990)『野生チンパンジーの世界』(松沢哲郎監訳) ミネルヴァ書房．
Hamilton, WD (1971) Geometry for the selfish herd. *Journal of Theoretical Biology*, 31: 295-311.
長谷川真理子 (1983)『野生ニホンザルの育児行動』海鳴社．
長谷川寿一・長谷川真理子 (2000)『進化と人間行動』東京大学出版会．
早木仁成 (1990)『チンパンジーのなかのヒト』裳華房．
伊谷純一郎 (1983)「家族起原論の行方」『家族史研究 7』大月書店．
—— (1987)『霊長類社会の進化』平凡社．
伊藤詞子 (2009)「チンパンジーの集団 —— メスから見た世界」河合香吏編『集団 —— 人類社会の進化』京都大学学術出版会，89-97 頁．
加納隆至 (2001)「人間の本性は悪なのか？—— ビーリャの社会からの検討」西田利貞編『ホミニゼーション』京都大学学術出版会，33-81 頁．
河合香吏編 (2013)『制度 —— 人類社会の進化』京都大学学術出版会．
クマー，H (1972)『霊長類の社会』(水原洋城訳) 社会思想社．
黒田末寿 (1999)『人類進化再考 —— 社会生成の考古学』以文社．
—— (2009)「集団的興奮と原始戦争 —— 平等原則とは何ものか」河合香吏編『集団 —— 人類社会の進化』京都大学学術出版会，255-274 頁．
—— (2013)「制度の進化的基盤 —— 規則・逸脱・アイデンティティ」河合香吏編『制度 —— 人類社会の進化』京都大学学術出版会，389-406 頁．
ミズン，S (2006)『歌うネアンデルタール —— 音楽と言語から見るヒトの進化』(熊谷淳子訳) 早川書房．

中川尚史（2009）「霊長類における集団の機能と進化史 ── 地理的分散の性差に着目して」河合香吏編『集団 ── 人類社会の進化』京都大学学術出版会，57-87頁．
西田利貞（1999）『人間性はどこから来たか ── サル学からのアプローチ』京都大学学術出版会．
──（2008）「チンパンジーの社会」『いのちの科学を語る 4』東方出版．
Nishida, T, Hosaka, K, Nakamura, M and Hamai, M (1995) A within-group gang attack on a young adult male chimpanzee: Ostracism of an ill-mannered member? *Primates,* 36: 169-180.
リード，ES（2000）『アフォーダンスの心理学 ── 生態心理学への道』（細田直哉訳）新曜社．
トマセロ，M（2006）『心とことばの起源を探る』（大堀壽夫・中澤恒子・西村義樹・本多啓訳）勁草書房．
──（2008）『ことばをつくる』（辻幸夫・野村益寛・出原健一・菅井三実・鍋島弘治朗・森吉直子訳）慶應義塾大学出版会．
──（2013）『ヒトはなぜ協力するのか』（橋彌和秀訳）勁草書房．
Thompson, JL and Nelson, AJ (2011) Middle childhood and modern human origins. *Human Nature,* 22: 249-280.
トリヴァース，R（1991）『生物の社会進化』（中嶋康裕・原田泰志・福井康雄訳）産業図書．
山極寿一編（2007）『ヒトはどのようにしてつくられたか』シリーズ　ヒトの科学1，岩波書店．
Yamagiwa, J (2015) Evolution of Hominid Life History Strategy and Origin of Human Family. In: Furuich, T, Yamagiwa, J and Aureli, F (eds), *Dispersing Primate Females - Life history and social strategies in male-philopatric species*, Springer.

第 2 部

他者と他集団 ── いかに関わりあう相手か

第6章 続・アルファオスとは「誰のこと」か？
チンパンジー社会における「他者」のあらわれ

西江仁徳

❖ Keywords ❖

剥き出しの他者，制度的他者，相互認知 / 行為の構え / よどみ，認知的強靭さ

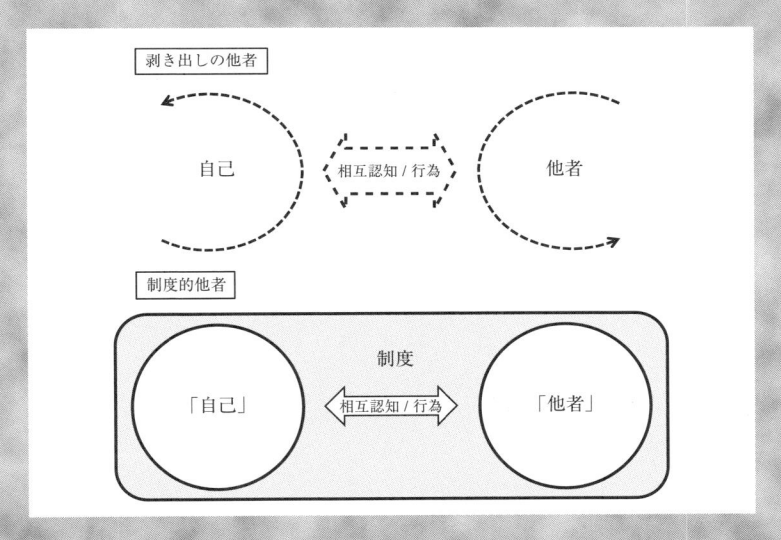

　自己と他者は，互いに認知 / 行為を起動しあいつつも，互いに全体を捉えきれないという両義的関係にある．他者がそなえる「偶有性」を前にしたとき，相互認知 / 行為の幅が広がり，互いの関係づけは不安定にならざるをえないが，そのつど「探索的」な認知 / 行為を繰り出すことで，「その場しのぎ」の関係づけを実現していくことになる（「剥き出しの他者」）．

　捉えきれない全体性をそなえた他者に対し，「あたかも全体が見通せるかのような」仮構を産みだす「装置」が「制度的他者」である．人類社会においては，他者の「偶有性」を「制度」に回収し，相互認知 / 行為の幅を縮小することで，認知的負荷を軽減することが可能になった．

　しかし，「制度」は他者の「偶有性」をたんに「隠蔽」しただけなのであり，ふいに顔を覗かせる「剥き出しの他者」を前にしたとき，私たち人間は認知 / 行為の選択に困難を生じ，可能な限りすみやかに他者を制度に回収することで，互いの関係づけを安定させようと試みる．この「制度的他者」との安定した関係づけを強く志向する人間のやり方は，「他者を剥き出しのまま受け止めることに耐えられない」という意味で，「脆弱な」身構えとなっているといえる．

── 関心の共有によって枠づけられていない偶然の出会いが，相手の輪郭の安定を崩し，私は相手の行為のさらなる意味を求め始める．そうしてむしろそのような場においてこそ，理解しきれぬ他者，捉えきれぬ他者の心に出会うのである．

　　　　　　　　　　　　　　　　　　　　　　　　　野矢茂樹　『心と他者』

　私は本書の前身となる『制度 ── 人類社会の進化』第6章（西江 2013, 以下第1論文と呼ぶ）において，野生チンパンジー社会におけるアルファオス（第1位オス）失踪の顛末と，その過程で観察された「慣習的なやり方を利用した，不安定な社会的出会いの状況の探索的なやり過ごし方」，およびそうした慣習的なやり方の繰り返しによって生じる「自生的秩序」としての「制度」の萌芽について論じた．そこでは，アルファオスの長期にわたる失踪という非日常的な事態に引き続いて起こった不安定な社会的出会いの状況において，互いの関係づけのあり方が不明確なために（つまり「誰がアルファオスなのかがはっきりしない」ために），互いの「適切な」行為選択に困難が生じていたが，そうした状況下で慣習的なやり方（後述するパントグラントや毛づくろい）を繰り出すことによってその場に一定の秩序を産出し，さらにその当座の秩序を次なる行為選択に利用することによって，当初不安定で混乱していた社会的出会いの場面がしだいに収束していく様子を描いた．つまり，チンパンジーたちは，いつ/誰でも参照可能なかたちであらかじめ設定された制度に依存するのではなく，慣習的な行為を探索的に繰り出すことによって即興的・局所的な秩序を現出させ，その秩序を次なる行為選択に利用することで，「自生的(spontaneous)制度」をそのつど作り出していた，というのが，私が第1論文でチンパンジー社会の「制度」について論じたことであった．

　「制度」の原初的なあり方としての「自生的秩序(spontaneous order)」というアイディアは，社会哲学者としてのハイエクの議論を敷衍したものだが（Hayek 1967a, 1967b, 1973），そこからチンパンジーの「言語なき社会」における秩序形成の具体を描いたところに第1論文の独自性があったと思う．しかし一方で，第1論文では「制度」というテーマに縛られて，実際のチンパンジーたちの出会いの混乱や不安定さを過小評価し，その後の混乱の収束と秩序形成という方向に議論を集中させてしまったため，「いったん収束したように見えたにもかかわらず，なぜまた（元）アルファオスは失踪してしまったのか」，「1年以上の長期にわたって『失踪しつづける』『他の個体に出会わないでいつづける』という事態をどのように考えたらよいのか」という，「他者」との出会いに付随して起こる，いわば収束の反対の極としての「散乱」の側面を十分に記述・議論できなかったという課題が残された．

そこで本章では，その「他者によってもたらされる散乱」の側面を，チンパンジーの具体的なやりとりを通して記述することを目指す．これは，現象面としては第1論文で扱った「出会いの局面」の裏面としての「互いに出会わないでいつづけること」を，理論面としては第1論文の「混沌とした場面に自生的に形成される秩序＝制度」の裏面としての「世界に意味の散乱をもたらす観点／行為者＝他者」の問題を扱うことになる．あらかじめ見通しを述べておくと，この両面（現象面／理論面における「制度」/「他者」）をあわせて論じたときに，チンパンジー社会においては「制度」に回収されることのない「剥き出しの他者」が，ヒトの社会においては制度によって圧縮された「制度的他者」が描かれることになるだろう．

1 ●「他者」——「制度」を可能にする／召喚するものとして

　本章でチンパンジー社会における「他者」を論じるにあたって，はじめに第1論文で論じた「制度」との関係を検討しておく．
　まず，第1論文で「制度」を論じたとき，すでに「他者」は前提されていた．端的にいえば，「他者なき制度」は不可能であり，「他者」の存在によってはじめて「制度」が可能になる．「わたしだけにとっての制度（私的制度）」は不可能でありナンセンスだ，というのが，第1論文から引き続く私の立場である．その意味で，「他者」は「制度」を可能にする前提であった．
　一方で，「他者」はたんに「制度」を可能にする前提となっているだけではなく，「制度を召喚する」ものでもある．「他者」は「わたし」とは異なる観点から世界を意味づける主体であり，「他者」によって世界の意味づけに複相状態がもたらされる（野矢 2012）．そして，「わたし」とは異なる意味づけを世界にもたらす「究極の不確定要因としての他者」（西江 2013）と共在するにあたって，そのつど局所的な規則性を産出しつつ次なる行為選択にその規則性を利用するという「自生的制度」が形成・利用・維持・再生産されている，というのが第1論文「制度」論の要点であった．ここでは，「世界に意味の散乱をもたらす他者」（野矢 2012）との共在を可能にし，社会生活を滞りなく営んでいく技法として，「他者なき世界」（そのようなものがありうるとして）であれば不可能であり必要とされることもなかったはずの「制度」が必要とされ召喚されたのだった．
　さて，この「他者」と「制度」との（ミニマムな）関係のモデルにもとづいて考えたとき，「他者」とはどのような存在として描かれるだろうか．
　まず，「他者」とはあるまとまりをもった認知／行為主体として「わたし」が認

知/行為する(「わたし」に認知/行為を迫ってくる)存在である．より簡単にいえば，「他者」とは，「何か」ではなく，「誰か」である．その意味では，一般に環境中に存在する無生物的な「モノ」(「何か」)とは異なるが，場合によっては「モノ」がある主体性をもって「わたし」に認知される場合もありうるし，主体性をもった対象としての「モノ」(「誰か」)に働きかける/働きかけられる場合もありうる(本書第18章床呂論文でいう「エージェンシーを発揮する〈もの〉」を参照)．また，「他者」は一生物個体とはかぎらず，個体の集まり(例：あるまとまりをもった集団)や個体の一部(例：あるふるまい方)が「他者」として感知されることもありうるだろう．いずれにしても，あるまとまりをもった認知/行為主体として「わたし」が認知/行為する(「わたし」に認知/行為を迫ってくる)のは，たんなる「モノ」としての「何か」ではなく，ある主体性をそなえた「誰か」という存在である．このとき，「わたし」は「誰か」としての「他者」を一方向的に認知/行為するのではなく，「わたし」と「他者」との間には「相互認知/行為の構え(可能性)」が生じることになる．

　このとき，あるまとまりをもった認知/行為主体としてあらわれる「他者」は，他方ではそのまとまりの「全体」を捉えきれない存在でもある．「他者」が世界に異なる意味の枠組みをもたらすのは，「わたしとは異なる観点から世界を意味づけている」からであり，その「他者」の観点を「わたし」が完全に把握し尽くすことは(原理的に)できない(野矢 2012)．「他者」が「他者」であるかぎり，その存在や観点そのものを「わたし」が全的に見通すことはできない．こうして「その全体を捉えきれない他者」が感知されるとき，そこではたんに「相互認知/行為の構え(可能性)」が生じるだけではなく，「相互認知/行為のよどみ(滞り)」が同時に生じている．日常的な感覚に即して言えば，私たちはふだんの会話が滞りなくなめらかにおこなわれているときには，たんに(主語抜きで)「おしゃべりしている」のであって，いちいち「<u>私が</u>しゃべっている」「<u>彼が</u>聞いている」などというかたちで，自己/他者を区別したりはしない．私たちが日常の相互行為の中で「他者」を感知する瞬間は，むしろ「相互行為がうまくいかないとき」(たとえば，相手が言っていることの意味がよくわからないとき)なのであり，そうした「相互行為のよどみ」の局面において，世界を異なる観点から意味づける主体として，「わたし」と「他者」があらわれるのである．

　このように，「他者」は一方では「相互行為の構え(可能性)」において，同時に他方では「相互行為のよどみ(滞り)」においてあらわれる．「他者」は，「わたし」と異なる認知/行為主体として，相互認知/行為の構えを起動する一方で，「わたし」からはその「全体」を見通せない存在として，相互認知/行為によどみをもたらす．

簡単にいえば,「他者」は相互行為のきっかけをもたらすと同時に, 相互行為に困難をもたらす. 相互行為の始まりの局面において,「わたし」は「他者」との間にそのつどの関係づけを迫られることになるが (相互行為の構え),「他者」はその「全体」が見通せない以上, どのような関係づけが適切なのかをあらかじめ判断することはできず, そのつど手さぐりで相互行為を進めていくより他にない (相互行為のよどみ). これは,「他者」のそなえる「捉えきれない全体」が, 同時に「わたし」との関係づけのありようの「全体」をもたらすためであり, このとき「わたし」は, 世界を見通す安定した一貫性をそなえた観点としてではなく,「他者」とのアドホックな関係づけにおいてあらわれる不安定な存在として, 世界を切りひらいていくことになる.

　このとき,「相互行為の構え / よどみ」においてあらわれる「他者」は, それぞれの社会生活において, それぞれの状況に応じて, さまざまな具体となってあらわれると考えられる. 本章の以下において, チンパンジー社会における「他者」のあらわれの具体を描き, それが私たち人間のそれとどのように異なるのかを論じる.

2 ●事件の背景と顛末
── アルファオスの「失踪」とその後の「不安定感」

　野生チンパンジーは, 複数のオスと複数のメスからなる「単位集団」とよばれる集団を形成して暮らしている. 単位集団は, 出産や死亡によるメンバーの増減, 発情の始まった若いメスの集団間移籍によるメンバーの入れ替わりをのぞくと, 基本的にはメンバーシップが安定しており, 私が調査しているタンザニア・マハレ山塊国立公園の M 集団は, 私が調査を始めた 2002 年以降, だいたい 60 頭前後の個体で構成されている. 基本的にオスは生まれた集団で生涯を過ごしメスが集団間を移籍する, 父系の社会構造をもつ.

　単位集団のメンバーは比較的安定しているが, メンバー全員が一同に会することはまずないといってよく, 日常的には単位集団の一部の個体で小集団 (パーティ) を形成して遊動をともにする. パーティのメンバー構成は融通無碍に入れ替わるため, 特定の個体同士がいつも一緒にいる, ということはまれで, 日常的に誰かと出会ったり別れたりを繰り返しながら遊動している. こうしたチンパンジーの融通無碍なパーティ構成の特徴はとくに「離合集散性」とよばれている (詳しくは次章, 伊藤論文参照). のちの事例の検討に関わることを付け加えておくと, マハレのチンパンジーは他個体との出会いと別れを日常的に繰り返しながら暮らしているため,

「数日から数週間程度の時間幅で誰かと出会わない」ということはごく日常的な現象であるのだが,「特定の個体が数カ月以上にわたって姿を見せないこと」,「特定の個体同士が数カ月以上にわたって互いに出会わないこと」は比較的まれであり,とくに社会的に「目立つ」存在であるアルファオスが本章のように長期にわたって「失踪」するという現象は,マハレではこれまでせいぜい 10 年に 1 回程度の頻度でしか起こっていない「非日常的な」事件だといえる.

　チンパンジーの単位集団内では,オス同士に直線的な順位関係があるとされており,攻撃や威嚇の方向性,服従的な音声とされるパントグラント[1]の発声の方向性を指標として,研究者はオス間の順位を把握する.第 1 位のオスはアルファオスと呼ばれ,他の個体に対してパントグラントすることなく一方的にパントグラントをされる立場となっている.

　オス間の順位関係は,攻撃や威嚇,パントグラントなどを用いることで把握できるとされるが,実際にはそうしたやりとりがほとんど観察されないペアや,その方向性がはっきりしない場合もあり,必ずしもいつも直線的な順位関係を確認できるわけではない.しかし,アルファオスに対する他個体からのパントグラントや,アルファオスから他個体への威嚇・攻撃の方向性は,比較的安定して観察されることもあり,チンパンジーの社会にアルファオスが存在していることは,われわれ研究者にとってなかば自明視されている.

　このように,「チンパンジーの単位集団(の安定したメンバーシップ)」や「オス間の順位関係(におけるアルファオス)」といったものは,私たち人間の観察者にとっても,その「全体」が見通せる機会は実質的にないにもかかわらず,(だからこそ)いわば「上空飛行的な理念型」として抽象化されたかたちで前提されているといえる.

　ところがこの自明視された前提は,まったく唐突に覆される.本章で第 1 論文に続いて検討する「アルファオスの失踪」という事件の発生が,私にとってその前提を覆されるきっかけであった.前日までは安定したメンバーシップの集団内で,互いに決まった順位関係にもとづいてやりとりをしているように見えていたのに,ある日を境にして突如アルファオスがいなくなってしまったのである.その失踪の原因になりそうな予兆は,私にはまったく感知できなかったし,その原因は現在にいたるまでまったく不明なままである.まさしくふいに,当時アルファオスであったファナナ(写真 1)は失踪してしまったのである.

　当時第 2 位オスだったアロフ(写真 2)は,緊張すると片手で自分の乳首を押さえるという「奇癖」の持ち主で,ふだんファナナに出会うとたいてい乳首を押さえながらパントグラントしていたのだが,ファナナが失踪してからはパントグラントす

写真1 ●老オス・カルンデ（左）から毛づくろいを受けるファナナ（右）

写真2 ●アロフ

る相手がいなくなり，他の個体から一方的にパントグラントされる立場になった．つまり，アロフは自らパントグラントすることなく一方的にパントグラントの受け手となるという意味で，「定義上は」アルファオスになったのだが，ファナナが戻ってきたらアロフはファナナに向かってパントグラントするかもしれず，私にとってはいったい誰がアルファオスなのか判断しづらい時期が続くことになる．さらに，このときファナナは集団の他のメンバーとほとんど出会わなくなってしまったため，ファナナを引き続き「集団の安定したメンバー」とみなしてよいのかどうかについても，その失踪期間が長くなるにつれて迷いが生じるようになっていった．こうした「誰がアルファオスなのかわからない感じ」，「誰が集団の安定したメンバーなのか確定しにくい感じ」は，たんなる私の印象というよりは，ある種の「不安定感」，「居心地の悪さ」のようなものとして，ファナナやアロフを含めたチンパンジーたちにも共有されているように思われた．

　2003年11月26日を最後に失踪したファナナは，翌12月には一度も観察されず，2004年1月に入ってから散発的に単独もしくは少数の個体と一緒にいるところを観察されるようになったが，アロフとの遭遇はなかなか観察されなかった．私が現地に滞在していた2004年9月までの間で，ファナナとアロフが直接出会ったのを観察できたのは2回だけで（4月16日，8月25日），その遭遇場面については第1論文ですでに検討した．本章では，第1論文で論じることができなかった裏面，すなわち「失踪中」のファナナと，アロフを含む「集団の安定したメンバー」が，互いにどのようにして出会わなかったのか，という点について検討する．「互いに出会っていない状態」においては，「相手がどこにいるのか，誰と一緒にいるのか，そもそも相手は誰なのか」といったことがはっきりとわからないまま事態が推移していくことになるが，こうした「いまだ出会わざる誰か」への対処のしかたの記述を通して，チンパンジー社会における「他者」のあらわれを描くことが本章の目指すところである．

3 ●最初の「ニアミス」—— ファナナの接近と逃避

　まず，失踪中のファナナが，どのようにして他個体と出会わないようにしていたのかをみてみよう．

　前述のとおり，2004年1月に入ってから散発的にファナナがまた観察されるようになったのだが，観察した実感としてはファナナはいたって健康そうであり，「（単独でいること以外には）失踪前ととくに変わりがない」という印象をもった．野生の

チンパンジーは病気にかかったりひどい怪我を負ったりしたときにひっそりと姿を消してそのまま死んでしまうこともあるので，ファナナが失踪していた1カ月余りの間もファナナの安否を心配していたのだが，1月に入ってファナナがときどき観察されるようになってから実際に追跡・観察してみると，食べ物もいつもどおりに食べるし，ときにはパントフートという長距離にも聞こえる大声を出してみたり，毛を逆立てながら勢いをつけて走り出し木の板根を力強く蹴ってみたりと，「失踪前ととくに変わりなく元気そう」な姿に安心した．

　しかし，その「いつもどおりのファナナ」をみていると，ではなぜこの「いつもどおりのファナナ」が「失踪したまま」になっているのかがまったく腑に落ちなかった．実際に1月下旬には，ファナナは1頭の老オス（カルンデ：写真1左の個体）と2頭のワカモノオス，複数のメスを含む20頭前後のパーティに合流して2日間にわたって一緒に遊動していたので，なんとなくこのまま元の鞘におさまるのではないかという期待をもちつつ観察を続けていた．しかし，その後ふとしたきっかけでファナナはこのパーティから離れ，また行方をくらましてしまったのだった．

　2月1日の朝，いつものようにアシスタントとともに観察に出かけた私は，8時50分にファナナがひとりでいるところに出くわし，追跡・観察をはじめた．チンパンジーの暮らす森は広く（M集団が日常的に遊動する範囲はおよそ25km^2），密に生えた藪によって地上の視界はかなり限定されており，声を出さず単独でいる個体を狙って発見することはとても難しい．そのため，この日は思いがけずファナナに出くわすことができて，その幸運を喜びつつ観察をはじめた．しかし，単独で移動する個体は見失いやすく，いったん見失うと再度見つけるのも至難の業である．また，このときはファナナが失踪中という事情もあり，いつどこで他個体と出会うかわからないため，いつもよりやや緊張しつつ追跡していった．

　追跡をはじめてからしばらくは，ファナナは谷沿いに東に向かってゆっくりと移動していた．ところが，8時59分にファナナはいきなり大きな声でパントフートしながら板根を蹴って，そのまま東に走っていったため，私とアシスタントは追跡開始早々ファナナを見失ってしまった．このときのファナナのパントフートに対する他個体からの反応（声）は，私たちが谷沿いにいたせいもあってまったく聞こえなかった．

　せっかく見つけて追跡しはじめたのにすぐ見失ってしまい，かなり落胆しつつ東側の一帯をアシスタントと一緒に探しまわった．すると9時26分に，見失った場所から100 mほど東寄りの樹上で，ファナナがひとりで果実を食べているのを運良く再発見できた．

　再発見後3分ほどすると，ファナナは採食をやめて木を降り，こんどは南へ向かっ

て移動をはじめた．さらに4分後（9時33分）には調査路[2]の交差点で立ち止まり，その交差点の東側の地面のにおいを嗅いだ．直後にこんどは南側の地面のにおいを嗅いで，そのままファナナは調査路沿いに南へ移動をはじめた．このときのファナナの足取りはふだんと比べても非常に慎重で，しばしば地面のにおいを嗅ぎながら，またときどき立ち止まって南側（進行方向）や西側を見やりながら，静かにゆっくりと歩いていった．

　9時58分にファナナは調査路上で立ち止まり，南と西を交互に見やった．約30秒後に南西側の比較的近くから，複数のチンパンジーの吠え声が断続的に聞こえてきた．その声が聞こえるやいなや，ファナナは調査路から南東側の藪に入り，声のした方から急速に離れていった．これまでの慎重な足取りとはうってかわって急激にスピードが上がり，ファナナは藪の中を一目散に東に向かって走り出した．私はアシスタントとともに必死に追いかけたが，藪の中ではチンパンジーに比べて長い手足が邪魔になり，なかなか追いつけない．アシスタントは私よりかなり速く，約300 m東の別の調査路あたりまで追いかけたが，結局その後はファナナを見つけることができなかった．

　ファナナが東へ走り出したあとも断続的に南西側から複数個体の吠え声が聞こえてきていたため，ファナナを見失ったあとあらためて声のする方に行ってみると，ファナナが走り出した地点から南西へ100 mほどのところで，アロフたちオトナオス5頭を含む約25頭のパーティを発見した．このパーティのチンパンジーたちは，先ほどのファナナの接近には気づいていない様子で，このあと夕方にかけてゆっくりと北西へ移動していった．

　この事例では，単独でいる「失踪中」のファナナが，複数個体の声を聞いたあと，その声のする方から急ぎ足で逃げ去る様子が観察された．ファナナが他個体の声を聞いてその声の主が「誰なのか」を正確に把握できていたかどうかはわからないが，少なくとも「複数の個体がいる」ことはわかったはずである．オスとメスでは声の質が異なるので，もしかすると「複数のオスがいる」ことくらいまではわかったかもしれないし，場合によっては「アロフがいる」こともわかった可能性もあるが，ここではひとまず「複数の個体の集まり」を認知したファナナがその集まりを回避（逃走）した，という解釈を採用しておく．

　しかし，ファナナは「声を聞いてはじめて他個体の集まりを認知した」と言ってよいのだろうか？　もちろん「声を出したその集まり」を認知したのは声を聞いたときだと思われるが，この複数個体の吠え声に先立つファナナのふるまいをよく見ると，むしろファナナの側から「（おそらく不特定の）誰か」を探索していることがわかる．

たとえば，パントフートは長距離間のコミュニケーションに用いられることが多い音声であり，発声後に他個体からの「返答を待つ」こともしばしば観察される（花村 2010）．つまりパントフートは，特定の個体への呼びかけというよりは，不特定の「誰か」への探索的な行為であるといえる．もちろん「不特定」であるがゆえに必ずしも「返答」があるとはかぎらないし，返答の有無は「相手」にゆだねられるため，「誰か」を「探索」していたというのはやや強い表現かもしれない．しかし，「静かにしていればなかなか他個体からは見つかりにくい」ことや，このときファナナが「失踪中」であり，多くの時間を単独で過ごしていたことを考えれば，パントフートや板根蹴りで大きな音を出すことは，「誰か」に見つかったり「返答」をされたりする可能性が高まるという意味で「単独生活が終わる可能性」，つまり「誰かと出会う可能性」を高めるふるまいであり，少なくとも「誰か」とのやりとりのきっかけになりうる行為であったということができる．そうした「誰か」からの「返答」のきっかけをつくるという意味で，「失踪中」のファナナのパントフートは（不特定の）「誰か」への探索的な呼びかけであったといえるだろう．
　また，ファナナは繰り返し立ち止まって地面のにおいを嗅ぎながら，慎重な足取りで調査路を南へ向かって移動していった．この「地面のにおいを嗅ぐ」という行動も，いまだ出会わざる「誰か」を予期し，やがて到来する可能性のある「誰か」との出会いにそなえる（出会いを回避することも含めて）行為であったといえるのではないだろうか．
　地面に他個体のにおいがついていたとして最大限にわかることは「その場所にその（においの元となる）個体がいた」ことであり，いま現在その個体がどこで何をしているのかはわからないだろう．においが強ければ「まだ近くにいる」ことや「こっちに行ったようだ」といったことはわかるかもしれないが，いずれにしてもかなり限定的な情報にとどまるだろう．ある個体のにおいを認知できたとしても，他に誰と一緒にいたのか，何をしていたのかといったはっきりした情報まで認知することが難しいとすれば，ファナナが地面のにおいを嗅ぐことで得られた情報としては，「（特定／不特定の）誰かがここにいた（かもしれない）」といったところではないだろうか．やはりここでもファナナのふるまいは，いまだ出会わざる「誰か」を探索する行為となっている．
　そのうえで，ファナナは結果的に多数の個体からなるパーティに接近し，その声を聞いたあと，それ以前の慎重な足取りとははっきりと異なる急ぎ足で「逃走」した．つまりファナナは，まだ見ぬ「誰か」との出会いを予期しつつ「探索」を繰り返したあと，いよいよその出会いが現実になりそうな間際で出会いを回避したのだった．そのため，ファナナと「誰か」との関係は，「いつものやりとりにもとづ

いた関係づけ」に回収されないまま結果的に先延ばしにされることになり，ファナナは「失踪中」の暮らしを続けることになった．

「失踪中」のファナナと他個体が出会ったときに起こる恐慌状態といえるほどの混乱とその収束についてはすでに第1論文で検討したが，それがうまくいくかどうかにかかわらず，「失踪」状態の解消には「出会う」ことが必要なのであり（「出会わないでいつづける」ことこそが「失踪」状態なのだから），その出会いがファナナの「逃走」によって実現しなかったために，結果的にこのあとも「失踪」状態は維持されることになった．

こうして，ファナナと他個体たちの関係づけはいわば「宙吊り」にされたまま結果的に先延ばしにされることになったわけだが，このとき「宙吊り」にされた「ファナナと他個体との関係づけ」とはいかなるものだったといえるだろうか．

まず，あまりに当たり前のことであるが，ファナナは失踪前は「安定した集団のメンバー」であった．ここでいう「安定した集団のメンバー」とは，日常的に互いに出会ったり別れたりしつつ，遊動をともにしたりしばらく別々に遊動をしたりしながら，出会ったときにはパントグラントをしたり毛づくろいをしたりケンカをしたり互いに何もせず昼寝をしたり，出会っていないときにはパントフートを発したり聞いたりしながら互いの居場所をおおまかに把握したりしなかったりする，といったかたちで，「日常的にさまざまなしかたで関わりあう相手」というほどの意味である．このとき「失踪中」のファナナは，「集団のメンバーと出会わないでつづける」ことによって「日常的にずっと関わらない」ことになり，結果的に「集団のメンバーの安定性」をゆるがしていたといえる．つまり，ファナナと他のメンバーとの「ニアミス」や第1論文で検討したような「出会い」は，たんにファナナと他のメンバーとの個別の関係づけにとどまらず，ふだん安定したメンバーによって構成されている「単位集団」という「不可視の関係づけの全体」を，その背景に影絵のように映し出しているのである．

また，失踪前のファナナは「アルファオス」であった．他個体と出会えば相手からパントグラントされ，相手から威嚇や攻撃をされることはほとんどなく，たとえそれが「底の抜けた根拠」（西江 2013）にもとづくある種の「制度」であったとしても，互いの安定した関係づけを繰り返し作り出し，その安定した関係づけを利用することで次なる行為選択がより容易なものになっていた．しかしこの安定した関係づけとしての「アルファオス／劣位個体」は，互いに出会うことによってこそ維持・再生産が可能になるものであり，互いに出会わないでつづければこの安定した関係づけを可能にする相互行為（パントグラントや威嚇・攻撃など）の繰り返しを実現できないため，互いの関係づけは不安定なものにならざるをえない．実際に失

踪後の再会場面で恐慌状態ともいえるような混乱が生じたことは第1論文でみたとおりであり，この混乱はまさに「関係づけの不安定化」によってもたらされたと考えられる．つまり，ファナナの失踪にともなう「アルファオスの不在」は，たんにファナナと他のメンバーとの個別の関係づけにとどまらず，ふだんの安定した関係づけを可能にしている「アルファオス／劣位個体」という「不可視の関係づけの全体」を同時に浮かび上がらせているのである．

4 ● 二度目の「ニアミス」
── アロフたちの「捜索」とファナナへの「突進」

　その後のファナナは，何度か他のメンバーとの遭遇もしながら，それでも多くの時間を単独で過ごしているようだった．8月になってアロフを含む大きなパーティと遭遇したときに，ファナナがアロフにパントグラントしたことで，アロフが新たなアルファオスとなり，この約1年にわたるファナナの失踪と不安定な関係についに終止符が打たれたかと思われたが（西江 2013），ファナナはその後もなお他個体との接触を避け，「失踪」状態を続けた．私は9月末には調査を終えて帰国する予定になっており，なんとか滞在中に「決着」を見届けたいという思いがあったが，ファナナはなかなか姿を現わしてはくれなかった．

　2004年9月25日，朝から東の山のかなり上の方からチンパンジーたちの声が聞こえていた．11時頃にはアロフや老オス・カルンデらを含む多くの個体が低地に下りてきたので，この日はアロフを追跡することにした．その後13時30分頃まで，アロフを含むパーティは低地をゆっくりと南へ移動しながら，樹上で果実を食べたり毛づくろいをしたりしながらダラダラと過ごしていた．大勢での遊動ではいつものことだが，パントフートやパントグラントなどの大きな声がしばしばあがり，騒がしい雰囲気で遊動していた．

　13時32分に，アロフのいる場所からすぐ東側の近くでいきなり「ファウ！」と吠え声があがり，アロフは乳首を押さえながらすぐにカルンデや老メス・ンコンボらとともに調査路を南へ歩きはじめた．7分後にアロフは調査路の交差点で立ち止まり，地面のにおいを嗅いだ．そこへオリオン（ワカモノオス）がやってきて，交差点の少し南で止まった．アロフはさらにその後の数分間，地面のにおいと近くに落ちていた新しいチンパンジーの糞のにおいを嗅いだ．

　13時44分に，オリオンとアロフは一緒に南へ向かって調査路を歩きはじめた．最初はオリオンが先行していたが，途中でアロフが追い抜き，またアロフは繰り返

し地面のにおいを嗅ぎながら南へ向かっていく．オリオンもアロフも，緊張しているためかペニスが勃起しているのが見える．

　アロフとオリオンは4分後にパントフートしながら交差点を西へ曲がり，さらにその4分後に別の交差点を南に曲がった．2頭ともほとんど立ち止まることなく，アロフが先行しながらやや速めの足取りで歩いていった．

　13時56分にアロフとオリオンはパントフートを発し，まもなく一緒に立ち止まり，オリオンがアロフを毛づくろいしはじめた．約4分後，こんどは南西のかなり遠くから，1個体のパントフートが聞こえてきた．するとアロフとオリオンはすぐに調査路を南へ向かって歩きはじめた．

　2頭ともかなり速い足取りで調査路を南へ向かい，14時6分には調査路の分岐を曲がって西へ向かいはじめた．14時9分，次の調査路の交差点でアロフとオリオンはパントフートを発し，アロフはそのまま毛を逆立てながら調査路を北西方向へ進んでいった．

　14時13分に，アロフとオリオンは調査路から少し東側の藪に入ったところでボノボとマスディ（いずれもオトナオス）に合流したが，誰もパントグラントなどの声を発しなかった．しばらくその場で4頭とも座っていたが，14時19分頃にアロフは落ち葉を拾ってにおいを嗅ぎ，また北西や北の方をしきりに見やっていた．その後は4頭ともしばらく動かず，その場で寝転がって休息しはじめた．

　14時44分に，急に4頭とも起き上がり，大きな吠え声やパントフートをあげながら南東方向へ歩きはじめた．まもなく調査路に出たアロフは，さっき通ってきた道をもといた方へ戻りはじめる．マスディとオリオンは徐々に遅れていったが，アロフはボノボと一緒に，もときた道をどんどん戻っていく．さっきまで一緒にいた大勢の個体たちと思われるたくさんの声が，アロフの北側や北西側から聞こえていた．14時58分にアロフとボノボはパントフートし，さらにアロフは木の板根を蹴って大きな音を響かせた．まもなく何頭かのオトナメスや，老オス・カルンデらが北側から続々とやってきた．

　その後，アロフはカルンデと一緒にしばらく樹上で果実を採食し，15時30分頃になるとボノボやカルンデ，何頭かのワカモノオスたちやオトナメスたちと一緒に，さっきオリオンと一緒に急ぎ足で南下した調査路を，こんどはゆっくりとした足取りでまた南へ進みはじめた．アロフと出会ったメスたちがことごとくアロフにパントグラントし，周辺はとても騒がしくなっていった．

　やがて，さきほど14時9分にいったん北西方向へ曲がった交差点にさしかかったが，アロフはこんどは南西へ曲がり坂道を下っていった（15時59分）．アロフはときおり立ち止まって振り返り，マスディやピムなどのオスの姿がうしろから見え

てきたらまた歩きはじめる.

16時12分にアロフは調査路上の地面のにおいを嗅ぎ，16時16分には地上で落果を拾って食べはじめた．すぐそばの樹上では，カルンデとンコンボがすでに同じ果実を食べている．16時20分にはカルンデは採食を終えて地上におりてきた．入れ替わるように，アロフはいったん木に登って6分ほど果実を食べ，また地上におりてきて，カルンデのすぐ近くに寝ころんだ．その後，16時30分頃にかけてンコンボが採食を終えて木からおり，3頭はすぐ近くでダラダラと寝ていた.

16時58分にアロフとカルンデがパントフートすると，北側の一帯から多数の声が返ってきた．17時2分に調査を切り上げて，キャンプに帰ろうと調査路に出てきたところ，ちょうどファナナが単独で北から歩いてきて，アロフやカルンデのいる方に接近してきているのを発見した．ファナナは南側の藪に入り，アロフらのいる方にゆっくりとした足取りで接近していく.

17時3分，ファナナがアロフらの手前（北側）5mほどのところから，アロフとカルンデとンコンボが寝ている方に向かってパントグラントを発した．その瞬間，カルンデが猛烈な勢いで藪から飛び出してきてファナナに襲いかかり，ファナナは一瞬歯をむき出してすぐに北へ猛スピードで走り出した．アロフとンコンボもカルンデのあとに続いて走り出す．ふだんチンパンジーの追跡中に走ることはまずないのだが，このときばかりは私もアシスタントも走って追いかけた．それでもファナナたちの走るスピードに追いつけず，すぐに見失ってしまった．なおも走って追いかけていた私の両側の藪からは，北側にとどまっていたと思われる他の個体たちが次々と合流してきて，どんどん私を追い抜いてファナナが逃げていったと思われる北の方へ向かって走っていった．周辺はひどい騒ぎで，チンパンジーたちの声はどんどん北へ向かって動いていた.

17時13分に，約1km北の調査路上で，ようやくアロフやカルンデ，ンコンボ，マスディ，オリオンらが集まっているところに追いついた．ファナナの姿は見えず，また逃走したようだった．アロフは落ち着きなく繰り返し周辺の落ち葉のにおいを嗅いでいた.

この「ニアミス」事例では，前節とは逆にアロフ側の視点からファナナとの接近を観察できた．約6時間にわたる長い事態の推移をかなり圧縮して記述しているため，わかりにくい点が多いかもしれないが，私がとくに論じたいポイントにしぼって，もう少し事態を要約しておこう.

まず，13時30分頃からの約1時間にわたる，アロフとオリオンらがおこなった「捜索」についてみておく.

その直前まで，アロフたちは採食をしながらダラダラと過ごしていたが，近くで

あがった吠え声をきっかけに，アロフは緊張した様子で（乳首を押さえながら）南へ歩きはじめた．その後，アロフは地面や近くに落ちていたチンパンジーの糞のにおいを嗅ぎ，何度かパントフートもしながら，オリオンと一緒にやや速めの足取りでどんどん南下していった．いったん立ち止まったアロフとオリオンだが，南西方向の遠くから1個体のパントフートが聞こえると，またすぐに調査路を南下して，声のした方へかなり速い足取りで向かっていった．14時13分には，ボノボやマスディといったオトナオスとも合流したが，なおもアロフは落ち葉のにおいを嗅いでいた．

　このときアロフのあとをついて歩いていた私には，緊張した様子で地面のにおいを嗅ぎながらも速い足取りで南へ向かっていったアロフの姿は，「さっき遠くで聞こえた声の主を探しに行っている」ように感じられた．私にはその声の主が誰なのかはわからなかったが，多くの個体がアロフたちの周辺にいた状況で，遠くの方から単独個体のパントフートが聞こえ，その声の方に（緊張した様子で）急ぎ足で向かっていったという経緯からは，この声（遠方からのパントフート）はアロフたちにとって「予期せざる声の主・場所・タイミング」だったと考えられる．この声の主が，そのあとに出会いかけた（出会いそこねた）ファナナだった可能性もあるし，アロフたちはこの声をファナナの声として認知していた可能性もあるが，その点ははっきりとはわからない．しかし少なくとも，アロフたちの緊張した様子（乳首を押さえる，ペニスが勃起する，毛を逆立てる，速い足取り）をともなった「その声の方への接近」は，何らかの「予期していなかった相手との出会い」にそなえつつ，その「いまだ出会わざる誰か」の「探索」に向かう行為だったとはいえるだろう．前節でファナナがしていたのと同様に，アロフが繰り返していた「地面（落ち葉，糞）のにおいを嗅ぐ」という行為もまた，「いまだはっきりとは捉えられていない誰か」の到来を察知しようとする探索的行為といえる．

　しかし，この探索の試みはうまくいかず（「誰か」と出会うことはなく），他のオスたちと合流したあとアロフたちはふたたびもときた道を戻っていった．実はふだんチンパンジーを追跡していて，これだけの長い時間・距離を緊張感をみなぎらせつつ速い足取りで進んだあと，何をするでもなく，もときた道を戻る，というのはあまり経験したことがなかった．そのため，この「何もしないで同じ道を戻る」アロフたちの姿も，「さっきの速い足取りでの南下」が何か特別な意味をおびたものだったのではないかと私に印象づけるポイントになっていた．

　その後，アロフはもとのパーティと合流し，カルンデ（老オス）やンコンボ（老メス）とともに，採食をしながらゆっくりと南西へ移動し，夕方までくつろいでいた．そして，ファナナとの二度目の「ニアミス」が起こった（17時3分）．

　このニアミスの直前，アロフとカルンデはパントフートを発し，北側の一帯から

多数の声が返ってきた（16時58分）．ファナナが北側からやってきたことを考えると，ファナナはこのアロフたちのパントフートとその後の鳴き交わしを聞いたうえで，アロフたちのいる場所に接近してきたと考えられる．その声がアロフたちのものであることまでファナナに認知されていたかどうかはわからないが，少なくとも最初のニアミス例でみたような，多数の声を聞いた直後に逃走したファナナのふるまいとは明らかに異なり，複数個体のパントフートを聞いたあと，その声の方に接近してきている．

やがて，ファナナは5mほどの距離までアロフとカルンデ，ンコンボが寝転んでいる場所に接近し，そこからパントグラントを発した．パントグラントは，出会いのさいに起こる相互行為としてはごく典型的なものであるが，このときのとくにカルンデの反応（猛烈な勢いでのファナナへの突進）は，ほとんど他に見たことがないほどの激しいものだった．また，逃げ出したファナナを追いかけていくカルンデやアロフ，ンコンボはじめ，続々と合流してくる他の個体たちの興奮ぶりと追いかけるスピードも，これまで私が経験したことのないほどの激しさだった．ファナナがもし逃走せずその場にとどまっていたら，たいへんな攻撃を受けていたのではないかとも思われた．ふだんでも，パントグラントしてきた相手に対してパントグラントの受け手が攻撃を加えるということはときおり観察されるが，このときの突進や周辺から合流してきた個体たちの興奮の激しさは，そうした「いつもの出会いのやりとりのしかた」とははっきり異なる反応だと思えた．

パントグラントはチンパンジー同士の日常的な出会いにおいてよく使われる相互行為のパターンであり，第1論文では「不安定な出会いの文脈をのりきる慣習的技法」として使われる様子を記述した（西江 2013）．しかし，この事例におけるファナナのパントグラントは，明らかに「不安定な文脈を収束させるきっかけになる」という（慣習的）機能を果たしていない．むしろここでは「予期せざる出会いそのもの」がもたらした混乱が，「慣習」の安定性を圧倒しおびやかしているといえるだろう．いわば「慣習」の外から到来する「他なるもの」との「剥き出しの出会い」が，大きな反発と混乱，怒涛の興奮を引き起こし，「慣習」の安定性を圧倒していると言ってもよいかもしれない．ここでいう「他なるもの」とは，「ファナナにとってのアロフ」や「アロフにとってのファナナ」といった「他個体」にとどまらず，「慣習に回収することもままならず，さりとてどの一面を捉えたらよいのかもわからない」ような，「ファナナと他のメンバーとの関係づけの全体（「集団のメンバー」や「アルファオス」など）」として，双方に混乱と興奮を引き起こしていたのではないかと考えられる．

この二度目のニアミス事例においても，最初のニアミスと同様，やはり「単位集

団のメンバー」や「アルファオス」といった「不可視の関係づけの全体」が，ファナナと他の個体の接近にともなって一挙にあぶり出されている．また，その「不安定な出会い」は「慣習＝いつものやり方」に回収されることなく，カルンデの「突進」とそれに続く「猛追」，ファナナの「逃走」によって，互いの関係づけは結果的に「宙吊り」のまま先延ばしにされていた．このようなやりとりがもしずっと続いたならば，ファナナは他のオスたちとの「順位関係」にもとづくやりとりを再開できないだけではなく，さらには他の個体たちとも「集団のメンバー」としてのやりとりも再開できず，集団に属さない「単独オス」という，父系のチンパンジー社会では通常ありえない生活を送ることになったかもしれない．私がこの調査期間中に観察できたファナナの「失踪」の顛末はこの二度目のニアミスまでの約1年間であったが，このあとも数年にわたって，ファナナは同じ遊動域内にとどまりつつも集団の他のメンバーとは頻繁に出会うことなく，互いの関係づけは「宙吊り」のままだったのである（中村 2015：205）.

　ここまで見てきたアロフたち「安定した集団のメンバー」と「失踪中」のファナナとの二つの「ニアミス」事例をもとに，チンパンジー社会における「他なるもの」のあらわれはどのようなものとして理解可能なのか，以下，検討しておこう．

5 ●チンパンジー社会における 「剥き出しの他者」と「認知的強靱さ」

　本章でみてきたチンパンジーたちのやりとり，とくに「ニアミス」とその後の「逃走」によって先延ばしにされた「失踪」状態は，最初にあげた「制度」の裏面としての「他者」についてどのような洞察を与えてくれるのだろうか．

　まず，「いまだ出会っていない（特定／不特定の）誰か」に対して，チンパンジーたちはさまざまな「探索的行為」を繰り出し，その「誰か」を捉えようと試みていた．最初のニアミスでは，ファナナは単独でパントフートを発することで「誰か」からの「返答」のきっかけをつくり，また繰り返し地面のにおいを嗅ぎながら，「誰か」の方へ接近していった．二度目のニアミスでは，アロフやオリオンは，遠くから聞こえたパントフートに対して，その声のした方に急ぎ足で向かい，また地面や落ち葉のにおいの痕跡を「探索」していた．

　しかし，これらの「探索」はいずれも「はっきりした関係づけ」にいたることなく，ファナナの「逃走」によって，互いの関係づけはいわば「宙吊り」にされたまま先延ばしにされていった．つまり，互いの関係づけは，ある安定した枠組みにお

さまることなく,「出会い」の間際で大きな混乱を引き起こしたまま,出会わない時期が続くことになった. こうした関係づけの「宙吊り」,「先延ばし」は, 観察している私たちにとっては, ある意味, とても「わかりにくい」,「合理的でないようにみえる」やり方となっている. たとえば, ファナナは多くの個体と出会わないでいつづける「失踪」状態であるにもかかわらず, 繰り返し多くの個体のいる方に接近したり, さらにパントフートなどの長距離音声を発したりもしている.「失踪」しつづけるのであれば, ひっそりと静かにして, 他個体の声が聞こえても近づかないほうがよいだろうし, 実際ファナナも多くの場合そうしていたのだが, なぜかときおりこうして「長距離音声の発声」や「他個体への接近」をし, 場合によっては(第1論文や本章二度目のニアミスのように)結果的に「ひどい騒ぎ」を引き起こしたりもしてしまう. アロフたちの様子を見ても, 遠くから聞こえた声に対して緊張しつつ「探索」に行ったりはするのに, パントグラントしながら近づいてきたファナナと「和解」することはなく, ファナナを追いかけまわして「ひどい騒ぎ」をエスカレートさせたりもしている(第1論文でも同様の事例を検討した). 私自身, 実際に現場で観察していても理解に苦しむことの多かったこうしたチンパンジーたちのやり方を,「他者」のあらわれという文脈に即してどのように理解できるだろうか.

　こうした一見「不合理」なチンパンジーたちのやり方は, 互いの関係づけを「規則」や「制度」といった「いつ/誰でも参照可能な記号体系」へと回収することで認知的負荷を軽減するのではなく, 到来する「他なるもの」のもつ「他者性」を「そのままにしておく」,「その場しのぎの対処をして先延ばしにする」ことで, とりあえずその場を「やり過ごす」ような, いわば「行き当たりばったり」なやり方であることを示している. つまり,「他者」がもたらす「関係づけの全体」が差し迫ったとき,「いつ/誰でも参照可能なある秩序(規則・制度)」を参照しながら相互行為を調整することで, 即座に安定した関係へと移行することを目指すのではなく, さしあたっての関係づけのあり方を「探索」し, さらにその反応に局所的に対処していくことで, ごく限定的な「その場しのぎ」のやりとりが展開していくことになる. そして, 私たちがこうした「その場しのぎ」のやりとりを観察していて感じる「わからなさ」,「不合理さ」は, ふだん私たちがいかに「他者」のもたらす「他者性」を, 何らかの「慣習」や「制度」へと回収し理解可能なものに見せかけているのかを, 逆に照らし出しているのである.

　本章前半で論じたとおり,「他者」が「他者」たりうるのは,「わたし」の観点におさまりきらない「別の観点」を世界にもたらすからであり,「他者」が「わたし」の操作可能な世界におさまらない存在としてあるかぎり,「他者」の到来によって「わたし」と「世界」の関係づけは(そして「わたし」の存在自体も)不安定にならざ

るをえない．こうした不安定な状態で「他者」と向き合うとき，私たちにとっておそらくもっともなじみ深いやり方は，「互いの関係づけのしかたそれ自体」に「言及」することで，安定した関係づけへの移行をはかることだろう．たとえば，私たちが見知らぬ人と出会ったときにする典型的なやりとりとしての「自己紹介」を考えてみると，そこで「紹介される自己」とは「名前」，「出身地」，「職業」，「趣味」，「経歴」など，ほとんどすべてが「これからの相手との関係づけに利用可能な情報」であり，つまり「自己紹介」とはそもそも相手との関係づけのきっかけをつくること自体を目的とした，「自己」の多様な側面を相手に提示する相互行為である．この自己のさまざまな側面の提示に相手がどう対処するかに応じて，相手との関係づけを探っていくことが目指されている．相手がもし「趣味」に興味を示せば「趣味」に応じた関係づけをすればよいし，「職業」や「経歴」が重要な話題になるのであればさしあたりその範囲で付き合っていけばよい．

　もっと日常的な場面を想定してみても，ふだんよく知っている相手が，ある日どこか様子がおかしいと感じられるとき，私たちは相手に「何かあったのか」，「体調はどうか」など，さまざまな「詮索」をしてしかるべき「理由」を聞き出すことで，「自分に理解可能な枠組み」にできるだけ早く回収しようとするだろう．ここでおこなわれているのは，「互いに参照可能な関係づけの枠組み」の提示であり，その枠組みのもとに「他者」との関係づけを収束させることが目指されているのである．私たちはこのように「他者」をすみやかに「互いに参照可能な枠組み」に取り込むことで，「自己/他者」の関係づけを安定させようとしているといえるだろう．

　チンパンジーたちのやり方が私たちにとって「不合理」で「わかりにくい」ものに思えるのは，彼らのやりとりがなかなかこうした「互いに参照可能な関係づけの枠組み」に収束しないことに起因していると考えられる．ファナナは最初のニアミス事例のように，「誰か」を探索しつつもその「誰か」との出会いを回避し逃走したかと思えば，二度目のニアミス事例のように，多くの個体がいるとわかっている場所にあらわれてカルンデたちの「突進」，「猛追」を受けて逃げ惑っていた．その「突進」と「猛追」を先導したカルンデは，最初のニアミス事例の数日前にはすでに「失踪中」だったファナナと一緒に2日間にわたって遊動しており，見たかぎりでは「いつもどおり」のやりとりをしていた．アロフは二度目のニアミスの約1カ月前にはファナナからパントグラントを受け（西江 2013），アルファオスとしての地位はすでに安定していたにもかかわらず，二度目のニアミスのさいには緊張した様子で遠くの声の主を「捜索」に行き，ファナナが逃げ去ったあとも落ち着かない様子でしきりに落ち葉のにおいを嗅いでいた．結局のところ，互いの関係づけの行方が定まらず，互いに混乱を増長するようなやりとりが繰り広げられつづけたため

に，ファナナの「居場所」が定まらないまま「失踪」状態が維持されることになり，またその「関係づけの行方の定まらなさ」が私たちにとっての「わかりにくさ」の理由となっていたのである．

　このような「他者」のもたらす「関係づけの不安定化」は，「他者」のもつ本来的な「偶有性」，つまり「他でありうること」に由来している．本章第1節で，「他者」は「わたし」に認知/行為を迫ってくる（相互認知/行為の構え）一方で，つねに「わたし」の認知/行為から逃れていく（相互認知/行為のよどみ），という両面においてあらわれることを論じた．つまり，「他者」がそなえる「偶有性＝捉えきれない全体」がもたらす「可能な関係づけの全体」を前にしたとき，「わたし」と「他者」との関係づけは（そして「わたし」と「他者」の存在自体）アドホックなものとして不安定にならざるをえない．そして，こうした不安定な関係づけに直面したとき，「他者」を「互いに参照可能な枠組み」の中に位置づけて認知/行為するのではなく，あくまで「その場しのぎ」の関係づけを「探索」しつづけることで「宙吊り」にしたままやり過ごしていく，というところに，チンパンジー社会における「他者」との相互認知/行為のやり方の特徴があらわれているのである．

　このチンパンジーの特徴的な「他者」との相互認知/行為のやり方を，私はかつて別稿で，「認知的強靱さ[3]」という概念を用いて記述した（西江 2010）．また同様に，チンパンジーの離合集散のプロセスが作り出す社会性を記述した伊藤（2009）は，その特徴として「自律性，柔軟性，どっちつかずでいることへのタフさ」をあげている．こうした議論を敷衍すれば，本章で論じてきたチンパンジーのやり方の「わかりにくさ」は，「他者」がそなえる「偶有性」を「互いに参照可能な枠組み」に回収するのではなく，いわば「剥き出しにしたままやり過ごしていく」ことに耐えられる「認知的強靱さ」，「どっちつかずでいることへのタフさ」によって支えられ，可能になっていると考えられる．

6　「他者」の進化史的基盤
——「剥き出しの他者」と「制度的他者」

　本章でみてきたチンパンジー社会における「他者」は，「規則」や「制度」といった「いつ/誰でも参照可能な枠組み」に容易に回収されることなく，いわば「剥き出し」のまま「先延ばしにする」，「やり過ごす」ように対処されていた．一方で，私たち人間においては，「他者」のそなえる「偶有性」は，むしろ「規則」や「制度」によっていわば「圧縮」され，「あたかも安定した関係づけが可能であるかのよう

に仮構する」ようにシフトしているのではないか，というのが本章を締めくくる最後の論点である．とくに，調査者/調査対象者という関係においてこの対比が典型的によくあらわれていると思うので，以下に例をあげて検討しておく．

　私は野生チンパンジーを研究している調査者として，野生状態で暮らしているチンパンジーを森の中で探し，追跡し，観察する．調査対象であるチンパンジーたちはすでに人には慣れており，私の存在をあまり気にする様子はない．もちろん私のことをまったく気にしていないわけではないし，私を含め人間のことを彼らは非常によくモニターしている．たとえば，人間があまり近づきすぎると距離をとろうとするし，場合によっては逃げたり威嚇したりしてくる．とはいえ，チンパンジーの方から私に毛づくろいをしてきたり交尾を誘ってきたりすることはないので，私のことをチンパンジーだ（「同じ集団のメンバーだ」）とみなしているわけではなさそうである．しかし，私が彼らを調査していることを知っているわけではもちろんないだろうし（説明を試みたことはないし，説明してもわかってもらえるとは思えない），かといって明らかな「敵」だと認識しているわけでもないだろう（もしそうなら逃げるだろう）．では，チンパンジーたちは私のことを「誰」とみなしているのか？　率直に言って，私にはまったくわからない．ただ，おそらく彼らにとって「よくわからない存在」であろう私のしつこい追跡や観察に対して，おおむね彼らは「ほったらかし」のまま（つまり私に対して積極的には関与しないまま）でいつづけている．

　一方で，（私自身は経験がないのだが）おそらく「人間」を調査対象とした場合にはこうはいかないのではないか．人類学者が異文化社会での調査を進めるときに最初に試みるのは，調査対象社会に「安定した位置を占めること」だろう．典型的には，調査に協力してくれそうな人を探し，その人に「家族」の一員として受け入れてもらうことで，調査対象社会の中でも「一定の位置」を占めることができるようになる．こうして「当該社会の一員」となることができなければ，「あいつは何者だ？」，「なにか良からぬことをやっているのではないか？」といった猜疑心が生まれ，当該社会の調査自体が難しくなるのではないだろうか．これは，調査者/調査対象者がともに「同種」の「人間」だからではないかと思われるかもしれないが，仮にチンパンジーが（あるいは宇宙人が）私たち人間をずっと追跡してきたとして，その相手に「何をしにきたのか？」と尋ねることなく，ずっと自分のあとをついてこられることに私たちは耐えられるだろうか．ことほどさように，私たちは「他者」の到来に対して，なによりもまずその「関係づけの枠組み」を全的に見通し，「自己/他者」をその枠組みに位置づけることで安定させようとする強い志向をそなえていると考えられる．

　人間が進化の過程で手に入れたものの一つとして「言語」をはじめとする「制

度」があったとしたら，その主要な機能の一つは「他者との関係づけの枠組み」を「いつ/誰でも参照できるようにすること」にあったのではないか．この機能によって，「他者」のそなえる「偶有性」に由来する混沌を「圧縮」することで認知的負荷を軽減することが可能になり，人間は社会的な関係の規模をより大きくかつ複雑にすることができたと考えられる．しかしこのことは逆に，「他者」がそなえていたはずの「偶有性」を「あたかもなかったかのように」覆い隠すことにつながっている．つまり，人間においては「（剥き出しの）他者」は「できれば存在しないほうがいい」ものとして，「規則」や「制度」によって回収・圧縮・隠蔽されているように思える．人間社会の進化においては，こうして「剥き出しの他者」を圧縮・隠蔽した「制度的他者」との安定した関係づけが強く志向されるようになり，私たちはもはや「他者」を「剥き出しのまま」受け止めることには耐えられない「脆弱な」生き物となっているのである．

注

1) 一般に「劣位」な個体が「優位」な個体に向かって「パントグラント」を発声するとされている．
2) 森の中は下生え（藪）が深く，チンパンジーの追跡が困難なため，チンパンジーや他の動物が使う獣道を切りひらいて幅1mほどの調査路を網の目状につくってある．そのため，チンパンジーたちもしばしば調査路を通って移動する．
3) （チンパンジーの相互行為のやり方は）自分には決定不可能な相手の行為の「偶有性」に身をゆだね，その相手の行為に対して直接的に自分の行為を接続する，という特徴をそなえたやり方であると考えることができる．そして，このように他者の行為の「偶有性」に身をゆだねることは，そうした不確かな状態に自分の身をゆだねつづけることに「耐えられる」という意味で，ある種の「図太さ」あるいは「認知的強靭さ」というべき態度によって，実現可能になっていると考えられる（西江 2010：394）．

参照文献

花村俊吉 (2010)「チンパンジーの長距離音声を介した行為接続のやり方と視界外に拡がる場の様態」『霊長類研究』26 (2)：159-176.

Hayek, FA (1967a) The result of human action but not of human design. In: FA Hayek: *Studies in Phylosophy, Politics, and Economics*. Routledge and Kegan Paul Ltd.（ハイエク，FA (2009)「行為の結果ではあるが，設計の結果ではないもの」『思想史論集』（ハイエク全集第Ⅱ期第7巻）八木紀一郎監訳，中山智香子・太子堂正称・吉野裕介訳，春秋社，5-20頁．）

—— (1967b) Dr. Bernard Mandeville. *Proceedings of British Academy*, vol. 52: 125-141.（ハイエク，FA (2009) 医学博士バーナード・マンデヴィル．『思想史論集』（ハイエク全集第Ⅱ期第7

巻）八木紀一郎監訳，中山智香子・太子堂正称・吉野裕介訳，春秋社，49-76 頁.）
―― (1973) *Law, Legislation and Liberty, Volume 1: Rules and Order*. The University of Chicago Press.（ハイエク，FA (2007)『法と立法と自由 I ―― ルールと秩序』（新版ハイエク全集第 I 期第 8 巻）矢島鈞次・水吉俊彦訳，春秋社.）
伊藤詞子 (2009)「チンパンジーの集団 ―― メスから見た世界」河合香吏編『集団 ―― 人類社会の進化』京都大学学術出版会，89-97 頁.
西江仁徳 (2010)「相互行為は終わらない ―― 野生チンパンジーの「冗長な」やりとり」木村大治・中村美知夫・高梨克也編『インタラクションの境界と接続 ―― サル・人・会話研究から』昭和堂，387-396 頁.
―― (2013)「アルファオスとは「誰のこと」か？ ―― チンパンジー社会における「順位」の制度的側面」河合香吏編『制度 ―― 人類社会の進化』京都大学学術出版会，121-142 頁.
中村美知夫 (2015)『「サル学」の系譜 ―― 人とチンパンジーの 50 年』中央公論新社.
野矢茂樹 (2012)『心と他者』中央公論新社.

第7章 出会われる「他者」
チンパンジーはいかに〈わからなさ〉と向き合うのか

伊藤詞子

❖ Keywords ❖
〈すきま〉,〈わからなさ〉,探索,集中／非集中,チンパンジー

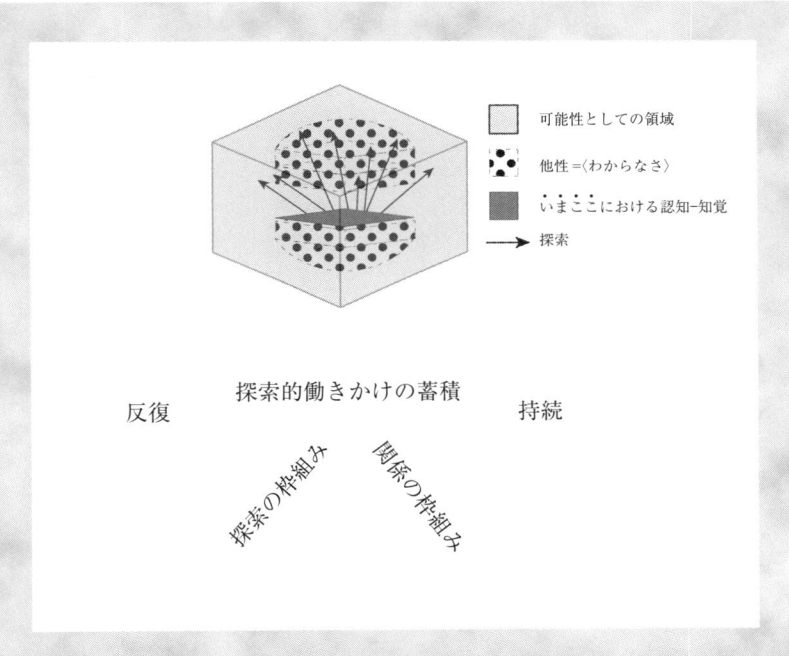

[図: 可能性としての領域／他性＝〈わからなさ〉／いまここにおける認知-知覚／探索
探索的働きかけの蓄積
反復　　持続
探索の枠組み　関係の枠組み]

　森の中でチンパンジーを追っていると,いろいろなことが起きているのがわかる.彼らは,同種／異種,生きている／死んでいる,生きもの／そうではないもの,知覚されている／されていないに関わらず,それらと探索的に向き合う.探索とは,その事象全体の把握ではなく,いまここにおける認知-知覚と別様である可能性,すなわち〈わからなさ〉を「手探り」で把握していく作用である.本章では,〈わからなさ〉をさまざまな他の可能性と地続きのまま開いて向き合う態度を,〈わからなさ〉と寄り添う態度と呼んでいる.高度に構造化された群居性(集中性)霊長類社会や人間社会とは異なり,チンパンジーは探索的働きかけを必要とする不安定な社会関係を形成する.出会いと別れを個体レベルで反復し続ける集団形成のあり方(離合集散)と,だからこそ出会いはその都度探索的なものとならざるを得ないということが,集団のメンバーに対しても〈わからなさ〉と寄り添い続ける彼らの探索的な生き方の基盤にある.

1 ●〈わからなさ〉と向き合う
── ヒトの認識に還元しない「他者」論のために

　本章ではチンパンジーにとっての「他者」の問題について検討する．そのためには，一般に想定される「他者」とは「自己」（人間）にとっての人間であるという前提と，チンパンジーを観察している私自身が人間であることが抱える二重の問題点を多少なりとも整理しておく必要がある．

　「他者」という概念はそれを認知する「自己」が人間であることを暗黙の前提としているところがあり，それが人間以外の生きものにとっての「他者」について考える際の最初のつまずきの石となる（本書第2章中村論文を参照）．人間であることが前提されるということは，すなわち，「高度な」認識能力が備わった人間である「自己」に依拠して，「他者」とは何かが識別されることを意味する．そうすると，人間以外の生きものにとっての「他者」なるものはあらかじめ排除されてしまうと同時に，人間にとっての「他者」は「自己」の認識能力に還元されかねない．それは，「他者」の問題というよりは，「自己」の認識の問題という様相を呈する．その最たるものが，「他者」を語るという行為ではないだろうか．ここで想定している「他者」を語る行為とは，物語る，分析する，説明する，分類するといった行為であり，この「他者」は想起される「他者」である．だが，人間の認識は変化してきたのであり，変化し続けている，ということを考慮するのであれば，人間の認識能力に還元されるような「他者」はここでの関心の外にある．

　一方で，「他者」は出会われるものでもある．このとき問題となる「他者」とは「自己」にとっての他性 otherness（〈わからなさ〉，次節参照）のことであり（本書第1章黒田論文も参照），それは「自己」の能力には還元しえない．ところが，人間はこの他性に ── それを「わかるもの」としてであれ「わからないもの」としてであれ ── 言及することで，「自己」が想起する「他者」のもつ特性として，他性を再度「自己」の認識の枠組みに回収することが可能である．この事態は，本書第6章西江論文において議論された，「他者」の偶有性を「規則」や「制度」といった枠組みに回収することで成立する「制度的他者」でもある（147頁）．この認識の志向性は強力かつあまりにも人間にとっては自然であるがゆえに，人間以外の生きものにとっての「他者」について，人間である観察者が考える際の二つ目のつまずきの石となる．

　だが，こうした認識／認知的規制は人間だけが受けているわけではない．人間の認識／認知的な規制は個人の能力ではなく，その人間が生きている生活の場ととも

にある．人間を含め，それぞれの生きものは，生きていくという行為を媒介にして，環境と結びつきながら（足立 2009：16），種を構成し，生きものによっては集団を構成する．同時に，この生活の「場」は個体にとっての行動の指針ともなる（足立 2013）．生きていく個体にとって「場」はインタラクトする領域であり，身体構造―環境（生態・社会）を引き受けたそれぞれの生きものに特有のインタラクションによって（その限りにおいて）成り立っている．つまり，生きものもまた人間とは別様ではあろうが，〈わからなさ〉との向き合い方の規制を受けることになる．

　したがって，本章が取り組むべき課題は，1．人間的な認識の枠組みに回収しない／距離を取ること，2．人間以外の生きものが〈わからなさ〉をなんらかの枠組みへと回収している可能性を含めて，生きものがどのように〈わからなさ〉と向き合うのかを検討すること，ということになる．そこで，通常想定されうる「他者」（人間，他個体）からは大きく逸脱することになるが，チンパンジーが遭遇するさまざまな事象を扱いながら，具体的な出会いの場面における〈わからなさ〉の識別とそこにどのように向き合っているのかを見ていく．本章では，本書前章の西江論文の人間的「制度的他者」とチンパンジー的「剥き出しの他者」という対比を引き継ぎつつ，チンパンジー的な「他者」のあり方を，彼らが生きる場の環境や集団生成・維持のあり方との関わりという観点から検討する．チンパンジー社会における〈わからなさ〉との向き合い方と人間のそれとの差異は，他の霊長類集団における集団のメンバー間の〈わからなさ〉との向き合い方との差異として連続性をもつ．同時に，チンパンジーを含め，生きものが環境（集団のメンバー以外）と向き合う際の探索的なあり方と連続的だと思われる．

2　〈わからなさ〉を探索する

　出会いの場における他性＝〈わからなさ〉を検討するにあたって，出会いの場を次に述べるような「自分と関わる事象として識別する」という探索的働きかけに基づく認知―知覚作用が働いている場に限定する．認知の作用を単なる知覚作用（刺激に対する受動的な働き）とは区別しようとするむきがある．しかし，ここでは知覚する主体がなんであれ，知覚とは「外的現実の把握」ではなく「外的現実の特徴化」（マトゥラーナ・ヴァレラ 1991）という認知作用だという立場を取る[1]．

　環境にはさまざまなものやことがあるが，そこにいる生きものが見たものがそのままにあるわけではない．直接的に遭遇する事象（可能性としての事象を含む）と，探索的に関わる，もしくはそうする必要に迫られる事象とがある．後者は，その環

写真1 ●探索的働きかけ:「見る」
チンパンジーの「見る」には,「チラチラ見る」「注視する」あるいは写真a, bのように「覗き込む」などさまざまなあり方がある(aは身を乗り出して樹上を覗き込んでいる. bは調査基地にあるお湯浴び場の柵越しに中を覗き込んでいる. この時は誰もいないし何もなかったが,お湯浴び中に覗き込まれたこともあった). 他の個体の「見る」という行動も気になるようである(c). 手前の老メスが樹上を見ていると,後から来た老オスが止まって同じ樹上を見上げている. 何を見ているのかわからないことも多々あるが, 人間もよく「見られて」いる (d).

152　第2部　他者と他集団 ── いかに関わりあう相手か

境を自分と関わる事象として識別するという営為の中で現れる．平たく言えば，単に遭遇しただけではない，出会って（あるいは出会う可能性があって）それが何者か（何事か）探索が必要とされる事態，ということである．

探索が必要となる理由は，探索される事象の側だけにあるのではなく探索する側にもある．すなわち，探索的に関わることは，「い・ま，こ・こ・」の認知―知覚とは別様（他性）である可能性，簡単に言えば〈わからなさ〉に気づくことでもある．それは同時に，生きものが次にどのように行動するかに関わる，なんらかの見通しを立てようとする行為でもある．不分明の発見とでも言うべきか，ここでの探索とは，「わかる」ということでも全く「わからない」ということでもない，その狭間の〈わからなさ〉の探索である．したがって，探索の結果として，遭遇する事象を（人間的な意味で）明確に特定できたかどうかはここでは問題ではない．

生きものがおこなう探索的働きかけを「観察する」ことは可能なのだろうか．おそらくは，観察者が人間である以上，人間以外の生きものがおこなうすべての探索的働きかけを観察する（拾い上げる）ことは不可能である．しかし，まったくできないということでもない．人間である観察者が野生の生きものを観察し記録を取る際，何も起きていない段階で記録を取ることはもちろんできないが，実際に何かが起き・た後に観察するのでは手遅れである．観察には何も起きていない段階から，次に起こりうることの可能性を想定するという準備を継続的におこなう必要がある．このとき，観察者として次に何かが起こることを予感しながら，具体的には未だ何も起きていない／見えないために，そこに次の事態への〈すきま〉があるように感じられる場合がある．より積極的にいうならば，起こりうる事象との〈すきま〉を発見することで現場における観察と記録は成り立っているのである．

当事者である生きものの側に立てば，この〈すきま〉こそが〈わからなさ〉と向き合っている現場である．次節以降では，どのように〈わからなさ〉（他性）と向き合うのかについて，〈すきま〉で生きものがどのように，何をしているのかという具体的場面から検討していく．

3 ●野生の森へ ── きざしの「他者」

〈すきま〉として最もわかりやすい例は，さまざまな生きもので広く見られる「警戒」と呼ばれる生きものと環境との探索的インタラクションにおいてであろう．

警戒は危険の真只中にあるときではなく，その前におこなわれる．動物行動学事典には，警戒反応の説明として「危険のきざしがみえたときにおこす反応」とある．

「きざし」はかなり広く捉えられる．例えばプレーリードッグが二足立ちになって周囲を見張る様子はテレビなどでも見たことがあるだろう．ここではきざしは継続的に探索される．こうしたきざしは，それを探索する者にとっては，到来する可能性のある，だが未確認の事象なのであり，その意味で探索されるきざしとは〈わからなさ〉である．

　観察者にとって観察される当該の生きものの環境への探索的働きかけ（警戒）は，（警戒がうまくいっている限りは）その生きものに対する「いまここ」での外界からの具体的働きかけを欠いているために〈すきま〉となる．

　一方で，警戒する生きものは，危険そのものではなくそのきざしを探索することで，生きていくという活動と，それを脅かす可能性としての事象との間に〈すきま〉を作り出す．この〈すきま〉はそれを形成する個体以外の共在する他の個体にとって，きざしの探索・発見の手がかりともなる．このとき，手がかりとなる〈すきま〉はそれを手がかりとする個体にとってはきざしでもある．

　警戒は，生きものとその生きものが生きていくことを脅かす事象が生活の場に共にあり，そうした出会いの反復の中で，それを避けるという比較的安定した探索の枠組みと，それぞれのきざしに応じた探索的働きかけの一連の方途として進化的に蓄積し醸成してきた行動である．同時に，個体にとって「いまここ」でとりうる探索的働きかけは有限であり，そのためにその時々の見通しはその他のさまざまな可能性へと開かれたままになる．

　私はタンザニアのマハレ山塊国立公園で野生チンパンジー集団（M集団）を対象に調査をしている．チンパンジーの環境とのインタラクションはこうした「警戒」における探索と連続的であるが，避けるという方向付けだけでなく，好奇心や興味と呼びうるような方向付けの探索も数多く見られる．

　彼らの生活圏はおよそ $30km^2$ ほどの範囲で（Nakamura 2015），そのほとんどは，マハレが国立公園になる以前に暮らしていた人々があちこちに耕した土地が，のちにさまざまな成長・遷移段階の森林となり，無数の細かな尾根や谷，河川からなる複雑な地形と相まって，多様な植生がパッチ状に分布する複雑な森である（Itoh and Nakamura 2015a）．ツルや灌木が非常に多いため見通しが悪いだけでなく，歩くのもなかなか大変な雑然とした森である．

　ここには，多様な生きものが暮らしている．チンパンジーは藪の中の音，漂ってくる匂いなど，いろいろな事象に対して実に感受性が強く，「いまここ」で識別された音，形，匂い，動きは，そのままに与えられるだけではなく，働きかけることで，「いまここ」の認知―知覚を超えてさらに探索される．彼らは，背後で落ちる木の枝の大きな音に瞬時に振り返って見たり，雷の音にビクッとなってしばらく様

子を見たり，見慣れぬ者（たとえば，ツチブタの死体）だけでなく潜在的捕食者（たとえば，ヒョウ）（本書第2章中村論文），巨大なヘビ（Zamma 2011）などの生きものに対しても，さまざまに働きかける．

こうした彼らの出会いは，常に避けるとか，常に働きかけるといった規則性をもたないために，観察者（人間）がここになんらかの関係の枠組みを外挿することはできず，非常にわかりにくいものともなる．だが彼らは探索的な働きかけによって〈すきま〉を作り出すのであり，関わりの枠組みをその都度作り出すのである．観察事例を一つ紹介しよう．

【事例1．声はすれども姿は見えず】（2005年10月22日）
　朝からダーウィンというオトナオスを追跡中のことだった．ダーウィンは観察路上にいたのだが，私はアロフというオトナオスが観察路から少し藪に入ったところで，何やら怖がっているらしいことに気づいた（13：43）．周囲には他にもコドモやオトナ，オスもメスもいて，三々五々食べたり，ただ座って休んでいたりしている．ダーウィンは，アロフの様子が気になるようで，近くの木の匂いをかいでみたりしている．アロフはフィンパー[2]をあげ，不安なときのくせ――乳首さわり[3]をしている．

　13：49　アロフが藪伝いに少し南へ移動する．ダーウィンはアロフを気にしつつも一歩動いては止まったり身体を掻いたりを繰り返す．カドムス（ワカオス）が藪から観察路に出てくる．ダーウィンは何かを警戒するようにツルを登る．カドムスは藪の中にいるアロフの方を見，すぐにダーウィンに続く．両者ともより見通しのよいツルの上から，アロフと，アロフの体が向いている南遠方を「探して」見る．

　13：50　カドムスはさらに上へ行き，ダーウィンは少し降りる．両者とも南方と，まだ藪中でフィンパーをあげているアロフを交互に見ている．

　13：52　アロフはツルを登りつつフィンパーをあげている．ダーウィンとカドムスはアロフと南方を交互に見ている．アロフはツルから木に移りさらに登っていく．ワカメスがついていく．アロフのフィンパーは続く．

　13：53　アロフが樹冠にたどり着いて座る．カドムスは手近の葉を食べ始める．ダーウィンは14：06にようやくツルを降り，ゆっくり南に向かって観察路を移動していく．この直前の14：05に，カドムスが一足先に南へ同じコースで移動していく．

ダーウィンやカドムスは，最初は興奮気味に緊張した面持ちで遠くを見やってい

たが何も見えなかったようで，確かめるようにアロフの方を振り返るのだが，アロフはフィンパーをあげるばかりであった．私もダーウィンやカドムスが見ている南方に何かいるのかと思って，双眼鏡で覗いたり聞き耳を立てたりして確認したが，何も見つからず，〈すきま〉があるばかりであった．

　ダーウィンとカドムスは，アロフの行動から，それが自分たちにも関わりのあることとして，外部から到来する，しかし未だ知覚されない何事かを文字通り見ようとしており，さらにツルに登ることでよりよい視界を得ようともしている．

　彼らが探している「それ」（この場合は，アロフが不安がっている何か）が何であるか，どのようなものであるのかはダーウィンらにとって明らかではない．したがって，どのように働きかけるのか，何を探索するのか，見通しの立てようがない．

　だが，「それ」は「アロフが怖がっている」ということに依存しておこなわれる探索的働きかけに対して，そして探索を積み重ねることで，不安定ではあるがあるまとまりをもって漸進的にかえってくる．ここでは，「見る」という探索的働きかけの中で，具体的には何も「見えない」（何も起きていない）ことが漸進的に確認されていった．

　この探索の結果に依存して次にどうするかという見通しが立てられるのだが，そもそも探索の見通しを欠いているために，「い・ま・こ・こ・」で見えないという事態はそうではない可能性と地続きである．すなわち「い・ま・こ・こ・」における認知―知覚が十分なものなのか，それともまだ探索の必要があるのかに関わる見通しも立てようがない（つまりどこで探索を打ち切るかも決定できない）．したがって，次にどうするかという見通しは先送りにされることになる．

　もちろん，いつまでも探索し続けるわけではない．「何もない」ことが漸進的に確認されていく中で，そしてその限りにおいて，「それ」はアロフが「泣いている」（注2参照）ことに気づく以前の日常に戻っても構わない，その程度のものとして放置された．そしてアロフもまた木伝いにこの場から去ったことで，「それ」は消え去ることになった．

　ダーウィンとカドムスには結局「何も見えなかった」．だが，彼らは，アロフの様子を見ながら自らに関わる何者かとして聞こえぬ声を，未だ訪れることのない何かを，待ち構えていたのである．彼らがやっていることは，外部から到来する／するであろう何かに探索的に働きかけを積み重ねるということであり，その結末に至るまでそうではない可能性に開かれたまま，〈わ・か・ら・な・さ・〉に寄り添い続けるということである．これは，「それ」の正体を正確に特定しようとする（何らかのものとして回収しようとする），以下の私の態度とは異なる．

　実のところアロフは，ダーウィンたちが探していた遙か向こうではなく，目の前

の自分が出ようとしている道と自分がいま居る藪の間にある「白く細い糸」におびえていたようだ．それは，ある日森に突如現れたものであり，少し前にマハレに来た環境保全団体が距離を測るためにいくつかの観察路沿いの1m程の高さに張り巡らし，そのまま放置していったものだった[4]．私はその後もアロフが糸の前でどうするのか機会あるごとに確認をしたし，他の研究者も確認を試みた．そして，後にも先にもアロフただ一人だったが，実際に他の場所でも同様に糸を怖がって道に出られないことや，他の研究者が同様の観察をしていることから，「それ」は糸であったのだと類推している．

　このようにアロフが何を怖がっていたのかを正確に特定しようとするのは，私がチンパンジーを調査している傍観者だからである．だが，複雑な自然環境を生き抜く当事者である彼らにしてみれば，「それ」を「正しく」特定することよりも，普段の生活を中断するほどのことかどうかの見通しを立てることの方が重要なのではないかと思われる[5]．ダーウィンらにとっては最後まで未知の事象であり，アロフにとっても彼が見ているのは「単なる糸」ではなく，何か怖い未知の事象であったことは言うまでもない．〈わからなさ〉に寄り添い続ける態度とは，〈わからなさ〉をその出会いの外部の枠組みを参照することで解決したり回収したりするのではなく，いま何もないことが次の瞬間にはそうではなくなるという可能性に開かれたまま，〈わからなさ〉と探索的に向き合い続けるということである．

　この事例にはもう一つ触れておくべき特徴がある．ダーウィンらはアロフが泣いているという事象に依拠して，アロフが泣いていることとそれと関わっている「はず」の未知の事象との間に〈すきま〉を見いだしている．それはチンパンジーを観察し，記録を取ろうとしている私の行動とほとんど同じものである．ダーウィンらはアロフが作り出している〈すきま〉を手がかりに，未知の事象（〈わからなさ〉）と探索的に関わることで，新たに〈すきま〉を作り出しているのである．

4 ● チンパンジーのやりとり

　この節ではチンパンジー同士のやりとりに見られた〈すきま〉を検討する．ここでも，事例1におけるダーウィンらと同様に〈わからなさ〉に寄り添い続けるという態度は一貫している．チンパンジーのやりとりとは，「こうすればああなる」といった定型的なものというよりは，「とりあえずやってみる」というような出たとこ勝負的な特性をもっているからである[6]．

4-1　探索され続けるきざし

まず取り上げるのは，母親とまだ幼い妹を失ったばかりの，セレナというワカメスを追っていたときの事例である．セレナとボノボ（オトナオス）が同時にファナナ（オトナオス）に接近し始め，セレナがボノボの動向に気づくのが遅れた時点で，「これはなんだかもめそうだ」と私は身構えていた．

【事例2．セレナとボノボと事故】（1997年10月2日）
　マスディがカルンデを，カルンデがファナナを，ファナナがセレナを毛づくろいしていた（以下，毛づくろい集団と呼ぶ）．セレナはうつぶせになって寝転んでいる．南北に走る観察路と，そこから東の山へと伸びる観察路が交差する三叉路の，少し山の方に入ったところだった．周囲には他にも二つの休憩しているまとまり（メスとその子供たちの集団，オトナオスとワカオスの集団）がそれぞれ山へ続く道のさらに先と，南北の道のさらに南にある．これらとは別に，毛づくろい集団から3mほど南に1頭のワカオス，そして北に8mほどの距離，南北路すぐ手前の西の藪にボノボがそれぞれ一人静かに休んでいた．
　12：58：59〜13：02：09までのほんの短いエピソードで，結局何事も起きないのだが，とにかくさまざまなことをチンパンジーたちは細々とやっていた．以下に要約しておくが，本当はこの細々としたことが大事なので，章末に時系列に沿ったビデオ映像からの書き起こしを添付した．
　上述のように，セレナはオトナオスたちばかりの毛づくろい集団で，ファナナに毛づくろいされていた．離れていたボノボがこの集団に接近し始め，ファナナの前に座りかけたところで，ファナナがほんの少し，しかしセレナからもボノボからも離れる位置に座る場所を変えてしまった．
　事の起こりは，この直後にセレナとボノボが同時にファナナの方へ接近し始めたことにあった．セレナがこの事態に気づいたと思われるのは2秒後で，ボノボの方を見るのだが，そのまま動きは止まらなかった．さらにその後に，ボノボもセレナが並行してファナナに接近しているのに気づき，少し向きを変えたことでボノボが道を譲るような形になる．セレナはファナナのそばに陣取り，ボノボはそのままさらに奥に進んで，そこにいたカルンデのそばに座った．同時接近からここまでで7秒ほどである．この間もそしてその後も，繰り返し互いを見ており，セレナは少しファナナを毛づくろいしたものの13：02：09にこの場を去っていった．

ボノボもセレナも何度も互いに視線を向けている（章末 Appendix，二重下線参照）．結局セレナの動向に後から気づいたボノボがセレナに場所を譲るような恰好で落ち着いたかのように見えるのだが，セレナはまっすぐファナナに近寄っていったわりには，なかなか毛づくろいを始めなかった．セレナが頻繁にボノボの方を見ていること，そして逆にファナナのことはほとんど見ていなかったことから，それはファナナとの間で云々というよりは，ボノボの動向にセレナの関心が移っていたからではないだろうか．

　セレナにとってボノボに断続的に見られていることは，相当「気になっていた」のだと思われる．セレナは 12：59：13 にはファナナに対して毛づくろいの催促をしたのに，1秒後にはそれどころではないかのようにもうボノボの方を見ている．すぐ後には（12：59：19～20），「せっかく」陣取ったファナナの傍から一旦は離れようとすらしていた．毛づくろいにも集中できずに 13：00：26 から 28 秒間の間にセルフスクラッチを4度もしている（Appendix の下線参照）．セルフスクラッチは文字通り自分で自分を掻く行動で，もちろんかゆくて掻くときもあるが，緊張したときにこうした自己接触行動が見られることもある．こうして，なんとも落ち着きのないセレナからファナナへの毛づくろいは，すぐに解消することになった．

　一方，セレナの執拗なボノボへの視線は，次にどうなるかわからないという「不安感」があったからではないだろうか．なぜなら，行動がボノボと一致してしまい，その後，ボノボが方向転換し，なおかつ自分たちの方をチラチラと見続けていることで，ファナナをめぐって少々まずい／気まずい状態になってしまった可能性が顕在化し続けることになっていたからだ．こうしてみると，セレナが探索しているのは，同時接近という「事故」やその後の自分の方に向けられるボノボの断続的視線を背景とした，可能性としてのボノボの次の行為の〈わからなさ〉であり，ここに〈すきま〉が生成する．

　セレナが次にどうするかは，ボノボの行為に依存している．しかし，ボノボは「見る」以外には何もしない．セレナにとってここでのボノボは（何らかの行為を自分に向ける可能性のある）きざしの「他者」であり続けており，そのため〈すきま〉が継続的に作り出される事態となっている．ある瞬間に何もないことは，将来にもないことを意味しない．つまり「い・ま・，こ・こ・」において何事もないことは，そうではない他のさまざまな可能性と地続きのままである．「何も起きない」という確証を得るには，何も起きない時間を積み重ねる，つまり探索し続ける以外に手立てはないようだ．そしてそれは，最後まで確証と呼べるほどの強固なものではなかっただろう．オスたちが毛づくろいで大いに盛り上がる中，セレナはひとり静かに立ち去った．ここでようやく「何も起きない」ことが結果的に（「何も起きなかった」ことが

いわば遡及的に）達成されることになる．

　一般的な問題として，やりとりをしてもおかしくない状況において，やりとりが具体的に起きない状態を継続することは，実際にやりとりをするよりも難しいことかもしれない．ボノボもセレナも互いを探索し続けているが，セレナの落ち着きのない様子からは，少なくともセレナにとっては，ボノボが何もしないことを確認し続けているのだと思える．しかし決して確証が得られないために，起きてしまったファナナへの同時接近という事態以降〈すきま〉は〈すきま〉であり続けねばならなかった．それは，ボノボの「見る」以外は何もしないという探索的なままである態度によっても支えられている．この事態はセレナにとっていっそう〈すきま〉を無視しえないものにしている．この〈すきま〉はいっそ消えてくれた方がセレナにとってはよいのかもしれないが，かといって無くなれば（あるいは無視すれば），何も起きないことを確認することもできないのである．

　次に何が起こるかに関わる〈わからなさ〉に延々と寄り添い続けるような，こうした〈わからなさ〉との向き合い方は，人間的にいえばとても面倒くさい事態であろうし，起きてしまったこと（同時接近）それ自体に言及し，そこに問題があったのかどうか確認したり，謝ったりして，事態を収拾してしまいたいものかもしれない．一方で，チンパンジーは次の事例に見るようにむしろ〈わからなさ〉を〈わからなさ〉としてより積極的に放置しておく場合もある．

4-2　〈わからなさ〉を先送りする

　次に検討する事例では，何事かは起き続けているが，繰り返し〈すきま〉が作り出される．人間にとってはいったい何をやっているのか全体としてはよくわからない事例である．

　【事例3．アロフとカリオペの攻防】（2005年10月12日）
　　この日追跡対象にしていたアロフ（23歳オス）はカリオペ（推定45歳）という発情メスに執着していた．アロフが移動しようとしてもカリオペはしょっちゅう座り込んでしまい，アロフはすっかりカリオペに翻弄されていた．すでに何度も，動かないカリオペの手，腕，足，うなじ，はたまた性皮をむんずとつかんで引っ張るという直接的行動を繰り返していたのだが，カリオペはそれに対抗するかのように，座るときに手近の灌木などをつかむようになった．
　　13：16：32　アロフが木を握っているカリオペの指を外そうとし始める．
　　13：16：49　アロフは動かないカリオペの口に指を入れようとしたり，頭

を引っ張ったりするが，カリオペはその度に姿勢を調整しその場所からは断固動かない．今度はカリオペの腕を引っ張って連れていこうとするが，カリオペはその手をほどく．
　13：17：34　アロフはカリオペの反対側の手をつかもうとする．カリオペはそれも払う．アロフはカリオペの口に手を入れようとしかけて，カリオペが握りなおした枝からカリオペの手をなんとか外す．一旦手が離れるもののカリオペはすぐさま枝を握る．アロフはカリオペの手を引っ張るが，カリオペはふりほどき，まるで隠すかのように，両腕を足と胸の間にしまい込む．
　13：18：41　カリオペはアロフにパントグラント[7]し，互いに大口をあけてキス[8]をする．顎にもキスする．アロフがまた腕を取ろうとするが，カリオペは握っている枝の反動を利用して，アロフの顎の下に口を近づけまた離れるという行動を繰り返し始める．少なくともカリオペは遊んでいるように見える．結局13：20にカリオペが移動し始め，アロフはそれについていった．

　この2頭のオトナのやりとりは落としどころがなかなか決まらないものであった．それどころか，カリオペの行動はまるでアロフがどうしたいかはわかっていながら，静かに，しかし徹底して対抗しているようにも見受けられる（二重線）．それに対するアロフの方も，引っ張ってみたり，握っている指をなんとか外してみたり，細々とした対応に出ている（下線）．私は以前にもオスと発情メス同士の類似のやりとりを紹介したことがある（伊藤 2003）．メスたちは結局は動くのだし，動かないあいだ他のこと（採食とか他の誰かとの交渉とか）で忙しいというわけでもないのだが，こうしたオスの一緒に移動しようとする行動に対して，さまざまな手口を使ってだらだらとやりとりを引き延ばし，オスもあの手この手を繰り出して対応するのである．

　アロフとカリオペのこの延々と続くやりとりは，全体として何をしているということになるのか積極的に記載することは難しい．それでも，何も起きていないわけではない．〈すきま〉ができては「一緒に移動しよう」というアロフの提案がなされ，それに対するカリオペの拒否が新たな〈すきま〉を引き起こす，ということが繰り返されるだけである．いったいどこに落ち着くのやら見ている観察者にもわからないが，アロフとカリオペにとってもそうだったのではないだろうか．

　もう少し詳細に見ると，双方とも少しずつやり口を変えていっているのがわかる．だが，そこに一定の方向性（より強く拒否するとか，より強く誘うとか）のようなものは見られず，まさにあの手この手の応酬である．やり口の変更では結果的には進展は見られなかった．それでも，このささやかな変更は，それ以前の提案—拒否のや

第7章　出会われる「他者」　161

りとりがそれで完結するのではなく，新たに〈すきま〉を作り出し別の展開をもたらすべく次の一手を選んでいたのだと思うのである．

　事後的に見るならば，このやりとりは全体としては，個別に起こる提案—拒否が，両者にとって別の決定的なもの（例えば，喧嘩）にならないようにしていたと考えることができるだろう．一方で，一緒に動こうとするアロフとそうしないカリオペの対立的な思惑も担保され続ける．普通に（人間が）考えればこの矛盾した思惑が両立することはありえない．しかし，ここではこの矛盾を抱えたまま，直前の提案—拒否がなかったかのように，新たに〈すきま〉を作り出し，新たに提案するという，いわば〈すきま〉が先送りされていくような事態とみることができる．別の言い方をすれば，提案に対する拒否は，拒否として回収されることなく，〈わからなさ〉として他の可能性と地続きのままに（むしろ積極的に）放置され，次の提案へと持ち越される事態と考えることができるだろう．

　事例1から3までに共通する〈わからなさ〉に寄り添い続けるあり方は，西江（2010）が記載したアリ釣り場でのアリ釣りの棒，アリ，アリの巣をめぐるチンパンジーの極めて冗長なやりとりと連続的である．釣り棒が奪われたり，だが使われなかったりといったことが繰り返しおこなわれ，それに対して気にしていないわけではないが，はっきりとした拒絶をするわけでもない「どっちつかずの対処」が延々と続く．アリ釣りの例と本章に挙げた事例に共通するインタラクションの身構えは，「他者の行為の『偶有性』に身をゆだね……（中略）……，そうした不確かな状態に身をゆだねつづけることに『耐えられる』」態度[9]（前掲書）であると言えるだろう．

　カリオペとアロフの事例は，彼らのそうした「忍耐」の限界に達しかけたのかもしれない．小馬鹿にしたようなカリオペのやり口と，それとは対照的に必死なアロフの様子はなかなか可笑しかったのだが，これほどあからさまな拒否反応を繰り返していて，そのうちアロフが暴れ出したりはしないかと少し心配にもなった（実際にそのようになることもある）．それはこのエピソードの最後で，カリオペがキスやパントグラントといった挨拶をしたところからも窺える．出会いの際にある種の緊張や興奮を伴って見られることの多いこうした挨拶を，ずっとすぐそばにいた相手にするのは少し奇妙だが，ここで繰り出されたキスやパントグラントは，両者の緊張状態をよく表しているように思われる．そしてこれをきっかけにそれまでの単純な誘いかけと拒否というやりとりから，そうしたやりとりが遊びであるかのような交渉へと変貌しており，高まってしまった互いの緊張状態を解消したとも言えるだろう．

4–3 〈すきま〉を作る

　事例3で紹介した部分以前には，アロフはもう少し婉曲的な提案，すなわちカリオペに直接接触することなく，少し距離を置いたところからカリオペに向かって「枝/草を揺らす」「地面を足でトントンと蹴る」「振り返る」といったことをおこなっていた．これらの行動はいわゆる solicitation（誘いかけ，提案）と呼ばれる行動類型に分類されるものであり（Nishida et al. 2010 などを参照．なお，事例3に見られた「引っ張る」などの行動も誘いかけに分類される），チンパンジーに限らず多くの生きもので見られている．〈すきま〉という観点からは，誘いかけは〈すきま〉を作ることに特化した行動とでも呼ぶべきものである．

　生きものの行動における典型的な誘いかけは，繁殖にまつわって起こる「求愛ディスプレイ」だろう（本書第5章早木論文，同第16章足立論文も参照）．これ以外にも，チンパンジーでは，先に見た共に移動しようとする提案や，いわゆる社会的インタラクションとして取り上げられる，毛づくろいや遊びといったインタラクションの前にも催促/提案がおこなわれることが知られている（Nishida et al. 2010）．

　誘いかけは，実際の活動より前に相手に向けておこなわれる．ここでおこなわれていることを，例えば被捕食者の「食う—食われるという関わりの枠組みをもとに捕食者のきざしを探索する」という関わりと対比するならば，「捕食者（ここでは，提案/催促する側）が被捕食者（ここでは，提案/催促される側）にきざしを開示することで，「いま，ここ」における関わりの枠組みを限定/明示化しようとする活動」とみることができるだろう．提案/催促する側にとってきざしを開示することは探索的な活動である．一方で，提案/催促される側にとっては，探索の枠組みとなる想定/期待される関わりが限定された，すなわちそれ以外の可能性へと開かれることを区切るような〈すきま〉が提供されることで，「いま，ここ」における〈わからなさ〉の探索は軽減されることになる[10]．

　チンパンジーにもさまざまな誘いかけの行動があるが，集団によって（求愛ですら）異なり，他の生きものでみられるような美しい儀礼的ディスプレイのような定型的パターンがない（例えば，Nishida et al. 2010 を参照）．むしろ，かなり曖昧で多義的な行動が催促の文脈でみられる（これはチンパンジーに限らず，他の霊長類とも共通するかもしれない）．このことは個体が集団間を移動（移籍）することと集団間変異が「普通」であることを考え合わせれば，むしろ理に適っているともいえる．同時に〈すきま〉の提供は，提案/催促される側の探索をなお必要としていることを意味する．

第7章　出会われる「他者」　163

5 ●集中性と非集中性

　上述の誘いかけに見た,「い̇ま̇, こ̇こ̇」で次にどのように行動するかに関わる探索の軽減をもたらす契機は, 集団の形成・維持のあり方にも見いだすことができる. 足立 (2013) は集団という社会的「場」の働きについて議論している. この「場」は行動の指針になるとともに, 行動の結果として構築される. この集団で産まれた個体が, 個体発生の過程で集団形成に参与するような働きを遂行することで, 集団は世代を超えた継承性をもつようになる.

　霊長類の集団形成・維持のあり方として, チンパンジー集団と他の霊長類集団の差異を明示したのは伊谷 (1987) であった. 伊谷はまとまって行動するような霊長類集団の特徴を「集中性」と呼び, それとは対照的なチンパンジー集団の特徴を「非集中性」と表した. この集中性/非集中性という特質は, 前者では集団のメンバー間の相互行為における探索の軽減をもたらす契機になっていると考えられるが, 後者では反復的働きかけと探索が不可欠である.

　非集中性は,〈わからなさ〉と寄り添い続けるというチンパンジーの探索的な生き方の基盤となる背景的事態であると考えられる. この点を検討するためには, 少し遠回りとなるが集中性社会についても知る必要がある.

5-1　社会関係と〈すきま〉

　継承性のある集中性—群居性霊長類社会においては, 社会構造と呼びうる関係の束が見いだされ (典型的には優劣順位関係, 母系の血縁関係), 構築された関係は比較的安定的である (順位関係は滅多に変動しない).

　こうした社会構造は誰が誰にどれくらいの頻度でどのような明示的社会行動をおこなったかを観測することで描き出される (本書第16章足立論文も参照). この関係は観察者にとって, 両者が出会った際にどう振る舞うかについての予測を高めるものでもあり, こうした社会構造はその社会集団の形成・維持にとって重要な要素と見なされている.

　一方, 当事者にとってはこうした「場」の構造特性はそこに生きる個体にとっての行動指針となり, 群れのメンバーは安定した「関係」に基づいて行為選択することが可能となる (本書第5章北村論文, 同第16章足立論文を参照). ここでは, 「関係」の探索が〈すきま〉をもたらすと同時に, 関わりの枠組みを提供してくれるのであり, さまざまな可能性に開かれた探索的働きかけを互いに絶えまなくおこなう必要

写真2 ●遊ぶ
チンパンジーはあらゆる性別・年齢の組み合わせで遊ぶ．この写真の2頭のオトナオスは5分以上にわたって，くすぐりあいに始まり，写真のように木の周りをぐるぐる追いかけっこし，間で叩いたり軽く歯を当てたりでんぐり返しをしたりと変化をつけながら，最後はもう少し回る半径を大きくして追いかけっこをして遊びに興じていた．少し口が開いているが，この遊びの間，彼らは「大笑い」（プレイパントと呼ばれる）していた．

はなくなる．
　このように「関係」によって探索は低減されているとはいえ，彼らが探索的ではないということではもちろんない．関係，ひいては社会構造が維持されることは，直接的な働きかけ以前の段階での相互の相対的位置取りを反復的に産出する彼らの絶え間ない働きが基盤にある（Mori 1977; Rowell and Olson 1983）．
　ローウェルとオールソン（1983）は，明確に述べているわけではないが，この個体間の位置取りが構造を創り出すのであり（まとまりを成す集団の状態も同様），この指針が侵食されたりあるいはより積極的に侵食したりする際に出現するディスプレイとして，明示的な社会行動（前者では，例えば威嚇，後者では毛づくろい）を捉えているようだ．だとするならば，「一定の距離の産出」は物理的な距離を産出するだけでなく，関係という社会的距離を産出することであり，社会構造を持続的に作り出すものでもあるのだ．
　こうした活動とともに，個々の個体は，「群れる（まとまって行動する）」という探索的活動もおこなうのであり（伊藤 2010），その限りにおいて群れとして成立する．
　このようにして，近づきすぎず離れすぎない適切な距離を継続的に作り出し，そしてそれが規則性をもつことで，集団であることと集団を構造化することの両方を

第7章　出会われる「他者」　165

同時に安定的に実現しているのである[11]．こうした空間内での相対的位置取りは人間においても重要であり，個体間の距離は社会関係や社会集団（文化）によって異なることが知られている（ホール 1970）．

　こうした構造化された集団においては，適切な距離の産出というある種の規則性によって形成される関係の枠組みが，具体的な働きかけの枠組みに先行すると同時に，それ以外の可能性へと開かれることを区切るような事態と捉えることができるだろう．ここでの出会いの安定性を脅かすものがあるとすれば，それはその社会構造内に位置をもたない群れを移出し放浪するヒトリザルとの出会い（足立 2009 参照）や，群れの分裂といった，それまで継続していた「群れる」という探索的活動が途切れるときであろう．

　一方，チンパンジー社会における血縁関係は父系の社会（メスが性成熟の時期に生まれた群れを移出し，オスは生涯を出自集団で過ごす）であるためかなり限定的である（本書第5章早木論文）．また，優劣順位関係は見られるが（本書第6章西江論文も参照），かなり不安定である．『政治をするサル』（ドゥ・ヴァール 1994）には，チンパンジーがさまざまな手段を使って順位関係を逆転させたり，維持したりしている様子が描かれている．マハレのチンパンジー研究においてもオス間の「政治」は研究者たちの脚光を浴びてきた．

　逆にいえば，チンパンジー社会における順位関係には，探索的働きかけが不可欠なのであり，だからこそ不安定（順位の逆転）にもなりうるのである．したがって，安定した関係があるように見える場合にも，その関係の枠組みの形成において，探索的であり続けることは不可欠である．言い換えれば，ここでもまた関わりのありようは他でもあり続けるのであり，〈わからなさ〉に寄り添い続けるのである．オトナ同士の関わりにおいて食物分配や遊びをおこなうことは，優劣順位といった構造としての関係を先行させずに，こうした他の個体に対する探索的関わりをその都度構成することの重要性を物語っており，〈わからなさ〉に寄り添い続ける態度がここでも働いているのである．

　このように「関係」が働きかけに必ずしも先行しないという事態や，3〜4節でみてきたチンパンジーの〈わからなさ〉と寄り添い続ける，といった探索的態度は，次にみるように彼らが集中性を欠落させながら，なおかつ集団を構成することと不可分のものであるように思われる．

5-2　離合集散すること

　チンパンジーは集団のメンバーに対してもそれ以外の生きもの（あるいは可能性

写真3 ●「止まる」

チンパンジーは個体レベルで出会いと別れを繰り返す.この過程で互いに何度も出会うことになるが,写真のように移動してきた個体は遭遇する相手の手前で立ち止まり(座る場合もある),相手の様子を「見て」いる(a では右の2頭,b では右端の1頭が移動してきた個体).その後,さらに接近して何らかのやりとりをする場合もあるが,そのままこの場を立ち去ることも多々ある.写真の例はいずれも何事もなく立ち去った.「止まる」位置は,a のようにかなり離れている場合もあれば,b のようにあと数歩近づけば接触可能な範囲に入る場合もある.

としての事象）に対しても〈わからなさ〉に寄り添い続ける．上述の，「関係」（社会構造）がそこでどのように行動するか（働きかけるか）ということに必ずしも先行しないという事態もまた，〈わからなさ〉に寄り添い続けるという探索的態度である．この後者の事態にもう少し説明を加えるならば，例えば，挨拶行動は優劣関係の指標として研究者は利用するが，劣位者が優位者に挨拶したところで，逆に殴られたり追いかけまわされたりすることは普通に起こることであり，挨拶すれば良いというものでもない．優劣関係という枠組みを優先させて考えれば，ここで起きていることは理不尽極まりないものであるが，チンパンジーはこのようにして，関係（社会構造）によってどのように行動するのかあらかじめ規定されない（正解がない）ところで，他の個体と日々向き合うのである．

　以下では，集中性を欠落させたチンパンジーの社会集団を，〈すきま〉という観点から捉え直しつつ，〈わからなさ〉に寄り添い続けるという探索的態度と非集中的社会の生成・維持のあり方との関わりについて検討する．

　チンパンジーを観察していて，私が最も不可解に思うのは，彼らが出会っても何も起きず，そのまま離れ合ってしまうことが決して少なくないことだ．本書の前身である『制度 —— 人類社会の進化』(2013) の中でも，チンパンジーは騒がしいというイメージがあるけれど，個体同士が出会っても実は何も起きないことの方が多いことを紹介した（伊藤 2013）．そして，それは，出会いの偶発性や繰り返しといった特性が，具体的な相互行為を始める難しさと関連する一方で，だからこそ，そうする必要のない採食や休息といった活動の重ね合わせそれ自体が，関わりとして重要である点について指摘した．ここでは，チンパンジーが出会っても何も起きないことを別の角度から見てみよう．

　マハレのチンパンジーは 60 頭ほどの集団（単位集団）を形成するが，全員が一カ所に集まるのではなく，個体レベルで互いにくっついたり離れたりを繰り返す（離合集散）．コドモ期（5〜8 歳くらい．Matsumoto and Hayaki 2015）までは，はぐれたりしない限りは母親に抱かれているかついて歩くし，母親も子どもを待つ．また，移籍してきたばかりのメスも他のオトナについて歩いていることが多い．一方，母親を含むほとんどのオトナやワカモノは独力でこの離合集散に参加する．いつどこで誰とどんなふうに遭遇するのかは予測できず，全体としてはランダムなふるまいのように見える．

　頻繁にくっついたり離れたりしているので，彼らが出会う場面を観察する機会にはことかかない．データを取ろうとしている私はそこで何かが起こることを期待しすぎているのかもしれない．チンパンジーはこの期待をことごとく裏切ってくれる．「X 時 X 分 X 秒，個体 P がやってくる」と書き付けては，「X 時 X 分 Y 秒，個体 Q，

通り過ぎていく」「X 時 Y 分 Y 秒，個体 P，A 方向に移動する」．そして結局個体 P もいなくなった，といった記録を積み上げていくことの方が多かったからだ．

　見ている私にはそっけなく感じられるが，彼らが互いに無関心というわけではない．というのも，誰かを見つけた際に，相手を見，いったん立ち止まる様子がしばしば見られるからだ．見つけられた方も気づいてはいる．相手が視界の悪い藪の中にいれば，身を屈めて覗き込んだりもする．

　互いに気づいてはいるし，一方がいったん立ち止まるからこそ，次に何かが起きるかと私の期待が高まるのだが，先に述べたようにこの期待は裏切られることの方が多い．一方で，それでも「立ち止まる」という行動が起こるということは，この出会いにおいて私が〈すきま〉を感じているだけでなく，チンパンジーが〈すきま〉を作り出しているといえるのではないだろうか．

　それは何事かが起きる場合もあるからなのだが，そのやり方が，そのまま相手がいなかったときの行動を続けるのではなく，「一度立ち止まる」というやり方と連続的だと思えるからだ．いったん止まったあとに，ゆっくりと相手に近づき毛づくろいを始めたり，相手が近づいてきて遊びが始まったりするような場合で，いずれも自ら主導するか相手にゆだねるかの違いはあっても，いつそこに関わりを形成するかタイミングを見計らっているように思える．

　何事も具体的には起きたとは言えない場合にも，相手を見，立ち止まることは，自分がどうしたいかということにかかわらず，相手がどうしているのか，これからどうしようとしているのかの探索に迫られているからであろう．それは，何もしないという場合においてさえ，自分の意のままになるわけではなく，互いに何もしない，あるいは互いに離れ合う，という働きかけの下にあるのである．事例 2 で見たように「何もない」ことは，探索的に達成する以外に手立てはないのである．

　そうであるならば，離散と集合に埋め尽くされた彼らの暮らしは，偶発的な〈すきま〉に満ちている，ということになる．反復される個体レベルでの離散と集合が，集団というある種の全体性を創り出し維持しうるのは（伊藤 2003），そこに繰り返し〈すきま〉を作り出す，すなわち，そこでどうするかという選択にその都度迫られ，探索的に「いま，ここ」における関わり（何もしないということを含む）をその都度作り出すという活動に支えられているからこそなのではないだろうか．

　チンパンジーは反復的な出会いによって集団を形成する．同時に，順位やそれに関わるオスの連合（Hosaka and Nakamura 2015），あるいはメスたちの友達関係（Itoh and Nakamura 2015b）は，こうした反復的出会いに埋め込まれてあるために不安定なものとなる．さらに，そのようにして〈わからなさ〉が担保されることで，探索的な働きかけが関係に先行することを可能としている．

伊谷 (1987) は，こうしたチンパンジー社会における順位関係の不安定性について，優劣順位といった構造はチンパンジーでは信頼のおける拠り所ではなくなり，共存のためにより多元的な社会的規矩を必要としている，と述べている（本書第1章黒田論文も参照）．私は，構造が信頼のおける拠り所ではないとは思うが，なんらかの一貫した規矩（それが多元的かどうかにかかわらず）があるかどうかについては自信がもてない．チンパンジーの〈わからなさ〉との向き合い方からは，単位集団内の「他者」であれ，それ以外の「他者」であれ，探索的に向きあう柔軟さや，それを反復的におこなうことで関わりを構築したり壊したりしていく柔軟さが，彼らの生き方には不可欠なように思われるのである．これは規矩というよりも，身の回りの世界に対するある種の余裕（例えば，怖くても巨大なヘビについて行ってみる，怒り出すかもしれないが提案を拒否してみる），あるいは遊びの世界に限りなく近い（実際に遊ぶこともある）ものなのではないだろうか．

　非集中性，すなわち個体レベルでの離散と集合をおこなう集団形成のあり方は，探索的であることの源泉であり，探索的であることの結果でもある．同時に，離れ合うことが集団構成の要件としてあることで，探索は持続的なものではなく反復的なものであり続けることが可能となる．これは，集団を高度に構造化させる他の群居性動物が，近接する空間に留まり続ける際に構造化によって探索的であることを軽減するあり方とよりも，2節にみた生きものが複雑で多様な環境において遭遇し探索する，未知の事象の〈わからなさ〉と向き合うあり方と連続的であるように思われる．

6 ●〈わからなさ〉に寄り添う
── 語られる「他者」から出会われる「他者」へ

　生きものの環境とのインタラクションは探索的である．マハレのチンパンジーはヘビを追い (Zamma 2011)，ツチブタの死体に吠え，蛾と遊ぶ（本書第2章中村論文）．そこには興味や好奇心とともに，恐れや楽しみといった情動が入り交じる．これはマハレのチンパンジーに限ったことではないだろう．ヒヒと遊ぶゴンベのチンパンジー (Goodall 1986)，子猫の面倒を見るゴリラのココ（パターソン・リンデン 1984），あるいは人間と関わるさまざまな生きものたち．彼らが実際にそのような関わりをそこに形成しうるのは，その出会いにおいて相手の次なる行為に〈わからなさ〉を見いだし，そのことに対して探索的であり続けることで〈わからなさ〉に寄り添い続けるからに他ならない．

人間はどうだろうか？　人間もまた他の生きものと関わり，他の生きものをよく知る者ではある．だが，人間は出会いの瞬間においては〈わからなさ〉と寄り添いつつも，しかしそれとははっきり異なる外部の観察者としてのインタラクションを持ち込む．それは人間の認知領域の枠組みにおいて，出会いの外部からおこなう記述的なインタラクションである（マトゥラーナ・ヴァレラ 1991）．そしてこの転換こそ，自然をコントロールしようとする極めて人間的な新たな（だが人間の手に余る）環境との関わり方を生み出したといえるのではないだろうか．それは人間の活動が環境と結びつくことで成立していた生活の場という観点からは，反環境的なものともいえる．

　生活の場において，チンパンジーは他のチンパンジーとともに集団を析出させた．チンパンジーはチンパンジー同士においても環境とのインタラクションと連続的な探索を発揮する．一方で，人間や他の群居性霊長類社会（集中社会）においては，構造化によって探索の負担を軽減する．さらに，人間はここにおいてもまた，自らが生きる社会に対して外部の観察者となる位置を獲得する．例えば，今の私たちは理性（因果論）の時代を経て，「自己」も「他者」も各種の社会集団，国家，あるいは地球全体といった任意の集合における任意の物差しの中のデータポイントとなり，「自己」は「他者」と同一平面上において地続きとなる確率の時代を生きている（ハッキング 1990）．この場合〈わからなさ〉は他のさまざまな可能性と地続きになるのではなく，任意の物差しによって測られたグラデーション（正常とそこからの逸脱の程度）の中に「わかられたもの」として位置づけられる．

　自らが住まう社会に対して観察者となることは，「他者」とのインタラクションによって社会を生み出すという活動から外れることであり，その意味では反社会的である（マトゥラーナ・ヴァレラ 1991）．しかし，単に反社会的であることによってその社会を崩壊させるのではなく，観察者でありながらも自らの生きる社会に社会的に関与し続ける場合，そしてその限りにおいて，個々の人間社会が新たに組み替えられる契機にもなりうる．さらに，ハッキングは，人間がおこなう確率的分類は，新たな分類を生み出すだけでなく，そうした分類が今度は人間の行動に影響を与え，何が正常であるかに影響を与えるのだという．つまり人間にとっての〈わからなさ〉は，それをわかるものとすることで新たな〈わからなさ〉を生み出すのであり，個人から国家までさまざまなレベルで〈わからなさ〉は交錯しながら変動し続けているのである．

　〈わからなさ〉＝他性との向き合い方は，人間とそれ以外の生きものの間に大きな断絶があるように見える．しかし，どちらの場合も基礎にあるのは，〈わからなさ〉を探索することにあると思われる．人間が〈わからなさ〉にあらゆる手段を講じて

どんなに堅牢な蓋をしようとも，出会いの場において外部の観察者であり続けることは不可能なのではないだろうか．むしろ，私たちが生きていく具体的な生の出会いにおいて〈わからなさ〉に寄り添うことは（それを継続できないとしても），ときに重要な役割を担っているのではないだろうか．

注

1) 生命システムは認知システムであるというマトゥラーナとヴァレラ (1991) の議論も参照．
2) 柔らかい多様なピッチで発せられる音声 (Nishida et al. 2010)．様々な文脈で発せられるが，母子間では母親からはぐれた不安，授乳を拒否された際の欲求不満の場合などでも発せられる．エスカレートすると，悲鳴になったりもする．フィンパーをあげることは，少なからず他のチンパンジーの注意をひくようである．場合によっては，フィンパーをあげているコドモに別のコドモが毛づくろいをしてやったり，抱きしめたりといった行動がみられる．なお，これ以降にもチンパンジーの行動にこのような注を可能な限り加えるが，チンパンジーの個々の行動とその機能や意味を一義的関係として捉えることは困難であり，むしろ多義的な性質を持っていることをお断りしておく．
3) 本書第6章西江論文も参照．
4) 距離測定に糸を用いた方法が使われることがあり，この糸は徐々に朽ちて土にかえる．
5) それはこの出会いの開始の段階では，私にとっても差し迫った事柄であったのは言うまでもない．枝は落ちる前に払われ，木は倒れる前に撤去されるような私たちの町中の暮らしとは異なり，森の中で何が起こるかはわからないのである．
6) 西江 (2010) はこうしたやりとりを，プロセス志向的なやりとりと評し（花村 2010 のチンパンジーの長距離音声のやりとりや，本書第8章花村論文も参照），そこにあるチンパンジー独特の態度を「認知的強靱さ」という言葉で表している（本書第6章西江論文も参照）．この言い方は，人間にとってのチンパンジーのわからなさと，チンパンジー的な特徴の双方をうまく言い表している．
7) 典型的には，出会いの際に劣位個体から優位個体に対して発せられる (Nishida et al. 2010)．ただ，優劣順位共々この音声のチンパンジーにとっての「意味」は微妙なものでもある（本書第6章西江論文，西江 2013，本書第1章黒田論文も参照されたい）．
8) オープンマウスキスと呼ばれ，通常のキスとは口を大きく開けている点が異なる．一方だけが相手の身体に口を開けてキスをする場合もある．ある種の社会的興奮状態の際におこなわれると考えられる (Nishida et al. 2010)．
9) 「認知的強靱さ」（西江 2010，本書第6章西江論文）．
10) 藪田 (2008) は同じディスプレイが異なる文脈（例えば闘争と求愛）で利用される文脈横断的ディスプレイを，「間」（生き物の出会いにおいてリスクを減ずるために行為する前に取られる時間的猶予）を埋め，行為を接続するために進化的に固定された転位行動と表している．本章ではディスプレイは双方にとっての〈すきま〉を作り出す活動であり，その意味では「間」を取ること自体もディスプレイとして位置づけられる．

11) 実際の適切な距離自体は種あるいは集団によってさまざまだろう．例えば，ニホンザルでも淡路島のサルは個体間距離が短いことで有名である．

Appendix

1997.10.2　セレナとボノボと事故
個体名略号：BB＝ボノボ，DE＝カルンデ，FN＝ファナナ，SE＝セレナ
12：58：59　BBがFN等の毛づくろい集団に接近しはじめる．
12：59：03　BB，FNに背を向けて座ろうとしかけたところで，
12：59：04　FNが西へ動き始め，BBは腰を浮かせてパントグラントする．
12：59：09　FN座る．時を同じくして，SEとBBが同時にFNに接近し始める．
12：59：11　SE，BBを見ながらFNへの接近を続ける．BB，SEと目が合い，左足を浮かせて一瞬止まる．SEはBBを注視．BB，左に少しよける．
12：59：12　BBが動いた直後，SEは地面に視線を落としつつ，出しかけていた右足を前へ．
12：59：13　BB，SEの方に振り返る．SEはFNの前へ腰を向ける．FNはBBを目で追う．
12：59：14　SE，BBの方を見やると，BB視線を外し，そのまま東奥のDEの方へ．SE，座る瞬間にBBの方に首を曲げる．
12：59：15　BBまたチラッとSEとFNの方を見る．SEはBBを注視し続けている．FNはBB等の方を見ている．
12：59：16　BBまたチラッとSE等の方を見る．SEはBB注視を継続．BBは地面に目を落としつつ，横になっているDEの頭部近くへ．ちょうど，対角線上（西）にはSEとFNがいる配置となる（SEはFNの影に隠れるような形）．FNは身体の前にあった左手を左側に回し，
12：59：17　さらに右手も左側へ．この瞬間BB座る．
12：59：18　FN立ち上がり，SEに背中を向ける．SEはBB注視継続．BBが座った途端，DEからBBへの毛づくろい始まる．
12：59：19～20　FN座ると同時に左足裏にくっついていた枯れ葉を払い落とす．同時にSE西へ動きかける．
12：59：21　FN俯せに横になる．SE，FNの方を振り返り，すぐにFNの方に身体全体を向け直す．BBはSE等を注視．
12：59：23　SEからFNへの毛づくろい始まる．
12：59：38　BBはSE等から地面へと視線をずらす（上目遣いに見ているようにも見える）．
12：59：43　BBが自分の左手を見るのとほぼ同時に，SE顔をあげBBの方を見る．そのため，FNの毛づくろいは一時中断．
12：59：45　BBもSE等の方を見る．
12：59：48　SE顔を伏せ，毛づくろいを再開．
12：59：49　SE突然西方を見る．BBはまだSE等の方を見ている．
12：59：50　BBもSEの見ている方向を見る．

12：59：51　SE，毛づくろいを再開．すると，BB，SE 等の方に視線を戻す．
12：59：57 頃には，BB は SE 等の方から視線を外す．
13：00：11　BB 顔をあげて左手で右肩をスクラッチしその手を見る（顔は北向き）．
13：00：26　SE 右手で左手をスクラッチ[1]．顔は南側に向ける．
13：00：29　SE スクラッチ[2]しつつ BB 等の方に一瞬顔を向ける．
13：00：30　BB，SE の方を見，そして顔を手で拭く．
13：00：31　SE スクラッチ部を見る（北下向き）．BB，SE 等の方に顔を向けたまま，右手を少し持ち上げ．
13：00：32　その右手を自己毛づくろい始める．
13：00：33　SE 口開けて BB の方を見る．
13：00：36　SE また右手を一掻き[3]して頭を下に向ける．
13：00：49　BB，SE の方を見る．FN はモゾモゾその場で動いている．
13：00：54　SE 背筋を少し伸ばし，右手で左肩を前からスクラッチ[4]．
13：00：58　FN またモゾモゾ．BB まだ見ている．
13：01：02　──中断（少し離れたところにいた別の個体が南方へ去る）
13：01：13　DE 左手を BB に軽くつけたまま起き上がり，BB を毛づくろい始める．BB は SE 等の方注視．SE，FN の左側から身体を左（西）に倒す（BB 等の方を覗いているように見える）．
13：01：19～21　SE 深く右（東）に身体を倒して起き上がる．
13：01：21～24　SE また身体を倒す．今度は北に身体を起こし．
13：01：25　SE 右手を FN の方へ．
13：01：29　SE から FN への毛づくろい．
13：02：09　SE 去る．
この後，13：04 に南方でチンパンジーの吠え声（bark）がし，移動する FN についていくと，SE が 1～2m 南の路上で一人座っているのが見えた．しかし，FN，SE，BB は一緒になることはないまま，FN は DE と，移動したりディスプレイをしながらしばらく行動を共にした．

参照文献

足立薫（2009）「非構造の社会学 ── 集団の極相へ」河合香吏編『集団 ── 人類社会の進化』京都大学学術出版会，3-21 頁．
───（2013）「役割を生きる制度 ── 生態的ニッチと動物の社会」河合香吏編『制度 ── 人類社会の進化』京都大学学術出版会，265-285 頁．
ドゥ・ヴァール，F（1994）『政治をするサル ── チンパンジーの権力と性』（西田利貞訳）平凡社ライブラリー．
Goodall, J (1986) *The Chimpanzees of Gombe: Patterns of Behavior*. The Belknap Press of Harvard University Press: Cambridge, MA.
ハッキング，I（1990）『偶然を飼いならす』（石原英樹・重田園江訳）木鐸社．
花村俊吉（2010）「偶有性にたゆたうチンパンジー」木村大治・中村美知夫・高梨克也編『イ

ンタラクションの境界と接続』昭和堂，185-204頁．

ホール，E（1970）『かくれた次元』（日高敏隆・佐藤信行訳）みすず書房．

Hosaka, K and Nakamura, M (2015) Male-Male Relationships. In: Nakamura M, Hosaka K, Itoh N, Zamma K (eds), *Mahale Chimpanzees: 50 Years of Research*. Cambridge University Press, Cambridge. pp: 387-398.

伊谷純一郎（1987）『霊長類社会の進化』平凡社．

伊藤詞子（2003）「まとまることのメカニズム」西田正規・北村光二・山極寿一編『人間性の起源と進化』昭和堂，223-262頁．

—— （2009）「チンパンジーの集団 —— メスから見た世界」河合香吏編『集団 —— 人類社会の進化』京都大学学術出版会，89-97頁．

—— （2010）「群れの移動はどのようにしてはじまるのか」木村大治・中村美知夫・高梨克也編『インタラクションの境界と接続』昭和堂，275-293頁．

—— （2013）「共存の様態と行為選択の二重の環 —— チンパンジーの集団と制度的なるものの生成」河合香吏編『制度 —— 人類社会の進化』京都大学学術出版会，143-166頁．

Itoh, N and Nakamura, M (2015a) Mahale flora: Its Historical Background and Long-Term Changes. In: Nakamura, M, Hosaka, K, Itoh, N and Zamma, K (eds), *Mahale Chimpanzees: 50 Years of Research*. Cambridge University Press, Cambridge. pp: 150-173.

—— (2015b) Female-female relationships. In: Nakamura, M, Hosaka, K, Itoh, N and Zamma, K (eds), *Mahale Chimpanzees: 50 Years of Research*. Cambridge University Press, Cambridge, pp: 399-409.

マトゥラーナ，HR・ヴァレラ，FJ（1991）『オートポイエーシス —— 生命システムとはなにか』（河本英夫訳）国文社．

Matsumoto, T and Hayaki, H (2015) Development and growth: With special reference to mother-infant relationships. In: Nakamura, M, Hosaka, K, Itoh, N and Zamma, K (eds), *Mahale Chimpanzees: 50 Years of Research*. Cambridge University Press, Cambridge. pp: 313-325.

Mori, A (1977) Intra-Troop Spacing Mechanism of the Wild Japanese Monkeys of the Koshima Troop. *Primates,* 18: 331-357.

Nakamura, M (2015) Home range. In: Nakamura, M, Hosaka, K, Itoh, N and Zamma, K (eds), *Mahale Chimpanzees: 50 Years of Research*. Cambridge University Press, Cambridge. pp: 94-105.

Nishida, T, Zamma, K, Matsusaka, T, Inaba, A, and McGrew, WC (2010) *Chimpanzee Behavior in the Wild*. Springer, Tokyo.

西江仁徳（2010）「相互行為は終わらない —— 野生チンパンジーにおける「冗長な」やりとり」木村大治・中村美知夫・高梨克也編『インタラクションの境界と接続』昭和堂，387-396頁．

—— （2013）「アルファオスとは「誰のこと」か？ —— チンパンジー社会における「順位」の制度的側面」河合香吏編『制度 —— 人類社会の進化』京都大学学術出版会，121-142頁．

パターソン，F・リンデン，E（1984）『ココ，お話ししよう』（都守淳夫訳）どうぶつ社．

Rowell, TE and Olson, DK (1983) Alternative mechanisms of social organization in monkeys. *Behaviour*, 86: 31-54.

藪田慎司（2008）「「社会性」は霊長類に特有の現象か」『霊長類研究』24(2)：133-136．

Zamma, K (2011) Responses of chimpanzees to a python. *Pan Africa News,* 18: 13-15.

第 8 章 見えないよそ者の声に耳を欹てるとき
チンパンジー社会における他者

花 村 俊 吉

❖ Keywords ❖

知り合い・仲間／よそ者，他者性への対処の仕方，プロセス志向，声や痕跡を介した相互行為，離れていることの可能な社会

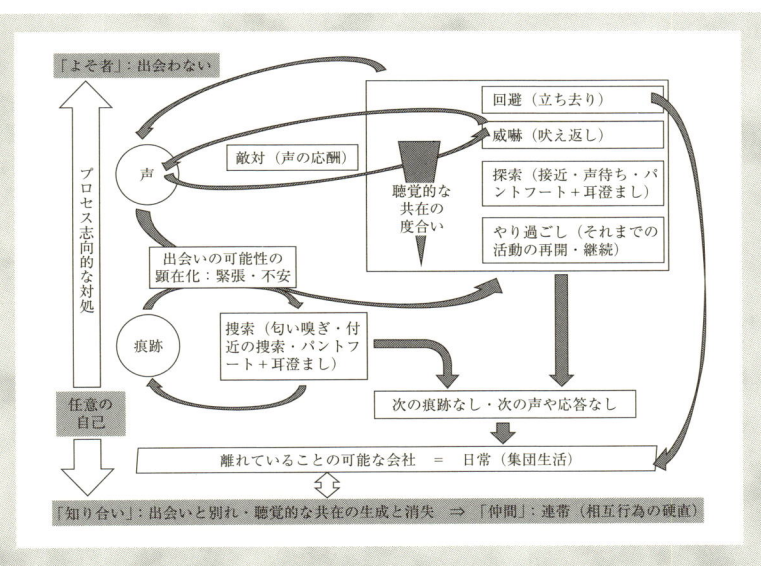

チンパンジーは，集団の遊動域外縁部から稀に聴こえる声やその辺りでみつけた痕跡を介して「(普段出会わない)よそ者との出会いの可能性」が顕在化したとき，緊張や不安を示しつつも，そこで起こりうる相互行為の展開を予め規定せず，「相手の出方次第」というプロセス志向的な態度で「よそ者」の他者性(在不在やふるまいの予測不可能性・偶有性)を資源にそのつど行為選択を調整する．そうして彼らは，聴覚的な共在の度合いに応じて「よそ者」との出会いの可能性をひとまず「やり過ごし」たり，予期せぬ出会いに備えて「よそ者」の在不在やふるまいを「探索」し始めたもののそのあと何も起こらず「探索」を終えたり，「探索」しつつ「威嚇」してときに「敵対」に至ったり接触を「回避」したりして，「よそ者」と「出会わないこと」を繰り返す．一方，彼らは(出会いと別れを繰り返してきた)「知り合い」ともプロセス志向的な態度で声を介して相互行為するが，そこでは出会いの可能性が顕在化してもとくに緊張や不安を示さず，鳴き交わしを通じて聴覚的な共在の生成・継続を試みることも，そうした相互行為を中断してそれぞれの活動を継続したり声を聴き流してそのまま離れるに任せたりすることも可能だ．そうして彼らは「離れていることの可能な社会」を形作っているが，「よそ者」が立ち現れたとき，ともに対処する「仲間」どうしは連帯し，いつも通りの融通無碍な離合集散や声を介した相互行為が継続できなくなる．その意味で「よそ者」は，彼らの日常の安定性をおびやかす他者と言える．ただし，新入りメスには在住個体と同じようには「よそ者」が立ち現れず，また移出入経験のある在住メスは，オスと比べて，「よそ者」が立ち現れても気にせずにいられるようだ．

1 ●「よそ者」の現れとその他者性への対処の仕方

　生き物はさまざまな他者と出会う．他者とは，生き物がその他者性（在不在やふるまいの予測不可能性・偶有性）を感知したときに立ち現れる，自己とは別の主体性をもった本源的に捉え切れない存在である．生き物は，他者の在不在やふるまいを，観察や相互行為を通じて探ったり，そうしたそれまでのやりとりの結果やその他者に対する他個体のふるまい方を参照して予測したりする．他者が自己にどのように関わる存在かを知ることは，生き物が他者とともに生きていくこととほぼ同義だ．ヒトを含めた動物たちの社会生活は，そうした他者たちのなかでもとくに関わりの大きな同種他個体の他者性への対処の仕方とともに進化してきたと考えられる．

　多くの霊長類は，回遊魚や渡り鳥，季節移動するヌーが形成するような同種個体たちの無名の群れとは異なり，メンバーシップの安定した，他とは空間的に分節された「集団」を形成する．そうした集団を形成してはじめて，ときに遭遇する隣接他集団個体が，普段付き合いのある「知り合い（集団のメンバー）」との差異において他者性を強く帯びた「よそ者」として立ち現れる．ある個体にとって「知り合い」は，日々の相互行為を通じて互いの他者性に対処しつつその対処の仕方をベースに集団生活をともに形作っていく他者であるが，「よそ者」はそうした日常の安定性をおびやかす他者である．彼らは「よそ者」の他者性に，そのときその場にいる「仲間」とともに対処しつつその対処の仕方をベースに集団間関係を形作っていると考えられる．

　野生チンパンジーの集団（単位集団）は，メスの多くがワカモノ期に移出入する複雄複雌の構造をもつ．集団のメンバーがひとつの群れで遊動する多くの他の霊長類とは異なり，チンパンジーの集団のメンバーは，それぞれが単独で遊動することが可能だ．彼らは出会いと別れを繰り返し，その過程でそのつど顔ぶれの異なる一時的なパーティ（視覚的に接触しうる範囲にいる個体の集まり）を形成する．別れた個体どうしが数時間後に再会することもあるが，そのまま数週間，場合によっては数カ月間再会しないこともある．そうして離合集散しながら集団生活を送るチンパンジーたちは，半径1kmほどの範囲に聴こえる長距離音声・パントフート（詳細は花村 (2013) を参照）を用いて，同じパーティの個体どうしでコーラスしたり，異なるパーティどうしで鳴き交わしたりする．しかし彼らはこうした声を介して常にまとまって遊動しているわけではない．声の聴こえる範囲を超えて離れていることもあるし，そもそも何日も声を発声・聴取しないこともあり，近くにいても互いにそうと知らず別々に遊動していることもある．

本書の前身である『制度 —— 人類社会の進化』の第 8 章（花村 2013）では，マハレ（タンザニア）M 集団のチンパンジーのパントフートを介した相互行為を分析し，そのプロセス志向的な行為接続のやり方（互いの他者性への対処の仕方）が，彼らの「離れていることの可能な社会」を支えるひとつの仕掛け（慣習・制度）となっていることを指摘した．彼らは，「呼びかけ—応答」の意味を帯びた鳴き交わしによって非対面下で出会い，そのあとさらに相互行為を継続しうる場（互いに「相手が自分に気づいている」と期待しうる聴覚的な共在状態）を創り出す．しかし，いつどこで誰の声が聴こえるかわからず，呼びかけても応答がないことの方が多く，その一方で自分の発した声が予期せぬ応答を受けることもある．彼らは，そうした互いの他者性を縮減して行為選択を限定するような相互行為の共通のゴール（鳴き交わしの継続や合流といった特定の状態の維持・達成）を設けず，むしろ互いの他者性を資源に，それぞれが自分の生活リズムやその場にいる他個体との関わりにも影響を受けつつ，「相手の出方次第」というプロセス志向的な態度で行為選択を調整する．彼らはこのような態度で相互行為の展開を予め規定せずに行為選択を調整し合うことで，声さえ届くならいつでも場の構成や鳴き交わしの継続（聴覚的な共在）を試みることを可能にすると同時に，いつでもそうした相互行為を中断してそれぞれの活動を継続したり，互いの声を聴き流してそのまま離れるに任せたりすることもまた可能にしていた．そして，他のパーティの声が聴こえたとき，彼らはその声に自分たち以外の別のパーティが応答するかどうかまで聴くことがあり，そこには二者関係を超えた彼らの社会空間が拡がっていた．
　しかし，ときに他集団個体と思しき声 —— それもやはりパントフートであることが多い —— が聴こえてくることがある．本章ではそうした場面を取り上げ，彼らの他集団個体の他者性への対処の仕方や集団間関係について，人間のそれとの比較を交えて考察する．また，自集団個体との声を介した相互行為との共通点・相違点や，集団にやってきて間もない新入りメスと在住個体（resident individuals：本書第 2 章中村論文の注 10 を参照）のふるまいの違いに着目して，彼らの他者経験の諸相や集団生活の特徴を探りたい．

2 ● チンパンジーの集団間関係

　霊長類の集団を異にする個体どうしは，集団間を移出入する個体を除いて基本的には敵対的で避け合う関係にあるが，チンパンジーではとくにその敵対性が強調されてきた（レビューとして Wrangham 2006; Mitani et al. 2010）．主にオスたちが，隣接

する他集団との遊動域重複部を「パトロール（周囲を窺いつつ物音を立てずに足早に移動すること）」したり，他集団の遊動域に「侵入」したりすることがあり，他集団個体と遭遇した場合には激しい敵対的交渉が生じ，その際の負傷が原因で死んでしまう個体もいる．そうして一方の集団の個体数が減少し続けた場合には，メスの移出や転出（出産後の二次移出）も促され，稀にその集団が消失することもあり，他方の遊動域が拡大したりメスの数が増加したりする．

　最初の報告例は，ゴンベ（タンザニア）のカセケラ集団によるカハマ集団への侵攻と呼びうるもので（グドール 1990），幾例もの「パトロール」や「侵入」，その際の敵対的交渉と被攻撃個体の死亡が確認されており，集団間の敵対的交渉によって一方が消失したことが確からしい唯一の事例でもある．現場に居合わせ，その攻撃の残忍さに衝撃を受けたR・ランガムは，彼らの「侵入」を，遊動域重複部での「威嚇」や「回避」が主である他の霊長類の集団間交渉にはみられない「他集団個体を攻撃したり殺害したりするための行動」と位置づけ，オスの繁殖戦略という観点から，集団間暴力の進化について人間のそれとの比較を交えて考察した（ランガム・ピーターソン 1998）．

　ゴンベのこの2集団はそもそもひとつの集団が分裂して生じたものであり，その関係をチンパンジーの集団間関係の一般像とみなすことはできない．しかし，ゴンベではその後も，存続したカセケラ集団や別の集団の「パトロール」や「侵入」，それらの集団間の敵対的交渉や被攻撃個体の死亡が何度か確認ないし推測されており，他のいくつかの調査地でも同様な事例が報告されている．マハレでも，調査の始まった1960年代後半から主要調査集団であったK集団の個体たちが，隣接するM集団の声を聴いて接触を「回避」するように遊動する様子が確認されているほか，M集団個体によるK集団の遊動域への「侵入」や両者間の声の応酬，遊動域重複部で遭遇したM集団個体に対するK集団個体による攻撃も観察されている（Nishida 1979）．なお，そのK集団はメスの移出・転出を含めて徐々に数を減らし，80年代前半にはオス1頭を残して消失しているが，K集団個体の消失前にM集団個体との敵対的交渉は確認されておらず，その原因を集団間の敵対的交渉に帰すことは困難である（Nakamura and Itoh 2015b）．

　こうした報告を通じて，とくに一般向けのメディアでは，「他集団の侵攻を怖れて日々パトロールを繰り返し，隙あらば他集団に侵攻して遊動域の拡大やメスの獲得を狙う」といった，合目的的で好戦的かつオス中心主義的なチンパンジー像が描かれてきた．しかしこれは，行動生態学に基づいて仮定された究極的なオスの繁殖戦略と彼らの至近的な行動要因（動機）とを同一視し，人間の戦争観を多分に投影して形成されたイメージに過ぎない．また，集団を異にする個体どうしの接触の大

半は聴覚的なものであり，視覚的な接触の頻度も調査集団や調査時期によって大きく異なる (Boesch et al. 2008；Wilson et al. 2012). マハレM集団では，新入りメスを除けば，2015年現在15年ほど他集団個体との視覚的な接触は観察されていない. 彼らの集団間関係の実態を探るためには，集団を異にする個体どうしの声を介した非対面下のやりとりに着目し，「パトロール」や「侵入」，「敵対」や「回避」に至る過程やその際の彼らのふるまいを分析する必要がある. そもそも彼らが自/他集団個体の声をどのように区別し，その区別をどのように共有しているのかという点も問われるべき課題である.

3 ●不意に到来するよそ者の声

3-1 遊動域外縁部から聴こえる声

　M集団（約60頭）は，西に拡がるタンガニイカ湖と東に聳えるマハレ山塊に挟まれた約30km^{2}の森林帯を遊動域として利用してきた（図1参照）. 北と南には別の集団の遊動域が拡がっている. 前節で触れた1980年代に消失したK集団は，現在のM集団の遊動域北部からさらに北側を利用していた. 90年代後半までにY集団がその辺りを利用し始めたことがわかっており，M集団の遊動域最北部にあるンカラ川から北東部のカシハ川上流にかけての一帯はY集団も利用している. また，M集団の遊動域最南部にあるムクルメ山や南東部のサンサ川上流は，南のN集団も利用している. しかし近年，M集団が主に利用する地域で他集団個体が観察されたという報告は，次の2例しかない. 1998年にM集団の多数個体が遊動域最北部に数日間滞在していたとき，そこから遠く離れた南東部にM集団ではない個体たちがいた. このときはM集団個体との接触は確認されていないが，2000年には遊動域北部で，複数のM集団個体による出身集団不明の子連れメスとその子への攻撃が確認されている（レビューとしてSakamaki and Nakamura 2015）.

　そこで以下の分析では，2005～6年の1年間と2012～14年の間の計4カ月の私の調査において，チンパンジーの観察中に視界外から聴こえた声のうち，他集団個体の声と考えられる「遊動域外縁部（ンカラ川―カシハ川上流以北とムクルメ山―サンサ川上流以南）から聴こえた声」（以下，適宜〈声〉と記載する：7エピソード18例）に着目する. ただし，複数の調査者によって観察された当日および前後数日のM集団個体たちの遊動やグルーピングの状況から，その声がM集団個体の声と判断できたものは分析から除いた. こうした場合には，そのとき観察対象となっていたチ

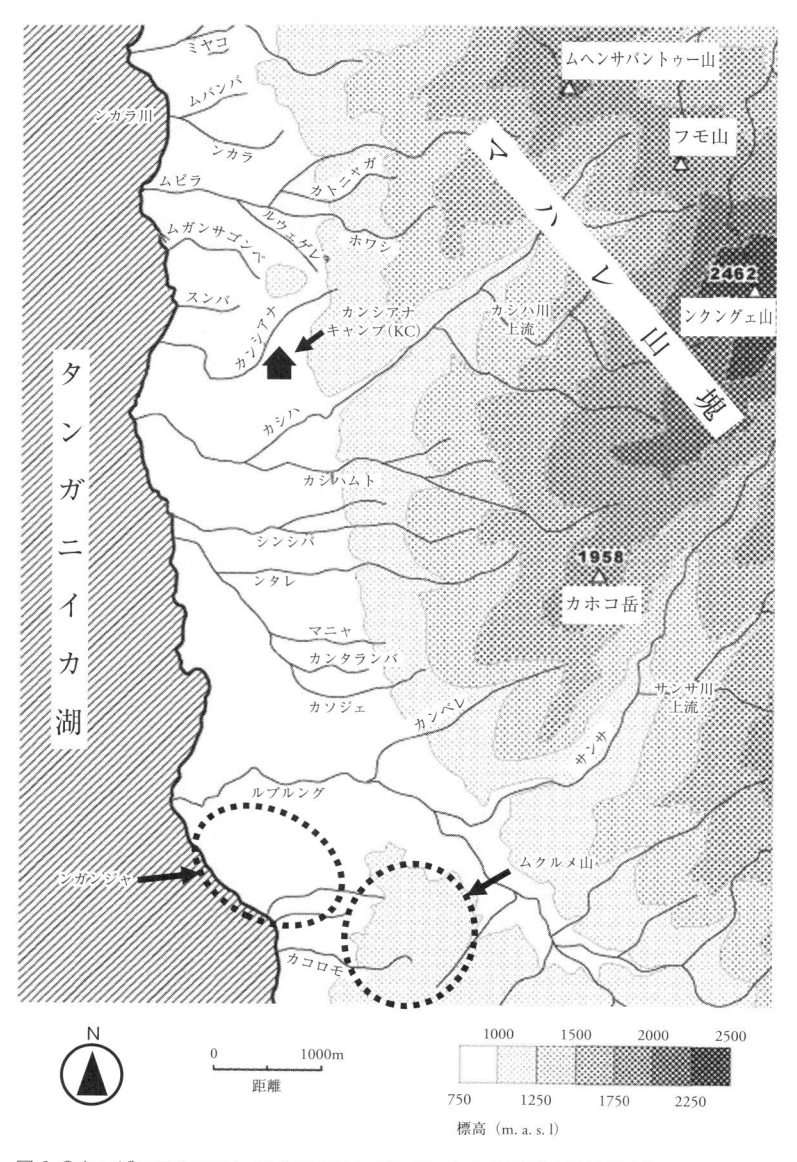

図1 ●タンザニアのマハレM集団のチンパンジーたちが遊動する地域（北はンカラ川，南はムクルメ山，西は湖岸，東は山塊中腹まで）とその周辺地域．(Nakamura and Itoh 2015aのFigure 2.7をもとに一部改変・翻訳して新たに作成)

ンパンジーたちにも同様な判断が可能だと考えられる．

　M集団のチンパンジーたちは，主食となる果実のフェノロジー（結実の季節性）や分布の仕方に応じてその頻度は変化するものの，年間を通じて，〈声〉が十分に聴こえうる北や南の遊動域周辺部（外縁部から約1km手前までの地域）を利用することがある．2005～6年の調査においてチンパンジーを観察した186日のうち，観察中に〈声〉が聴こえたのは5エピソード16回であり（北：3エピソード8回；南：2エピソード8回，その声の多くはパントフートかそれと吠え声や悲鳴など他の音声との混声），周辺部を遊動していても（北：17日；南：24日）〈声〉が聴こえないことの方が多かった．それ以外のM集団個体のものと考えられる声は，パントフートに限っても1時間に平均1～2回聴こえるため（ただし1日中聴こえないことも，1日に100回近く聴こえることもある），〈声〉が聴こえるのは稀なできごとと言える．

　〈声〉が聴こえたとき（計18例の30秒以内），彼らはそれ以外の声を聴いたときには滅多にみせない（本章第5節参照）ふるまいを示すことがあった．緊張や不安の表出とみなせる下痢便，乳首触り（一部個体の癖），その場にいる個体どうしの凝集や手伸ばし・抱き合いなどの身体接触のほか，同種・異種の死体や地震などの異常な現象，ヘビ・ヒョウなどの危険な存在との遭遇時に発せられる「ラーコール」の発声がみられた．〈声〉の種類は普段彼らが発声・聴取しているものと変わりないことを踏まえると，彼らはその声を普段聴く「知り合いの声」とは異なる「よそ者の声」として聴いていると考えられる．「よそ者かどうかはっきりしない」ことも多々あるだろうが，その場にいる個体以外とは数日間出会っておらず声も聴いておらず，他の知り合いがどこにいるかわからない状況で〈声〉が聴こえたときにも上記のようなふるまいを示すことがあったため，彼らも遊動やグルーピングの状況（いまあそこに知り合いはいそうにない）だけでなく，聴こえた場所（普段あんなところから声は聴こえない），場合によっては声質をもとに，その声に「よそ者らしさ」を感知しているのだろう．また，遊動域周辺部や〈声〉が聴こえた辺りで，食痕や糞，ベッドなどの痕跡を発見したときにも，痕跡や付近の地面の匂い嗅ぎとともに，下痢便や凝集，身体接触がみられることがあった．彼らは，その発見場所や匂いをもとに，痕跡からも（まだ近くにいるかもしれない）「よそ者らしき個体」の存在を感知することがあると考えられる．

　その一方で，〈声〉に対して一斉に吠え返したり，〈声〉が聴こえたあとしばらくしてから（30秒以内とは限らない），普段他のパーティに「呼びかける」のと同じように，しかし明らかに「よそ者」に向けてパントフートを発してその応答の有無に耳を澄ませたりすることもあった．〈声〉が聴こえたあとの遊動パターンや活動状態もさまざまで，足早に〈声〉の方に向かうこともあれば反対の方に向かうことも

あり，その場に留まりそれまでの活動を再開することもあった．

　したがってチンパンジーにとって，声や痕跡を介して立ち現れる「よそ者」は，いつも同じ「顔（属性）」をもった一定の存在として捉えられているわけではなく，その声に対するふるまい方も状況によって大きく変化すると考えられる．18例の〈声〉の多くは，一時に同じ辺りから集中的に聴こえたものであり，その前後で痕跡と遭遇することもあったため，以下ではそれら一連の声や痕跡に対するふるまい方を，前後の遊動やグルーピングの状況とともにエピソード単位で分析していこう．

3-2　探索と敵対

　最初に，「パトロール」様の行動がみられたエピソードを紹介し，その解釈を再考しつつ，チンパンジーが「よそ者」の他者性にどのように対処しているかを分析する．なお，かつてのゴンベでは少なくとも週に1度「パトロール」が観察されているが（グドール 1990），近年のマハレではこうした行動が観察されない年もあり（Sakamaki and Nakamura 2015），私が観察したのも以下の二つの事例のみである．

　2005年12月20〜23日にかけて観察した【事例1】は，前日19日まで遊動域南部で過ごしていたM集団個体の大半が20日午後に北部にやって来て，数日の間に北のY集団と思しき声（1例）や痕跡（2例）と遭遇したというものである．

【事例1】（2005年12月20〜23日）
　　20日夕方，多数個体と別れたオス4頭が，遊動域北東部でその日の昼頃のものと思しき食痕の匂いを嗅いだあと下痢便を始め，地面の匂いを嗅いだり周囲を窺ったりしながら1時間ほど物音を立てずに足早に北上し，遊動域最北部まで出てパントフートを発したが，応答はなく引き返したようだ．翌日21日のその4頭の行方はわからなかったが，22日朝には再び多数個体と合流しており，皆，普段と変わらぬ様子で昼過ぎまでパントフートを鳴き交わしつつ遊動域北部で過ごしていた．昼過ぎに北の遊動域外縁部（1kmほど先）からパントフートが聴こえると，その場にいたオス数頭が下痢便を始め，オス7頭とメス5頭が何度も立ち止まって聴き耳を立てつつ凝集してその声の方に向かったり，座り込んで耳を欹てたりし始めた．そのあと彼らの行方はわからなくなるが，少なくとも夕方までその付近で彼らの声も北の〈声〉も聴こえず，23日朝には概ね同じ個体たちがそこから1km南西で休息していた．午前中にオス7頭とメス8頭が北へ向かい，昼過ぎに遊動域最北部で前日のものと思しきベッドや糞等の痕跡を多数発見し，抱き合ったり凝集したりしたあと20日と同様

な様子で付近の捜索を始めた．そこでまた行方がわからなくなるが，24日にはその多くが南下し，26日までにはほぼすべての個体が遊動域南部で過ごしていたことが確認されている．

　この事例で彼らは，いずれの「声や痕跡との遭遇」時にも緊張や不安（下痢便・凝集・身体接触）を示している．そして〈声〉を聴いたあと，沈黙して声の方に接近したり次の声を待ったりして，こちらの居場所は知らせずにその先にいるらしい「よそ者」の動向を探り始めている．この声は彼らどうしでパントフートを鳴き交わしていた少しあとで聴こえたため，「よそ者」がこちらの存在に気づいている可能性を彼らに知らしめただろう．また痕跡を発見したあとは，やはり沈黙して付近を捜索したりそのあとパントフートを発したりして，近い過去にそこにいたらしい「よそ者」の行方や在不在を探っている．つまり彼らは，声や痕跡を介して顕在化した「よそ者との出会いの可能性」（その先にいてこちらに気づいていそう，まだ近くにいそう）に落ち着かず，出会いを避けることも含めて予期せぬ出会いに備えてその在不在やふるまいを「探索」していたと言うことができる．しかしいずれの「探索」においてもそれ以上「声や痕跡との遭遇」は続かなかったようで，彼らは「探索」を終えている．

　12月は，M集団の多数個体が出会いと別れを繰り返しつつ，声を介してゆるやかにまとまって北へ南へと大きく遊動する集合季にあたる[1]．この事例はそうした大遊動の最中に，断続的に声や痕跡と遭遇したことで「よそ者」が立ち現れ，「探索」したが結局「何も起こらず」，それにしたがいその「よそ者」も立ち消えていった数日だったと考えられる．

　2006年5月6日に観察した【事例2】（本章章末資料1参照）は，「声や痕跡との遭遇」を契機とした「探索」によってさらなる「声や痕跡との遭遇」がもたらされ，その循環が乗じて，結果的にY集団の遊動域に「侵入」してY集団と思しき個体たちと声を介した「敵対」に至ったというものである．5月は，M集団個体たちが少数個体からなるパーティに別れ，あまり声も発さずに別々の場所を遊動する分散季にあたるが，この日は遊動域北部を北上する比較的大きなパーティを観察することになった．以下，この事例を要約しつつ分析を進める．

〈シーン1〉最初に北の遠く（1kmほど先），遊動域外縁部からパントフートが聴こえたとき，多数個体がラーコールを発したものの，彼らはその最中に発情気味のメスとの近接をめぐるオスどうしのディスプレイ合戦といったそれまでの活動を再開し，そのあとも皆で毛づくろいをしてゆっくりと過ごしていた．〈シーン2〉そし

て少し北に移動して狩猟を始めるが，その騒ぎが収まった直後に再び北からパントフート．オスたちがその声にディスプレイしつつ吠え返し，続いて一部のオスがパントフートをコーラスすると，メスも含めた多数個体がその声に対する応答の有無に耳を澄ませたが，北から応答はなかった．その前後でメス3頭とワカオス1頭は南下するかその場に留まったが，3頭のメスを含む9頭は何度も立ち止まって聴き耳を立てつつ足早に北へ向かう．そこで私は彼らを見失うが，約1時間半後に少し北（遊動域最北部のンカラ川を越えた辺り）で落ち着きを取り戻して採食している彼らを再発見．〈シーン3〉彼らは採食を終えると，近辺で真新しい食痕を発見し，その匂いを嗅ぎつつ凝集し，地面の匂いを嗅いだり周囲を窺ったりしながら物音を立てずにさらに北へ向かう．その途中，一部のオスがパントフート様の低声を発しつつ板根蹴り．皆で聴き耳を立てつつ北上を続けていると，少しして北からパントフートと悲鳴．皆，再び凝集．1頭のオスは乳首触り．そこでメス1頭が離脱するが残り8頭はさらに北へ向かう．〈シーン4〉尾根に出たところで，彼らは次の声を待つかのようにしばらく座り込んで耳を欹てるが，とくに声は聴こえない．そこで再び採食を始めたがすぐに採食を終え，足早に付近を一周し，その途中で別の尾根でも声待ちする．〈シーン5〉戻ってきたところで北の近く（数百メートル先）から吠え声や悲鳴とともにパントフート．皆，吠え返したりパントフートを発したりディスプレイしたりしつつ北に突進し，声の応酬に至る．

　この事例では，最初の突然の〈声〉に驚きや警戒を示してはいるが（ラーコール），彼らはすぐにそれまでの活動を再開しており，とくに「探索」もせずに「やり過ごし」ている．【事例1】の〈声〉とは異なり，それまで彼らは大きな声を発しておらず，「よそ者」がこちらに気づいていそうになかったからだろう．しかし，こうして漠然と立ち現れただけの「よそ者」が，彼らが狩猟で大騒ぎした直後に2度目の〈声〉が聴こえてきたことで，そこに居続け，こちらの存在に気づいて働きかけてきていることが確実な，（応答しないことも含めて）何らかの応答を迫る存在としてはっきりと立ち現れたようだ．彼らはその声に吠え返して「威嚇」したあと，パントフートを発して探索的に働きかけたり聴き耳を立てつつ声の方に接近したりして，相手がさらに働きかけてくるのか，まだそこに居続けるのか，どこへ向かうのかといった相手の出方や動向を探り始めている．北上したあと採食しており，私はそこで，結局「何も起こらなかった」と感じ始めていたのだが，その付近で「よそ者」のものと思しき痕跡を発見した彼らは「探索」を再開し，地面の匂いを嗅いでその行方を，板根を蹴ったあと聴き耳を立ててその在不在を探っている．そこで3度目の〈声〉が聴こえてきて「まだ近くにいること」がわかり，さらに声の方に接近し，

次の声を待ったり付近を捜索したりと，さらなる「探索」がおこなわれることになっている．

しかし，深い森の中ではその姿は見えず数もわからず，待てども声はなかなか聴こえてこず，辺りを探し回っても次の手がかりはほとんど得られない．「よそ者」が近くにいて，こちらの存在にも気づいているはずだが，いまどこにいるのか，いつどこでどのように働きかけてくるのかわからず，どこかでばったり出会うかもしれないという状況が続くことで，緊張や不安も否応なく高まっていったようだ．恐らく相手の方も同様の状況で，後退しつつも声待ちしたりパントフートを発したりしていたのだろう．そうした状況で 4 度目の〈声〉が近くから聴こえ，彼らが吠え返して騒ぎ声をあげると相手も吠え返して騒ぎ立て，10 分にわたる声の応酬を繰り返すことになった．

このとき彼らは，普段滅多に行かず，Y 集団の方がよく利用していると推測される一帯に辿り着いていたのだが，まず，彼らがそこを「Y 集団の遊動域」として理解していたという根拠はない．また，この声の応酬は，最初こそ吠え声が中心だったが，途中からラーコールや悲鳴を伴う大騒ぎになっており，彼らは恐慌状態に陥っている（シーン 5）．そのため彼らが，「声を介して敵対する」，ましてや「見つけ出して攻撃する」といった特定のゴールを目指して「探索」を続けてきたとは考えにくい．自らの「探索」の結果ではあるが，彼らは声の応酬に至って「どうしたらよいかわからなくなっている」ように思える．そして声の応酬の途中で相手が声を返さなくなると，彼らはその場に座り込んで少し声待ちしたあと南に引き返しており，それ以降，相変わらず相手は見えないにもかかわらず，声待ちすることも緊張や不安を示すこともなかった（シーン 6 も参照）．彼らはここで「探索」を終えて落ち着きを取り戻しているため，応酬時の相手の声の動きや応答の不在，そのあとの声の不在などから，「相手が立ち去り，もう働きかけてこない」，つまりさしあたり「出会いの可能性はなくなった」と判断したのだろう．

【事例 1】も含め，これら一連のふるまいから，彼らが，声や痕跡を介して顕在化した「よそ者との出会いの可能性」に緊張や不安を示しつつもそこで起こりうる相互行為の展開（相手がどのような存在であるか）を予め規定せずに，相手のこちらへの気づき（相手との聴覚的な共在）の度合いに応じてひとまず「やり過ごし」たり，予期せぬ出会いに備えて「探索」を始めたものの何も起こらず「探索」を終えたり，「威嚇」したあと「出会いの可能性」が霧散するまで「探索」を続けたりして，「よそ者」の他者性（在不在やふるまいの予測不可能性・偶有性）を資源にそのつど行為選択を調整している様子がみてとれる．つまり，彼らどうしの声を介した相互行為に特徴的な，「相手の出方次第」というプロセス志向的な他個体の他者性への対処

の仕方（本章第 1 節参照）が，「よそ者」とのそれにおいても発揮されていると考えられる．なお，【事例 1】と同様，【事例 2】の翌日（5 月 7 日），彼らの多くはそのまま南へ向かい，翌々日も遊動域南部で確認されており，彼らは「よそ者のさらなる侵入に備えて北へとパトロールに出る」ようなことはしていない．ここにも彼らの「よそ者」の他者性に対するプロセス志向的な態度を垣間見ることができる．

　もちろん，彼らが「よそ者」との相互行為の展開について何も予期していなかったわけではないだろう．【事例 2】では声を介した「敵対」に至っており，前節で触れたように過去には身体接触を伴う敵対的交渉も観察されている．稀であれそうした経験があれば，「よそ者との出会いの可能性」や「よそ者がこちらに働きかけてきている可能性」が高まるにつれ，敵対的交渉の可能性を予期し始めてもおかしくはない．私も彼らの張り詰めんばかりの緊張状態から，「よそ者」と出会ったら大変な騒ぎになりそうだと感じたし，【事例 2】の声の応酬のあとは調査助手とともに誰か怪我をしてはいないかと確認を急いだ（怪我はなかった）．また，2 度目の〈声〉のあと主にオスたちが「探索」を始めたまさにその直後，それまで一緒に遊動してきたメス 2 頭が，板根蹴りのあと 3 度目の〈声〉が返ってきた直後にもメス 1 頭が離脱している．彼女らはいずれもアカンボウを連れており，「探索」にのめり込んでゆく個体たちの様子や「よそ者」との相互行為の展開を敏感に察知し，危険な状況が生じる可能性を予期してそこに巻き込まれるのを避けたのだろう．そのため「探索」時に，「よそ者との接触が続くと敵対的交渉の可能性も含めて何が起こるかわからない」という予期があったと考えられる．そしてそうした予期があったとすれば，それにもかかわらず，あくまで相手の出方に応じてそのつど行為選択を調整し続けるという，「よそ者」の他者性に対する彼らの「タフさ」が強調されるべきだろう．

3-3　回避

　次に紹介する 2006 年 8 月 8 日に観察した【事例 3】（本章章末資料 2 参照）は，M 集団の一部個体が南の N 集団と思しき個体たちに働きかけられて接触を「回避」したというものである．

　8 月は集合季の初期にあたり，M 集団個体たちが出会いと別れを繰り返しつつゆるやかにまとまって遊動をともにし始める時期であるが，この事例でも概ね三つのパーティ A，B，C がときおり出会ったり別れたりしてその顔ぶれを変えつつ，鳴き交わしたり互いの声を聴き流したりしながら遊動域最南部のムクルメ山近辺を遊

動していた．そして彼らのそうした声に被さるように，南のＮ集団と思しき多数頭のパントフートや吠え声が比較的近く（数百メートル先）から聴こえた．そのためこの事例では，【事例1】の〈声〉が聴こえたときとは異なり，「よそ者」がこちらの存在に気づいて働きかけてきていること，また吠え声を含むので「威嚇」してきているかもしれないことが，「探索」するまでもなくはっきりしており，【事例2】の最初の〈声〉が聴こえたときのように「やり過ごす」わけにもいかず，最初から（応答しないことも含めて）何らかの応答を迫る存在として「よそ者」が立ち現れていたと考えられる．さらに，そのあとすぐに2度目のＮ集団と思しき多数頭の声が1度目とは少し離れた場所から聴こえており，「よそ者」の方も少なくとも二つのパーティに別れていたようだ．私は，それまでＭ集団個体たちの声を介した社会空間の拡がりのなかにいると感じていたが，ここで突然，その南側には「よそ者たち」の社会空間が拡がっているという感覚に陥った．

　このときパーティＡは，最初の南の〈声〉に対して凝集しつつ二足立ちになってその声の方を凝視し，2度目の〈声〉には小さく吠え返したりディスプレイしたりしていたが，結局その声とは反対の方（北）へ向かった．それまでＡと断続的に鳴き交わしを繰り返していたＢは，樹上での採食時に2度続いたこれらの〈声〉に静まり返ってその場に留まっていた．そして，約20分後に南の〈声〉がさらに2度続くと一部個体が下痢便を始め，そのあと東からＡのパントフートが聴こえると，皆で応答しつつ凝集して足早にその声の方（東）へ向かった．

　【事例2】で2度目の〈声〉が自分たちの声の直後に聴こえ，吠え返していたときにも「よそ者」が何らかの応答を迫る存在として立ち現われていたと考えられたが，この場面ではそのときとは異なり，より近くからいきなり吠えかけられそのあとも立て続けて声が聴こえており，また多勢に無勢であった（ように感じられた）．そうした状況が，この場面で「中途半端に威嚇しつつ回避する」（Ａ）や「仲間（次項参照）と合流する」（Ｂ）という行為が選択された大きな理由だろう．ただしここでも「よそ者からの攻撃を警戒してすぐさま逃げ出した」といった様子ではない．両パーティとも緊張や不安を示しているが，しばらく沈黙しつつその場で声待ちしてまずは相手の動向や（彼らの沈黙に対する）出方を探っている．そのあと彼らどうしの鳴き交わしも再開しており，居場所を特定されることをそこまで警戒しているようにもみえない．つまり，最終的には立ち去って接触を「回避」しているが，いずれのパーティもプロセス志向的な態度で相手（および仲間）の在不在やふるまいを「探索」しつつそうしていたと言うことができる．なお，【事例3】で観察した個体の多くは翌々日（8月10日）までには遊動域中央部で確認されている．そのあと少なくとも8月29日には彼らの多くが再び最南部を遊動しているが，そのときはとくに

第8章　見えないよそ者の声に耳を欹てるとき　　189

普段と異なる様子はみられなかった．

3-4　「仲間」どうしの連帯と相互行為の硬直

　ここで次に，〈声〉が聴こえたときのM集団個体どうしの相互行為に目を転じ，それが「よそ者」との相互行為にどのような影響を受けたり及ぼしたりしているかをみておこう．

　これまでのいずれの事例においても，〈声〉に対して，その場にいた個体たちが「ともに」接近・声待ちしたり，ラーコールを発したり吠え返したり，沈黙を続けたあと立ち去ったりしていた．こうしたふるまいの同調によって，彼らは緊張や不安を共有しつつその「よそ者」にともに対処する自分たちを「仲間」として感知し，それがまた「よそ者」との相互行為への埋没を促していたと考えられる[2]．【事例3】では，そうした「仲間」の拡がりがその場にいる個体を超えて拡がっていた．

　前項で紹介したように，度重なる南の〈声〉に沈黙を続けていたパーティBは，それまで断続的に鳴き交わしてきたパーティA（東）のパントフートを聴いて応答しつつその声の方へ向かったのだが，そのあと彼らは少し北に移動したAのパントフートを聴いて移動方向を調整し，自らもパントフートで「呼びかけ」て応答の有無に耳を澄ませた．しかしAの応答はなく，代わりにパーティC（西）の声とともにまた南の〈声〉が聴こえ，一部個体がグリマス（口の両端を後方に引いて上下の歯列をむき出しにする表情，いわゆる泣きっ面）したり悲鳴をあげたりして立ち往生．そこで再びCのパントフートが聴こえると，彼らは応答しつつ急いで西に引き返し，Cと合流してから北へ向かった．

　M集団のチンパンジーたちにとって，鳴き交わしたあと合流せずにいることはままあることであり，また彼らは普段，「呼びかけ」として発した（「耳澄まし」を伴う）パントフートに対してそれまで鳴き交わしを繰り返してきた他のパーティが応答しなかったり別のパーティが応答してきたりしてもとくに動揺することはない（花村 2013，本章第1節も参照）．そのためこの場面のパーティBの動向やその一部個体が示した動揺は，彼らがそれまで離れたままでおり，鳴き交わさずにいることもあった他のパーティとの合流や鳴き交わしを強く求めていたということを示唆する．つまりここでは，「よそ者」にともに対処する「仲間」の拡がりが，それまで鳴き交わしつつゆるやかにまとまって遊動をともにしてきた他のパーティにまで拡がっていたと言うことができる．

　このように，いずれの事例においても「よそ者」を媒介にした「仲間」どうしの連帯がみられるのだが，見方を変えればこれは，彼らがいつもと同じようには「離

合集散や声を介した相互行為を継続できなくなっていること」を意味する．徒党を組んで「探索」したり「回避」したりしているとき，その前後での離脱個体や合流個体を除けば出会いや別れはほとんど起こっておらず，流動性が本質であるはずの「パーティ」の顔ぶれはほぼ一定であり，彼らはあたかもひとつの「群れ」や「グループ」のようだ．上記【事例3】の動揺は，彼らが彼らどうしの声を介した相互行為において，プロセス志向的な態度で行為選択を調整することができなくなっていることを示す．「よそ者」が立ち現れると，彼らどうしの離合集散や声を介した相互行為においては，彼らの普段の「自律性，柔軟性，どっちつかずでいることへのタフさ」（伊藤 2009）が失われ，彼らどうしの相互行為が硬直してしまうのだ（普段の出会いや別れの様子については伊藤（2013）および本書第7章伊藤論文を参照）．

4 ●プロセス志向的／ゴール指向的な対処の仕方

　M集団のチンパンジーたちは，その遊動域外縁部から稀に聴こえてくる声を「よそ者の声」として聴くことがあり，そうした声やその辺りで発見した痕跡を介して顕在化する「よそ者との出会いの可能性」に緊張や不安，驚きや警戒を示していた．しかし，遊動域周辺部を遊動していたとしても，「よそ者」と思しき声や痕跡と遭遇しない限りとくに対策は講じず，彼らどうしの声を介した相互行為も続ける．また，声が聴こえてきたとしても，それまで自分たちが声を発しておらず相手がこちらに気づいていそうになければひとまず「やり過ごし」，それまでと変わらぬ遊動や発声を伴う活動を続けることがある．そのため「よそ者」がこちらに気づいて働きかけてくることがある．

　声が聴こえた少し前に自分たちも声を発しており，相手がこちらに気づいている可能性がある——しかしはっきりと聴覚的に共在しているわけではない場合には，沈黙してはっきりと共在することは避けつつ「接近・声待ち」して相手の動向を探り始める．痕跡があれば，やはり沈黙して付近を「捜索」して相手の行方を探り始める．こうした「探索」のためには相手の次の声や痕跡に依存するほかなく，彼らは相手との接触の維持を試みることになる．ときにはパントフートを発したり板根を蹴ったりして「探索的に働きかけ」て相手の在不在や出方を探ることもある．そして声や痕跡との遭遇が続かず「何も起こらな」ければ「探索」を終える．

　声が繰り返し聴こえたり自分たちの声に被さるように聴こえたりして，相手がそこに居続け，こちらに働きかけてきていることが確実な——つまり共在が避けられそうにない場合には，吠え返して「威嚇」することがあり，相手もさらに吠え返

してきた場合には声の応酬（「敵対」）に至る．しかし，「威嚇」したとしても，相手が「立ち去ったこと」や「働きかけてこないこと」は，接近・声待ちしたり探索的に働きかけたりしても「次の声や応答がないこと」，捜索しても「いないこと」や「痕跡などの次の手がかりがないこと」が繰り返されることで判断するほかない．相手がいきなり吠えかけてきたり多数いそうだったりした場合には，沈黙してその場で相手の動向や出方を探ったり「仲間」との合流を試みたりしつつ，自ら立ち去って接触を「回避」することもある．

　このように彼らは，声や痕跡を介して「よそ者」が立ち現れたとき，相手との聴覚的な共在の度合いや相手の数・声の種類に応じて行為選択を調整しつつ，その予測不可能（いつどこで次の声や痕跡と遭遇するか，どのように働きかけてくるかわからない）で偶有的（待っても声がない，探してもおらず，痕跡などの手がかりもない，働きかけても応答がない）な在不在やふるまいを「探索」して，「どのような相互行為を展開するのか（しないのか）」，「どちらが立ち去るのか」といった「よそ者」との関係づけを模索していた．声や痕跡が続かず「探索」を終えたり，「探索」せずに「やり過ごし」たりして，関係づけがはっきりしないままにすることもあった．

　人類社会の進化史においても，「よそ者」は常に立ち現れてきたはずだ．集団生活を営んでいたであろう私たちの祖先は，生活場所や移動距離を拡大し，また言語を獲得して象徴的世界を拡大していった結果，当該集団にごく稀にしか現れない異人，生者だけでなく死者，非日常的なできごとをもたらす精霊や妖怪，カミとも出会い，そうした「よそ者」を畏れつつも儀礼を通じて関係づけの「物語」を紡ぎ，その他者性を昇華することで社会を複層化してきただろう．同じ「よそ者」でも，相対的に接触頻度が高い隣接他集団個体に対しては，集団ごとに範疇化して，それぞれの「彼ら」に，「我々」が交易すべき「友」，歓待すべき「客」，排除すべき「敵」といった「顔（属性）」を付与し，そうした関係づけの「枠組み」（制度）の内にその他者性を回収することで社会を重層化してきただろう[3]．

　こうした人間の「よそ者」への対処の仕方は，具体的な相互行為の外部に析出された関係づけの「物語」や「枠組み」を参照して，そこで実現すべき相互行為の内容（相手がどのような存在であるか）を予め規定して相手の他者性を縮減しつつ行為選択を限定することでその関係づけ（ゴール）を安定的に再生産するという意味で，「ゴール指向的な対処の仕方」と呼ぶことができる．もちろん，新たに出会ったりこれまでの「物語」や「枠組み」では捉え切れなくなったりした「よそ者」とは関係づけを模索したり修正したりしていくことになるが，そこでも既存の「物語」や「枠組み」を手がかりにしてそのどれを採用すべきかを模索したり，関係づけを安定化するための新たな「物語」や「枠組み」を創り上げたりしてきたと考えられ

る．

　それに対してチンパンジーの「よそ者」への対処の仕方は，関係づけの手がかりがほとんどないところで，そこで起こりうる相互行為の展開（プロセス）に依拠して（相手がどのような存在であるかを予め規定せずに）相手の他者性を資源に行為選択を調整し，そのつど関係づけを模索したりはっきりしないままにしたりするという意味で，「プロセス志向的な対処の仕方」と呼ぶことができる．人間とは異なり，彼らが「よそ者」との安定的な関係づけを求めているわけでも，「よそ者」が安定的な関係づけを求めてくるわけでもない．とくに自分たちに関わりがなさそうな「よそ者」の声は「やり過ごす」．関わりがありそうな声であっても，はっきりと共在することは避けつつ，相手の声や痕跡が続く限りにおいてその在不在やふるまいを「探索」していたのであって，非敵対的な共在や明確な敵対を目指して働きかけていたわけではない．そして関わり合い（共在）が避けられそうにない場合には，他の霊長類の集団間交渉と同じように（本章第2節参照）「威嚇」や「回避」により共在の解消を試みていた．

　ではなぜ，出会ったときに他の霊長類にはみられないような激しい敵対的交渉が生じるのか．チンパンジーは，集団間の空間的距離を調整することに特化した音声も遊動域の重複を避けるためのマーキング行動ももっておらず，非言語的な声や痕跡を介した非対面下のやりとりでは，はっきりと「威嚇」したり「回避」したりすることもままならない．そうした相互行為の特徴も手伝って彼らはプロセス志向的な態度で互いの声や痕跡を通じてその在不在やふるまいを「探索」することになっていると考えられるが，「探索」を続けても相手は見えず，離合集散しているためその数もはっきりせず，出会う前から緊張や不安が高まる．そしてそうした状況がそれぞれの連帯を促し，そのやりとりを一枚岩的な「グループ」間の交渉へと引き立て，声の応酬に至った際の恐慌状態とも言える彼らの興奮を産み出す．こうして実際にはほとんど出会わないのだが，出会う前から出会えば激しい敵対的交渉が生じやすい状況が醸成されるのだろう[4]．

　一部の調査地で報告されている頻繁な「パトロール」や「侵入」も，こうした彼らの「よそ者」への対処の仕方や相互行為の状況を背景に生じていると考えられる．隣接二集団の遊動域重複部に，おいしい果実がたくさん実るなどきっかけは何でもよいが，互いの声や痕跡との遭遇頻度が一時的に高まり，【事例2】のようなできごとが頻繁に起これば，その辺りを遊動する際，声や痕跡と遭遇しなくても「よそ者」の存在を予期して緊張や不安が喚起され，それに伴って「探索（パトロール）」や「侵入」が繰り返されるようなこともあるだろう．そして一旦激しい敵対的交渉が生じると，それがまた彼らの緊張や不安を助長し，身の危険への予期の高まりと

ともに彼らのプロセス志向的な態度がゴール指向的なそれへと転化し，一部個体の間で一時的に「よそ者」が「敵」として ―― その「顔」が固定化・脱文脈化され先験性を帯びていくには言語が必要だろうが ―― 実体化されていくようなことさえあるかもしれない（人間の社会におけるこうした「敵」の実体化の過程の具体例については河合 2002 を参照）．

　ゴンベのカセケラ集団によるカハマ集団への侵攻については，グドール（1990）もランガム（ランガム・ピーターソン 1998）も，この二集団がもとはひとつの集団で「知り合いだったのに殺し合いをしたこと」にショックを受けている．しかし，「知り合いだったのによくわからなくなった」からこそ，関係づけの模索を繰り返す一方でかつての関係とのギャップによって互いの他者性が強調され，頻繁に敵対的交渉が生じたと考えることもできる．人間の社会では，とくに敵対することなく過ごしてきた人びとが，何らかの問題をめぐって見出された特定の差異によって区別され，係争中の他の問題もその差異にしたがって再配分され，服装や儀礼，旗などのシンボルから法制度に至るまで，その差異を強調するさまざまな特性が再発見されたり新たに発明されたりするといった「差異のアクティベーション」が継続することで，分離・敵対に至ることがある（福島 1998）．ゴンベのチンパンジーたちも，何らかの問題をめぐって彼らの間の特定の差異がアクティベートされ続けた結果，分離・敵対し，しかしそれでも問題は解消せず，一方の集団が消滅するまでに至ったのだろう．数年にわたるその過程で，長年ともに生活してきた老オスたちは集団を超えて親和的交渉を続けたようだが，やがて彼らもその差異のアクティベーションに巻き込まれ，攻撃の下手人や犠牲者となっている（グドール 1990 を参照）．

　このゴンベの事例は，言語（範疇・シンボル・制度）がなくとも，チンパンジーが一枚岩的な「仲間／よそ者」境界を創り出し維持し，それによって事後的に空間的な分節を産み出すまでに至るということを示唆する貴重な事例である．そこでは，あくまで実際の相互行為の展開に依拠した行きがかり上のことであるにせよ，「よそ者」に「敵」としての「顔」が付与され，その関係づけの「枠組み」にしたがって行為選択が限定されているかのような事態に至っていたと考えられる．そのため，プロセス志向的な対処の仕方は，ゴール指向的なそれ（とその「枠組み」）が析出してくる可能性を胚胎していると言うことができる．その意味で前者の対処の仕方は人間とチンパンジーの「よそ者」への対処の仕方の進化史的な基盤になっていると言えるが，伊藤（本書第7章）や西江（本書第6章）が例証しているように，チンパンジーはその態度をより強化し，「知り合い」も含めたさまざまな他者や「他なるもの」の他者性に「タフ」に対処する方向に進化してきたと考えられる．そしてこの「タフさ」は，言語をもたない彼らが，諸々の「他者」および「自己」がどのよう

な存在であるかを固定的に捉えずに「柔軟でどっちつかず」な相互行為を続けることを可能にし，またそうした相互行為に支えられてもきただろう．

　チンパンジーの集団を異にする個体どうしの敵対性は，彼らがプロセス志向的な態度で関係づけを予め規定せずにいるがゆえにときに異様に高まることがあると考えられるが，そうした特定の状況下の相互行為のみに基づいて強調されてきたきらいがある．少なくとも近年のマハレ M 集団個体と隣接他集団個体の間では，かつてのゴンベのような事態は生じていなかった．他の調査地のもともと別の集団だった[5]複数の隣接集団の個体どうしも，互いに「よく知らない」ことを背景に，ときおり声や痕跡と遭遇して「やり過ごし」たり「探索」したり，「探索」しつつ「威嚇」したり「回避」したりするものの，普段はあまり接触もなくそれぞれの集団生活を送っているのではないだろうか．

5 ●チンパンジー社会における他者 ——「よそ者」と「知り合い」

5-1　離れていることの可能な社会

　言語を獲得したことで，私たちの他者との関わり方が大きく変わったことは間違いない．そして，他集団個体だけでなく自集団個体の他者性に対しても，言語や制度に支えられた「ゴール指向的な対処の仕方」で対処しつつその集団生活を形作ってきた．たとえば，「彼ら」を「我々」の「友」として捉えて交易をおこなうだけでなく，「我々」のそれぞれを互いに特定の「役割」をもった「誰か」として捉えて，分業や協同をおこなってきた（本書第 17 章竹ノ下論文参照）．同様に，M 集団のチンパンジーたちの他集団個体の他者性に対する「プロセス志向的な対処の仕方」は，彼らどうしが非対面下で声を介してやりとりする際にみられる互いの他者性への対処の仕方（本章第 1 節参照）と本質的には同じであった．しかし，やりとりの相手が「よそ者」か「知り合い」かで，そこで選択される行為にも展開しうる相互行為にも，重なり合いはあるものの大きな違いがある．ここではその違いを比較することで，彼らにとって「よそ者」と「知り合い」とがどのような他者として位置づけられるかを考察し，そこから彼らの集団生活の特徴を探ろう．

　彼らは，声を介して立ち現れた「よそ者」が「こちらに気づいていそう」なときや，真新しい痕跡を発見して「よそ者」が「まだ近くにいそう」なとき，緊張や不安を示しつつその在不在やふるまいを「探索」するために聴覚的・嗅覚的な接触の維持を試みていた．つまり彼らにとって「よそ者」は，出会いの可能性が顕在化し

ている限り「いまどこにいるか，どこに行ったかわからない＝いつどこで出会うかわからない」状態になると落ち着かない他者である．普段「出会わず」非敵対的に共在したことがないがゆえに，そこで「何が起こるかわからない」予期せぬ出会いに備えて「離れていることのできない」他者と言い換えてもよい．そして聴覚的な共在が生じたら，互いの在不在やふるまいを「探索」しつつ「回避」したり「威嚇」してときに「敵対」したりして「出会わないこと」が繰り返され，その他者が「知り合い」から区別されることになる．

　他方，「知り合い」と思しき声に対して，それが悲鳴や吠え声，ラーコールでなければ彼らがはっきりとした緊張や不安を示すことはない．そしてパントフートであれば，たとえ相手がこちらに気づいていそうになくても，応答を投げかけたり，別のパーティの応答の有無を聴きつつ改めて呼びかけたりしてこちらから働きかけて聴覚的な共在を試みることがあるのだが，ここで強調しておきたいのは，相手がこちらに気づいていそうだったりこちらに働きかけてきていることが確実だったりしても，とくに「回避」するわけでもなくそこで生じた出会いや相互行為の可能性を「保留」したり「やり過ごし」たりすることが可能だという点である（花村 2013）．真新しい痕跡を発見したらたいていその匂いを嗅ぎ，周囲の地面の匂いを嗅ぐこともあるが，執拗に付近を捜索することなくやはり「やり過ごす」ことが多い．つまり彼らにとって「知り合い」とは，「よそ者」との対比で言えば，出会いの可能性が顕在化しているとき「どこに行ったかわからない＝いつどこで出会うかわからない」状態になっても平気な他者である．出会いと別れ（離合集散），聴覚的な共在の生成と消失（声を介した相互行為）を繰り返してきた結果，予期せぬ出会いにそこまで備えることなく「離れていることのできる」他者と言い換えてもよい．

　そして，声や痕跡を介して「よそ者」が立ち現れたとき，彼らは連帯を求めていつも通りの「柔軟でどっちつかず」な離合集散や声を介した相互行為を継続することができなくなっていた．そのため，普段自明で意識されることもないだろうが，彼らの「離れていることの可能な社会」は「よそ者がいない」ということを前提に成り立っていると言うことができる．しかし彼らが，「知り合い」とは言え，場合によっては数カ月も出会わないことのあるような他者と，今後も非敵対的に共在することが可能だという保証はどこにもない．実際，マハレでは，数カ月から数年にわたって同じ集団のとくに他のオスとの出会いを避けて多くの時間を単独で遊動する（非敵対的な共在を長期にわたって繰り返さなくなる）「単独オス」が観察されるが，単独オスと一部の他のオスとは，互いのものと思しき声や痕跡に対して本章でみてきた「よそ者」に対するふるまいと似た緊張や不安を示し，執拗に「探索」をおこ

なうことがある (本書第6章西江論文). また, 集団に新たにやって来た (非敵対的な共在をまだあまり繰り返していない) 新入りメスは, 他個体と「離れていることができず」, 誰かにずっとくっついて遊動したり, 声がたくさん聴こえるときには単独になっても声の聴こえる範囲に留まったりする傾向が強い (花村未発表データ).

そのように考えていくと, しばらく出会っておらず声も聴いていないような個体どうしが, 声を介して共在状態を創り出したりそこで非敵対的に共在を続けたり, そうして一旦共在したとしてもそのままそれぞれの活動を継続したり再び声の聴こえる範囲を超えて離れるに任せたりするということが, 簡単に実現できるようなものではないということがみえてくる. 北村 (本章第4章) や伊藤 (本書第7章) が述べているように, 人間と異なり相互行為の外部から「同じ集団のメンバーであること」に根拠を与える手がかり (言語) も, 多くの他の霊長類と異なり空間的な近接 (群れ) という手がかりもない彼らの集団生活は, 結果として非敵対的に視覚・聴覚的な共在を繰り返してきたということのみを根拠に成立しているとてもあやういものだと考えられる. そのような彼らの集団生活において「よそ者」がたびたび立ち現れると, その安定的な再生産がたちゆかなくなるだろう. 彼らがそれを自覚しているかどうかはわからないが, 「よそ者」はそうした日常の安定性をおびやかす他者なのだ. しかし彼らはその「よそ者」にプロセス志向的に対処していたのであった.

5-2 「知り合い / よそ者」境界とメスからみた「よそ者」

チンパンジーの集団生活の安定的な再生産にとって, 「知り合い」と「よそ者」の声が区別され, それが共有されていることは重要であろう. 第3-1項で触れたように, 彼らは普段「自分たち」が行かない遊動域外縁部から聴こえた声に「よそ者らしさ」を感知していると考えられる. しかし, 離合集散する彼らにとって, それぞれの遊動域が概ね同じであるということは直接的には確認のしようがない. そのため, どこから聴こえてきた声を「よそ者の声」として聴くかという, それぞれの生活空間に根差した「知り合い / よそ者」境界は, 集団のメンバーの間で一枚岩的なものではなく, あらかじめ共有されているわけでもないと考えられる. そこで最後に, 新入りメスのふるまいに着目してこれまで分析してきた事例を振り返ろう.

【事例2】では, 最初の北の〈声〉に, 周りの個体が次々とラーコールを発していたとき, そのパーティに1頭いた新入りメスのターニーはラーコールを発さず, 声が聴こえた北の方をじっと見たりラーコールを発する周囲の個体たちの様子を見たりしていた. 【事例3】では, パーティBの在住個体 (カルンデとンコンボ) が, 「よそ者」が働きかけてくる一方でパーティAとの相互行為が期待通り進まず動揺して

いたとき，彼らについてきていた2頭の新入りメス（ヴェラとターニー）がいたが，彼女らは在住個体と同じようには動揺を示さずその様子を見ていた．そしてヴェラは，結局パーティCとの合流を目指して方向転換したその2頭のあとについていくことになったが，ターニーはその場に留まり居眠りさえ始め，次にまた南の〈声〉が聴こえてくるとその声と平行に移動し始めた．さらにその途中で，南の〈声〉を聴いて北へ向かっていたAから離脱し，その声の方（南）に移動してきたまた別の新入りメスであるカナートが現れた．そして彼女らは，「回避」した他のM集団個体たちとは完全に別れ，そのあとも続いた南の〈声〉と平行に東へ向かった．

このように新入りメスは，〈声〉に対して在住個体とは明らかに異なるふるまいを示すことがあり，その声を在住個体と同じようには聴いていないようだ．新入りメスにとって，移入先集団の遊動域に馴染んでいなければその外縁部も定かではないし，たとえ馴染みがあったとしても「あちら」は惹かれる場所であったりよく知った場所であったりするかもしれないのだ．【事例3】の2頭は2日後にはM集団の遊動域中央部で他のM集団個体とともに遊動していたが，新入りメスが別の集団に再移出したり一時的に出身集団に戻ったりすることがあることを踏まえると，ワカモノ期のメスたちは，こうした機会に，場合によってはそうと知らずに集団間を移出入することになるのかもしれない．

その一方で，いずれの事例においても在住メスは，〈声〉をオスたちと同じように緊張や不安を喚起する「よそ者の声」として聴いていた．また，【事例3】から約8年後の2014年2月に，結局M集団に留まり今や二児の母となったカナートが，〈声〉に対してその場にいた他の個体たちに先んじて二足立ちになり，別のメスに抱きつきながら乳首触りをする様子を私は観察している．【事例2】や【事例3】の新入りメスたちは，ズレたふるまいを示す一方で，〈声〉に対して普段とは異なるふるまいを示す在住個体たちの様子を観察したり，「仲間」との合流を目指す在住個体たちの相互行為に巻き込まれて彼らと同じように遊動することになったりしていた．頻度は少なくともこうしたできごとを繰り返し経験することで，新入りメスも，そのつどさまざまな在住個体のふるまいを媒介にして，特定の場所 —— 結果的にそれはM集団の遊動域外縁部となっていく —— から聴こえてくる声を，在住個体と同じように「よそ者の声」として聴き，その「よそ者」との相互行為の経験を，遊動域とともに在住個体と共有していくのだろう．

ただし，在住メスの「よそ者」への態度は，オスのそれとは少し異なっていた．在住メスはオスと比べて緊張や不安を示さず，また「よそ者の声」を，たとえ相手がこちらに気づいていそうであっても，「知り合いの声」に幾分か近い態度で「やり過ごし」やすいようだ．たとえば，【事例1】で下痢便をしていたのはオスだけで

あったし,【事例2】の中盤でオスたちが板根を蹴って聴き耳を立てていたとき在住メスのエフィーは気にせず採食していたし,【事例3】の動揺の最中,在住メスのンコンボはヴェラの悲鳴を聴いて一旦戻ってきていた.【事例2】で「探索」にのめり込むパーティから離脱した子連れの在住メスたちのふるまいも,単に子が危険な状況に巻き込まれる可能性を回避するというだけでなく,「よそ者」がいてもそこまで気にせずにいられるという態度の表れと解釈しうる.こうしたメスたちの態度には,集団を移出入する経験が効いているように思える.自集団の外部で生活する機会がないオスにとって「よそ者」は端的に「よくわからない他者」でありうるが,「よそ」からやって来たメスにとっては「よそ者」が「自分たちと異なるが同じような他者」として立ち現れやすいのではないだろうか.

人類社会の進化史においても,集団間の移出入や往来が複数の集団をまとめるようなコミュニティ意識を醸成していったに違いない.そして河合(本書第9章)が考察しているように,私たちの他集団個体への共感——ひいては多彩な集団間関係は,そうした意識とともに進化してきたのだろう.

注

1) M集団の遊動やグルーピングの季節変化については伊藤(2013, 本書第7章)を参照.
2) 黒田(2009)は,他集団個体との相互行為を媒介にした自集団個体どうしのこうした一体化にコミュニタス的状況を見出し,それをチンパンジー社会の構造を支える非構造的な側面として位置づけているが,本章では,普段そうした一体化をせずにいられる彼らの集団生活それ自体の非構造性に着目している.
3) ただし「敵」とは,その他者性が,関係づけの「枠組み」(制度)に回収し切れず,暴力によって抹消されることになった(もはや他者ですらない)他者の別称とも言える.人類社会はそうした暴力の発動と,それら暴力のたいてい一方的な(自)制度への回収(正統化・正当化)を繰り返してきた(たとえば「未開の啓蒙」や「聖戦」).
4) こうした文脈なしにもう少し落ち着いた状態で出会えば,種々の行動レパートリーを利用しつつ非敵対的な関係づけを試みることも可能である.実際,彼らはたいてい1頭でひょっこり現れるであろう新入りメスと,最初はアンビバレントな態度もみられるが,非敵対的に共在していく(伊藤2009および本書第2章中村論文を参照).
5) かつてはひとつの集団であり,ゴンベの二集団のように分裂したが,そのあと敵対性が弱まりいずれも消失せず現在に至っているという可能性はある.

添付資料1：事例2（2006年5月6日）

凡例：
→ 各シーンの遊動ルート
⋯▶ 推測した遊動ルート
→ 以前のシーンの遊動ルート

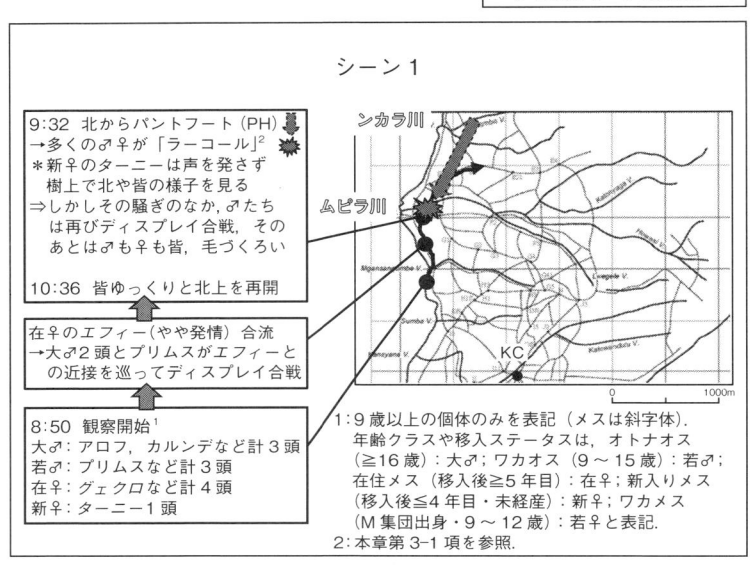

シーン1

9:32　北からパントフート（PH）
→多くの♂♀が「ラーコール」[2]
＊新♀のターニーは声を発さず樹上で北や皆の様子を見る
⇒しかしその騒ぎのなか，♂たちは再びディスプレイ合戦，そのあとは♂も♀も皆，毛づくろい

10:36　皆ゆっくりと北上を再開

在♀のエフィー（やや発情）合流
→大♂2頭とプリムスがエフィーとの近接を巡ってディスプレイ合戦

8:50　観察開始[1]
大♂：アロフ，カルンデなど計3頭
若♂：プリムスなど計3頭
在♀：グェクロなど計4頭
新♀：ターニー1頭

1：9歳以上の個体のみを表記（メスは斜字体）．年齢クラスや移入ステータスは，オトナオス（≧16歳）：大♂；ワカオス（9〜15歳）：若♂；在住メス（移入後≧5年目）：在♀；新入りメス（移入後≦4年目・未経産）：新♀；ワカメス（M集団出身・9〜12歳）：若♀と表記．
2：本章第3-1項を参照．

シーン2

11:00ごろ狩猟で騒がしくなるその最中に大♂のビムが合流

11:05　狩猟の騒ぎが収まった直後，再び北からPH
→♂たちがディスプレイしつつ「吠え声[3]＋悲鳴」，20秒ほどして♂数頭が「PH＋耳澄まし」[4]，周囲の♂と♀たちも静まり返る
⇒♂たちと一部の♀が何度も立ち止まって聴き耳を立てつつ足早に北上（一時見失う）

一連の騒ぎの途中で新♀のターニーが離脱（単独で南へ），北上再開時に，在♀2頭，若♂1頭も離脱

12:40　ンカラ川の北で採食（ここで再発見：大♂4頭，若♂2頭，在♀3頭で先ほどと変わらず）
12:50　皆，北上再開

3：威嚇・非難・抗議などの文脈で，主に同種（稀にヒトやヘビなどの異種）個体に対して発され，吠えられた個体や周囲の個体の悲鳴を伴うこともある．
4：10秒以内の鳴き交わしのパターンを利用して発声終了後10秒ほどじっと動かずに耳を澄ませることであり，発したPH（「呼びかけ」）に対する「応答」の有無を聴くふるまい．ただし，PHはさまざまな文脈で発声され，「耳澄まし」が伴わないことも多い．

シーン3

5: 一部個体の癖で，しばしばグリマス（泣きっ面）や他個体への手伸ばし，ときにはラーコールを伴うことがある

12:50 観察路上に真新しい食痕
→多くの個体が食痕や地面の匂い嗅ぎ
⇒皆凝集して，何度も立ち止まって辺りを見回しながら声や物音を立てずに北上
12:54 ♂の一部が低音で《フォー》とPH様の声を発しながら何度か板根蹴り✹，そのあと聴き耳を立てつつ足早に北上

12:57 北からPH＋悲鳴⬇
→皆，再び凝集，大♂のアロフは口を開けて「乳首さわり」[5]
12:59 北上再開
在♀のフジが離脱し，大♂4頭，若♂2頭，在♀2頭（グェクロとエフィー）になる

13:03 エフィー採食，10分後に先に行っていた♂たちやグェクロに追いつく
13:16 D4尾根に着く

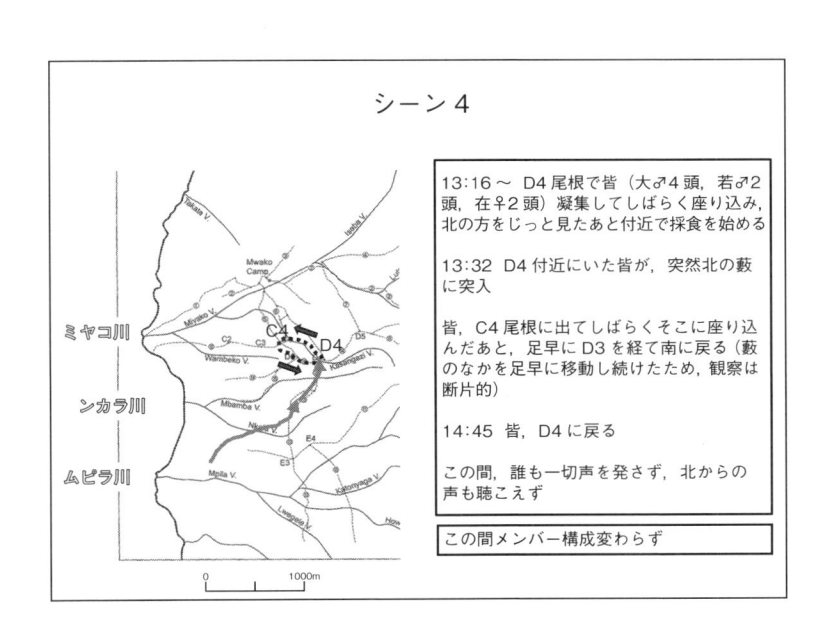

シーン4

13:16〜 D4尾根で皆（大♂4頭，若♂2頭，在♀2頭）凝集してしばらく座り込み，北の方をじっと見たあと付近で採食を始める

13:32 D4付近にいた皆が，突然北の藪に突入

皆，C4尾根に出てしばらくそこに座り込んだあと，足早にD3を経て南へ戻る（藪のなかを足早に移動し続けたため，観察は断片的）

14:45 皆，D4に戻る

この間，誰も一切声を発さず，北からの声も聴こえず

この間メンバー構成変わらず

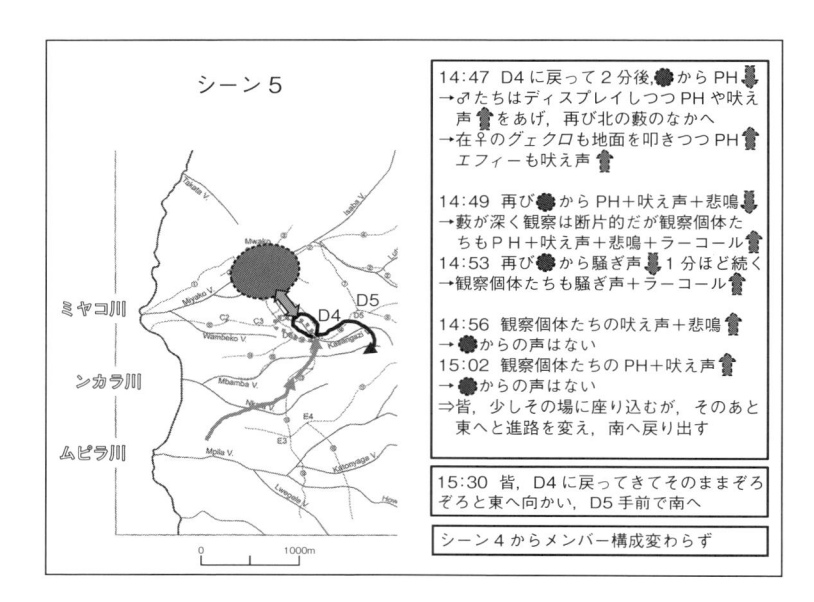

シーン5

14:47 D4に戻って2分後，🌼からPH⬇
→♂たちはディスプレイしつつPHや吠え声🔼をあげ，再び北の藪のなかへ
→在♀のグェクロも地面を叩きつつPH🔼エフィーも吠え声🔼

14:49 再び🌼からPH+吠え声+悲鳴⬇
→藪が深く観察は断片的だが観察個体たちもPH+吠え声+悲鳴+ラーコール🔼

14:53 再び🌼から騒ぎ声+1分ほど続く
→観察個体たちも騒ぎ声+ラーコール🔼

14:56 観察個体たちの吠え声+悲鳴🔼
→🌼からの声はない

15:02 観察個体たちのPH+吠え声🔼
→🌼からの声はない
⇒皆，少しその場に座り込むが，そのあと東へと進路を変え，南へ戻り出す

15:30 皆，D4に戻ってきてそのままぞろぞろと東へ向かい，D5手前で南へ

シーン4からメンバー構成変わらず

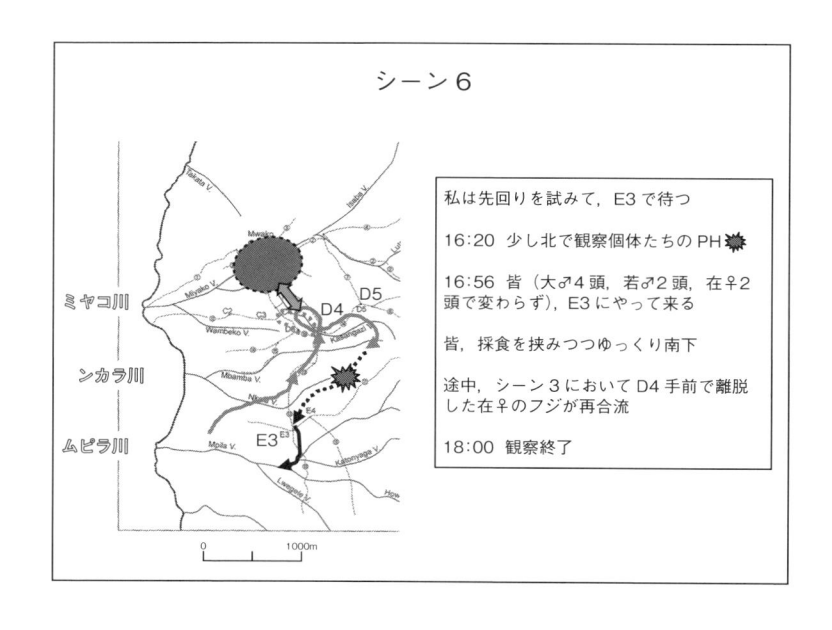

シーン6

私は先回りを試みて，E3で待つ

16:20 少し北で観察個体たちのPH🌼

16:56 皆（大♂4頭，若♂2頭，在♀2頭で変わらず），E3にやって来る

皆，採食を挟みつつゆっくり南下

途中，シーン3においてD4手前で離脱した在♀のフジが再合流

18:00 観察終了

添付資料2：事例3（2006年8月8日）

　午前中，M集団の遊動域最南部の低地帯（ンガンジャ：図1参照）を，大♂4頭（**アロフ**，**カルンデ**，**ボノボ**，他1頭），若♂3頭，在♀4頭（**ンコンボ**ほか3頭），新♀2頭（**カナート**：移入後4年目，**ターニー**：移入後3年目），若♀1頭が，ときにパントフートを鳴き交わしつつ散開して遊動（性・年齢等の略号は添付資料1と同じ）．私は**ターニー**，調査助手は**アロフ**を観察．M集団の他の個体たちの多くは，この日は最南部に来ていなかったことが確認ないし推測されている．

　11：30ごろ，**アロフ**と若♂1頭，♀5頭が東のムクルメ山に登り（以下パーティ**A**），14：25までそこで採食や狩猟．その間，**カルンデ**，**ボノボ**，**ンコンボ**，**ターニー**は，東のパーティ**A**や他のパーティと断続的に鳴き交わしながら少しずつ東へ移動し，途中で新♀の**ヴェラ**（移入後2週目）が合流し，**ボノボ**が西に去り，13：28にはムクルメ山（図1参照）の手前で採食開始（以下パーティ**B**）．**ボノボ**は少し西で，他の♂3頭と合流（以下パーティ**C**）．

14：25　東のパーティ**A**のパントフートにパーティ**B**が応答．その声に被さるように，南から多数頭のパントフートや吠え声．樹上で採食中だったパーティ**B**の姿は見えないが，まったく動きがなく採食音も止む．
14：27　再び南の同じ辺りだが先ほどとは少し離れた場所から多数頭のパントフート．パーティ**B**は静まり返っている．

　このときパーティ**A**では，**アロフ**と♀数頭が，1度目の声に凝集しつつ二足立ちになって声の方を凝視し，2度目の声に小さく吠え返してディスプレイしたあと，北へ向かった．

14：50　再び2度ほど立て続けに南から多数頭のパントフートや吠え声．30秒ほどして**カルンデ**と**ンコンボ**がいる樹から下痢便が降ってくる．
14：58　少し北に移動したパーティ**A**のパントフートが東から2度聴こえる．パーティ**B**は2度目の声に応答しつつ樹から駆け降りて東へと走り出し，**カルンデ**，**ンコンボ**，**ターニー**，**ヴェラ**の順で凝集してムクルメ山を登り始める．
15：08　先ほどよりさらに北で再びパーティ**A**のパントフート．**カルンデ**はこの声を聴いて北東へと進路を変え，他の個体もそのあとに続く．
15：19　**カルンデ**，**ンコンボ**，**ターニー**がパントフートを発し，応答の有無に耳を澄ませる．そこで再び南から吠え声やパントフート．同時に西からもパーティ**C**と思しき［注1］パントフート．パーティ**A**の応答はない．**カルンデ**はグリマス（泣きっ面）しつつそれぞれの声の方を振り返り，**ンコンボ**も小さな悲鳴をあげて**カルンデ**と身体を接触させる．**ターニー**と**ヴェラ**は，グリマスしたり悲鳴をあげたりはせず，付近に座り込んで**カルンデ**と**ンコンボ**の様子を見ている．
15：21　再び西からパーティ**C**と思しきパントフート．**カルンデ**と**ンコンボ**は応答しつつ西へ

	と引き返し，山を降りていく［注2］．ターニーも応答するが2頭についていかず，ヴェラは応答せず2頭が去った方を見ながら《フー，フー，フー》［注3］と発し続ける．
15：22	ターニーが声をあげ続けているヴェラの腕を軽く叩き，ヴェラが悲鳴をあげる．ンコンボが戻って来てターニーに突進し，大急ぎで再び西に引き返す．何度かターニーを振り返りつつヴェラもそのあとについて西へ去るが［注2］，ターニーは付近の低木にもたれる．
15：40	ターニー，居眠りを始める．
15：59	南の個体たちは少し東に移動したらしく，先ほどより少し東からパントフートが聴こえる．ターニーは起き上がって声の方を見たあと，低木から降りて東へと山をさらに登り始める．
16：09	カナートが現れる（少なくとも15：15までパーティAにいたことが確認されているので，そのあとパーティAから離脱して南下してきたことになる）．ターニーがカナートに向けて《ハッ》と一声発したあと2頭は連れ立って東へとさらに登っていく．
16：13	再び南東からパントフート．2頭は立ち止まって声の方を見たあと，東へと移動を再開．
16：25	山が険しく2頭を見失う．

注1：パーティCが15：30ごろまでは西の低地帯（ンガンジャ：図1参照）にいたことが，調査助手によって確認されている．
注2：北上するアロフを15：15に見失い，山を降りて低地帯で声聴きを続けていた調査助手が，15：50に，西からやって来て北上するパーティC全個体とカルンデ，ンコンボ，ヴェラを確認している．
注3：アカンボウが近くの母親を呼ぶ際に発することが多いが，母親もアカンボウが見つからない場合に発することがあり，ときにオトナどうしでも同様な文脈で発されることがある．

参照文献

Boesch, C, Crockford, C, Herbinger, I, Wittig, R, Moebius, Y and Normand, E. (2008) Intergroup conflicts among chimpanzees in Taï National Park: Lethal violence and the female perspective. *American Journal of Primatology*, 70: 519-532.
福島真人（1998）「差異の工学 —— 民族の構築学への素描」『東南アジア研究』35：898-913.
グドール, J（1990）『野生チンパンジーの世界』（杉山幸丸・松沢哲郎監訳）ミネルヴァ書房．
花村俊吉（2013）「見えない他者の声に耳を澄ませるとき —— チンパンジーのプロセス志向的な慣習と制度の可能態」河合香吏編『制度 —— 人類社会の進化』京都大学学術出版会, 167-194頁．
伊藤詞子（2009）「チンパンジーの集団 —— メスから見た世界」河合香吏編『集団 —— 人類社会の進化』京都大学学術出版会, 89-97頁．
—— （2013）「共存の様態と行為選択の二重の環 —— チンパンジーの集団と制度的なるものの

生成」河合香吏編『制度 —— 人類社会の進化』京都大学学術出版会，143-166 頁．
河合香吏 (2002)「「敵」の実体化過程 —— ドドスにおけるレイディングと他者表象」『アフリカレポート』35：3-8.
黒田末寿 (2009)「集団的興奮と原始的戦争 —— 平等原則とは何ものか？」河合香吏編『集団 —— 人類社会の進化』京都大学学術出版会，255-274 頁．
Mitani, JC, Watts, DP and Amsler, SJ (2010) Lethal intergroup aggression leads to territorial expansion in wild chimpanzees. *Current Biology,* 20: R507-R508.
Nakamura, M and Itoh, N (2015a) Overview of the field site: Mahale Mountains and their surroundings. In: Nakamura, M, Hosaka, K, Itoh, N and Zamma, K (eds), *Mahole Chimpanzees: 50 Years of Research*. Cambridge University Press, Cambridge. pp. 7-20.
Nakamura, M and Itoh, N (2015b) Conspecific killings. In: Nakamura, M, Hosaka, K, Itoh, N and Zamma, K (eds), *Mahale Chimpanzees: 50 Years of Research*. Cambridge University Press, Cambridge. pp. 372-383.
Nishida, T (1979) The social structure of chimpanzees of the Mahale Mountains. In: Hamburg DA and McCown, ER (eds), *The Great Apes*. Benjamin/Cummings, Menlo Park, California. pp. 73-121.
Sakamaki, T and Nakamura, M (2015) Intergroup relationships. In: Nakamura, M, Hosaka, K, Itoh, N and Zamma, K (eds), *Mahale Chimpanzees: 50 Years of Research*. Cambridge University Press, Cambridge. pp. 128-139.
Wilson, ML, Kahlenberg, SM, Wells, M, and Wrangham, RW. (2012) Ecological and social factors affect the occurrence and outcomes of intergroup encounters in chimpanzees. *Animal Behaviour,* 83: 277-291.
Wrangham, RW (2006) Evolution of coalitonary Killing. *Yearbook of Physical Anthropology,* 42: 1-30.
ランガム，R・ピーターソン，D (1998)『男の凶暴性はどこからきたか』(山下篤子訳) 出版文化社．

第9章 「敵を慮る」という事態の成り立ち
ドドスにとって隣接集団とはいかなる他者か

河合香吏

❖ Keywords ❖

東アフリカ牧畜民，隣接集団間関係，共感，倫理・道徳，ともに生きる

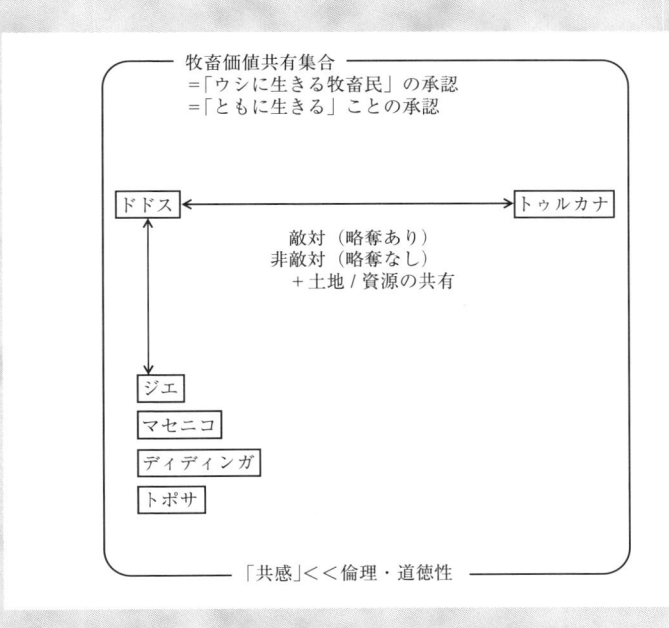

```
┌─ 牧畜価値共有集合 ─────────────────┐
│  =「ウシに生きる牧畜民」の承認          │
│  =「ともに生きる」ことの承認            │
│                                         │
│  ┌─────┐              ┌─────┐      │
│  │ドドス│←──────────→│トゥルカナ│    │
│  └─────┘              └─────┘      │
│     ↕        敵対（略奪あり）            │
│              非敵対（略奪なし）          │
│              ＋土地／資源の共有          │
│  ┌───┐                                │
│  │ジエ│                                │
│  ├───┤                                │
│  │マセニコ│                            │
│  ├─────┤                            │
│  │ディディンガ│                        │
│  ├──────┤                          │
│  │トポサ│                              │
│  └───┘                                │
│                                         │
│        「共感」＜＜倫理・道徳性          │
└─────────────────────────────┘
```

ウガンダの牧畜民ドドスはトゥルカナ（ケニア）をはじめ，ジエ（ウガンダ），マセニコ（ウガンダ），ディディンガ（南スーダン），トポサ（南スーダン）と隣接して暮らしている。隣接集団間の関係は，互いの家畜を略奪し合う「敵対」的な関係と，略奪がなく同じ牧草地や水場をともに利用したりする「非敵対」的な関係とが通時的に繰り返される。これらの集団はいずれも「ウシに生きる牧畜民」として「牧畜価値共有集合」といった上位の集合体を意識的／無意識的に形成していると考えられる。この集合内においては，倫理・道徳性，すなわち行為の善し悪しに関わる心性が共有されていると考えられるが，それは生物学的，進化的な心的基盤としての「共感」によって生み出されている。

1 ●略奪の応酬のなかの共在・共存

　ドドスは東アフリカ・ウガンダ共和国の北東部カラモジャ地域の北東端に住むウシ牧畜民である．ケニア，南スーダンとの三国国境地域にあたるドドスの居住/活動域の周囲には，複数の牧畜諸民族集団が隣接して暮らしている．ドドスと隣接するのは，南にウガンダ国内のジエとマセニコ，北に南スーダンのトポサとディディンガ，そして東にケニアのトゥルカナの5集団である．これらの集団は，大小さまざまな武装集団を組織して互いの家畜を群れごと略奪するレイディング raiding の応酬を繰りかえしてきた．だが，古くから民族誌や植民地政府の記録文書等において敵対的な交渉ばかりが強調されがちであったこれらの集団間の関係は，過去から未来永劫，宿命的に常に敵対関係にあるわけではない．和解交渉を通して，非敵対的（「友好的」）な関係に移行し，放牧地や水場を共有したり，民族集団を越えて個人的な友人関係を築き，互いに訪問しあったり家畜の贈与や交換をしたりするといった実践もまた積み重ねられてきたのである[1]．

　本章では，レイディングを仕掛けあう敵対的な関係とレイディングを仕掛けあわない非敵対的な関係との相反する相互行為を通時的に繰り返しながらも，互いの分布域を侵略することもなく，相手を滅ぼすような事態に陥ることもなく，かといって両者が融合することもなく，あくまでも隣接して暮らす他集団どうしとして共在・共存し続けている牧畜民の事例を取りあげる．この事例を，「他者（他集団の人びと）とともに在るとはいかなる事態であるのか」，それは「他者（他集団の人びと）に対するどのような心性に支えられているのか」といった側面から分析したい．ここでは，「道徳」や「倫理」，そして，それらに深く関与する「共感」の生物学的（進化）基盤に関する近年の議論に照らしながら，考察してゆく．

　なお，ドドスの居住/活動域はケニア，南スーダンとの三国国境に接して約7800平方キロメートルを占めるが，私の住みこんだ集落や放牧キャンプ[2]はケニア国境まで10〜20キロメートルといった距離のカラパタ（Kalapata）地区にある．そこは，対トゥルカナの最前線にあたる．こうした地理的な要因により，この地区のドドスは，ケニアのトゥルカナとの関係が，良くも悪しくも，ほかの隣接集団との関係よりも強い傾向にある．そこで，本章では，ドドスにとっての隣接集団としてトゥルカナを中心的に取りあげ，主としてドドス-トゥルカナ関係を議論の対象とすることとする．

写真1●ウガンダ北東端に住むドドスの家畜（放牧）キャンプの朝．100以上の家族がそれぞれ牛群やヤギ・ヒツジ群を連れて来て共同で大規模なキャンプが設営されている．キャンプで牧童として放牧活動に従事するのは10歳以上の少年や思春期の未婚青年を主として，若手の既婚男性や稀に壮年男性が加わる．

2 ●「共感」の進化的基盤

　倫理観や道徳性の生物学的(進化的)基盤については，近年，進化人類学，認知考古学，脳神経科学，霊長類学など多くの学問分野において，さかんに研究が進められてきた．ここでは「他者といかに(正しく)関わるのか」あるいは「他者と(正しく)関わるとはどのようなことか」という倫理や道徳の本源的な根拠が問われている．それは，われわれ人類が群居性を基盤としつつ，その様態をさまざまに進化・発展させてきた霊長類の一員として，そもそも「他者とともに生きる」術を生物学的(進化的)に身につけてきた(はずである)という立場からのアプローチであると言ってよい．

　倫理や道徳といった善悪を判断するための基準には，その基盤として，他者と「共感 empathy」できる能力が備わっていることが不可欠であるといわれる．共感の進化的基盤や進化過程のメカニズムについては，フランス・ドゥ・ヴァールが『利己的なサル，他人を思いやるサル ── モラルはなぜ生まれたのか』(1998)，『共感の時代 ── 動物行動学が教えてくれること』(2010)，『道徳性の起源 ── ボノボが教えてくれること』(2014)といった一連の著作のなかで，詳しく記載，分析している．ドゥ・ヴァールは，霊長類における協力や争いの解決の研究(ドゥ・ヴァール 1993 など)をきっかけとして，そこから共感の進化，最終的には人間の道徳性の進化について考えるに至った霊長類学者である．人間の共感には，長い進化の歴史という裏付けがある，とドゥ・ヴァールはいう．私たちは，集団生活をする相互依存度の高い霊長類の長い長い系統の末端にいる(ドゥ・ヴァール 2010：37)のである．とりわけ自分のアイデンティティを失うことなく，他人に自分を重ね合わせ，気を配ることができるのが，人間の共感の肝腎な点である．それにはある種の認知能力，なかでも自己の感覚が充分に発達し，他人の視点に自分を置き換える能力が必要になる(ドゥ・ヴァール 1998：145，傍点筆者)．

　共感を基盤として発現すると考えられている行動に「互恵的利他行動」と呼ばれるものがある．これは，社会生物学者のロバート・トリヴァースが提出した理論で，動物が血縁関係にない他個体に対して自らの危険を冒してでも利益をもたらすようにする行動のことをいう(長谷川・長谷川 2000：164)．ドゥ・ヴァールは，「他者に援助を差し伸べる行動は，自分のためになるから進化した」(ドゥ・ヴァール 2010：66)と述べている．喜んでお返しをしてくれる近親や仲間のような近しい相手が対象であれば，利他的行動は確かに自分のためになる．平均すれば，また長期的には，利他的行動を示した個体が報われるような行動を自然淘汰は生み出すというのであ

る．だからといって，人間や動物は利己的な理由からしか助け合わないということにはならない．個体は何も得るものがないときでさえ，身に付いた傾向（志向性）に従って利他的な行動をとることがある．例えば，人間は見知らぬ人を救うために列車の近づくレールの上に身を投げ出したりする．このような行動をとる者が将来の見返りによって動機付けられているとは考え難い．私たちは，いわば，「手を差し伸べるように」あらかじめプログラムされているのである．共感は自動化された反応で，制御しようにも限界がある．私たちはみな，他者の境遇から感情的な影響を受けずにはいられない．他者を利用できさえすればいいのなら，進化は共感などというものを絶対に生み出さなかっただろう（ドゥ・ヴァール 2010：66-68）．明らかに，私たちは本能に従って瞬間的に道徳上の判断をすることが多い．情動が判断を下してくれて，それから推論の能力が情報操作官として後追いし，もっともらしい言い分をでっち上げるのである（ドゥ・ヴァール 2010：19-20）．

　人間は仲間によって感情が驚くほど簡単に左右されるという．共感の起源はまさにここにあるのであり，それはより高度な想像力の領域でもなければ，もし自分が相手の立場だったらどのように感じるかを意識的に思い起こすといった能力でもない．共感は，身体的同調とともに，じつに単純なかたちで始まった（ドゥ・ヴァール 2010：74）という．身体的同調については，本書第 5 章で早木仁成が詳しく論じているが，彼は，人間ほど他者の行為に完全に同調することができる動物（哺乳類）はいないと言い切っている．そして，さまざまな同調能力を基盤として，他者と情動や気分を共有することを〈共感〉と呼ぶことができるとする．この能力は「……遠い昔に発達し，その後の進化によって次々に新たな層が加えられ，ついに私たちの祖先は他者が感じることを感じるばかりか，他者が何を望み必要としているかを理解するまでになった」のだという．早木は，このような他者理解の方法を「共感による他者理解（共感的他者理解）」と呼び，同時に，この方法によって他者の情動を理解することの即時性にも言及している．これとは別の他者理解の方法として早木が挙げているのは，「認知的他者理解」と呼ばれるもので，人間の場合には，4〜5 歳になると，自分以外の者も自分と同様に「意図をもつ存在」であることを理解するようになる（トマセロ 2006）ことを根拠にしている．早木は，おそらくホモ属が出現した頃，人類は「心をもつ存在」として他者を理解する認知能力を高め，それが他者への共感能力をさらに高めたのだろうとし，他者に対する理解が深まれば，その深さに応じて共感することができる範囲も広がるはずであると推論する．そして，この二つの他者理解の方法，共感的他者理解と認知的他者理解は，相互に影響を与えながら共進化してきたのではないか，とまとめている．

　再び，ドゥ・ヴァールに戻るが，彼は，共感の近代的概念を生み出したとされる

ドイツの心理学者テオドール・リップス（1851〜1914）の，次のような見解を紹介している．すなわち，私たちは綱渡りを見ているとき，はらはらする．それは曲芸師の体の中に自分が入り込んだような気分になり，そうなることで曲芸師の経験しているものを共有するからだ，私たちは曲芸師といっしょにロープの上にいるのだ，と．ドゥ・ヴァールは，私たちが他者との間にもっている特別な伝達経路の存在を初めて認めたのがリップスであったことに触れて次のようにいう．私たちは無意識のうちに自己と他者を同化させることで，他者の経験が私たちの中でこだまする．私たちは他者の経験を我がことのように経験することができる．このような同一化は，学習や連想，推論といった他のどんな能力にも還元できないとリップスは主張した．共感は「他者の自己」に直結する経路を提供してくれる（ドゥ・ヴァール 2010：96-97，傍点筆者）のである．

　以上，倫理や道徳性および共感に関する議論を踏まえたうえで，敵対的/非敵対的という相反する関係を行き来しつつ，特定の地域に隣接して「ともに生きる」ドドスとトゥルカナの関係の実態をみていきたい．

3 ●問題の所在
──「敵」であるはずの隣接集団トゥルカナへの「慮り」

　1996年に私がドドスの調査を開始して以来，トゥルカナとドドスとは短期的に非敵対的な時期はあったものの，多くの期間は敵対関係にあり，レイディングの応酬が続いていた．トゥルカナはドドスにとって，家畜を奪いに来る「敵」であり続けたし，ドドスもまたしばしばトゥルカナにレイディングに出かけて家畜を略奪していた[3]．カラパタ地区の人びとは，水場や放牧地周辺をパトロールしたり，放牧キャンプの設営地を頻繁に代えたり，対トゥルカナの撃退儀礼をおこなったり，トゥルカナの接近を回避させる呪物を設置したりするなど，トゥルカナからのレイディングに対する備えに日々，熱心であった（河合 2002, 2004）．だが，家畜を奪いに来る「危険な敵」であり「怒りと憎悪の対象」であるはずのトゥルカナに対して，ある奇妙な言説が繰りかえされることが，私にはずっと気にかかっていた．それは，ドドスへのレイディングに至ったトゥルカナに対する「慮り」ともとれる言説で，具体的には以下のようなものであった．自らの牛群が，放牧中にトゥルカナの武装集団により群れごとすべて略奪された年配男性の発話を紹介する．

　この日，レイディング被害に遭って集落に戻った牧童たちはさかんにトゥルカナへの非難と怒りの言葉を繰りかえしていた．「なんて悪い（*erono*）んだ，悪い，悪い，

本当に悪い」と．だが，それを静かに聞いていた，自らの家畜を奪われた当の年配男性はおもむろに次のように語り始めた．曰く，「トゥルカナの地は（標高1300～1700メートルの高地に位置する）ドドスの地と違って，（アフリカ大地溝帯の）崖を下った低地にある．そこは灼熱の地だ．雨季にソルガムを植えても[4]，すぐに雨がなくなるため，ほとんどが収穫前に立ち枯れてしまうし，鳥害もひどい．トゥルカナは集落（ere）をもたない．アウイ（awi：放牧キャンプ）しかもっていない[5]．だから，男も女も幼い子どもも老人も，皆が移動生活をしている．それは厳しい生活だ．だが，トゥルカナは誰も彼もが皆，家畜をとても愛しているのだろう（だから誰もが常に家畜といっしょに移動生活を送っているのだろう）」と．

　私は耳を疑った．たった今，自らの牛群を群れごとトゥルカナに奪われたばかりの男性の言葉とはとうてい思えなかった．トゥルカナはあなたのウシを奪った「敵」ではないのか．トゥルカナの境遇を「慮る」よりも，彼らの「蛮行」を非難し，罵倒し，憎悪する方が自然な感情の表出ではないのか．もちろんこの男性は，自らの牛群が失われたことにひどく落胆していたし，悲嘆に暮れてもいた．だが，いったん奪われた牛群を取りもどすことは現実的には極めて難しい．トゥルカナの地まで連れ去られた家畜群を丸ごと取りもどす合法的な方法はない．失われた家畜群の回復のためにレイディングという手段がとられることは稀ではないが，その相手は自分の家畜群を奪ったトゥルカナであるとは限らない．この男性の例でいえば，彼の息子たちはその後，頻繁にレイディングに出かけるようになったが，その相手はトゥルカナではなく，南に隣接するジエであった．いずれにせよ，まるで自らが被ったレイディング被害を唯々諾々と認め，さらには下手人であるトゥルカナを「慮る」かのようなこの男性の語りは，われわれの通常の感覚／感情では理解しがたいものだ．

　こうした事態に対して，私はかつて「敵対的にも非敵対的にもなる複数の牧畜民族集団」をひとまとめにした上位のまとまり，いわばメタ民族集合を「超共同体的牧畜価値共有集合」あるいは「牧畜価値共有圏」と呼んだ（河合2013：231．以下，「牧畜価値共有集合」と略す）．そこでは，個々の民族集団に属する人びとは，独自の民族集団に属する者としてのアイデンティティを保ちつつ，敵対／非敵対の関係を通時的にくりかえしつつその全体が緩やかに結びついていた．それは，本書第16章足立論文で議論されている緩いまとまりとしてのオナガザル類の混群と似た集団であるかのようである．そして，敵対している他集団に属する相手を「慮る」という行為は，他集団の人を自集団の人びとを見るのと同じ地平で見ていることになるのだから，そこには緩やかなまとまり，緩やかな共在・共存集団が構成されているといえるし，また，そこには緩やかな「われわれウシに生きる牧畜民（後述）」とい

う上位のアイデンティティが醸成されていると言ってよい.

　さらに，この牧畜価値共有集合には，敵対時のレイディングや，非敵対時の家畜の交換や放牧地や水場の共同利用といった，主として生業活動に直接関わる行為以外にも，年齢システムや世代システム，儀礼の種類や実施方法，婚資交渉のしかた，「去勢牛の歌」という音楽ジャンル，家畜を屠ったときに行われる腸占い，エムロン emuron と呼ばれる預言者兼呪医（伝統医）の存在など，社会的にも文化的にも互いに似通った制度や行動規範や慣習が共有されている[6].なにより家畜（とりわけウシ）が生活と人生の中心に置かれているという共通点がある．こうした事情は，本書第17章竹ノ下論文で論じられている，他者と共有される「大きな物語」に相当するものといえるかもしれない．そして，レイディングは，この牧畜価値共有集合内において，経済的のみならず文化的にも社会的にも最大の価値の置かれた家畜の獲得手段の一つである．それは，この集合の内部においては，「戦争」でもなければ，非日常的な悪意の顛末でもなく，いつでも「起こりうる」社会的事象として位置付けられているのではないか，と考えたのである．それは，不当で反正義的，反社会的な行為とは言い切れず，善悪を超えた，あるいは善悪を問わない／問えない行為とみなされているように思われた．

　だが，そのようにレイディングを位置づけてもなお，了解しがたい思いが残った．なぜ，どのようにして，レイディングという暴力は「あってしかるべきもの」と認められうるのだろうか．レイディングは武力によって家畜を奪われる，被害者にとっては理不尽な出来事であるが，自らもその加害者となり得る相互的な行為でもある．自らが行う行為である以上，他集団から同じ行為をされたとしても，それを「悪」として否定したり，非難したりできないということであろうか．それ故に，レイディング被害に遭ったとしても受け入れるほかないと諦観されているのだろうか．これらの問いに，上記の年配男性のトゥルカナを「慮る」かのような発言はいかなる理解を与えてくれるのか．彼はトゥルカナの厳しい自然環境における生活を哀れみ，同情していたのだろうか．だが，もしそうだとしても，だからといって，自らと家族の生存と人生を支えるウシたちを奪われてもかまわないはずはない．以下で検討していきたいのはこれらのことである．

4 ● ドドスのレイディングの特徴と，隣接民族集団との関わり

　ドドスのレイディングについては，さまざまな角度から，これまでにも再三論じてきたが（河合 2002，2004，2006，2009，2013 など），今一度その特性について簡潔

に概観しておきたい．

　レイディングはこの地域の牧畜民たちの唯一の，そして最大の価値が置かれた財産である家畜を，武力をもって群れごと略奪する行為である．レイディングに出陣する集団は，AK47型自動小銃などの小火器で武装した十数人から数百人の男性によって組織され，銃撃戦により死傷者が出ることもめずらしくない．こうした武力行使の相互行為であるため，東～北東アフリカの牧畜民におけるレイディングはしばしば「戦争」の原初形態の一つとして，日本語では「戦争」や「戦い」，英語では'war'や'warfare'といった語で表現されてきた．たしかに，エチオピア南西部や南スーダンに分布する牧畜諸民族のように，そのような表現が可能ないし適切な地域はある（福井 1993；福井ほか 2004；栗本 1996；宮脇 2006；佐川 2011；Hutchinson 1996；Simons 1998 等）．だが，ドドスを含むウガンダ，ケニア，南スーダンの三国国境地域に住むウシ牧畜民たちのレイディングには，「戦争」と呼ばれる事態に特徴的ないくつかの要素が欠落している．すなわち，武力行使の目的はあくまでも家畜の略奪にあり，相手に対する侵略や迫害，支配，大量殺戮などを目指してはいない．また，小火器の流入により死傷者が増加しているのは確かだが，レイディングにおいて，ドドスは人を殺害することを必ずしも目指していないようにみえる（河合 2013：227-229）．彼らが銃を用いるのは射殺のためというよりは威嚇のためであって，彼らにとってもっとも都合がよいのは，威嚇射撃によって相手が家畜群を残して逃散してしまうことなのである．彼らは徒党を組んでレイディングに出かけるが，銃撃戦に備えて射撃訓練をするなどの光景を私はみたことがない．以上のように，この地域におけるレイディングは「戦争」とは似て非なるものといわざるを得ない．そのため，私はこれまでドドス語で *ajore* と呼ばれる事態に対して，「戦争」や「戦い」という訳語は用いず，「家畜の略奪を狙った襲撃」という意味で「レイディング」という用語を一貫して用いてきた．

　さらにドドスのレイディングに特徴的なのは，復讐や報復といった「仕返し」と呼びうる行為がみられないことである．「トゥルカナがこんなに頻繁にドドスの家畜を奪っているのだから，われわれもレイディングに行くのは当然だ」といった言説が聞かれないわけではないが，そのとき攻撃する相手が当のトゥルカナではなく，別の民族集団であったりするので，こうした発言に説得力はない．家畜をレイディングによって奪われた者は，家畜群の回復のために自らもまたレイディングという手段を選ぶことはある．だが，トゥルカナに家畜を奪われたのだからトゥルカナから奪いかえすとか，トゥルカナに人が殺されたのだからトゥルカナを殺しにいくといった「仕返し」の志向性がドドスには欠けているようなのである．それは，任意の二つの民族集団間における報復や復讐による果てしない暴力の連鎖を断ちきり回

避しようとする姿勢ともとれるが，むしろ，レイディングはそのたびごとに完結した「家畜の略奪」という一つの出来事であり，レイディングを仕掛ける側の目的はあくまでも家畜の獲得であり，レイディングを仕掛けられた側の結果は家畜の喪失であって，それ以上でもそれ以下でもないように私の目には映る．そして，乾季になって生活環境のより劣悪なトゥルカナは自らの土地ではとくに乾燥に弱いウシの放牧が難しくなるため，ドドスに対して和平交渉を申し出る．ドドスはそれに応じ，両者の関係は非敵対的なものとなって，多くのトゥルカナがドドスの地へ家畜を連れてやってきて，ドドスの放牧地や水場を利用したり，ともに放牧キャンプを設営したりするのである．さらに驚いたことに，見知らぬトゥルカナが給水作業をしているところにたまたま通りかかったドドスの牧童たちが，その手伝いをするといった光景を目にしたこともある．

　ドドスは「ここはウガンダなのだからケニアのトゥルカナは来てはならない」などと「近代国家」を持ちだして排斥の論理をかざすことはないし，「かつてトゥルカナがドドスの家畜を奪った」という理由によりトゥルカナの申し出を断ることもない．この許容力と寛容さは何に由来するのだろうか．ドドスがトゥルカナによる放牧地や水場の利用を許容するのは，乾季にトゥルカナの地では放牧活動が難しくなるためである．このときドドスとトゥルカナは互いの家畜をレイディングしあう敵対的な関係をいったん棚に上げ，互いに「ウシに生きる牧畜民[7]」として同じ牧畜価値共有集合の構成員として出会っている．

　前節では詳しい説明をしなかったが，私が「牧畜価値共有集合」と名付けたものは，次のような事態を指している．ドドスとその隣接民族集団は，どれほど親密な関係を築き，時には同じ場所に放牧キャンプを設営し，同じ放牧地や水場を利用するというように活動域を重ねようとも，民族集団同士が「融合」するという道を選ぶことはなかった．民族集団間の通婚も，ないわけではないが極めて稀である．あくまでも，それぞれ自らを自らとして保ちつつ，すなわち自民族集団としてのアイデンティティを保ち続け，そのうえで隣接集団との関係を，敵対的/非敵対的に築いてきた，というのが実情であろう．レイディングが，家畜（とくにウシ）を獲得する手段のひとつにすぎないことは先にも触れたが，レイディングに参加したことのない成人男性はおそらくいないであろうし，レイディングの被害に遭わずに一生を終える男性もまたほとんどいないだろう．それほどにレイディングは日常的な社会事象である．

　牧畜価値共有集合には，レイディングという敵対的な相互行為を繰りかえしつつも，それは「戦争」とは異なり，互いに侵略，迫害，支配，大量殺戮等を目指さないというある種の決まりごと（原制度＝プロト制度といってもよい[8]）が備わっている

写真2 ●ドドスの家畜キャンプでおこなわれた，対トゥルカナ撃退儀礼．預言書によって指示された「黒いウシ」を供犠獣として屠り，この後，祝詞が唱えられ，ウシは解体されて焼き肉としてその肉や内臓を男性たちが食べ尽くす．

ようにみえた．つまり，彼らは互いに「隣人としてその地域に生き続ける」道をそもそもの前提として選んだのではないか．また，レイディングは必要に応じて選択される家畜の獲得方法の一つであり，際限なく自らの家畜を増やすことを目指してレイディングを重ねる者はいない．レイディング時の攻撃自体もがむしゃらに銃を放つといったものではないようであるし，相手の牧童たちを確実に射殺して家畜を奪い取るといったものでもない．家畜群をどこでどのように襲撃するのかがある程度パターン化されているし[9]，銃の使用は主として威嚇のためであった．また，奪われた家畜群を即座に取りもどそうとする際にも「相手の家畜囲いに奪われた家畜が入ってしまった時点でゲームアウト」(河合 2013：226) というように，どこまで追撃できるのかについての「決まりごと」がある．つまり，レイディングにはある種の「自制」が認められるように思われるのである．こうした他集団に属する他者とのやりとりからは，善悪の指標としての「倫理」や「道徳」と呼びうるような，互いの行為・行動を制御する機能を果たす明示的であったりなかったりする，あるいは意識的であったりなかったりする心的な根拠ないし基盤がドドスとトゥルガナには，そして，おそらくは牧畜価値共有集合に属する民族集団間には，共有されているように思われる．

5 ●ドドスの他者／他集団認識の成り立ち

牧畜価値共有集合に関わるさらなる問題は，こうした集合が長い年月にわたって維持されている，そのしくみである．

武装集団による敵対的な相互行為であるにもかかわらず，レイディングは「戦争」とは似て非なるものであった．家畜は暴力的なかたちで集団間を行き来するものの，ドドスもトゥルカナもともにおのおのの生活・活動域内に住み続ける．ドドスとトゥルカナは互いに相手集団が同じ「ウシに生きる牧畜民」であることを根拠に，両者が「隣接して存在している」ことを認めあい，そうした状況を崩そうとはしない．

このことは，ドイツ観念論の大成者ヘーゲルが『精神現象学』において展開した他者との関係に関する「承認の概念」を思い起こさせる．ヘーゲルは，他者の現れが強く感知される可能性について，次のようにいう．すなわち，「他者であるとはまさに，私となんらか〈おなじ〉存在の次元にぞくするものでありながら，私とは〈ことなって〉いるということである．同一性と差異性とが，他者のうちで統一される．同一性と非同一性が，私の他者という存在のかたちをとって，同一の次元で

現前している」(熊野 2002：176-178，傍点筆者)．これをドドス-トゥルカナ関係に擬えれば，ドドスとトゥルカナは「ウシに生きる牧畜民」として〈同じ〉存在の次元に属するものでありながら[10]，民族集団としてはそれぞれに〈異なっている〉．ドドスにとってトゥルカナは，まさに「私（たち）の他者（たち）という存在のかたちをとって同一の次元で現前」しているのである．

　ヘーゲルはさらに次のように「相互承認論」を展開する．「他者が私に対して現前し，私はその存在者が他者であることを知っている．……つまり『みずからとはことなった存在において，じぶん自身とひとつである』．……他者と私とはひとしいと同時にことなっている」．ヘーゲルの言葉に呼応するかのように，ドドスとトゥルカナはまさしく互いに承認していることを承認しあっているのではないか．両者は民族集団のレベルでは異なっているが，互いに相手を自己と等しい「ウシに生きる牧畜民」であると承認していることを，相互に承認しあっている．ドドスとトゥルカナは両者が互いの存在を互いに承認していることを承認しあっているのである．そのような関係にある場合，ヘーゲルは「他者が他者としてあらわれる場面では，いっさいの行為が一方の行為であるとともに他方の行為なのであり，『一方的な行為は無駄となる』．そこでは『対象』ではなく，まさに自立的な他者が問題となっているからである」(熊野 2002：189) という．この論理を援用するならば，ドドスとトゥルカナは自立的な存在として，互いにレイディングをしあうという同一の行為を繰りかえし，互いに友人として家畜の贈与や交換をし，同じ場所で放牧活動をするという行為を認めあう，そのように捉えることができるのではないだろうか．

　ヘーゲルの議論は，自己と他者という個体間の関係についてのものであり，自集団と他集団という集団間の関係について述べたものではない．にもかかわらず，上記のようにドドスとトゥルカナとの関係にその議論を敷衍できるのは，両者の関係について語られるとき，ドドスとトゥルカナという民族集団を一枚岩的な表象として捉えた関係が必ずしも意味されていないことに起因する．ドドスもトゥルカナも，その集団内において個々人が自律性の高い生活を送っており，独立心も強い[11]．レイディングは徒党を組んで出かけるものであり，行為遂行集団としてのレイディング集団は強い結束力を発揮するが，それはドドスだからとかトゥルカナだからといった民族集団の論理で成り立つのではなく，友人だから，親族だから，姻族だからといった個々人間の個別の絆に由来する．しかも，レイディング集団は，ときには民族を超えて（「連合軍」として）形成されることすらあるのである．そして，この絆は「友人ならば依頼を受け入れなければならない」といった強制力をもつものでもなく，レイディング集団への参加を依頼された者は，いかなる理由であっても

これを断る（レイディングに参加しない）ことができる．ドドスやトゥルカナの人間関係や集団の捉え方がこのように民族集団至上主義ではなく，個人間関係をより重視している点に注意が必要である．ドドスもトゥルカナも，あくまでも具体的な誰それといった個人として「他者」を捉えようとする．一枚岩的な他者（他集団）理解が生む悲劇は数多の戦争や迫害の歴史が物語っているが，ドドスとトゥルカナの関係はそうした悲劇から免れている．彼らの間に侵略や迫害や支配や大量殺戮などがみられないことは再三指摘してきたところである．その理由の一つはおそらくここにある．

　一人のドドスの男性は，自らがドドスという民族集団に属するという属性を帯びた存在である一方で，自らの生存と生活に不可欠なウシをもつ一人の牧人として在る．そして，トゥルカナの男性もまたトゥルカナという民族集団に属するという属性を帯びた存在である一方で，自らの生存と生活に不可欠なウシをもつ牧人の一人である．ドドスの一人の男性にとって，トゥルカナは具体的な「顔のない」者たちの集まりとして一枚岩的に捉えられているのでは，おそらくない．レイディングに来たトゥルカナの略奪集団はその中心に，自らとその家族の生存と生活に不可欠なウシを必要とする一人の男性がいる．この男性が仲間を集めてレイディング集団という行為遂行集団は形成される．レイディングに向かうことは，自らも迎撃や追撃によって命を落とす危険があるのだから，命を賭した決死の行為である．そうした行為を選択せざるをえなかった一人のトゥルカナ男性に対して，レイディングの標的となったドドスの男性はある意味で極めて寛大な態度で臨む．すなわち，自らのウシをすべて奪った相手に対して報復も復讐もしない，というそのことである．そして，相手を「慮る」ような発言すらする．

　トゥルカナはドドスにとって自分たちとは異なる民族集団であるが，いつもかならず「敵」であるわけではない．私はこれまでドドス語の *emoit* という語を「敵」と訳してきたが，*emoit* には「異民族」の意味もある．ドドスにとって隣接する諸民族集団のすべては敵対し，また非敵対的になる，そのような存在である．そして，ここで「敵対」といっているのは，両者の間にレイディングという敵対的な相互行為が起こっている状況をさすのであり，それ以上の事態はドドスと隣接民族集団の間にはみられない．トゥルカナの住む環境が劣悪なことは，いかんともしがたい．トゥルカナは灼熱の地に住むが，冷涼な高地に住む隣人ドドスの地を侵略しようとはしない．粛々として灼熱の地に住み続け，ただ，乾季が深まって草や水が不足し，牧畜活動に支障を来したときに，一時的にドドスの放牧地や水場を利用するだけだ．ドドスもまたそれを受け入れるだけの寛容さを見せる．

　トゥルカナの生活環境の劣悪さに対するドドスの評価は日常的に聞かれるもので

あり，トゥルカナと非敵対的な関係にあるときのみならず，今まさに敵対しているときでも，もっと言えば，先の年配男性のようにトゥルカナに自分の牛群を奪われた直後ですら，ドドスはトゥルカナの人びとの生活を「慮る」かのような言説を繰りかえす．彼らの言説をまとめれば，「自分はウシを奪われた被害者であるが，下手人であるトゥルカナの男性にはそうせざるを得ない理由があった，ということを承認する」ということになろうが，こうした論理にドドスは自らの内部における矛盾を感じないのであろうか．そもそもそれは，ドドスがトゥルカナを「慮った」言説といえるのであろうか．ドドスはそんなに「ものわかりのよい」与しやすい人びとなのであろうか．とてもそのようには思えない．では，ドドスがトゥルカナのレイディングを「引き受ける」のは，どのような心的しくみによるのか．この点を最後に検討して結びとしたい．

6 ●隣人トゥルカナとともに生きること

　レイディングは，何らかの事情で家畜が必要となった者が仲間を集い，徒党を組んで他民族集団の家畜を奪いに行く行為である．それは，被害者にとって理不尽で許しがたい暴挙であるが，被害に遭ったドドスは報復や復讐というかたちでこれに対処する方法を選ばない．そして，その理由として，例えば「かつてドドスもトゥルカナの家畜を奪ったことがあるのだから，トゥルカナに家畜を奪われてもしかたがない」とか，「将来，自分もトゥルカナにレイディングに行くことになるかもしれない．だから今，自分が被ったレイディング被害を受け入れなければならない」などといった「まわりくどい」論理をかざすこともない．つまり，レイディングはその正当性や正義が論理的に説明されるようなものではなく，ごく普通に，誰もがおこない誰もがその被害に遭う可能性のある日常的な出来事としてあるかのようだ．レイディング被害に遭うことは不幸で不運な事態であることは間違いないが，レイディング行為そのものは不当なこととは捉えられていないのかもしれない．

　「やられてもやり返さない」という行為選択は，自らがどのような状況にあるときにレイディングという手段に訴えるかという共感に根ざしているように思われる．それは，家畜がどうしても必要であるという窮地に追い込まれた場合にとりうる選択肢として，レイディングという敵対的な行為に訴えることの正当性を裏付ける．ドドスの年配男性のトゥルカナへの「慮り」の発言は，同情や哀れみの表出では，おそらくない．ドゥ・ヴァールの言葉を今一度引くならば，「同情は行動につながる点で共感とは異なる．同情とは，他者に対する気遣いと，他者の境遇を改善

したいという願望を反映している」．「やられてもやり返さない」という行為選択は，家畜を自ら進んで与えることとは別である．そして，もちろん，ドドスは乞われてもいないのに自ら進んでトゥルカナに家畜を与えたりはしない．先に例に挙げたドドスの年配男性はトゥルカナという隣接集団の内のある一人の男性について，ただ瞬時に悟ったことを語っただけだったのではないか．彼は「敵を慮る」という矛盾に陥っていたわけではなく，ただ同じ「ウシに生きる牧畜民」である一人の男性について瞬時に思い浮かんだままを語っただけなのではないだろうか．彼は，ある一人のトゥルカナの男性が何らかの理由から家畜を必要としていて，そのために選んだ家畜の獲得方法がレイディングだった，というようにトゥルカナの男性の置かれた境遇を推しはかって，哀れんでいるわけではないだろう．彼にとっては相手のトゥルカナにどんな事情があったかなど推測することなく，要は「家畜を必要としていた」という事実だけで十分なのだ．彼の淡々とした語り口調が思い起こされる．それは，あたかも，同情という回路をあえて閉ざしているかのような印象を私に与えるものだった．

　隣接集団同士の敵対関係は，通時的にみて，いずれ非敵対関係に変わりうることが過去の経験上，周知の事実でもある．ドドスにとって，トゥルカナの人びとは隣接集団のメンバーとしてこの地域にともに生き続ける相手であるという事態を，彼らは変えようとはしない．彼らは敵対的になったり，非敵対的になったりしながら両者の地域に跨がる資源をともに利用し共有する道を選んだのではないか．牧畜価値共有集合のもつ牧畜的価値観とは，倫理ないし道徳のかたちをとった共在・共存のための方途であり，そしてこの倫理，道徳はすでに述べたように「共感」という生物学的（進化的）基盤をもっている．ドゥ・ヴァール（1998：304）によれば，資源に限りのある不完全な世界において，現実的な道は二つしかない．(1) 競争に徹するか，(2) 攻撃性によって部分的に形成され，支えられる社会秩序を作るかである．サル，類人猿，人間，その他多くの動物は後者を選んだ．

　ドドスとトゥルカナは同じ「ウシに生きる牧畜民」として，牧畜価値共有集合に属する者として上位の（メタの）アイデンティティを共有していると言ってよい．従って，攻撃行動も他者を破滅に追い込むような徹底的な破壊をすることにはならない．さらにいえば，牧畜価値共有集合というまとまりをひとつの概念としてこれに名称をつけたのは筆者であるが，もしかしたらドドスもトゥルカナもその事態 ── あるいは実存的状況といってもよいが ── を「知っている」のではないだろうか．そうであるならば，レイディングという敵対的な行為は，この集合がその内にそもそも孕んだ事象であることをも，彼らは認めていることになる．

　ドドスの一人ひとりにとってトゥルカナの一人ひとりは，生物学的（進化的）な

基盤に支えられた「共感」によって共在・共存してきた（そしてこれからも共在・共存し続けるであろう）他者である．レイディング被害に遭ったドドスの男性はトゥルカナの下手人の境遇というよりも心情を瞬時にして「理解」してしまう．彼は，かつて，友人のトゥルカナを訪ねてトゥルカナの地を旅したこともあるだろう．そうした経験から彼はそこがドドスの地よりもずっと乾燥した灼熱の原野であることを知っている．トゥルカナの家族が集落をもたず，老若男女の誰もがキャンプで移動生活を送っていることも知っている．だが，レイディング被害に遭ったドドスの年配男性がトゥルカナを「慮る」かのような言説を繰り出すのは，こうしたトゥルカナの置かれた状況を思い，レイディングという敵対的な行為に及ばざるを得なかったトゥルカナの男性の事情を自らのこととして意識的に組み立て，合理的に再現した結果，すなわち「同情」や「心の理論」（認知的他者理解）によるのではないのだろう．むしろ，彼は「共感」によって他者の気分や感情を即時に悟り（共感的他者理解），自らが被った被害を「受け入れる」．それは，同じ地域に隣人として住み続ける他者との共在・共存のありかたの，生物学的，進化的な心的基盤としての「共感」が生み出した倫理的，道徳的態度の現れなのだと考えられる．

さらに，こうした倫理的・道徳的態度がもたらす社会的な意義についてつけ加えるならば，次のことが指摘できるかと思う．すなわち，ドドスがトゥルカナに対してみせる「慮り」の発言や「仕返し」の志向性の欠如，そして，レイディング時にみられるある種の「自制」や乾季における資源利用の許容性，これらの行動傾向はいずれもトゥルカナとの間の集団間・個人間の「対等性」を前提にしてこそ成り立つものであろう．そして，それ故に，これらは牧畜価値共有集合を構成するこの地域の牧畜社会全体の維持機構として，社会秩序を維持するための不可欠な方向づけとして機能していると考えられるのである．

注

1）敵対と非敵対といった相反する関係が繰りかえされてきたことについては，これまでいくつかの論攷を提出してきた（河合 2004，2009，2013 など）．
2）ドドスの居住形態は，比較的長期にわたり定住する半定住的で堅牢な集落（*ere*）と，頻繁に移動を繰り返す簡易な放牧キャンプ（*awi*：家畜キャンプ，サテライトキャンプともいう）に分かれた二重形態をなす．前者には年配者，女性，7～10 歳以下の子どもが住み，後者には未婚の男性や若手の既婚男性（稀に壮年男性）が住む．家畜の大半は放牧キャンプに連れて行かれ，集落には食用としてミルクを供給する泌乳中のメスウシとその仔ウシが残される．
3）ただし，レイディングに出かける先はトゥルカナだけではなく，南に隣接するジエもしばしば対象となっていた．また，同様にジエによるレイディング被害も決して少なくない

頻度で繰りかえされていた（河合 2004）．
4）ドドスにおいては，年間降水量が 450 ミリメートルほどあるため，雨季にソルガムやトウジンビエなどの雑穀やメイズの栽培ができるので，よい雨の降った年には積極的に畑を拓く．ただし，雨に恵まれずまったく収穫がない年も少なくないため，農耕の価値は認めつつも，生業としての農耕に対する信頼度は決して高くない．
5）トゥルカナはドドスのような堅牢な囲いのなかに小屋を建てた半定住的な「集落 ere」を作らない．トゥルカナの居住形態は「大きなキャンプ（awi napolon）」と呼ばれるキャンプ地に既婚男女や幼い子どもや年配者が住み，家畜種ごとに設営される放牧キャンプ（サテライト・キャンプ）のことをアウイと呼び，そこに未婚の男女が住むという二重生活形態だが，いずれのキャンプにもドドスの集落のように土壁のある藁葺き屋根の「小屋」を建てることはない．
6）同じような事象が「プロト・レンディーレ - ソマリ（PRS）文化」と呼ばれる東アフリカのラクダ牧畜民であるレンディーレ，ガリ，ガブラ，サクエ，などの間においても認められる（Schlee 1989）．
7）エチオピア西南部の牧畜民ダサネッチを調査・研究している佐川徹は，これとほぼ同じことを「家畜とともに生きることを志向する人びと」と呼んでいる（佐川 2011：417）．
8）河合 2013 を参照されたい．
9）未明に放牧キャンプを包囲したり，水場や放牧ルートの特定の地点で待ち伏せするなどのパターンがある．
10）ドドスには西に農耕民アチョリ Acholi が隣接しており，また，北東部には狩猟やハチミツ採集などを主生業とするイク Ik が接しているが，彼らとの関係はほとんど没交渉か，自分たちよりも「弱い」存在としてふるまう傾向にある．これらの態度はトゥルカナをはじめとする隣接牧畜民に対する関係のあり方とは明らかに異なる．アチョリやイクは他者というよりも，存在の地平の異なる「異者」と呼ぶにふさわしい（河合　印刷中）．
11）こうした傾向性は独立症候群（Independent syndrome）として広く東アフリカ牧畜民の特徴として知られている．

参照文献

ボーム，C（2014）『モラルの起源 ── 道徳，良心，利他行動はどのように進化したのか』（斉藤隆史訳）白揚社．
ドゥ・ヴァール，F（1993）『仲直り戦術 ── 霊長類は平和な暮らしをどのように実現しているか』（西田利貞・榎本和郎訳）どうぶつ社．
─── （1998）『利己的なサル，他人を思いやるサル ── モラルはなぜ生まれたのか』（西田利貞・藤田留美訳）草思社．
─── （2010）『共感の時代へ ── 動物行動学が教えてくれること』（芝田裕之訳）紀伊國屋書店．
─── （2014）『道徳性の起源 ── ボノボが教えてくれること』（芝田裕之訳）紀伊國屋書店．
福井勝義（1993）「戦いと平準化機構 ── スーダン南部ナーリムの家畜略奪の事例から」『社会人類学年報』19：1-38．弘文堂．
福井勝義ほか（2004）「特集 ── 人はなぜ戦うのか」福井勝義編『季刊民族学』109：4-62．

長谷川寿一・長谷川眞理子 (2000)『進化と人間行動』東京大学出版会.
Hutchinson, S (1996) *Nuer Dilemma: Coping with Money, War, and the State*. University of California Press, Barcley.
河合香吏 (2002)「「地名」という知識 —— ドドスの環境認識論・序説」佐藤俊編『遊牧民の世界 (講座 生態人類学・第4巻)』京都大学学術出版会, 17-85頁.
—— (2004)「ドドスにおける家畜の略奪と隣接集団間の関係」田中二郎・佐藤俊・菅原和孝・太田至編『遊動民 (ノマッド) —— アフリカの原野に生きる』昭和堂, 542-566頁.
—— (2006)「キャンプ移動と腸占い —— ドドスにおける隣接集団との関係をめぐる社会空間の生成機序」西井涼子・田邊繁治編『社会空間の人類学 —— マテリアリティ・主体・モダニティ』世界思想社, 175-202頁.
—— (2009)「制度としてのレイディング —— ドドスにおけるその形式化と価値の生成」河合香吏編『集団 —— 人類社会の進化』京都大学学術出版会, 149-170頁.
—— (2013)「徒党を組む —— 牧畜民のレイディングと「共同の実践」」河合香吏編『制度 —— 人類社会の進化』京都大学学術出版会, 219-236頁.
—— (印刷中)「敵と友のはざまで —— ウガンダ・ドドスと隣接民族トゥルカナとの関係」太田至・曽我亨編『アフリカ・サバンナ塾 —— 牧畜民の生き方に学ぶ』昭和堂.
熊野純彦 (2002)『ヘーゲル ——〈他なるもの〉をめぐる思考』筑摩書房.
栗本英世 (1999)『民族紛争を生きる人びと —— 現代アフリカの国家とマイノリティ』世界思想社.
西田利貞 (1998)「訳者あとがき」ドゥ・ヴァール, F『利己的なサル, 他人を思いやるサル —— モラルはなぜ生まれたのか』(西田利貞・藤田留美訳) 草思社.
宮脇幸生 (2006)『辺境の想像力 —— エチオピア国家支配に抗する小集団ホール』世界思想社.
佐川徹 (2011)『暴力と歓待の民族誌 —— 東アフリカ牧畜社会の戦争と平和』昭和堂.
Schlee, G (1989) *Identities on the Move: Clanship and pastoralism in Northern Kenya*. Manchester University Press, Manchester.
Simonse, S (1998) Age, Conflict & Power in the Momyomiji Age System. In: Kurimoto, E and Simonse, S (eds), *Conflict, Age, and Power in North East Africa: Age system inn Transition*. James Currey, Oxford. pp. 51-78.
トマセロ, M (2006)『心とことばの起源を探る —— 文化と認知 (シリーズ　認知と文化　4)』(大堀壽夫他訳) 勁草書房.

第3部

人類における他者の表象化と存在論

第10章 他者のオントロギー
イヌイト社会の生成と維持にみる人類の社会性と倫理の基盤

大村 敬一

❖ Keywords ❖

他者に対する責め,「真なるイヌイト」, 生業システム, 所有, 主体性, 共食

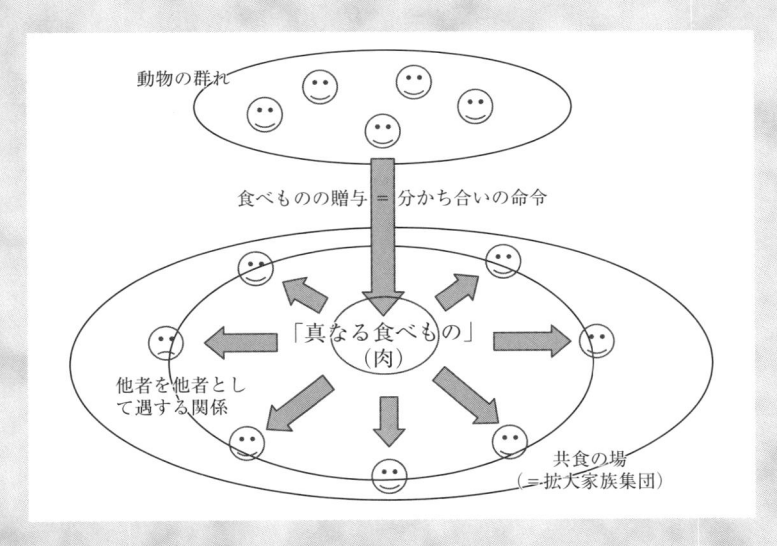

イヌイトの生業システム：他者を他者として遇するための社会システム

　誰もが他者を自己とは隔絶した他者として遇し合う社会が築かれてゆくためには, 他者を他者として遇する行為が相手から逆利用され, そのように行為する者が支配されて管理されたり, 道具のように扱われたり, 殺されたりしないようにするための装置が必要になる. イヌイト社会の場合, 生業システムによって動物と拡大家族集団の関係が循環的に固定され, 動物から贈られた食べ物がハンターの所有物にはならず, 拡大家族集団に贈られたものであるという選択肢が準備されているからこそ, ハンターもハンター以外のイヌイトもその選択肢を採ったことを表す振る舞いを示すことで, 誰かから支配されて管理されるおそれなく, 共食の場で食べ物を分かち合いながら, 他者として遇し合いつつ関わり合うことができる. 他者が他者として存在することを可能にすることが倫理であるならば, 他者の存在を保証する社会システムの発生と進化を存在論的に考えることこそ, 人類社会の倫理を進化史的基盤から探究することに他ならない.

1 ●出発点 ── レヴィナスから人類学への二つの問い

「「主体性」は「関係であるとともに，その関係の項である」(Lévinas 1974: 137)．他者との関係は私にとって不可避であり，私はすでに他者との関係を身体の内部にかかえこんでいる．他者は〈私〉のうちに食いこみ，私は他者を身のうちに懐胎している．しかも他者は，踏みこえられない隔たり，遙かな差異そのままに私のうちに食いこんでいる．（中略）差異がないわけではない，それどころか差異によって隔絶した項のあいだに，にもかかわらず関係がなりたち，私はその関係そのものであるとともに，その関係の項になってしまっている．関係はとり返しがつかず，他者との関係は済むことがない．だからこそ，他者にたいして私は「無関心であることができない」．そのゆえに他者はつねに強迫する．私は他者にとり憑かれている．」(熊野 2012：225)

「〈他者〉に接近するとは，私の自由を，生ける者である私の自発性を，様々なものに対する私の支配，「不羈の力」であるこの自由を，殺人すらも含むいっさいが許されているような力の流れの激しさを，問いただすことである．「あなたは殺してはならない」によって，そこで〈他者〉が生起する顔がえがき出され，そのことばのもとで私の自由が裁かれる．（中略）自由の道徳的な正当化とは自由に対して無限な要求をつきつけ，自由に対して徹底的な不寛容をもって臨むということだ．（中略）自己に対する無限な要求において，やましくない良心のすべてを踏み越えることにおいて，自由は正当化されるのである．けれども自己に対するこの無限な要求は ── まさに自由を問いただすものであるがゆえに ──，私が単独ではない状況，私が裁かれる状況に私を位置づけ，そこに起きつづける．これが原初的な社会性である．」(レヴィナス 2006：265-267)

レヴィナスが省察するように，「人間」の意識がはじまる手前，あらゆる認識と実践の手前で，自己と共約不可能な他者が，その自己に知解されることはもちろん，取り込まれて支配されることもなく，むしろ，その他者に対する無限の責めを自己に避けようもなく強迫する者として「人間」の意識主体に常にすでにとり憑いているのであれば，どのようなかたちであれ，社会集団を生み出して維持することは「人間」の意識の必然であるということになろう．むしろ，他者に対する無限の責めとしての社会性こそ，「人間」という意識主体の根底的な条件であり，どういうかた

ちであれ，社会集団を生成して維持することこそが「人間」であるとさえ言うことができるかもしれない．そして，そうであるからこそ，存在論や認識論をはじめ，あらゆる哲学を基礎づける思索として，この「人間」という意識主体の根底的な条件である他者との関係，すなわち社会性をこそ問う「道徳は哲学の一部門ではなく，第一哲学なのである．」(レヴィナス 2006：267)[1]．

　こうしたレヴィナスの省察は，「人類」の多様性を通してその普遍性を探究する人類学にただちに二つの問いを喚起する．一つには，レヴィナスが「人間」という意識主体の根底的な条件として見いだした他者との不可避な関係たる社会性は，人類の意識の普遍的条件なのだろうかという問いである．レヴィナスの省察がどんなにヨーロッパ哲学の伝統を深く掘り下げて到達した卓越した洞察であるとはいっても，その省察は 20 世紀ヨーロッパという局地的なコンテキストに基づいており，ヨーロッパの在来知における「人間」についての洞察にすぎない．そして，もう一つには，そうした社会性からどのような社会集団がどのようなメカニズムで生成・維持されるのかという問いである．レヴィナスは現象学を深く掘り下げることで「人間」の意識に不可避の社会性を見いだしたのであって，その逆の過程，すなわち，社会性から社会集団が生成・維持されるメカニズムについては，正義に基づく社会や国家はそうした原初的な社会性に基礎づけられるべきであるという雑駁な指針を示す以外，何も語らない．

　本章の目的は，カナダ極北圏の先住民であるイヌイトの拡大家族集団が生成・維持されるプロセスを検討することで，この二つの問いに取り組むことである[2]．そのために，本章ではまず，イヌイトの理想的なパーソナリティについて検討する．その検討を通して，レヴィナスが「人間」の主体性に見いだしたように，イヌイトの主体性にも他者に対する責めを強迫する他者が常にすでに取り憑いており，そうであるがゆえに，イヌイトは他者に対する責めをめぐるジレンマに直面し，他者と相互行為を行うことが原理的にできなくなってしまうことを明らかにする．そのうえで，イヌイトの拡大家族集団が生成・維持される装置である生業システムについて検討し，その装置を通して他者に対する責めをめぐるジレンマが先送りされる動的な過程の中で拡大家族集団が生成・維持されていることを明らかにする．そして最後に，この生業システムの分析に基づいて，レヴィナスが人類学に提起する二つの問いについて考察する．

2 ●「真なるイヌイト」(*Inunmariktuq*) のジレンマ
—— 他者に取り憑かれた主体たちの疑心

　これまでの極北人類学におけるイヌイトのパーソナリティの研究によって (e.g., Briggs 1968, 1970; Brody 1975)，イヌイト社会には「真なるイヌイト」(*Inunmariktuq*) と呼ばれる理想的なパーソナリティ像があることが明らかにされてきた．ブリッグス (Briggs 1968; 1970) によれば，この「真なるイヌイト」は「思慮」(*ihuma-*) と「愛情」(*naglik-*) という二つの資質をバランスよく兼ねそなえた成熟した大人を指す.

　「愛情」は *naglik-* という語幹で表される資質や感情で，人物の善性の基準である．具体的には，物理的な意味でも精神的な意味でも人々を助ける精神のことを言い，食べ物や暖かい場所を独り占めせず，気前よく分かち合い，困っている者にはすすんで手をさしのべることである．イヌイト語で「ありがとう」にあたる *qujanaqutit!* は「あなたは寛大で気前がよい」という意味であり，このことからもこの愛情が重要な資質であることをうかがうことができる．この愛情に相反する感情は，憎悪や妬みなど，他者に対する敵意や自らに閉じこもる鬱屈した感情であり，その意味で，愛情の資質には，他者に対して敵意を抱いたり，自閉して鬱屈したりすることなく，他者に自らを開放する社交の資質が含まれている.

　他方で，「思慮」は *ihuma-* という語幹で表される資質で，自律した「大人」(*inirniit*) の条件である．思慮ある大人とは，社会的に適切に振る舞う自律した人物で，いかなるときにも平静さを失わずに困難を受け入れ，決して怒らずに自己をバランスよくコントロールし，自らが自律していることはもちろん，相手の自律性を尊重する成熟した人物を指す．また，思慮ある大人は相手の人物や物事に対する先入観に固執せずに，その時々に直面する事態に対して現実的かつ柔軟に対処し，相手の人物や事物の潜在的可能性を臨機応変に活かすことができるとされる.

　これら愛情と思慮のうち，愛情は「人間」(*Inuit*) に生まれつき芽生える普遍的で生得的な資質であると考えられているが，思慮は「幼児」(*inuuhaat*) や「子ども」(*nutaraat*) にはそなわっておらず，「大人」に成長するにともなって徐々に身につけられてゆく後天的な資質であるとされる．そのため，幼児と子どもは自己をバランスよく制御することで社会的に適切に振る舞うことができず，情動と欲求に従って，すぐに癇癪を起こして怒ったり，事態に冷静に対処することができずに慌てふためいたり，相手の自律性を踏みにじったり，独り占めしたりしようとする．しかも，幼児と子どもは思慮なきゆえに自分では何もすることができず，常に養われる立場にある．

このような幼児と子どもは身体的にも精神的にも社会的にも決定的に弱者であり，慈愛をもって守られるべき存在である．そのため，幼児と子どもには何かれと世話が焼かれ，彼らが思慮なき姿をさらけ出してしまうと，大人たちは守ってあげたいという強烈な感情を喚起される．こうした子どもへの愛情は，守ってあげたいというだけでなく，ずっと一緒にいたい，ずっと添い寝していたいというほどに強烈であり，狩猟や交易のために一日でも子どもと離れていると，あまりの恋しさに苦しくなるから，子どもを愛しすぎてはならないと語られるほどである（cf Briggs 1968; 1970）．

　ここで重要なのは，こうした愛情を思慮がつきはじめた若者（inuuhuktut）に注ぐことは，自律的な思慮を相手に認めない態度になってしまうことである．そのため，思慮を身につけた若者以上の者には，その自律性を尊重するために，あからさまなかたちで愛情を注ぐことは慎まれるようになる．もちろん，若者以上の者には，相手の自律性を尊重せねばならないので，何かを指図したり教えたりすることはもちろん，命令したり強要したりすることは徹底的に控えられる．そうしなければ，相手の自律性を侵害してしまうことになる．それは相手の思慮を認めないというだけでなく，自己の思慮を疑われることにもなる．

　もちろん，相手の自律性を尊重せねばならないからと言って，相手に何の働きかけもしなくてよいわけではない．相手が困っていればすぐに助け，食べ物はもちろんのこと，自らすすんで何でも分かち合って協働し，自らの愛情を示さねば，悪意ある者とみなされてしまう．しかし，その愛情は押しつけがましいものであってはならない．それは相手の自律性への侵害であり，あからさまな愛情は相手への侮辱にすらなってしまう．したがって，愛情と思慮はバランスよく制御されねばならない．歳を重ねて「真なるイヌイト」になるということは，その絶妙なバランスを手に入れ，相手を慮りつつそれを表に出さず，相手の自律性を尊重しながら愛情を注ぐという難しい技を身につけることなのである[3]．

　もちろん，これはあくまで理想像であって，現実はそれほど理想的にはいかない．イヌイトの大人がすべからく「真なるイヌイト」であるならば，それはごく当たり前な自然状態であり，わざわざ理想像として目指されたりはしない．むしろ，そうした人物が理想像とされているということは，普通はその逆で，「人間」（イヌイト）の自然状態では，誰もが他者への敵意を頻繁に抱き，しばしば不機嫌になって鬱屈して自閉し，突発的な事態や失敗などにしばしば慌て，何でも独り占めしたがり，相手の自律性に構うことなく，相手を支配したり管理したりしたがることが，イヌイトの間で認められていることを示している．イヌイトにとって大人になるということは，そうした自然状態に抗って，「真なるイヌイト」には至らずとも，その理

第10章　他者のオントロギー　　233

想像を目指すようになることなのである．

　しかし，こうした自然状態はあくまで個人の内面の状態であり，周囲の者たちには直接にアクセスすることができない．そのため，イヌイトは大人として社会的に認められるために，「真なるイヌイト」の理想を目指していることを自らの行為で常に示しつづけねばならなくなる．その理想を目指しているかどうかは，あくまでも自己の行為を通して相手が判断するものだからである．自己がそうであると思っても，あるいは，そうであると言ってみたところで，実際の行為で示されねば，相手からそうだと認められることはない．しかも，「人間」（イヌイト）の自然状態が「真なるイヌイト」の逆の状態であるとされているため，その理想を目指していることを行為のたびごとに示しつづけねば，周囲の者たちから自然状態に戻ってしまったと判断され，思慮に欠ける子ども，あるいは悪意ある者とみなされてしまう．

　このように「真なるイヌイト」の理想を目指していることを周囲の者たちに常に表しつづけねばならないイヌイトの大人の主体性こそ，レヴィナスのいうところの他者との「関係であるとともに，その関係の項」としての主体性であることは明らかだろう．どんな行為にも先だって，イヌイトの大人は自らに食いこんでいる他者から，その理想を目指していることを表す行為で他者と関わるように常にすでに呼びかけられ，その呼びかけに否応もなく応答してしまっている．そうして常にすでに応答し，その理想を目指していることを行為でもって示すべしという責めを負わされてしまっているからこそ，イヌイトの大人は主体的にそうした行為で他者と関わらざるをえない．しかも，その呼びかけにいかに応答しても，応答し尽くすということはない．イヌイトの大人の主体性が他者を孕んでいるとは言っても，その他者がその大人の自己に同化されることは決してなく，どこまでも他者として大人に呼びかけつづける．そして，大人はその呼びかけに「真なるイヌイト」を目指していることを表す行為で応答しつづけることによってのみ，大人でありつづけることができる．

　このようにイヌイトの大人の主体性が相互に同化されえない隔絶した自己と他者の関係であることは，その関係の中でイヌイトの大人が目指していることを行為で表すように強迫される「真なるイヌイト」の理想が，思慮と愛情を兼ねそなえた者であることからもわかる．自己と相手の自律性を尊重するという思慮の資質は，相互に相手に同化されえず，遙かなる隔たりに隔絶されている者であることを相互に認め合い，その隔たりを重んじ合うということに他ならない．そして，そうして隔絶されつつも，それでも関わり合うには，相手を害したり殺したりすることはもちろん，相手を自己の理解に取り込んだり，道具のように利用したり，支配したり管理したりすることで，相手を自己に同化しようとするのではなく，相手を助けたり

慈しんだり，相手に食べ物を与えたりする行為，つまり，相手に愛情を表す行為で関わる他にない．この意味で，「真なるイヌイト」という理想は，相互に隔絶されたままに他者と関わり合う主体性を言い換えたものなのである．

　しかし，ここで重要なのは，相手も自己と同じように「真なるイヌイト」を目指しているかどうかを知りえないため，イヌイトの大人は，その理想を目指していることを表す行為で他者と関わろうとしても，次のような論理的ジレンマに陥ってしまうことである．

　もし相手が「真なるイヌイト」を目指していなければ，人間（イヌイト）の自然状態に従って，相手は自己の自律性を尊重してはくれず，自己の愛情を表す行為，たとえば，相手に食べ物を分け与えたり，相手を助けたりする行為を逆利用して，自己を同化しながら支配して管理しようとするかもしれない．その逆に，食べ物や助けを与えられる者にとっても，相手がその理想を目指していなければ，下手に食べ物や助けを受けとってしまうと，そうした行為を通して相手から支配され管理されてしまうかもしれない．人間（イヌイト）の自然状態が「真なるイヌイト」の逆像とされている以上，その可能性は常にある．しかも，たとえ相手にそうされても，自己が大人であることを表すために相手の自律性を尊重せねばならないため，相手の支配と管理を受け入れねばならない．しかし，それは自己の自律性を尊重するという「真なるイヌイト」の思慮に相反する．

　そのうえ，相手の感情や意志に直接アクセスすることができないため，相手がそうした人物であるかどうかは，自己の行為に先だってあらかじめ判断することはできず，自己の行為に相手が返す行為を通して事後的に判断することしかできない．もちろん，「真なるイヌイト」を目指しているかどうか，相手に聞くことはできる．しかし，その返答を真に受けることはできない．そうであるからこそ，自らが大人であることはことばではなく，行為で示されねばならないのである．そもそも，そのような質問をすること自体，相手が自主的にその理想を目指していることに疑いを示すことになってしまうだけでなく，自己が相手を常に疑っていることをさらけ出し，自己が大人でないことを示すことになってしまう．

　そうであるならば，相手が何かするまで待ち，その相手の行為に応じて相手を判断し，そのうえで行為するのが確実なやり方になるだろう．しかし，これと同じことは相手にも当てはまるだろうから，イヌイトの大人は相互に対する責めに取り憑かれ，その責めを果たそうとしつつ，相手への疑心のために何もすることができなくなってしまう[4]．これと同じことは，食べ物や助けを与えられる場合にもあてはまる．こうして，イヌイトの大人は「真なるイヌイト」を目指す大人として振る舞おうとしても，その行為の手前でジレンマに陥り，相手を前にして相手の出方を待っ

第10章　他者のオントロギー　235

たまま宙吊りになってしまう．「真なるイヌイト」の理想には，こうしたジレンマが逃れようもないかたちで組みこまれており，論理的には，その理想を目指そうとすればするほど，そのジレンマに絡みとられ，他者から強迫される責めを抱えたまま悶々と佇むことしかできなくなってしまうのである[5]．

しかし，当たり前のことではあるが，イヌイトは他者に対する責めを抱えたまま悶々としているわけではなく，活発に相互行為を展開している．そうでなければ，イヌイトはバラバラなままで，何の社会関係も築くことはないだろうし，拡大家族集団などの社会集団が生まれるべくもない．それでは，この「真なるイヌイト」をめぐるジレンマはどのように解決され，社会集団が生み出されて維持されているのだろうか．次に，イヌイトの日常の社会生活の基礎となる拡大家族集団を生成して維持している生業システムを検討することで，このジレンマにイヌイトが与えている解を明らかにしよう．

3 ●生業システム ── 生活世界と拡大家族集団を生成する装置

これまでの極北人類学の成果によって，北米大陸極北圏からグリーンランドに拡がるイヌイトとユッピクの間には，生業システムと呼ばれる社会・文化・経済システムが共通にみられることが指摘されてきた（e.g., Bodenhorn 1989; Fienup-Riordan 1983; 岸上 2007; Nuttall 1992; スチュアート 1995, 1996; Wenzel 1991）[6]．生業システムとは，実現すべき世界として表象された世界観によって律せられ，イヌイトの社会関係の基礎的な単位である拡大家族集団[7]を生成して維持する一連の諸活動を通して，食料が獲得，分配，消費されるシステムのことである．このイヌイトの生業システムが拡大家族集団を持続的に産出するメカニズムは，次のような循環システムとしてモデル化することができる（大村 2009, 2012）．

まず，イヌイトが狩猟・漁労・罠猟・採集の生業技術によって動物の個体と「食べ物の贈り手／受け手」という関係に入ると同時に，その結果として手に入れた食べ物などの生活資源をイヌイトの間で分かち合うことで，イヌイトの日常的な社会関係の基礎となる拡大家族集団が生成される．このときに重要なのは，イヌイトが実現すべき世界を示す世界観では，生業で実現されるべきイヌイトと動物の関係として，次のような互恵的関係が目指されるため，食べ物を分かち合うことがイヌイトの間で規範化されることである．

イヌイトの世界観では，動物は「魂」（*tagniq*）をもち，身体が滅んでもその魂が滅びることはないとされる．ただし，この動物の魂は，イヌイトがその身体を分か

ち合って食べ尽くさねば，新たな身体に再生することはできない．そのため，動物の魂は新たな身体に再生するために，自らの身体をイヌイトの間で分かち合われるべき食べ物としてイヌイトに与えることになる．このことは，イヌイトからみれば，生存のための資源が与えられることになるので，イヌイトは動物から助けられることになる．つまり，イヌイトが実現すべき世界においては，動物はイヌイトに自らの身体を食べ物として与えることでイヌイトの生存を助け，イヌイトはその食べ物を自分たちの間で分かち合うことで動物が新たな身体に再生するのを助けるという互恵的な関係が目指されることになるのである．

　こうした世界観によって示される指針の結果，イヌイトは動物に対して常に「食べ物の受け手」という劣位にある者として，動物から与えられた食べ物を自分たちの間で常に分かち合わねばならないことになり，イヌイトの間での分かち合いが規範化される．イヌイトの間で食べ物が分かち合われねば，動物の魂は再生することができなくなるため，動物はイヌイトに自らを食べ物として与えなくなってしまうからである．このとき重要なのは，イヌイトに分かち合いの規範を課すのは動物であって，イヌイトではないように工夫されていることである．そのため，イヌイトの間では，誰が誰に対しても命令することなく，誰もが同じ規範に従って食べ物を分かち合う協調の関係が成立する．

　こうしてイヌイトの間では，平等な食べ物の分かち合いの中で，相手を裏切って食べ物を横取りしないことを相互に期待し合い，食べるという同じ行為を協調して行うという相互の意志に依存し合う信頼の関係が生じる．結果として，イヌイトは動物に対して「食べ物の受け手」として常に劣位な立場に立ち，食べ物の分かち合いの規範を課す命令を動物に託してしまうことで，自分たちの間から「支配／従属」の関係を厄介払いし，自分たちの間に平等な立場で協調し合う信頼の関係を実現することになる．

　しかし，この代償としてイヌイトには動物を馴化する道が閉ざされる．もしイヌイトが動物を馴化してしまえば，分かち合いの規範をイヌイトに課すのは動物ではなく，その動物を馴化したイヌイトということになってしまう．これではイヌイトがイヌイトに命令していることになり，厄介払いしたはずの「支配／従属」の関係がイヌイトの間に舞い戻ってきてしまう．イヌイトの間で対等な信頼の関係が成立するためには，動物はイヌイトの誰に対しても優位な立場にあらねばならない．結果として，イヌイトは動物に対して支配と管理に繋がるような方法，例えば牧畜を採用することはできなくなり，相手に従属する弱者の立場から相手に働きかける誘惑の技，つまり弱者の技である戦術を駆使する狩猟や漁労，罠猟，採集に徹することになる．

さらに，この分かち合いの規範化は，食べ物の分かち合いだけでなく，生業のための技術や知識の分かち合いと協働を促す．この規範化によって，イヌイトの間では生業活動の結果として入手される食べ物が常に分かち合われねばならなくなるため，横取りや裏切りを心配することなく，生業活動で協働することが可能になる．むしろ，生業の結果として得られる食べ物を独り占めすることができず，常に分かち合わねばならないのであれば，狩猟や漁労を単独で行ったり，技術や知識を独占したりすることに積極的な意味がなくなり，技術や知識を共有して協働することに積極的な意味がでてくる．

　このように共有と協働が当たり前のことになると，その共有と協働を通して，生業のための知識と技術は豊かに錬磨されてゆき，その結果，イヌイトが新たな動物の個体との間で「食べ物の受け手にして分かち合いの命令の受諾者／食べ物の与え手にして分かち合いの命令者」という関係に再び入る確率が上がる．そして，この関係が実際に実現されると，すべてが生業の出発点に戻り，もう一度，同じ循環が繰り返される．こうして動物の魂の新たな身体への再生は，イヌイトの世界観にあるように，循環する生業の過程の中でイヌイトと動物の関係が再生産されるというかたちで実現される．死滅することなく再生する動物の「魂」とは，イヌイトと動物の関係のことを指しているのである．

　こうしてイヌイトと動物の間の「誘惑／命令」の関係が，イヌイト同士の「信頼と協働」の関係と絡み合いながら循環してゆくと，イヌイトにとって「信頼して協働すべき者」としての「イヌイト（の拡大家族）」と「誘惑する対象にして，その命令に従うべき者」としての「動物」が差異化されて浮かび上がってくる．もちろん，この循環過程で生成されて更新されてゆく動物との関係は，1種類の動物種に限られるわけではなく，様々な動物種との間に結ばれる．そのため，イヌイトの拡大家族集団は，生業の実践を通して複数の動物種と循環的に生成される諸関係の結節点に生成され，様々な動物の群れの結節点が無数に相互連結したネットワークの中に，その結節点の一つとして溶け込みつつ浮かび上がることになる．このネットワークこそ，「大地」（*nuna*）と呼ばれるイヌイトの生活世界である．

4 ●共食 ── 食べ物を通したジレンマの先送り

　このように動物との関係を巻き込みながら「大地」という生活世界を絶え間なく生成し，そこに埋め込まれた拡大家族集団を生成して維持する生業システムで重要なのは，動物から課される食べ物の分かち合いによって「真なるイヌイト」のジレ

ンマが，解決されるわけではないとはいえ，先送りされるように工夫されていることである．

　動物からその身体を食べ物として直接に与えられたハンターは，「真なるイヌイト」を目指す大人として他者に対する責めを負わされていることを意識し，動物との互恵的関係を目指しているならば，今後も動物から食べ物を贈ってもらうために，他のイヌイトが「真なるイヌイト」を目指していようといまいと，贈られた食べ物を自分のもとにとどめておくわけにはいかず，他のイヌイトに分かち与えねばならなくなる．贈られた食べ物を分かち合わねば，ハンターは動物からその身体を贈ってもらえなくなってしまうからである．

　しかし，ハンターが食べ物を分け与えた者が「真なるイヌイト」を目指していなければ，その相手が食べ物を独り占めし，他の誰にも分け与えないかもしれない．そうなれば，イヌイトの間に食べ物が行き渡らず，動物から未来に食べ物を贈ってもらうための条件が満たされなくなってしまう．また，その場合，ハンターが食べ物を分け与える行為が，ハンターから食べ物を与えられた者によって逆利用され，ハンターはその者に支配されて管理されてしまうかもしれない．また，ハンター以外のイヌイトにとっても，ハンターが「真なるイヌイト」を目指していることは自明ではなく，もし目指していない場合，食べ物を受けとってしまうと，その行為を通してハンターに支配されて管理されてしまうかもしれない．

　これらの問題を一挙に解決する方法が一つある．それは，ハンターが動物から贈られた食べ物から自分の取り分を取って残りを誰か一人のイヌイトに分かち与えたり，その残りを拡大家族集団の全員に分かち与えたりするのではなく，動物から贈られた食べ物をすべて丸ごと拡大家族集団の全員の前に投げ出し，自らもその集団に混じって食べ物を自由に取って食べるようにするやり方である．つまり，ハンターが動物から託された食べ物の運び屋に徹すると同時に，他のイヌイトに混じってその食べ物を他のイヌイトと同等の立場で自由に取って食べるという共食のかたちをつくるのである．

　もちろん，イヌイトの誰もが「真なるイヌイト」を目指しているならば，ハンターが一人のイヌイトに食べ物を分かち与え，そのイヌイトが別のイヌイトにその食べ物を分かち与え……という具合に食べ物が次々とイヌイトの間に手渡されてゆき，結果的にイヌイトの間で食べ物が分かち合われることになる．しかし，このやり方だと，その連鎖の中に一人でも「真なるイヌイト」を目指さない者がいれば，そこで食べ物が独り占めされて連鎖が途絶えてしまうおそれがある[8]．しかし，ハンターが動物からの食べ物の運び屋に徹し，その食べ物すべてを丸ごと拡大家族集団全員の前に投げ出すとともに，自らも他のイヌイトに混じって一緒にその食べ物を分か

ち合うようにすれば，そのおそれはなくなる．

　たしかに，その場合でも，自らも含めた拡大家族集団の全員に食べ物を丸ごと差し出すハンターの行為は，そのハンターが拡大家族集団の全体に従属することを表すことになる．しかし，その場合，ハンターは拡大家族集団の全体に従属するのであって，その中の誰かに従属するわけではない．したがって，このハンターの行為は，「真なるイヌイト」の理想を目指していない者から見ても，ハンターが拡大家族集団に他の者と同等の立場で従属するのであって，その中の誰かに従属するわけではないことを表すことになる．他方で，その理想を目指している者には，このハンターの行為は，動物との互恵的関係を目指して動物からの命令に従う行為であることが了解され，拡大家族集団はもとより動物にも従属していることを表すことになる．もちろん，その理想を目指している者であれば，相手の自律性を尊重するので，ハンターの行為を逆利用することはない．こうしてハンターには，自分が食べ物を差し出す行為が拡大家族集団の誰かから逆利用されるおそれがなくなる．

　また，この場合，ハンターを媒介に動物から食べ物を贈られるイヌイトたちも，ハンターが動物と拡大家族集団に従属し，自分たちと対等な立場で食べ物を分かち合うことがハンターの行為によって示されるため，ハンターから支配されて管理されるおそれなく，その食べ物に手を出すことができる．こうしてハンターもそれ以外の者も，自己の自律性を侵害されるおそれなく，動物から贈られた食べ物の部分を取って食べるという行為を通して，動物の転生を助けると同時に「真なるイヌイト」を目指していることを表し，動物からの命令と他者に対する責めに同時に応えることができるようになる．食べ物を一人で丸抱えして食べ尽くそうとしたり，その食べ物を他の者に分け与えたりしない限り，その部分を取って食べるだけで，動物からの命令に従い，他者の自律性を尊重しつつ愛情を表すことになるからである[9]．しかも，この共食が実現した瞬間に，食べ物を取って食べるという行為を通して，動物に従属する拡大家族集団に誰もが従属することが表されることになり，動物に従属しつつイヌイト全員から従属される拡大家族集団が生成されることになる．

　実際，イヌイトのハンターは獲物を得ると，空腹を満たすためにその場でその一部を食べることはあっても，基本的に獲物をそのまま持ち帰り，誰か一人に分かち与えるのではなく，拡大家族集団の中心となる古老や熟練ハンターの世帯の貯蔵庫に蓄える．一般に，多量の獲物を貯蔵可能な大型フリーザーは，拡大家族集団に属するいくつかの核家族の世帯のうち，その中心となる古老や熟練ハンターの世帯にしかない．そのため，獲物の解体や処理は古老や熟練ハンターの世帯の住宅の前で行われ，そこで解体されて処理された食べ物はその世帯の大型フリーザーに蓄えら

れる．また，毎日，どんな獲物が得られたかは無線や口伝えで拡大家族集団の全員に伝わっているため，フリーザーにどんな食べ物が蓄えられているかを拡大家族集団の誰もがよく知っている．そして，お腹が減ったり，食事時になったりすると，そのフリーザーから食べ物が持ち出されて食べられる．

また，イヌイト社会では，「真なる食べ物」(*niqinmarik*) と呼ばれるいくつかの肉の塊や魚数尾を数人が車座に囲んで座って食べる共食が基本的な食べ方である．現在ではシステム・キッチンのある家屋に住み，そこにはテーブルがあるにもかかわらず，床の上にダンボールが敷かれ，その上に置かれた「真なる食べ物」が数人ずつで共食される．もちろん，拡大家族集団には10人ほどの大人と20人ほどの子どもがいるため，皆が同時に車座で食べるわけにはいかない．そのため，食べ終わった者の場に次の者が入るというかたちで，車座のメンバーが入れ替わりながら，4～5人ほどで共食がつづけられる．この車座での共食に参加することそれ自体が，食べ物を分かち合う意志を明瞭に示すことになり，また同時に，その車座に参加している者が「真なるイヌイト」を目指す大人であると判断することもできる．

しかも，この車座での共食には，暗黙のうちに展開される作法がある．たとえば魚の場合，半解凍状態の魚が数尾丸ごとダンボールの上に置かれるだけなので，ウル (*ulu*) と呼ばれる料理用ナイフで輪切りにしないと食べることができない．そこで，食べはじめる者が1尾全体を食べるのに都合のよい大きさの四～五つの部分に輪切りにして中央に置き，皆がその一つを取って思い思いに食べる．あるいは，それぞれが1尾の魚から自分の分を自分で輪切りにして取り，残りを中央に戻し，それを次の者が同じようにするというかたちで，皆が次々と自分の分を取って食べる．このとき，微妙に譲り合いをするのが暗黙の作法であり，相手の好みの部分を譲ったり，相手に先に食べるように促したり，前回は切り分けをしなかったから（半解凍状態とはいっても凍っており，切り分けはかなりの力とコツがいる作業），今回は自分が切り分けをするなど，相手への様々な配慮が示される．

しかし，こうした配慮があからさまになってしまうと相手の自律性への侵害になるので，その配慮はさりげなく払われる．相手が食べ物を味わうのを妨げないように，あるいは，次に車座に入る順番を待っている者に早く場を空けるためにも，会話さえ控えられ，時々，そうした作法を失する子どもたちがからかわれて癇癪を起こす姿に皆が爆笑することはあっても，食事は基本的に黙々と楽しまれる．会話は食事を終えて車座から離脱した後，食後のお茶を飲みながら1時間ほどかけてじっくりと行われる．車座での共食は，そこに参加する者たちが「真なる食べ物」を味わうのを邪魔しないように相互に配慮し合い，動物からの命令と他者に対する責めを負わされた「真なるイヌイト」を目指すイヌイトの大人としての態度を相互に表

第10章　他者のオントロギー　241

し合って確認し合う絶好の場となっているのである．
　もちろん，このように共食の場で大人としての態度を示し合ったとしても，「真なるイヌイト」のジレンマが解消されるわけではない．今回は大人のイヌイトとして振る舞ったとしても，実は心の底で相手を支配しようと企んでおり，今回の振る舞いはうわべだけかもしれない．次も相手は大人として振る舞ってくれるのだろうか．疑いだせばきりがない．そして，こうした疑いは人間（イヌイト）の自然状態なのだから，相手もそうした疑念を自己に抱いているに違いない．今回は大人であることをとりあえず確認し合ったとはいえ，相手の真意はわからないし，次はどうなるかもわからない．疑念が消えることはなく，とりあえず今回はうまくいったというだけで，ジレンマはただ先送りされるだけである．
　しかし，逆に，ジレンマが決して解消されることがなく，その都度，相手の意志を確認し合うしかないからこそ，大人として認められるために，食事のたびに共食することがあくまでも受動的かつ主体的に選択される．お腹が減って何か食べたいけれども，独りで食べてしまえば，相手からどう思われるか，わかったものではない．しかし，「真なるイヌイト」のジレンマに陥ったまま何もしなければ，思慮に欠けた子ども，あるいは悪意を秘めた者とみなされてしまうどころか，何も食べずに飢え死にしてしまう．共食に参加し，「真なる食べ物」を媒介に細やかな配慮を応酬しながら大人であることを確認し合うことで，はじめてジレンマを超えて食べることができる．しかし，共食に臨み，その場での微細な行為の応酬を通して大人であることをいくら確認し合っても，相手の真意と未来はわからない以上，相互疑心は消えることはなく，ジレンマはただ先送りされるだけである．こうしてさらなる共食が促され，その共食がつづけられる動的な過程を通して，その共食をつづけるイヌイトたちの集まりとして拡大家族集団が生成されて維持されてゆく．
　ここで重要なのは，生業システムによって動物と拡大家族集団の関係が「食べ物の与え手にして分かち合いの命令者／食べ物の受け手にして分かち合いの命令の受諾者」に循環的に固定され，動物から食べ物を直接に贈られたのがハンターであっても，その食べ物がハンターの所有物にはならず，あくまでも拡大家族集団に贈られたとする選択肢が用意されていなければ，共食が可能にならないことである．ハンターにしてみれば，食べ物が自分の所有物になってしまうのであれば，自分の所有物を差し出すことで，「真なるイヌイト」を目指していない者からその行為を逆利用されるおそれにさらされ，食べ物を誰かに渡すことが難しくなる．また，ハンター以外のイヌイトにしてみれば，ハンターから差し出された食べ物がハンターの所有物であるということであれば，その食べ物を受けとることでハンターに支配されてしまうおそれにさらされ，ハンターから差し出される食べ物になかなか手を出

せなくなる.

　しかし，動物から食べ物を贈られるのがあくまで拡大家族集団であり，その食べ物が拡大家族集団の所有物であるという選択肢が用意されていれば，その選択肢を採ったという振る舞いを示すことで，ハンターは拡大家族集団への従属を表す代わりに，その集団の誰かに従属してしまうおそれを気にすることなく，その食べ物を拡大家族集団に差し出すことができる．また，食べ物を差し出された他の者も，その食べ物が拡大家族集団の所有物であるということがハンターの行為によって示されていれば，その食べ物を取って食べることで拡大家族集団に従属することを表す代わりに，ハンターに従属するおそれはなくなる．こうしてハンターもハンター以外の者も，拡大家族集団に従属することと引き換えに，その集団の誰かに従属してしまうおそれを気にすることなく，共食することができるようになる．生業システムは，その循環過程を通して動物から食べ物が贈られる先を拡大家族集団にしてしまう選択肢を用意することで，イヌイトたちに共食の場を提供し，イヌイトたちが「真なるイヌイト」のジレンマを先送りすることを可能にしているのである．

5 ●他者のオントロギー ── 人類の社会性と倫理の進化史的基盤

　こうしたイヌイトの生業システムの仕組みから，レヴィナスが人類学に提起する二つの問いについて，私たちはいくつかのことを教えられる．

　まず一つには，レヴィナスが「人間」の主体性の根底に見いだした社会性が人類に普遍的にみられる可能性である．イヌイトの大人たちの主体性には，他者に対する責めが「真なるイヌイト」の理想を目指していることを行為で表すように強迫されるかたちで常にすでに負わされており，自己と他者の自律性を相互に認め合いながら関わり合う社会性がイヌイトの大人の主体性の根底的な条件となっている．この意味で，イヌイト社会は，レヴィナスのいう主体たち，すなわち，他者との「関係であるとともに，その関係の項」としての主体たちが隔絶した自己と他者の関係を認め合いつつ関わり合う社会であるということができる．したがって，他者からの呼びかけに常にすでに応答して他者に対する責めをあくまで受動的に負わされてしまう社会性が意識主体の基礎であることは，ヨーロッパの「人間」にだけでなく，少なくともイヌイトの大人にもあてはまるという意味で，人類に普遍的にみられる可能性があるといえるだろう．

　しかし，ここで注意せねばならないのは，相互に自己と他者の自律性を認め合いながら関わり合う「真なるイヌイト」があくまでも目指されるべき理想であって，

イヌイト（人間）の自然状態ではないことである．むしろ，それが理想であるということは，その逆こそがイヌイト（人間）の自然状態であるということになる．イヌイトの誰もが自己と他者の自律性を認め合いつつ関わり合う社会性を生まれながらにそなえているならば，それが理想として目指されることはないだろう．そうした理想とは裏腹に，他者に対する責めなど無視し，相手の自律性に構うことなく，相手をモノのように支配して管理したり，相手に敵意を抱いて相手との関わりを拒否し，自己とは無関係なモノのように無視したりしたいという衝動が，イヌイト（人間）の自然状態に孕まれているのである．イヌイトの大人は，①他者を自己とは隔絶した他者として遇しながら関わり合う社会性の理想と，②他者を抹消してモノのように扱おうとする衝動の間で揺れ動いているのである．

このことは，イヌイト社会では，幼児と子どもには他者を自己とは隔絶した他者として遇しながら関わり合う社会性がないとされていることからもわかる．幼児と子どもにはいまだ「思慮」が身についておらず，自己と他者の自律性を尊重するどころか，認めることすらできない．実際，他者に依存せざるをえない幼児と子どもに自己の自律性などはじめからない．そして，幼児と子どもは他者の自律性に構うことなく，相手を道具のように扱ったり，相手に敵意を抱いて相手との関わりを拒否したり，食べ物を独り占めしたりしようとする．また，「真なるイヌイト」を目指していることを行為で表すという他者に対する責めなど，たとえ負わされていたとしても，おそらく気づいてさえいないだろう．幼児と子どもは養育されてゆく過程で自己と他者の自律性を尊重する「思慮」を身につけ，そのうえで，他者に対する責めを負わされていることを意識し，その責めを負わされつづけるようになってゆかねばならないのである[10]．

このように少なくとも一つでも，他者を他者として遇しながら関わり合う社会性を身につける条件として，自己と他者の自律性を尊重することに養育の過程を必要とするのみならず，その社会性が理想とされている社会があるということは，他者からの呼びかけに常にすでに応答して他者に対する責めを負わされてしまうことが人類の社会性の基盤であるとしても，その社会性が人類の生物学的に普遍的な特性ではないことを示している．その社会性が人類という生物種の必然であるならば，それが理想とされることも，それを身につけるために養育の過程が必要になることもないだろう．自然に自己と他者の自律性を尊重し，他者に対する責めを負わされるようになるに違いない．イヌイトの「真なるイヌイト」の理想は，人類には他者を抹消してモノのように扱おうとする衝動が普遍的にあり，人類はその衝動と闘いながら他者を他者として遇しつつ関わり合おうとしていることを教えてくれる．これがイヌイトの生業システムが教えてくれる二つ目のことである．

そして，このように他者を抹消してモノのように扱おうとする衝動が人類に普遍的にあるならば，他者を他者として遇しながら関わり合う社会性がいかに主体に組み込まれていたとしても，その社会性から現実の社会が生じてくるためには，相手をモノのように支配して管理したいという衝動をもつ者が，他者を他者として遇する者の行為を逆利用することを抑えるための装置が必要になる．他者の自律性を重んじ，自己とは隔絶した他者として尊重しながら他者と関わろうとしても，相手が他者の自律性などに構うことなく，他者を抹消してモノのように扱う者であった場合，自己の行為が相手から支配と管理のために逆利用されてしまうだけでなく，極端な場合には殺されてしまう．したがって，誰もが相互に他者として遇し合う社会が築かれてゆくためには，他者を他者として遇する行為が相手から支配と管理のために逆利用され，そのように行為する者が道具のように扱われたり殺されたりしないようにするための装置が必要になる．

　イヌイト社会の場合，その装置が生業システムだった．生業システムによって動物と拡大家族集団の関係が循環的に固定され，動物から食べ物を直接に贈られたのがハンターであっても，その食べ物が拡大家族集団に贈られたとする選択肢が準備されているからこそ，ハンターもハンター以外のイヌイトもその選択肢を採ることで，拡大家族集団に従属する代わりに，その集団の中の誰かから支配されて管理されるおそれなく，食べ物を分かち合いながら相互を他者として遇しつつ関わり合うことができる．イヌイトの生業システムでは，他者を抹消してモノのように支配して管理したいという衝動に従ってハンターやそれ以外のイヌイトの行為を逆利用しようとする者がいたとしても，それを予防するための選択肢が準備されており，その選択肢を採ることで，誰かから支配されて管理されてしまうおそれを気にすることなく，イヌイトの誰もが相互を他者として遇しつつ関わり合うことができるように工夫されているのである．

　もちろん，一度，食べ物を分かち合い，相互を他者として遇しつつ関わり合ったとしても，誰もが他者を抹消してモノのように支配して管理したいという衝動を抱えている以上，次からも相互を他者として遇し合う保証はない．イヌイトの生業システムの場合であっても，たしかに他者を他者として遇する者の行為が支配と管理に逆利用されることを予防するための選択肢が用意されてはいるが，ハンターが食べ物を所有したうえで，その食べ物を分け与えることで他のイヌイトを支配して管理したり，ハンター以外のイヌイトの誰かが食べ物を丸取りして占有したうえで，その食べ物を配ることで他のイヌイトを支配して管理したりすることは止められない．むしろ，そうして他者を抹消して周囲の者を支配したり管理したりしようとする者があらわれることは，イヌイトの神話や物語で恐怖とともに繰り返し語られて

きた主題の一つである（cf ボアズ 2011；齋藤ら 2009）．

　このように人類には，他者を他者として遇する社会性が意識主体の条件として組みこまれているとしても，それと同時に，他者を抹消してモノのように支配して管理しようとする衝動も普遍的にあるからこそ，誰もが行為のたびごとに他者を他者として遇していることをその行為を通して表さねばならなくなる．そうして他者を他者として遇する意志を確認し合う相互行為が絶え間なく繰り返されてゆく動的な過程の中で社会が生成・維持されてゆく．この意味で，①他者を抹消しようとする衝動と②レヴィナスのいう他者に対する責めの間の緊張関係が，具体的な社会集団を生成して維持するためのエンジンとなっており，他者を抹消しようとする衝動を抱えたまま他者に対する責めを負うようになることこそが人類社会の進化史的基盤であると言うことができる．これがイヌイトの生業システムが教えてくれる三つ目のことである．

　ただし，こうした他者をめぐる衝動と責めの緊張関係が人類社会の進化史的基盤であるとしても，他者を他者として遇する行為が支配と管理に逆利用されることを阻止する装置がなければ，そうした行為を相手に安心して投げかけることはできなくなり，誰もが相互に他者として遇し合う社会が現実化することはないだろう．その場合，誰もが他者を他者として遇する行為を逆利用されてしまうことをおそれて何も行為を交わし合うことができなくなり，社会集団が生成すること自体がなくなってしまう．あるいは，何らかの社会集団が生まれたとしても，そこでは，他者を抹消してモノのように支配して管理しようとする者によって，他者を他者として遇しようとする行為が逆利用され，そうした行為をする者が支配されて管理されることになってしまうだろう．

　したがって，そうした逆利用を阻止し，他者を他者として遇する者が支配されて管理されてしまわないように守り，他者を抹消する衝動を抱えつつ他者に対する責めを負うという人類社会の進化史的基盤が十全に機能するための条件を整えるためにこそ，社会システムが整備されると考えることができる．これがイヌイトの生業システムが教えてくれる最後のことである．他者からの呼びかけに応答して他者を他者として遇しようとする者を守るために社会システムは要請されるのであり，その社会システムからの保護があってはじめて，他者は抹消されることなく，他者として存在することが可能になる．この意味で，他者の存在を守る社会システムのあり方について考えることこそが他者を存在論的に考えることであると言うことができる．そして，他者が他者として存在することを可能にすることが倫理であるならば，その他者の存在を保証し，他者をめぐる衝動と責めの緊張関係という人類社会の進化史的基盤が機能するような社会システムを考えることこそ，人類の倫理を進

化史的基盤から探究するということになるだろう．他者のオントロギーとは社会のオントロギーであり，その他者と社会のオントロギーにこそ，人類社会の倫理の進化史的基盤はあるのである．

注
1）本章でのレヴィナスの主体性は『存在の彼方へ』(1999) に基づいている．『存在の彼方へ』での主体性の概念は『全体性と無限』（レヴィナス 2005, 2006）とは異なっているが (cf 熊野 1999, 2012)，他者に接近することで他者からの無限の責めが負わされ，その他者からの無限の要求によって自己の自由を問い質されることが源初的な社会性であり，その社会性こそが「人間」の主体性の条件であるという点では共通していると考えたので，冒頭に『全体性と無限』からのことばを引用した．なお，『存在の彼方へ』からの引用では合田の訳に従って responsabilité は「責任」としているが，本文では熊野 (1999, 2012) に従って「責め」とした．それは「いくらかは能動性を前提する「責任」という語よりも「責め」という邦語をえらんだ．レヴィナスのかたるレスポンサビリテは「いっさいの受動性よりも受動的」なものであり，けっして能動的には「引きうける」ことのできないものであるからである」（熊野 2012：x）という熊野の見解に賛同するからである．なお，本章でのレヴィナスの理解は熊野 (1999, 2012) と内田 (2001) から多くを負っているが，誤読している箇所があれば，それは筆者の不徳と愚鈍のゆえである．
2）本章はレヴィナスの他者論でのトラウマについて考察した論文（大村 nd.）の姉妹論文である．
3）実際，かつて私が古老に対して「賢明な良き人物」とはどのような人物であるか尋ねたとき，「常に余裕をもって笑っており，皆の楽しみのために自分自身さえ笑いの種にすることができる人物だ」という旨の返答を受けたことがある．これは，これまでに検討してきたように，他者に対して開放的で，敵意を抱くことも，相手の自律性を侵害することもなく，分かち合いの寛容な態度で他者と接するのみならず，常に平常心を保って狼狽えることなく，臨機応変かつ柔軟に事態に対処する資質，つまり，愛情と思慮の資質の両方を兼ね備えることが「真なるイヌイト」の条件だからである．
4）イヌイトが支配されて管理されることに強い警戒心を抱いていることは，ブリッグス (1968, 1970) の民族誌に印象的なかたちで記述されている．また，他者を他者として遇する行為が逆利用されることへの強い警戒心は，この主題が神話と物語に繰りかえし語られることからも推定することができる (cf ボアズ 2011；齋藤ら 2009)．この典型がカンヌ映画祭でカメラドール賞を受賞したイソマ・プロダクションの映画 *Atanarjuat* の物語である．なお，私が頻繁に耳にした陰口は「あいつはボスになろうとしている」であり，ここからも，このイヌイトの警戒心を察することができる．
5）この問題はルーマン (1993) のダブル・コンティンジェンシーとパラレルな問題である．なお，レヴィナスの議論では相互行為における裏切りという問題が欠けているように私には思われてならない．その直観に正面から向き合うことが本章の出発点になった．たしかに，どんな主体も常にすでに他者からの呼びかけに応答し，他者に対する責めを負わされてしまっているのであれば，論理的には，あらゆる人類には他者に対する責めが負わされ

ていると考えることができる．しかし，その責めを無視したり拒絶したりする主体があらわれることを排除することはできない．それは歴史が証明する通りである．これまでの人類の歴史は他者に対する責めの裏切りの歴史であるといっても過言ではない．また，他者に対する責めを裏切り，他者を抹消して支配と管理の対象に貶めることは，ポストコロニアル人類学やポストモダン人類学が「他者化」の問題として取り上げてきた論点でもあった（cf 大村 2005）．本章の目的の一つは，そうした他者に対する責めの裏切りという人類の業に正面から向き合うことである．

6) イヌイトの人々は，1950年代から1960年代にかけて，カナダ連邦政府の国民化政策のもと，季節周期的な移動生活から定住生活に移行させられて以来，生活の全般にわたって急激な変化の波に洗われてきた．その結果，今日のイヌイトの人々は，私たちと変わらない高度消費社会に生きている．しかし，こうした状況にあっても，イヌイトの生業活動はその生活とアイデンティティを支える基盤としての重要性を失っていない．たしかに今日ではそのやり方は大きく変わってしまっており，多くのハンターは賃金労働と生業を兼業している．狩猟をはじめとする生業活動は高性能ライフルやスノーモービル，四輪駆動バギー，船外機付の金属製ボートなどの装備によって高度に機械化されており，ガソリン代や弾薬費をはじめ，それら装備を調達して維持するための現金が必要だからである．それでもなお，生業は活発に実践されており，「生業活動をしないイヌイトはイヌイトではない」とまでいわれる（大村 2013；スチュアート 1995, 1996）．また，現金収入による加工食品の購入が一般化しているとはいえ，生業活動により得られる動物の肉はエスニック・アイデンティティを維持するに必須の「真なる食物」（niqinmarik）として愛好され，その肉の分配は社会関係を維持する要の一つとして機能しつづけている（岸上 1996, 2007；Kishigami 1995；スチュアート 1995；Wenzel 1991）．

7) イヌイトの社会関係の基礎となる社会集団は，イラギート（ilagiit）と呼ばれる親族集団であり，その中でも「真なるイラギート」（Ilagiimariktut）と呼ばれる拡大家族集団が日常的な社会関係の単位となる．イラギートは「どこへ行っても，いずれは戻ってきて，食べ物を分かち合い，互いに助け合い，そして一緒にいる関係にある人々」（Balikci 1989: 112）のことであり，このことから食べ物の分かち合いが社会集団の核であることがわかる．また，「真なるイラギート」は「拡大家族関係にある人の中でも，同一の場所に住み経済活動などで緊密な協力関係にある人々，すなわち，具体的な社会集団を形成する人々を指す．結果的に，後者（真なるイラギート）はエゴの親，兄弟姉妹，妻と子どもたち，マゴ，オジ，オバ，祖父母やイトコの人々であることが多くなる．」（岸上・スチュアート 1994）この「真なるイラギート」を核に，親族関係を越えて，養子縁組関係などの擬制親族関係，同名者関係や忌避関係などの自発的パートナー関係が結ばれ，拡大家族集団を核とする複雑な社会関係が生み出される．

8) 拡大家族集団の中の誰かが，食べ物を丸取りしたうえで，その部分を他の者たちに分け与えることによって，他の者を支配して管理しようとするおそれは常にある．そうして他者を抹消して支配と管理の対象に貶める横暴な者への恐怖は神話や説話で繰りかえし語られる主題であり（cf ボアズ 2011；齋藤ら 2009），イヌイトの人々がもっともおそれることである．

9) ここにイヌイトの生業システムの脆弱性がある．このシステムでは，何もせずに食べ物

を食べるだけのフリーライダーを排除することができない．実際，古老たちは，そうしたフリーライダーがいると即答するが，そうした者には陰口がささやかれるだけで，社会的な制裁が下されることはない．また，こうしたフリーライダーはイヌイトの神話や説話にしばしば登場する（cf 齋藤ら2009）．
10) 子どもが他者に対する責めを意識させられる過程については，本章の姉妹論文（大村 nd.）で詳細に論じたので参照願いたい．

参照文献

Balikci, A (1989) *The Netsilik Eskimo*. Waveland Press.
Bodenhorn, B (1989) *The Animals Come to Me, They Know I Share: Inuipiaq Kinship, Changing Economic Relations and Enduring World Views on Alaska's North Slope*. Ph. D thesis, Cambridge University, Cambridge.
ボアズ，F（2011）『プリミティヴ アート』（大村敬一訳）言叢社.
Briggs, JL (1968) *Utkuhikhalingmiut Eskimo Emotional Expression*. Ottawa: Department of Indian Affairs and Northern Development, Northern Science Research Group.
——（1970）*Never in Anger: Portrait of an Eskimo Family*. Harvard University Press, Cambridge.
Brody, H (1975) *The People's Land: Whites and the Eastern Arctic*. Penguin Books, New York.
Fienup-Riordan, A (1983) *The Nelson Island Eskimo: Social structure and ritual Distribution*. Alaska Pacific University Press, Anchoraje.
岸上伸啓（1996）「カナダ極北地域における社会変化の特質について」スチュアート　ヘンリ編『採集狩猟民の現在』言叢社，13-52頁.
——（2007）『カナダ・イヌイットの食文化と社会変化』世界思想社.
Kishigami, N (1995) Extended Family and Food Sharing Practices among the Contemporary Netsilik Inuit: A Case Study of Pelly Bay.『北海道教育大学紀要1部B』45（2）：1-9.
岸上伸啓・スチュアート　ヘンリ（1994）「現代ネツリック・イヌイット社会における社会関係について」『国立民族学博物館研究報告』19(3)：405-448.
熊野純彦（1999）『レヴィナス入門』筑摩書房.
——（2012）『レヴィナス——移ろいゆくものへの視線』岩波書店.
Lévinas, E（1974）*Autrement qu'etre ou au-dela de l'essence*. Le Livre de Poche, Paris.
レヴィナス，E（1999）『存在の彼方へ』（合田正人訳）講談社.
——（2005）『全体性と無限（上）』（熊野純彦訳）岩波文庫.
——（2006）『全体性と無限（下）』（熊野純彦訳）岩波文庫.
ルーマン，N（1993）『社会システム理論（上）』（佐藤勉監訳）恒星社厚生閣.
Nuttall, M (1992) *Arctic Homeland: Kinship, Community and Development in Northwest Greenland*. University of Toronto Press, London.
大村敬一（2005）「文化多様性への扉——文化人類学と先住民研究」本多俊和・葛野浩昭・大村敬一編『文化人類学研究——先住民の世界』放送大学教育振興会，29-55頁.
——（2009）「集団のオントロギー——〈分かち合い〉と生業のメカニズム」河合香吏編『集団——人類社会の進化』京都大学学術出版会，101-122頁.

―――(2012)「技術のオントロギー ―― イヌイトの技術複合システムを通してみる自然＝文化人類学の可能性」『文化人類学』77(1)：105-127.
―――(2013)『カナダ・イヌイトの民族誌 ―― 日常的実践のダイナミクス』大阪大学出版会.
―――(印刷中)「社会性の条件としてのトラウマ ―― イヌイトの子どもへのからかいを通した他者からの呼びかけ」田中雅一編『トラウマ ―― 概念の歴史と経験の歴史』洛北出版.
齋藤玲子・岸上伸啓・大村敬一編(2009)『極北と森林の記憶 ―― イヌイットと北西海岸インディアンのアート』昭和堂.
スチュアート　ヘンリ(1995)「現代のネツリック・イヌイット社会における生業活動」『第九回北方民族文化シンポジウム報告書』北海道立北方民族博物館，37-67 頁.
―――(1996)「現在の採集狩猟民にとっての生業活動の意義 ―― 民族と民族学者の自己提示言説をめぐって」スチュアート　ヘンリ編『採集狩猟民の現在』言叢社，125-154 頁.
内田樹(2001)『レヴィナスと愛の現象学』せりか書房.
Wenzel, G (1991) *Animal Rights, Human Rights*. University of Toronto Press, London.

第11章 祖霊・呪い・日常生活における他者の諸相
ザンビア農耕民ベンバの事例から

杉山祐子

❖ Keywords ❖

関係性としての他者，ナカマ，集合的他者，祖霊，物語

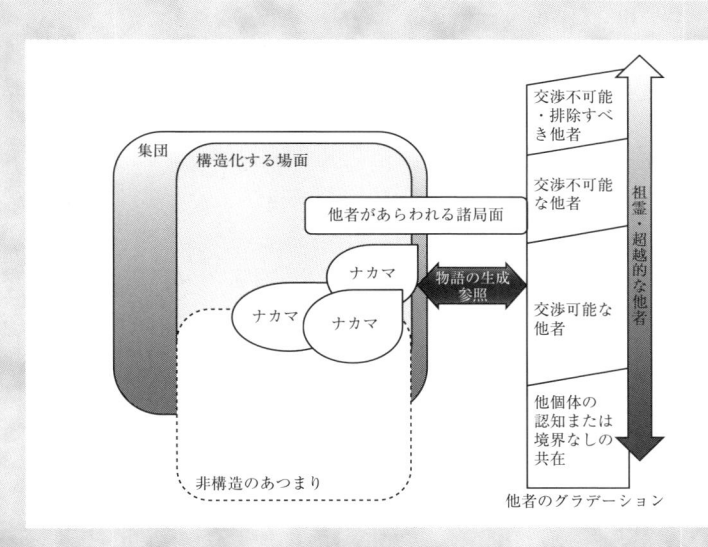

ベンバの村という居住集団は，親和性と共在が焦点化される非構造のあつまりと，おたがいの系譜や世代，性別などを明確化し，構造化する場面との重なりによってできあがっている．村の日常生活においては，人びとの相互交渉のなかに多様な他者があらわれる局面がある．他者のあらわれはグラデーションになっており，可変的，状況対応的である．人びとは，状況に応じてできごとを語り，多声的な対話を通して共通の物語をつむぎだすことによってナカマを生成しながら，集団を構造化していく．

1 ●他個体と他者

　出会った二者がたがいの「意図」を察し，それぞれの行為に反映させることによって，共同して社会的な出会いの場を生成する現象は，チンパンジーなどの大型類人猿やヒトに共通する社会性の特徴的なあらわれである（中村 2003；山極 2007, 2015）．このような能力は社会関係の基盤となる部分であり，ヒトや大型類人猿が進化史のなかで発達させてきた「社会性」の核をなすと考えられる．

　しかし，二者の出会いがいくつも接合するだけでは社会，すなわち構造化された集団は生成しない．二者関係では自分の位置どりの相対化はおこりにくい．構造化された集団が生まれるとき，そこには三者以上の出会いがあり「他者」があらわれる必然がある．三者以上の出会いは，次の行為を選択するときに，自分を中心点としながら複数の他個体それぞれの意図を見きわめるだけでなく，自分を含めた「全体」のなかで自分の位置づけを感知し，それをふまえた選択をする必要があるからである．どちらに先に近づくか，あるいは逃げるかは，どちらが自分に近いナカマか（あるいはもっと政治的な判断があるかもしれない）を判断することによって選択されるが，そのとき，当該の個体は自分を含めた諸個体を類別する．

　その場にいる複数の個体のうち，どちらがより自分に近いナカマなのかを類別することによって，「自分たち」という集合的なくくりと同時に，自分たちとは異なる「かれ」＝「他者」というくくりが生み出される．あるいは，「自分」と「かれら」というくくりが生み出される場合には，「かれら」にとっても「自分」が「他者」となることを知る．しかも，このような場合，重要なのは，個体間の相互行為の過程において，他者はその場に応じて状況対応的に，かつ多層的に現れるということである．他者とナカマはさまざまな社会的局面で入れ子のように現れて，それ自体が集団の構造的要素となりながら，全体構造をつくりだすと考えられる[1]．

　個体のレベルにおいて，自他の境界は容易に変動する．ターナーのコミュニタス論に言及するまでもなく，わたしたちは，他の人との境界がほとんど消えさる局面を経験的に知っているし，道具のような無生物でさえ，まるで自身の身体の延長のように感じられる経験もする．逆にモノが意思をもつかのように思えることもある．

　複数の成長した個体が同じ場所に集まっている場合でも，他者が常に顕在化しているわけではない．足立（2009）の議論をふまえて別稿（杉山 2009）で論じたように，非構造の集まりでは自他の区別よりも，共同でその場をつくることが主題となり，親和的な共在の場を構築する相互行為が繰り返される．親和性は集団が構造化されるときその存在にリアリティーを与え，集団の成員を深く結びつける．

わたしたちが他の個体と自己とを弁別する認識能力は，境界の可変性や状況対応性を備えている．「他者」が集合化されるとき，それもまた可変性，状況対応性をもって多層的に現れるだろう．集合化された他者の現れの柔軟さや多層性は，集団のありよう全体，つまり集団の規模や環境利用の様式，移動や定住といった暮らしかたと不可分であるはずだ．離合集散を繰り返しながら移動性の高い生活を営んできたヒトやその他の大型類人猿にとって，離合集散の柔軟性と集団の維持を同時に可能にした他者のありよう —— すなわち，「他者」を生み出すことによって入れ子状に「ナカマ」をつくりながら集団を構造化し，同時に，その境界を完全には固定化させないしくみ —— は，進化史上においても重要な展開であったといえるのではないか．

　もうひとつ考えておきたいのは，ある個体が他個体の意図を察することに伴う「ずれ」である．わたしたちは，他個体の意図を察知する能力をもつが，それはあくまで推測的に知るにすぎないという意味で，かならずしも相手の真意と合致していなかったり，読み違えていたりという可能性が常にあることも知っている．それゆえ，本書第17章で竹ノ下が言及したような「戦術的欺き」も成立するわけである．こうした「ずれ」は，円滑な行為接続の障害にもなるのだが，他方で，社会的な交渉や政治が成立する余地を生じ，それ自体がヒトやその他の大型類人猿の社会性を錬成する契機にもなりえただろう．個体レベルでの相互行為に，察しの「ずれ」が織り込まれていることは，他者が集合的に析出されるとき，有効に機能するように思う．

　ヒトの場合はさらに，言語を発生・発達させたことによって，「他者」をもっと操作的に使うようになった．言葉を使いながら「ずれ」を操作的に利用することによって，他個体（たち）との共通チャンネルを見出し，ナカマを生成することができるからだ．そして「いま，ここ」をはなれ，状況対応的に他者を生み出しながら，個別の経験を越えた集合的他者へと変換し，集団を生成する資源となすことができる．

　本章では，他者を，相互行為の実践における関係性として現れる現象と考え，それが集合的に生み出される過程に注目する．事例としてベンバにおける多様な他者の現れの諸相を示すことによって，ヒトにおける他者を集団の生成との関連で考えることを目的とする．

2 ●関係性としての自己と他者，物語と集合的他者の生成

　ヒトは発達の過程で他者に対する指向性と他者との分離を同時に経験するという[2]．自己意識の成立と共感の出現は，鏡像認知との関係ともあいまって，1歳半以降にみられる．

　共感性もまた，自他の区別とともに発達する能力であるらしい．共感性の発達は長期にわたる社会的視点の取得（役割取得）の発達段階と密接に関わる．4歳頃の自己中心的役割取得から，主観的役割取得，自己内省的役割取得の段階を経て，相互的役割取得の段階（13歳から16歳頃）に入ると，自他の視点の両方を考慮する第三者的視点がとれるようになる．この段階では自他両方の視点を同時的・相互的に関連づけることができ，人はお互いに相手の思考や情動などを考察しあって相互交渉していることに気づくのだという（伊藤・平林 1997；久保 1997）．こうしてヒトは自己と同時に他者を発見していくわけだが，そのとき獲得される「他者の視点」は，真に他者のものではなく，ワタシがそのように推察する他者の視点であり，本書第17章で竹ノ下が論じているような「役」，「役者」の枠組みの獲得である．

　社会心理学者のハーマンスとケンペン（2006）は，ジェームズ（1993）の認識的自己論に立脚しながら，多声性の概念を組み合わせて，対話的自己という考えかたを示した．多声的な対話は，想像上の空間において，ひとつのできごとについての異なる解釈を異なる立場にある他の人びとの声のやりとりとして生じ，世界についての物語を生み出しつづける．そこでの自己は，多数の視点を行き来しながら，（想像上の他者とのものも含め）対話の実践をとおして概念化されるという．自己は「内側」と「外側」の境界を越える関係性の現象であり，多声的な対話における相互行為のなかに自己と他者が同時に現れる．

　注目したいのは，ハーマンスらが I ポジションと me ポジションという装置を用意し，その二重性を前提に多声的な対話の実践を想定していることである．この枠組みにおいて，I はおおまかには物語の「著者」，me は「行為者（登場人物）」と位置づけられうるが（ハーマンス・ケンペン 2006: 71-72），この議論での me は，著者としての I から比較的独立した主体性をもち，I の思惑を越えて自由に語る存在である[3]．この対話における「登場人物」の声は，ワタシがそのように推察するところの他の人びとの声ではあるが，I のポジションは不変ではない．それは「登場人物」としての me それぞれについてストーリーを語る比較的独立した著者のように機能し，異なるポジション間を移動する．それが構成する世界観において，ポジションどうしが矛盾することもある（ハーマンス・ケンペン 2006: 73）．

かくして，多数の声による異なる経験，異なる視点が往来する想像上の対話を通じて，異なる経験は物語的に構造化され一つの世界が作り出される．それぞれの物語は相矛盾してもなお存在するし，「登場人物」たちの声によって作りかえられもすることを含意している．この点で，対話的自己の枠組みは本章におけるベンバの他者のあらわれとナカマの生成を考えるときに有効である．ベンバにおいて集合的に他者が作り出されるとき，そこに出現する「他者」は，他者化される当事者の意図を，他の人びとが，その当事者の真の意図や実際の行為とは別のところで想定することによってなりたつからである．また，状況に応じた語り直しによって，それとは相反する物語が支持され，かつての他者がいわば公然と姿を変える一方，それとは矛盾する物語も存在し続けるからである．

　ブルナー (1998, 1999) は，物語的思考様式において，ストーリーは，物語の進行を特徴づける人の意図や行為，またその経緯を扱い，その真実味を人に納得させるように解釈されているという．そこでは人間の個別具体的な経験が中心となり，その経験を時間と空間に位置づけようとする．ハーマンスらの「物語」への着目は，有用であるが，ここで集合的他者について考えるためには，物語が想像上の空間でではなく，実際の人びとの声によって語られ，行為されるものとして社会的な空間にあらわれることを重視したい．本章で扱おうとする集合的他者は，現実の声と実際の相互行為によって，異なる個体間で物語という形式をとおした多数の I ポジションの交渉を生じ，それによって析出されるといえるからである．そこでの個別具体的な経験はブルナーのいうようにその真実味を人に納得させるように解釈される．

　以下で扱う事例では，物語が現実の声をもち実際に行為され，交渉される．ここに竹ノ下が第 17 章で提出している枠組みを重ねると，先述の「ずれ」を相互交渉の場に織り込むことができ，「登場人物」たちのはるかに自由な声を聞くことができる．言葉を獲得したヒトは，こうして物語ることを通して，一連のできごとの「真実らしさ」を他の人に伝え，他の個体の経験を入れ子状に共有する．ある特定の物語を語りと共に作ることによって，人は経験の時間的経緯を可逆化するとともに，それらの経験をある特定の時空に位置づけてリアリティーを共有するような集合的なわれわれ＝ナカマと，他者を析出すると考える．こうした視点をふまえながら，次節からは，ベンバの民族誌的記述をとおして，他者のあらわれの諸相を検討する．

3 ●ベンバの日常生活と祖霊

3-1　ベンバ概要

　ベンバは，ザンビア北部州のミオンボ林に住むバントゥー系の人びとである．その起源は現在のアンゴラとコンゴ民主共和国周辺にあるが，17世紀末に現在のザンビア北部州のカサマに移動し，やがて周辺の諸民族集団を支配下にする母系の王国を形成した (Roberts 1974)．

　王国の政治組織はパラマウント・チーフ，チティムクルを頂点とし，チティムクルを含む3人のシニア・チーフ，その下位に15人のジュニア・チーフが位置する中央集権的な構成をもつ．それぞれのチーフは自身の領地をもち，領内の裁判権と祭祀をつかさどる自律性の高い王である．この政治機構は，19世紀末にイギリスに植民地化されてからさらに整備され，独立後も温存されて現在にいたる[4]．ベンバの人口は，1930年代の記録で十数万人，現在では200万人を超える[5]．

　人びとはベンバ王国の一員としての「われらベンバ」というアイデンティティーをもつが，居住集団としての村は10〜70世帯と小規模で，村長とその母系シブリングを中心として構成される．ベンバの村は，母系制で妻方居住制をとるため，村長の母系親族以外の男性は基本的に外来者である．離婚率が高く，女性世帯の割合が高いのも特徴である (Richards 1939)．村びとの移動性は比較的高く，他の地域に住む友人や親族を訪ねて長期に滞在することもめずらしくない．集落付近で焼畑に適したミオンボ林が不足すると，集落から数km離れたミオンボ林に出造り小屋を作って畑を開墾する人びとがあらわれるが，集落の創設後，10年〜30年ほど経つと，十分に再生したミオンボ林を求めて村全体が移動する．世代交代期には，村内のもめごとを機に分裂する村も少なくないが，それは母系社会に特徴的な集団のサイクルと連動している (杉山 2009；大山 2002, 2011)．

　ベンバの人びとは，チテメネ・システムとよばれる独特の焼畑農耕を中心に，採集や狩猟，河川での漁労，行商や都市部への出稼ぎなど，複数の生業を組み合わせて生活してきた．村びとの生活の豊かさはミオンボ林に住む祖霊の恵みによって守られているという．祖霊は天候や野生動植物をつかさどり，ミオンボ林の豊穣と生活の安寧をにぎっている．農耕に関わる儀礼をはじめ，ミオンボ林の利用にはさまざまな決まりごとがあるが，それらは祖霊信仰に支えられ，祖霊への作法と深く関わっている．祖霊の怒りは，災厄や疫病としてあらわれ，祖霊への作法を破った者に罰を与える．他者が現れる局面もまた，祖霊との関わりから生み出される．

3-2 ベンバの呪いと祖霊信仰

　ベンバの呪いは妖術信仰よりも，むしろ祖霊信仰と深く関わっている（Richards, 1950）．村びとにとって，祖霊は畏怖の対象であると同時に，儀礼や「ヘソの名」とよばれる慣行を通じた近しい存在でもある．人びとは祖霊の名前やパーソナリティーをよく知っており，祖霊どうしの系譜関係についての知識ももつ（杉山 2004, 2013）．

　村びとになじみ深い祖霊は，ベンバ王国を創始した王から 2，3 世代の十数人の王にほぼ限られる．村びとの人生は，「ヘソの名」とよばれる名づけの慣行によって，これらの王の名前や系譜と深く結びついている．女性が妊娠するとき，祖霊が女性のヘソから胎内に入り，子どもの生涯にわたって影響を与えるといわれ，その子が生まれると，まず，宿った祖霊の名をつける．これが「ヘソの名」とよばれる名前である．

　ベンバはヘソの名をとおして祖霊の名前を知り，ベンバ王たちの系譜に自分を位置づける．理論的には，ベンバならば誰でも，ヘソの名を通じて祖霊の系譜をたどり，おたがいをその系譜上に位置づけることができる．親族関係にない人との関係を作るときや，病気治療の儀礼など特定の場面では，ヘソの名を通して結びつけられるベンバ王の系譜を参照して，おたがいの位置関係を調整することができる（杉山 2009）．

　チーフや村長は，祖霊に働きかける作法を熟知しており，祖霊を祝福する責務をになう．そのゆえにチーフや村長は祖霊の庇護を得た強い霊力をもつと考えられ，権威や政治的な権力を与えられる．村の秩序を乱す者や規範の逸脱者には，村長が祖霊に訴えかけることによって制裁を加えることができる．邪術者や災いが村の領域に侵入するのを防いでいるともいう．一方，私的な妬みやうらみ，私的な利益をもとめて他者を害そうとする邪術もまた，広義の祖霊の操作によって可能であると考えられている．祖霊に働きかける作法は，それが規範遵守のためであれ，邪な目的によるものであれ，村びとの生活の安定と居住集団の維持に直接かかわる力となる．チーフや村長の他には，ングールとよばれる祖霊憑きや呪医などが，祖霊の意思を知り，祖霊のことばを村びとに伝える技能をもつ．

　ベンバの村でもっとも基本的な生活原理は分かちあいである．分け与えないと他の人の怒りや妬みをまねき，それが呪いとなって災いがふりかかったり，祖霊を怒らせて疫病や不作を引き起こしたりするともいう（Richards, 1950；掛谷 1987）．思いもかけない病気や災いにみまわれたとき，呪いや祖霊の怒りは，村びとがその因果関係を説明する道具としても使われ，人びとが解決の道をさぐるための指針を提供

する．逆に，共に暮らしていた人びとが袂を分かつきっかけにもなる．ベンバにおける他者は，災厄や呪いについての物語の生成をとおして人間関係の裂け目に頻繁に析出し，集合的な意味での他者の生成が，集団の分裂を生み出す契機となる．

4 ●呪い・災厄と他者

4-1　他者の諸相と物語

　他者の諸相は，ネットハンティング，病気の治療儀礼，祖霊遊ばせ儀礼など，祖霊と呪いにかかわる複数の局面にあらわれる．

《局面１：ネットハンティングにおける祖霊の意思 ── 埒外の他者から交渉可能な他者へ》
　1984 年 8 月，私は指導教官の掛谷誠氏とベンバの M 村に滞在し，村びととも親しくなっていた．ある日，掛谷氏がネットハンティングに同行しようとすると，村長らは強く拒否した．その日のネットハンティングは祖霊憑きの女性の昇位儀礼に伴う特別な猟だったためである．猟には祖霊の意志を占う意味があり，祖霊憑きの女性の呪医としての修行を始める判断がくだされることになっていた．村長らは，「これは私たちの重要な儀礼だ．白人がいると祖霊が気分を害するだろう．昇位儀礼が妨げられるから，白人の同行は認めない」というのだった．それは，掛谷氏という「白人」が，村の重要な儀礼に関わるべきでない「埒外の他者」であるという宣言でもあった．
　ところが蓋をあけてみると，獲物は一頭もとれなかった．同行した呪医の占いによって，村に問題があること，猟に参加せず村に残った者のなかに，大きな怒りを抱えた者がいるとの結果が出た．その人が「怒りをひそかに口にして呪った」ので，祖霊が怒っているというのである[6]．占い結果を見た村長や猟に参加した村びとの多くは「それが掛谷さんを指しているとすぐわかった」という．丸一日かけても獲物がとれなかったので，村びとは空手で村に帰ってきた．
　ベンバの村におけるネットハンティングは，食用の肉を得るという実利的な目的の他に，猟果から祖霊の意思を知るという占いの機能ももつ．ネットハンティングで獲物がとれないことは祖霊の怒りを示す．獲物がとれたとしても，それがオスだとなんらかの問題を祖霊が示していると判断する．獲物がメスならば，村は平穏で祖霊も喜んでいるという．ふだんのネットハンティングに呪医が同行することはほ

写真1 ●ネットハンティングの合間に網をたたんで語り合う村びとたち.

とんどないが，昇位儀礼や収穫儀礼などの重要な機会には呪医が同行する．猟の成果を受けてミオンボ林のなかで占いをし，問題の所在を判別したり，祖霊への祈りを捧げたりする．

翌日，村長が掛谷氏のもとに謝罪に来て，次のネットハンティングへの参加を依頼した．掛谷氏自身が「怒りを口にして呪った」事実はないのだが，占い結果を聞いた村びとは「そうしたはずだ（でなければ，とれないはずがない）」と決めこんでいた[7]．後日，掛谷氏が参加したネットハンティングでは，すぐにメスの獲物がとれ，昇位儀礼は無事におわった．

このできごとを村びとは好んで語った．その主題は当該の祖霊憑きの女性の呪医への昇位で，それぞれの村びとが自分の見聞きしたことを織り込んだが，誰の話でも掛谷氏が重要な役回りを与えられた．それは，当初，自分たちの生活の根幹には関わりない埒外の他者とみていた「白人」が，実は怒りの言葉をとおした呪いの発信者であり，自分たちの生活に影響力をもつ存在だったこと，また一度は怒りを示したものの，村長の謝罪と参加の依頼に応えて，重要な儀礼を成功させるために協力してくれる存在でもあること，さらに祖霊が「白人」を自分たちの村の一員とするよう望んでいることが確かめられたというストーリーである．掛谷氏は自身の思惑や実際の行動とはほぼ関わりなく，「私たちの白人」とよばれるようになり，かれらの暮らしに無関係の「埒外の他者」から，同じ村の一員として「交渉可能な他者」へとその位置どりを変えたのだった．

《局面2：ネットハンティングにおける村びとの合意 —— ナカマから交渉可能な他者へ》

ネットハンティングの失敗は，村に問題があることを示唆する．問題の当事者とされた人は，猟に使う網の浄化儀礼をしなければならない．呪医が同行しない猟では，参加した男性の間で，当事者の査定をめぐるあてこすりの会話がきかれる．誰かが過去にもめごとをおこしていたり，怒りを口にせずにいたりしたことが思い起こされると，複数の村びとがそれを示唆し，対話の中でその人が問題の当事者として選び出される．それは，村びとがふだん気にしながらも口にできない人間関係の懸念を公にする機会でもある．

選び出された当事者は納得しない．しかし不満げに網の前にひざまづき「何も覚えはないけれど，私のせいだと言うなら謝る，謝る，謝る」とつぶやきながら，木の枝で網を数回たたく．続いて周囲の村びとが拍手し，村長が「問題はきれいになった」と言って次の猟をはじめる．それでも不猟が続いたときには，呪医の同行を頼んで占いのネットハンティングが開催される．

この過程は，猟の失敗をきっかけに，当初はナカマとして猟に参加した村びとが，過去の自分の行為に勝手に社会的な意味を読みとられ，他の村びとにとっての他者とされる過程である．このときその村びとは，他の村びとにとって「交渉可能な他者」であり，村のもめごとの責めを負って浄化儀礼をおこない，状況を打開してくれる存在でもある．そうして析出された「他者」は，選び出された当の村びとの意思とは「ずれ」た形で集合的に，しかし，一時的に生み出された他者である．「問題はきれいになった」という村長の宣言とともに，当事者とされた村びとはふたたびナカマに戻る．

　ただし，一時的にとはいえ，この局面で他者の役割を負ったことは記憶され，のちのちに災いやもめごとがあったとき，次に述べるような「交渉不可能な他者」としてあらわれることもある．次節で述べる村の分裂に関わるもめごとでは，この局面で村長が祖霊の怒りを引き起こした者として名ざされたことが，深刻な問題に結びついた．

《局面3：治療儀礼における名ざし —— 交渉可能な他者と，交渉不可能な他者》
　たてつづけに災厄にみまわれたり大きな病気にかかったりすると，村びとは呪医の治療を受ける．病気や災厄の原因に関する診断がおこなわれ，問題の当事者がかなり明確に示される．原因として指摘されるのはおもに，呪いを意味する「人から来る病」や祖霊の怒りである．呪いの診断がくだされる場合には，呪った人の属性について細かな言及があり，関係者を集めた治療儀礼がおこなわれる．祖霊の怒りとされた場合でも，その発端となるできごとが示唆され当事者たちが集められる[8]．

　いずれの場合も，呪ったとされる人は告発の内容を否定する．しかし，呪医による診断を他の人びとが支持するなら，その人自身は身に覚えがなくても治療の場に同席し，治療儀礼に協力しなければならない．告発された村びとは，ナカマにとって有害な他者と位置づけられ，ナカマから排除される可能性をもつが，治療儀礼に協力するならば，不幸な現状を修復するために共同する「交渉可能な他者」に組み入れられるからである．場合によっては，呪いや祖霊の怒りを招いた行為は，告発された人が意識的にしたのではなく，内側にある妬みがそうさせたのだという方便によって[9]，関係を修復する可能性を開かれる．

　告発された人が，排除されるべき「交渉不可能な他者」として位置づけられることもある．それはとくに近親者が呪いの張本人だとされた場合に多い．こうした場合の呪いは，単なる妬みや怒りが祖霊を介してあらわれたというよりも，はじめから相手を害そうという意図をもって行われた真の邪術であり，近親者を殺すことによって自身の力を増そうとする邪悪なくわだてだと考えられるからである．

村びとは「近い者がもっとも恐ろしい」という．強力な邪術者は自分の身内を呪い殺して自分の力を強め，それを喜ぶ．悪意と強欲の権化である邪術者との共存はありえないが，現に存在してしまう邪術者に対処するには，それを「交渉不可能な他者」として排除する以外にないと考えられ，チーフの裁判所などへの告発もおこなわれる．前述の通り，こうした告発は世代交代期によく起こり，告発を機に，村の分裂へと展開することもある．

《局面4：祖霊遊ばせ儀礼におけるほのめかし —— 身体内の超越的他者としての祖霊》

　祖霊憑きの村びとが集まって祖霊との交流をはかる「祖霊遊ばせ儀礼」には，定期的な村の行事としての儀礼と，不定期に随時おこなわれる儀礼がある．定期的におこなわれるのは，毎年10月頃の「祖霊に感謝する酒」儀礼で，ネットハンティングによる占いを伴う．このとき祖霊憑きの人びとは村長の家に集まり，祖霊を憑依させてその言葉を語りだす．この場面で村長の祖霊祭祀の過ちが叱責され，村びとの間に隠されたもめごとが公にされる．叱責された村長らは，作法に従って祖霊に謝り，その許しをとりつける．

　隠されたもめごとが明かされるとき，名ざしに使われるのはヘソの名になる祖霊の名である．もめごとの相手も祖霊の名で示される．もめごとの当事者だと指摘された村びとは，村長の家の外の酒宴の輪から呼びだされて家のなかに入り，祖霊たちの前で和解交渉をする．名ざされたヘソの名をもつ村びとは複数いるので，原則としてそれらの村びと全員が当事者としてその場に関わる．

　多くの場合，祖霊からの指摘は，実際にあった村びとどうしのもめごとをふまえているので，呼び出された村びとのなかには思い当たるふしがある人びともいる．かれらが，「それは私のもめごとだ」と名乗り出て，自分の言い分を主張することもある．誰も出てこない場合，当事者として呼び出された村びとたちは「何も覚えはないけれど，私が悪かったというなら，謝る」と言って，たがいに手を打ち鳴らす．その後，村長が「これで問題はきれいになった」と述べて和解を宣言する．

　ここで興味深いのは，当事者と名ざされた村びとにその自覚がなくても「私が悪かった」と謝り，和解を宣言することである．名ざされたヘソの名をもつ人びとがまとめて交渉の相手として他者化され，和解を演出することによってもめごとを解決する役目をせおうのである．そして，局面2と同様，和解の成立後はナカマに戻る．ただ，ここで言及されるもめごとは呪いにきわめて近い問題だと理解されているので，深刻な病や災厄の際には想起され，その災因の説明に使われることもある．

　不定期の「祖霊遊ばせ儀礼」は娯楽的な意味あいが強く，祖霊たちが歌い踊るの

写真2 ●ネットハンティングで獲物が捕れず，問題の当事者とされた男性が木の枝で網の浄化儀礼をおこなうところ．

を見て楽しむものである．そうした歌や踊りの合間に，村のなかの問題が指摘されることもある．ここでは当事者が名ざされないが，もめごとの存在をほのめかす祖霊は憑依のはじめに自分で名のるので，村びとはその祖霊の名をヘソの名にもつ村びとの誰がもめごとに関わっているかを考える．こうしたできごとも，その後の災厄のときに思い起こされ，その因果関係の説明要素として使われる．

　ヘソの名の慣行によって，すべての村びとの身体内には祖霊がいることになっている．祖霊は，さまざまな機会に怒りを表明することによって，隠されたもめごとを公にする．祖霊に名指されたその人は，自身の身の内にある祖霊という超越的な存在の他者から，自身の行為を告発されると同時に，他の村びとからは，「交渉可能な他者」として扱われ，場の修復役割をゆだねられる．しかし，自分ではそのような行為をした覚えがなく，名ざされた自分は，自分自身にとって見知らぬ他者でもあるという，多重の他者の現れのなかに放りこまれる．

　こうした機会をとおして，同じ祖霊の名をヘソの名とする村びとは，おたがいが同じ祖霊によっていやおうなく結びつけられていると知る．逆に村びとどうしのもめごとでも，祖霊の名前で名ざされることによって，祖霊という超越的な他者の間のもめごとであるかのように転化して語る抜け道も与えられている．

5 ●集団の離合集散と他者を作る物語

5-1　できごとの連なりと分裂の物語

　他者は，複数の局面で異なる様相をもちながら現れる．このような道具だてを利用して，日常に起こるさまざまなできごとを関連づけ，複数の人びとが共に物語を作りあげていく．局面 1 や局面 2 で示したように，それは目の前の問題への集団的対処と結びつけられ，問題の解決やナカマ関係の修復といった再統合にむかうことが多いが，関係の分断へと展開することもある．とくに世代交代期には，それまで共に暮らしていた他の村びとを「交渉不可能な他者」として自分たちから切り離す働きをする．このとき，ある共通のできごとに対して，対立的な物語が生み出されるが，どの物語を語るか（支持するか）によって，村は複数の小集団に分裂する．以下，M 村の分裂と再生に関わる事例をあげよう（杉山 2004）．

　表 1 に，この物語に関連するできごとを時系列的に示した．この村は，1958 年に先代村長がその兄弟姉妹を集めて創設した．1963 年に，獣害や病気を理由に集落自体を移転した．先代村長は 1982 年に村長の地位を弟に譲った．

表1 ●M村の分裂と再生にかかわるできごと

年	村のできごと	チーフ領内のできごと
1958	M村の創設 獣害と病の頻発	
1963	集落の移転	
		前チーフ没
1982	先代村長が弟に村長の地位を譲る	
1983	村長と青壮年層との関係悪化	新チーフ指名
1984	青壮年層が出造り小屋 ネットハンティングの不調 先代村長が重病 盗難事件・乳児が蛇にかまれる	食用イモムシがとつぜん消える
1986	黄熱病の流行・子どもたちの死 若い女性の奇病・生き返り 先代村長が呪具を置いたことが判明 先代村長および村長を邪術者として告発	チーフの裁判所での調停
1987	村の分裂 上記若い女性が毒蛇にかまれる	村籍抹消の問い合わせ
1996	村の再興	

　先代村長から村長位を引き継いだ弟は，姉妹の息子たちに厳しく対応した．ベンバは母系制をとるため，村長にとって姉妹の息子は自分の地位を継承する存在なのだが，村長とかれらの関係は悪化した[10]．村長の姉妹の息子である青壮年男性たちは，大きな焼畑を作りたいという理由で，村から数km離れたミオンボ林に出造り小屋を設けた．そして，焼畑の開墾作業にかかる半年ほどの間，まとまって村を離れ，おたがいの親和性を高めていた．

　分裂につながる物語の発端となったのは，1984年以降のさまざまな災厄である．1984年は盗難や乳児が蛇にかまれる事件があり，ネットハンティングも失敗続きで，祖霊の怒りや村のもめごとを懸念する声があった．同年の10月には，豊作が予想されていた食用イモムシがとつぜん姿を消した．さらに，1985年末から1986年にかけて，この地域一帯に黄熱病が流行し，この村でも数人の子どもたちが亡くなった．そんな矢先，村の若い女性が奇病にかかり，病名の診断がつかないまま死亡した．さきに黄熱病で亡くなった子どものひとりは彼女の娘だったので，村びとは次々に彼女をおそった不幸に心を痛め，葬式には多くの人びとが集まった．ところが葬式の最中に，死んだと思われたその女性は息をふきかえした．

　女性は息をふきかえしてからも意識がはっきりせず，呪医の診断を受けた．その

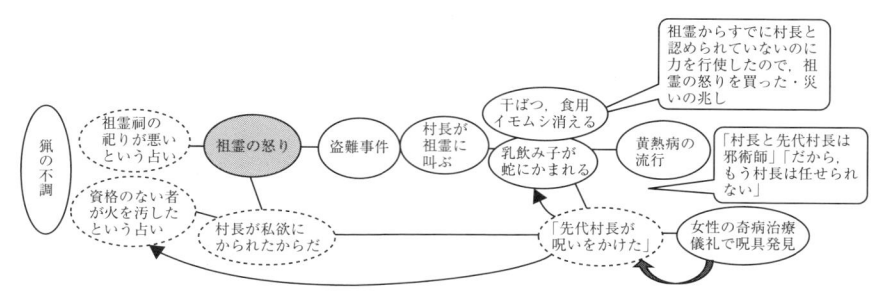

図1 ●分裂にむかう物語

過程で，先代村長が呪具を置いたことがわかる．先代村長は，呪具は盗みの犯人を知るために置いたと弁明したが受け入れられず，1987年に邪術者として告発された．村長も，その権威を濫用していたずらに祖霊に働きかけたので，祖霊の怒りを買い，乳児が蛇にかまれる事件をおこしたとして，告発された．

それ以降，1984年来のさまざまな災厄は因果関係をもつ物語として，遡及的に語られるようになった．「猟の不調，黄熱病による子どもたちの死や女性の奇病，食用イモムシが消えたことは，すべてがつながっていた．その原因は先代村長による呪いと村長への祖霊の怒りである．祀りかたを誤った村長への祖霊の怒りが事態をさらに悪化させた．これがネットハンティングで示された問題である．村長はそのときすでに祖霊の守護を得られなくなっていたのに，盗難事件で祖霊に訴える力を使ったので，祖霊の怒りをかきたてた．一連の災いのはじまりは村長が不正な方法で祖霊の祠を新設したことである．乳児が蛇にかまれた事件は，不正な権力を行使しようとする村長への祖霊の怒りが現れたものだ．それは，黄熱病や女性の奇病などその後に起きた大きな災いのきざしであり，祖霊からの警告だった．村長は村びとを守るものだという責務を忘れて私利私欲のために，また先代村長は私憤のために祖霊を利用し，親族を呪った．それらが祖霊の強い怒りを招き，われわれに不幸をもたらした．かれらはただの邪術者だ.」

この物語は一朝一夕にできたのではない．図1に示したようなできごとそれぞれに直接関わる人々がそれぞれの話を語り，それを聞いた他の人々が解釈を加え，立場を変えて語ることによってできあがったのである．

ここではずっと前のネットハンティングで明かされた問題にさかのぼって，それが指し示すところの村長の祖霊扱いの過ちを，すべての災厄のはじまりとする．乳児が蛇にかまれた事件をその後の一連の不幸のきざしとして位置づける（図1）．そのような事態を招いた村長や先代村長を責め，その権威に異議をとなえる．村長と

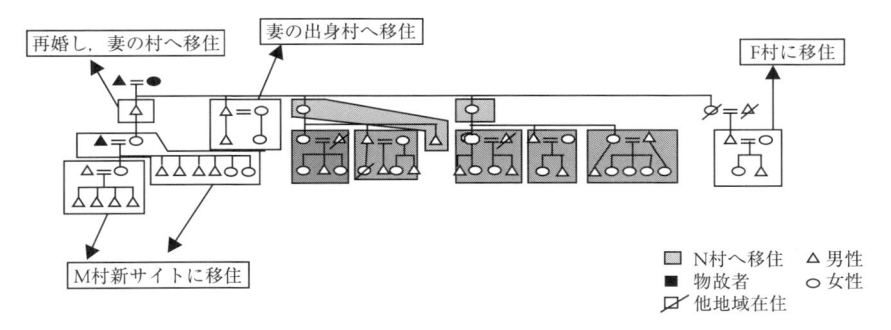

図2 ●分裂の様態と物語による他者化

先代村長は，邪術者だと決めつけられ，チーフの裁判所での和解調停も不調におわった．先代村長らを告発する物語を支持した人びとはまとまってN村へ，それを是としない村長と先代村長はそれぞれ別の村へ，どちらにもくみしない人びとはF村へと移住し，この村は分裂し消滅した（図2）．分裂につながる物語のなかで，村長と先代村長は権威の正当性を奪われ，私憤と私利私欲にみちて近親を呪う邪術者と断じられた．そこでは，他者が現れる局面2・3・4でかつて起きたことが思い起こされ，物語の重要な伏線的要素として使われた．これらを因果的に統合した物語が村びとに共有されたことによって，村長と先代村長は集合的に他者化され，「交渉不可能な他者」，それも排除すべき他者として位置づけられ，M村という居住集団は分裂・離散したのだった．

5-2 再生の物語

M村の分裂からおよそ10年後，村長の継承資格をもつ先代村長の姉妹の息子とその兄弟姉妹を核として，M村は再生した．村が再生する数年前から徐々におこなわれたのは，以前とは異なる視点から分裂の物語を語り直すことである．かつて先代村長らを告発する物語を支持した人びとは，さまざまな機会にできごとを語ることによって同じできごとについて和解と再生の物語を作りあげた．それは次のようである．

「ネットハンティングの不猟や占いで示された『ただならぬ問題』は，当時の村長と青壮年男性が対立し，村が分裂の危機にあることを示唆していた．そのことを祖霊が警告していたのだ．われわれはここでよく話し合うべきだったのに，祖霊の警告に気づかなかったので，さらに祖霊を怒らせた．」

「黄熱病の流行と子どもの死は，チーフ領内全体に広がっていたのだから，村長ではなくチーフの誤った祖霊祭祀がより大きな祖霊を怒らせたためだ．チーフの祖霊祭祀の過誤のせいで，雨も降らず食用イモムシが消えたから，われわれはたいへん苦労をした．われわれの土地を政府に売り渡したのもチーフだ．」

「女性の奇病は夫の浮気相手の呪いのせいで，先代村長の呪具とは関わりない．彼女の災厄は先代村長がいなくなってからも続き，毒蛇にかまれて足指を失うめにあっているからだ．先代村長はむしろ，薬草の知識を使って，夫の浮気相手の呪いから彼女を救ったのだ．正義のためといいながら呪具を置いたことは先代村長としてはあるまじき行為だが，それはもう済んだことだ．村長の責務を思い出して女性を救ったことのほうが重要で，尊敬すべきだ．」

分裂の物語を生み出したのと同じ人びとが，同じできごとを配置し直して対話的に作りあげたこの説明の特徴は，分裂の物語において一連の因果関係としてつなぎ合わされた事柄を分解し，災厄のはじまりが村長の過ちにはないことを示した点にある．ネットハンティングの占いで示された「ただならぬ問題」は男性間の不和に，黄熱病の流行はチーフの不始末による祖霊の怒りが原因だと解釈する．さらに，村の女性の奇病を夫の浮気相手の呪い，という狭い当事者間の文脈へと引き戻している．

この解釈は，かつて先代村長や当時の村長が弁明として語った説明をほぼ踏襲したものだった．つまり，M村を再生しようとした人びとは，分裂時とは異なる視点（先代村長という他者を想定したポジション）から当時のできごとを配置し直すことによって，またふたたび，先代村長と自分たちが共有できる物語を作りだしたとしたといえる．かつて邪術者と断じられ，「交渉不可能な他者」として排除された先代村長は，村の再生を視野に「交渉可能な他者」として迎え入れられ，新しいM村のナカマへと組み入れられた．

分裂の物語を語り直すことによって，先代村長を「交渉不可能な他者」から「交渉可能な他者」へと位置づけ直したのには理由があった．村長の地位を継承するには，年長者から特別な教えを受けて祖霊への作法を知り，祖霊を祀る方法を伝授されなければならない．親族に対してもっとも有効な祖霊への作法を教えることができるのは，母方オジであり村長の経験をもつ先代村長であった．その点からも，かれは「交渉可能な他者」に戻らなければならなかったといえる．かつて先代村長を告発し袂を分かったM村の青壮年男性たちは，こんどは先代村長が弁明のときに語った物語のしつらえをなぞり，その後のできごとをつけくわえて再生の物語を生み出した．そして，その再生の物語を先代村長も含む新しい村の成員たちで共有することによって，和解を果たしたのである．

再生の物語でとりあげられた要素には，分裂の物語で語られたのとほぼ同じできごとが用いられていたことに注意したい．しかし分裂の物語が，祖霊の怒りを引きおこしたできごとを村レベルの文脈で村長や先代村長の個別的な過ちに帰しているのに対して，再生の物語は同じように祖霊の怒りを鍵としながら，それが引き起こされた文脈をチーフ領レベルに移すと同時に，村レベルでは先代村長ら個人ではなく，「われわれ」全体の過ちに帰して，先代村長らを集合的に他者化する道を封じている．

　こうした物語のなかで，祖霊という超越的な他者が果たす役割は大きい．村びとそれぞれは，個別の存在として「いま，ここ」に対面しあう．だが，それぞれがヘソの名によって祖霊に直接つながり，祖霊が律するミオンボ林によって生活の安寧を与えられているという考えかたによって，物語は村びとが経験する「いま，ここ」のできごとをとりあげながら，その場とは別の層での因果関係を示しながら，個人の経験を社会化する．

　ここで注意しておきたいのは，降雨の不順や不作，動物の害，疫病の流行など，村全体の安寧に関わる問題は，人ではなく，祖霊という超越的な他者の意思と結び付けて語られることである．大きな災害が起こると，それまで個別の文脈で理解されていた個人間のもめごとが，祖霊の意思につながる物語として語りだされる．そしてまた，それがある政治的な立場の表明になり，村の権威たる年長者たちの力を失墜させる道具にも使われた．それが新たに「われわれ」というポジションから先代村長の視点をなぞる物語として語り直されたことによって，先代村長の権威は取りもどされた．

6 ●物語のすりあわせと集合的他者の生成

　ベンバの日常生活においては，他者が顕在化しない局面から，埒外の他者，交渉可能な他者，交渉不可能な他者と，多様な局面で異なる他者の現れがグラデーションを作っており，人びとは状況に応じてそのグラデーションを往来しながら，物語をとおして他者を生み出す．通常の場合，人びとはそれぞれ個別の経験をそれぞれの立場で語るが，他者が生み出される局面では，個別に語る物語が「祖霊の意思」によって方向づけられ，結果的にある特定の村びとを他者化する．

　また，三者以上の村びとが集まる場で，人びとは祖霊の意思に託して問題を可視化させ，問題の当事者を査定し，一時的に交渉可能な他者を生み出して，問題の修復をはかる役割を担わせる．そこでは，示された「祖霊の意思」を背景に，人びと

がそれぞれの物語をすりあわせることによって，おたがいの物語の視点じたいを近づけようとするやりとりがなされる．たとえば，3節の局面2のように問題が可視化されたあと，参加者の間でのあてこすりの会話の繰り返しによって「当事者」が査定される過程は，人びとが査定された「当事者」の視点（Iポジション）からの物語を集合的に作り共有しようとする姿勢をよく示している．そこでは，おたがいの視点や物語に「ずれ」を前提しているからこそ，「ずれ」を越えた共同にむけてのすり合わせの努力がなされるように思う．

　他者が顕著に現れる局面は，たび重なる不幸，もめごとやいさかい，天候不順による不作や疫病など，村という居住集団にとっての危機である．そこでは集合的なやりかたによって，本来つながっている他の村びとを「他者」にしたて，あるときは祖霊への儀礼的な謝罪をとおして，あるときは邪術の告発をとおして「祖霊の怒り」や「呪い」によって滞っている社会生活を修復する役割を負わせる[11]．また，M村の分裂時に，青壮年世代の男性グループと先代村長・村長の年長男性世代グループの対立の図式が描かれたように，できごとを一連の物語として共有することによって，個別の経験を社会化しながら状況ごとにナカマを生成し，集団を構造化する．あるできごとに関わる村びとの経験は個別的でそれぞれに異なっているにもかかわらず，それぞれの物語をすり合わせていくうちに，それらがひとつの視点にそってまとめあげられ，他者を析出していく．

　ここで指摘しておきたいのは，「交渉不可能な他者」にしたてられ，告発の対象となったとしても，当該の人が完全に排除されるわけではないということである．ヘソの名という慣行によって，すべてのベンバの身体のなかにはあらかじめ祖霊という超越的な他者がいることになっている．同じ祖霊が他のベンバの身体のなかにも存在する．このように，あらかじめ相互関係の完全な切断ができない道具だてをもちながら，「交渉不可能な他者・排除すべき他者」としてナカマから切り離すところに，集団の分裂と再生に関わるしかけがある．

　物語のもつ力も重要である．M村の再生時に新たな物語が語り直されたように，物語を異なる視点から再編することによって異なる文脈が生み出される．同じできごとの連なりが，まったく別の他者を析出しながら異なる世界観をかたちづくる物語となり，ナカマの再編による離合集散をうながす．できごとは異なる視点から自在に再編され，経験された事実は操作可能な社会的対象であるかのような様相を帯びる．本章で扱ったM村の事例では，村の権力をめぐる競合者からの視点と継承者としての視点の矛盾を解消したところに再生の物語が生まれた．そこでの言葉は物語の自在な語り直しを可能にし，その意味で，できごとの時間を可逆化したといえる．

ベンバの事例ではとくに，他者のグラデーションに祖霊という超越的な他者を配置することによって，天候不順や疫病など，現実にはとらえどころのないものさえも，対処できるできごととして位置づけることを可能にしている．そこでは，「祖霊の怒り」を引き起こしたとして選び出された者が他者化され，祖霊の怒りをしずめるための媒介者の役割をあてがわれることによって，そうした災厄に集合的に対処する方途が生み出される．

　ベンバは，もめごとやいさかい，疫病，天候不順による不作など，村びと全体にとっての危機的な状況に際して，他者を析出させることで集合的に対処し，環境や社会関係の修復と集団の維持をはかってきた．その一方で，病や不幸といった個人の経験をも素材として，物語を生成し共有してもきた．それによって，自在に他者を生み出しながら，個別の経験を超えた集合的他者へと変換し，ナカマの分裂や統合などの再編を通じて，柔軟な離合集散と移動を繰り返してきた．ベンバにおける「他者」は，規模や構成を変化させつつも，長期的な継続性を保った集団を生成する資源となっている．

　こうした事例をふまえると，個体間の相互行為における「察し」の「ずれ」の可能性は，多様な他者を生み出す契機であると同時に，言葉を介在させた多声的な対話による物語の「すり合わせ」をとおしてその都度作りかえられる世界観の共有にむけた指向も生み出したといえる．このやりくちは，西江（本書第6章）が言及する「制度的他者」の生成とも通底する部分がある．この指向性がヒトに特異的に現れたのか否かについては，言語の果たす機能の検討を含め，竹ノ下（本書第17章）が試みているようなヒト以外の大型類人猿との比較を通して，今後，議論を深めていく必要があるだろう．

注

1) 自分とは異なる主体性をもつ存在を認めるという点で，個体レベルでも「他者」は生まれるのだが，本章では，集合的に生成される「他者」に焦点をあてる．とくに断らないかぎり個体レベルでの「他」は他個体と記述することにする．
2) ハーマンスとケンペン（2006）によるスターン（1983）の引用．
3) 竹ノ下は演劇の喩えを用いるズデンドルフをふまえながら，「物語を演じる存在」であるヒトにとっての「他者」がいかなる存在であるかを考察し，そこにある二重性を，自己のうちに役者兼演出家としての自己（"自己＝役者"）と，物語の中で演じられる役柄としての自己（"自己＝役"）とする．この枠組みは，ここで引用するハーマンスとケンペンの対話的自己のアイデアと通底するものがある．
4) 植民地時代以降の国の土地制度も，この政治機構を土台とした総有制で，チーフの許可を得た村長は，その一帯の土地を利用する権限も同時に得る．村びとはその一帯の土地を

自由に開墾し，使うことができるが，私有化はされないというのが，近年までの慣行であった（大山 2011）．
5）1964 年のザンビア独立後，民族集団別の人口集計はおこなわれなくなった．現在では日常的に使用する言語別の統計記録が出されている．
6）怒りは公の場で言葉によって表明されなければならない．怒りが公に表明されないままで残り，怒りを覚えた本人がひとりごとで怒りを口にすると，その言葉はそのまま呪いとなり，祖霊の怒りを発動させるともいわれている（杉山 2013）．
7）このてんまつを私が知ったのは，その翌年のことである．
8）たとえば，1985 年の 12 月におこなわれた若い女性の治療儀礼では，その女性の夫方親族が祖霊の怒りを買ったために，当該女性に災厄が及んだという診断があった．告発された夫方親族の男性は，まったく身に覚えもなく，自分は潔白だと抵抗したが，他の親族の説得に応じて，当該女性の村に行き，治療儀礼に参加した．治療儀礼と町のクリニックでの施薬の結果，病気は治癒したという（1987 年当該女性への聞き取りによる）．ただし，自分の配偶者の浮気相手による呪いだと診断されたような場合には，相手を呼び出すことはなく，対抗的な呪術的措置をとるという．
9）杉山（2013）．
10）母系社会における母方オジと姉妹の息子は，政治的権力をめぐる構造的な対立関係にもある（Turner 1972）．
11）苦しむ主体としての他者，苦悩する他者（本書終章船曳論文）などとも関連する．

参照文献

足立薫（2009）「非構造の社会学 ── 集団の極相へ」河合香吏編『集団 ── 人類社会の進化』京都大学学術出版会，3-22 頁．
ブルナー，JS（1998）『可能世界の心理』みすず書房．
───（1999）『意味の復権 ── フォークサイコロジーに向けて』（岡本夏木・仲渡一美・吉村啓子訳）ミネルヴァ書房．
デイヴィス，MH（1999）『共感の社会心理学』（菊池章夫訳）川島書店．
ハーマンス，H・ケンペン，H（2006）『対話的自己 ── デカルト／ジェームズ／ミードを超えて』（溝上慎一・水間玲子・盛正芳訳）新曜社．
伊藤忠弘・平林秀美（1997）「向社会的行動の発達」井上健治・久保ゆかり編『子供の社会的発達』東京大学出版会，167-184 頁．
ジェームズ，W（1993）『心理学』（今田寛訳）岩波文庫．
掛谷誠（1987）「妬みの生態学」大塚柳太郎編『現代の人類学 I　生態人類学』至文堂，229-241 頁．
───（1994）「焼畑農耕社会と平準化機構」大塚柳太郎編著『講座地球に生きる (3) 資源への文化適応』雄山閣出版，121-145 頁．
久保ゆかり（1997）「他者理解の発達」井上健治・久保ゆかり編『子どもの社会的発達』東京大学出版会，第 6 章．
中村美知夫（2003）「同時に「する」毛づくろい ── チンパンジーの相互行為からみる社会と

文化」西田正規・北村光二・山極寿一編『人間性の起源と進化』昭和堂，264-292 頁.
大山修一（2002）「市場経済化と焼畑農耕社会の変容」掛谷誠編『アフリカ農耕民の世界』京都大学学術出版会，3-50 頁.
―（2011）「ザンビアにおける新土地法の制定とベンバ農村の困窮化」伊谷樹一・掛谷誠編『アフリカ地域研究と農村開発』第 5 章 2，京都大学学術出版会，246-274 頁.
Richards, AI (1939) *Land, Labour and Diet in Northern Rhodesia*, Oxford University Press, London.
― (1950) *Bemba Witchcraft*, Rhodes-Livingstone papers 34, Rhodes-Livingstone Institute, Northern Rhodesia.
Roberts, A (1974) *History of the Bemba*. Longman, New York.
Stern, D (1983) The early development of schemas of self, other and "self with other". In: Lichtenberg, JD and Kaplar, S (eds), *Reflection on self phycology* pp. 49-84, Hillsdale, NJ.
杉山祐子（2004）「消えた村・再生する村 ── ベンバの一農村における呪い事件の解釈と権威の正当性」寺嶋秀明編『平等と不平等をめぐる人類学的研究』ナカニシヤ出版，134-171 頁.
―（2009）「「われらベンバ」の小さな村」河合香吏編『集団 ── 人類社会の進化』京都大学学術出版会，233-244 頁.
―（2013）「感情という制度」河合香吏編『制度 ── 人類社会の進化』京都大学学術出版会，349-369 頁.
Turner, V (1972) *Schism and Continuity in an African Society: A Study of Ndembu Village Life*. Manchester University Press, Manchester.
山極寿一（2007）『暴力はどこからきたか』日本放送出版協会.
―（2015）『ゴリラ　第 2 版』東京大学出版会.

第12章 「顔」と他者
顔を覆うヴェールの下のムスリム女性たち

西井涼子

❖ Keywords ❖

ダッワ運動，受動性，ムスリム女性，顔，ヴェール

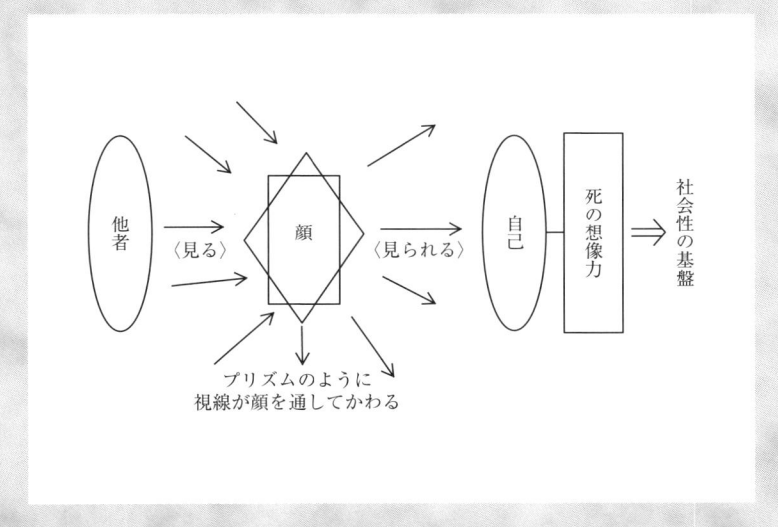

　人間は身体として存在することで，どうしようもなく他者との交感関係に入ってしまう．他者は，対峙することで自己を触発して生成させ，顔はその触発関係において要となる．人間は顔を通して他者を受け取り，目の前の他者から非現象としての他者＝超越的な他者への飛躍を行う存在であると考える．死の想像力をもつようになった人間が，生物学的な個体の表象としての顔を越えて，倫理的自己を生成する契機となる顔をもつ．それは，ヒトが進化の過程において，顔を通して社会性の基盤を形成するようになったといえるのではないだろうか．

1 ●顔を覆う布

1-1　自己と他者の境界にある「顔」

　死者の顔に布をかぶせるのは，日本的習慣とは限らない．ムスリムと仏教徒が混住する南タイの筆者の調査村においても，ムスリムも仏教徒も息を引き取った人を布団に寝かせているときには，布で顔を覆う．もっともこの場合には，日本のように顔だけに布をかけるのではなく，ムスリムならば白い布で全身を覆うし，仏教徒も棺桶に入れるまで毛布などで体全体を覆う[1]．この時，死者の顔を覆う布は，あたかも生者と死者を区別する印であるかのようである．その布は，死者がどんなに安らかな顔をしていても，その身体は生きているときとはすでに異なった様態となっていることを示す．しかし，なぜ，死者の顔を覆うのだろうか．そこには，顔がもつ独特のイメージ喚起力が関連していると思われる．

　顔は，一人一人の個体を区別する個性をもっている．進化の過程において，顔は，エネルギーをとりこむ口からはじまり，目や鼻や耳などの感覚器官が加わって形成される（馬場 2009: 12-14）．霊長類の段階になると，側方にあった目が正面へと移動することによって，立体視が可能となり，脳が大型化する過程を経ている．霊長類においては，ゴリラもピテカントロプスも顔の表情筋は同様に発達しており，顔の表情が意思伝達において重要であると指摘されている[2]．

　心理学においても，顔の表情認知が社会関係の基礎にあることはつとに指摘されている．1980年代にエクマンらは，驚き，恐怖，怒り，嫌悪，悲しみ，幸福という基本的な六つの感情について，顔の表情が人類に普遍的な特徴をもつという説を発表し，大きな影響力をもった（エクマン・フリーセン 1987）．近年では，顔の表情認識に文化差を認める研究が注目され，顔認知に関する研究は隆盛を呈している[3]．

　本章では，このように社会関係に重要な「顔」をめぐって，自己と他者に関わる人間存在のあり方について考えてみたい．具体的には，タイにおけるイスラーム復興運動[4]の一つであるダッワ運動[5]に参加する女性たちの顔を覆うヴェール着用をめぐって，「顔を覆う」ということを，他者をめぐる考察につなげる[6]．それは，対面状況において，具体的な「顔」をめぐる現象から，レヴィナスの非―現象の「顔」における生の倫理までを射程にいれつつ，人間の社会性の成り立ちの一端を明らかにする試みである[7]．

1-2　顔の不在

　ムスリム女性の着用するヴェールには様々な形態がある．顔を含めて全身を覆うニカーブやチャダル以外にも，インドネシアやマレーシア，タイでも一般的なヴェールは，顔は覆わず，髪の毛を覆う短めのものである[8]．

　ここでは，これらのヴェールのうち，特に顔を覆うヴェールの着用について考えてみたい．タイ語「*pit na*」(顔を覆う)の「*na*」は「顔，前」，「*pit*」は「閉じる，ふさぐ」を意味する．本章ではこの「顔を閉じる」こと，すなわち「顔の不在」が，逆に顔のもつ意味，顔が顕す現象を明らかにすることを示す．

　鷲田は「顔の不在がひとを不安にするのは，おそらく，その顔がもはや何かとして限定できない曖昧な存在へと移行したからである」という (鷲田 1998：34)．それは，また対面状況において，「顔の不在とは，人びとがたがいに自己を相手のなかに鏡像のように映しあう，そのような相互理解の関係に入ることの不可能性のことであり，したがって覆面や仮面で顔を覆うことは，私と他者とが滑らかな交通関係に入ることの一方的な拒絶を意味している」(鷲田 1998：36)．

　顔をヴェールで覆ったムスリム女性を直視しがたいもののように感じ，相手とのコミュニケーションがとりにくいと感じた経験をもつのは私だけではないであろう．それは，一つには相手の表情を見ることができないため，こちらの発話が相手にどのように受け取られたのかを確認することができず，次の発話へとスムーズにすすめることを躊躇してしまうという面もあるであろう．

　しかし，私の場合，一度でもヴェールをとった顔を見たことがある人であれば，その後はヴェールをつけていてもそれほど戸惑いを感じずに会話をすることができる．しかし，一度も顔を見たことがないと，誰と話しているのか，その相手が不分明であるという感覚を持ち続けることになる．つまり，このときの顔は，対話する相手の人格全体を把握する要となっている．他者は，顔によって把握した気にさせられるような相手なのである．

2 ●ダッワ運動と女性の活動

2-1　ダッワ運動の特徴

　ダッワ運動では，パーソナル・リフォーム (個人的改革) として身体的な移動，旅行による教化を重視する．ダッワのコスモロジーに個人が改宗することは同時に世

界の変容を意味する．新しい世界は信仰者の最も深く内的な部分に打ち立てられるという (Maud 2000)．つまり，個人の実践を通じて，個人の世界観・内面を変容し，ひいてはその生活態度全般，生き方そのもののイスラーム的方向への変容をめざす．

具体的には，月に3日，年に40日もしくは4カ月の期間，シュロ (*shuro*) と呼ばれるリーダーのもと，ジュマーアトという10人前後のグループをつくり，各地のモスクを訪問する．一つのモスクに3日間滞在しては，そこでイスラームの学習をするとともに，村人の家を訪問して活動への参加の呼びかけを行う．米などの自炊道具を持参してモスクで煮炊きし，宿泊する．このダッワに出ている期間は，参加者はモスク外の世俗世界から完全に「隔離」され，礼拝と学習に没頭して過ごす．そこでは，モスク内での規律の完全なる遵守が求められる．

こうした旅行は，通常は男性のみで組織される．女性も交えた旅行は特別に編成される（後述）．

ダッワの参加者にとっては，家族関係，夫婦関係についてもダッワの理念は反映されるべきものである．ダッワの教えはまず，妻や子供から開始するという．妻の服装についても，夫が留意する．かつてインタビューをした南タイのあるダッワのリーダーは「ダッワに出る人は宗教に真摯に向き合うので，子供や妻の服装も放っておかない」といっていた．彼の妻は，結婚して夫と一緒にダッワに出るようになってから変わったという．それまでは南タイの普通の女性のように，顔を覆うことはなかったけれど，結婚してからは外出時には目だけ出して顔を覆うようになったという．

2-2 メーソットにおけるダッワ運動

タイにおけるダッワの導入は，1966年，ミャンマーとの国境，ターク県メーソットのハジ・ユスフ・カーンによるとされている[9]．メーソットにおいては，ダッワに参加したことのあるムスリム男性は90％以上にのぼる．参加経験者の間でも，ダッワについては賛否両論がある．すなわち，現在のメーソットのムスリム・コミュニティのダッワ運動においては，近年ミャンマーから流入してきたムスリムを中心としたダッワ推進派と，かつてダッワに参加したけれども現在は批判的な態度をとるタイ人ムスリムを中心とした反ダッワ派という二つの立場の違いが鮮明に浮かび上がっている．これは，ミャンマー人ムスリムの流入という新たな事態によって変容してきたダッワ運動の現在の様相である．

2–3　女性のダッワ活動

　女性のダッワの活動としては，女性だけの勉強会であるターリムが活発に行われている．メーソットでは，ビルマ語とタイ語が混在する地域性に即して，女性だけのターリムが，タイ語とビルマ語で週に一度それぞれ行われている．2013年の調査時にはビルマ語のターリムは毎週金曜日，タイ語のターリムは毎週日曜日に，参加者のいくつかの家でもちまわりで行われていた．ターリムの参加者はほとんどの人が，外では顔を覆うヴェールを着用している．ターリムの会場となる家の室内に入ってそこが女性だけの空間になると，彼女たちははじめてヴェールをとって顔をみせる[10]．

　2012年8月31日のビルマ語のターリムの様子は次のようであった．午後2時から，タブリグの教本やコーランの節をよみあげること約30分，途中，男性のイスラーム知識人がやってきて講義をするが，男性の姿はカーテンの向こうで見えない．男性の姿を見せないというよりも，男性に女性を見せないために，女性のいる側は電気を消し，カーテンの向こう側だけに明かりをつけて15分ほどの講話が行われた．はじまってから約2時間．終わるとスナックなどが出され，ひとしきりおしゃべりして，外に出る前に女性たちは再びヴェールをつける．ビルマ語のターリムでは，部屋の中で写真をとっていいかとおそるおそる尋ねるとみんな一斉にヴェールをつけ，その姿の写真を撮ることを認めてもらえた．顔を覆うヴェールは，ここでは標準的な装いである．

3　●顔を覆うヴェール着用の事例から

3–1　ヴェールで顔を覆った動機

　女性がヴェールで顔を覆うことは，メーソットでは強制されない．顔を覆うヴェールを着用しようと決意した動機について，多くの人が他の女性が着用していたことをあげる．いくつか例をあげてみよう．

　タイ語のターリムで出会ったスニヤ（23歳）は，父がパキスタンからきたムスリム，母は元タイ仏教徒で，結婚によりムスリムに改宗している．東北タイのナコンサワンで生まれ，生後4カ月のときにメーソットに引っ越してきたという．目鼻立ちの整ったはっとするほど美しい容姿をしていたが，彼女も外では常にヴェールで顔を覆っている．彼女がはじめてヴェールをつけたのは中学2年生の頃だという．

第12章　「顔」と他者　　279

彼女は10歳のときに叔母と一緒にはじめて3日間のダッワに出て以来，何度も親族と出ており，中学2年生のときにバンコクに1年間イスラームの勉強に行った．彼女は，顔を覆った動機を「兄嫁などまわりの女性が覆っているのをみて自分も覆いたいと，母に許可を求めて，顔を覆わせてもらった」という．彼女はその後19歳でメーソットに帰ってきて，イスラーム教師と結婚し，今は子供たちにイスラームを教えている．

　女性がダッワに出る場合には，必ず，夫か，結婚することができない関係にある父や兄弟といった男性親族と一緒にいかなくてはならず，女性のみで出かけることはできない．ダッワに出ている間は，男女は夫婦であっても別々の場所に滞在する．男性はモスクに泊まり，女性はまとまって近くの家に泊まる．その家の男性は，ダッワの女性が滞在している間は帰宅できない．この男女がペアで出かける形態のダッワをマストゥロ（*Masturo*）と呼ぶ．

　ダッワに参加すると日常とは異なる高揚感や連帯感を感じる人が多い．多くの女性がダッワに出ている間に顔を覆いたくなり，ダッワから帰っても続けて顔を覆いたくなったという．サイダー（38歳）は，その気持ちを次のようにいう．「ダッワに出ている間，私以外はみんな顔を覆っていた．40日のダッワから帰ってきてから，私も顔を覆いたくなって覆った」．このように，多くの彼女たちの顔を覆う動機は，ダッワの女性たちとの関係からくる．

3-2　顔を覆う理由

　一方，彼女たちは，動機とは別に，顔を覆う理由を次のように語る．

　まず，女性は貴重な財産であるということがしばしば口にされる．女性が顔を覆う理由を，「女性はダイヤモンドのよう．引き出しにしまって外に出さないようにしなくてはならない」と表現したり，「女性はバナナのよう．もしそのままとっておけば新鮮だけど，むいてしまうとすぐにだめになってしまう．だから女性は外に出るときには顔を覆わなくてはならない」といったりする．これらは，ビルマからのダッワ（マストゥロ）来訪時に，女性たちの集まりで聞かれた言葉である．

　また，女性たちは，男性の欲望を引き起こすことが罪であり，罪を犯さないようにすることを，顔を覆う理由としてあげる．ザイナブはすでに教師を定年退職した後で，ダッワ活動に没頭し顔を覆うヴェールをつけている女性である．60歳をすぎているとは思えない若々しく美しい彼女は次のようにいう．「女性がきちんと覆わないで外に出て男性が欲望をもつと，欲望をもたせたことで罪になる．それは人を殺すより悪い．人を殺しても一人．けれど，きちんとした服装をせず，大勢の

男性の欲望をおこさせるのは多くの人に罪を犯させることになる.」
　ビルマからきた華やいだ雰囲気をもつ美しいダッワの女性は，同様のことを次のようにいう[11].「夫の父は私を見たことがない．子供が3人いるけれど，私は見せないように努力している．もし私を見たら美しいと思うかもしれないし，悪いことを考えるかもしれない．心は変わるから．宗教（イスラーム）は（顔を）見させない．父と実の兄と弟だけ（には見せる）．夫の兄弟にも見せない．こうしてこの世を過ごすと，あの世にいったときに神がむくいる．まだ皮をむいていない果物と同じ．髪の毛を見せないのは，もし見せると死んだときに髪の毛1本が7万匹の蛇になって噛むから.」
　さらに，顔を覆うことは自分自身の危険回避にもつながるとサイダー（38歳）はいう．彼女のケースを少し詳しくみてみよう．
　バンコクで，夫は空軍，彼女はIT企業で働いていた．夫が友人の誘いでダッワに出始め，やがて妻を誘い，とうとう2003年，28歳のときに二人で仕事をなげうってメーソットに帰ってきた．
　サイダーはいう．「顔を覆うことであの世で報酬を得られるし，この世では安全を得られる」．また「男性はちょっかいをかける勇気がでない．護身になる．顔を覆うと，それですべてがよくなる」ともいう．サイダーが言及した「この世での安全」は，相手からその存在が「見えなくなる」ことからきている．「死んだあとに罰をうけなくてすむ．私のように顔を覆うと男性が見ても見えない．美しいかそうでないか．何も悪いことはできなくなる．私たちも男性を見る必要がない，男性が私を見ても見えない．男性もからかったりすることができない．そして顔を覆った女性も男性を見つめることはできない．静かにしている．見たくはない．心も覆っている（klum citcai duai).」
　顔を覆うことは，こうした見る／見られる関係を遮断し，さらにはそれにより関係性そのものも戦略的に操作しうることを表わしている．次のファティマの例では，そのことが明確にみてとれる．

ファティマ（28歳）
　ビルマ人ムスリムで，15年前に7人の兄弟と一緒にメーソットに移住してきた．彼女は，私がはじめて参加したビルマ語のターリムで，流暢なタイ語で通訳をしてくれた．10歳の息子と二人で暮らしている．20歳のときに両親がビルマ人ムスリムと結婚させようとしたため，バンコクの親戚の家に逃げた．しかし，その男性はいい人だからという両親の説得を受け入れて結婚したが，お腹の子供が7カ月のときに，バンコクでバイク・タクシーの運転手をしていた夫が事故死した．その後メー

ソットに戻り，子供が1歳半のときに，22歳年上の45歳の男性と再婚した．彼にはすでに妻がいたが，子供に父親がいないのはかわいそうだといわれ，断っても両親のところに3回求婚にきたのでついに結婚することに同意した．2番目の夫は南タイのサムイ島でローティ[12]を売っており，彼自身はムスリムだが仏教徒の妻と住んでいる．彼はしばしば自分の両親の住むメーソットに帰ってきて1日100バーツ[13]くれた．しかし，再婚してすぐに，この新しい夫が容易に激昂しては，彼女や息子に暴力をふるうことがわかった．時には首をしめてご飯を食べることができないときもあった．息子を電気のコードでたたいたりした．自分への暴力は我慢できても，息子への暴力は我慢できないと語った．この義父を息子は嫌い，「おかあさんの敵討ちをする．彼をナイフで刺す」といった．

彼女がはじめてダッワに出たのは4年前だ．息子は「お母さん，モスクに行かない方がいいよ．お父さんがまた殴るよ」といった．ダッワに出て彼女は，みんなが助け合って愛情深いことに驚いた．「彼らは同じ皿から手で食事をとって食物を分け合う．兄弟や姉妹でもないのに，皿を洗ったり一緒に寝たりする．アッラーは偉大でムハンマドは偉大だ．3日間のダッワの後，同じコミュニティに住んでいるにも関わらず別れるときには泣いた」という．後にパキスタンにダッワにいったとき，なぜ顔を覆わないのかと聞かれた．パキスタン人は彼女にいった．「すべての人はみんなそれぞれの好みがある．ある人は色白が好き，ある人は色黒が好き．（もし女性が顔を覆わなかったら）男性は女性を欲する．問題が起きる．預言者は女性が顔を出しているのが好きではなかった．」ファティマは，自分が色白ではないことで美しくないというが，私からみると彫が深く目の大きな魅力的な容貌をしている．彼女はダッワから戻って顔を覆うことを決意した．

顔を覆い始めたときには，ファティマは自分にできるだろうかと思った．しかしやってみるとよかった．はじめ夫はそれを嫌がり，やめさせようとした．2年前，彼女はついに夫がメーソットに滞在しているときには毎日殴られるという7年間のみじめな結婚生活に終止符をうって離婚した．現在は，元夫がメーソットに帰ってきても，道で会っても挨拶をすることなく彼を避けることができる．「今は，メーソットに彼が帰ってきても無関心だ．挨拶しない．今は顔を覆っているので，知らん顔をする」という．こうして顔を覆うことでファティマは不愉快な人間関係を遮断することができるようになったのである．

3-3 顔を覆うことへの批判

通常は顔を覆うことのない一般のタイ人ムスリムからも，顔を覆うことに対して

は批判の声を聞く．南タイの調査村ではムスリムと仏教徒が半々で混住しているが，顔を覆うヴェールをつけるのは3人のみで，いつもつけているのは，近年移り住むようになったミャンマーからきた元仏教徒の女性1人のみである．彼女はムスリムの夫に従って改宗してムスリムになっている．村でダッワ活動をするコープは，妻をダッワに連れ出し始めてちょうど1年たつ．その頃から妻がヴェールをつけるようになった．ただし，それは彼女が夫とダッワに出るときのみであり，通常の村の生活では，他のムスリム女性と同じように顔は覆っていない．妻が村で恒常的にヴェールをつけていない事情について，コープは次のようにいう．

「顔を覆うことは，神の律法が決めたことだ．顔を覆う勇気がないというのは人間を怖れている．批判されるのを恐れる．陰口をいわれたり．もし王が兵士にこんな制服を着るようにと命令し，村人にまるでリケー（村芝居）みたいだと陰口をいわれて，その服を脱いだとする．村人は罰することはできないが，王は，（命令に従わなかった兵士に）死刑を命ずることもできる．だから（顔を覆うことで陰口をいう）人間を恐れず，神を恐れるべきだ．」コープの妻は，他の村人の批判を恐れて日常的にはヴェールをつけてはいない．

先にあげたサイダーの両親も娘が顔を覆うことにはじめは強く反対した．「（顔を覆うことは）好きではない．向こうではいい仕事があったのに，なんでやめたのか，と毎日いわれた．毎日，毎日いい続けてついにいわなくなった．はじめダッワに40日出て，顔を覆って家に帰ってきたら，母は家にあげてくれなかった．彼らは反対したが，そのうち母は何もいわなくなった．その頃まだ（顔を覆っている人は）多くなかった．（顔を覆っているのは）ミャンマーからきた人が多い．……どんなに話してももう（顔を覆うヴェールは）とらない．耐えなければならない．父は，なんで顔を覆うのか，あまりに厳格すぎると非難し，外で会ったときにどれが娘かわからない，と挨拶もしない．多くの顔を覆った人が外を歩いているときに，どれが自分の子供がわからない．だから挨拶しないという．みんな真っ黒だと．」

これらの批判は，宗教的理由からくるというよりも「顔」を覆う行為そのものに対する拒絶反応であると思われる．その他にも，顔を覆うことで実質的な影響があることを反対の理由にあげる場合もある．

実質的に不都合となる事態に言及するのは，イスラーム学校の校長先生である．学校のアラビア語の授業で授業のときに顔を覆ったままでは口元がみえないという．語学の学習には口元をみせることも大切であるし，かつ教室には子供ばかりで，大人の男性はいないのだから顔のヴェールは教室ではとるように，ヴェールで顔を覆って授業する女性教師に頼んでいるという．ミャンマーからきたマストゥロの勉強会で出会ったタイ人ムスリムのザイナブも，かつて英語教師をしていて，在職中

は顔を覆うヴェールはかぶることができなかった．定年後にそうしたヴェールをかぶるようになったという．

　また，ダッワ参加者以外のムスリムのなかには，宗教的理由をあげて顔を覆うことに対して，異なる解釈を示す者もいる．

　ファリダ（42歳）は中部タイのチャチェンサオのイスラーム学校で6年間の教師経験があり，現在は家でイスラームを子供たちに教えている．結婚してメーソットに移住してきた．夫はメーソットの中心的なモスクのイマムである．女性は顔と手は覆う必要がない，それは完全に自由意思にまかされているという．

　ハリマ（78歳）は，明るくて活動的な女性で，病院や地域でボランティアをしており，今でも，毎週末夜行バスで，バンコクに通ってイスラームの講義を受けている．そのときに，メーソットから宝石などをもっていって商売もする．バンコクでの勉強はすでに20年以上になるという．彼女は，自分はメーソットで一番イスラーム知識があると自負している．「イスラームは顔と手を覆うことは命じていない．コーランには『女の信仰者にもいっておやり，慎みぶかく目を下げて，陰部は大事に守っておき，表に出ている部分はしかたがないが，その他の美しいところは人にみせぬよう．胸には蔽いをかぶせるよう．』と書いてあるだけだ」という．

3-4　顔を覆うことによる変化

1) 顔を覆う女性自身

　実際に顔を覆うとどうなるのかについて，多くの女性から共通して次のような感想がきかれた．

　「心がより平穏になり（*citcai sagop khun*），幸福になり（*mi khwam suk*），ここちよくなる（*sabai cai*）．」また「功徳を得るのはあの世，この世では安全を確保する．そして，神を信じる．あの世で徳を得ることができる」という．ビルマ語のターリムで会ったアイシャ（30歳）も次のようにいう．「すべてがよくなった．心がより楽になった．大きく変わった．」

　タイ人ムスリムのザイナブも「顔を覆うと気がやすまる．男性に見られるのは居心地が悪い（恥ずかしい）．夫と父や兄弟ならばいいけれど」という．サイダーは，逆につけないと，「もし顔を覆わないと，外にいってどうしていいか分からない．ここちよくない（*mai sabaicai*）」という．

2) 顔を覆う女性を妻にもつ男性

　実際に妻が顔を覆うことを夫はどのように感じているのだろうか．

他の男性の視線からの危険回避がまず一つある．アラムは，ミャンマーからきたイスラーム教師で，ダッワのリーダーでもある．彼はいう．「顔を覆うのは最高だ．宗教（イスラーム）の特質だ．コーランでもそう書いてある．働いていて覆えないのは仕方がない．でも一番いいことではない．男性は覆う必要がない．女性は覆わなければならない．男性が見るのでよくない．覆うと危険ではない．きれいかどうか分からない．女性は重要だ．だから覆っておいて家におくのがいい．妻は家にいて何もする必要がない．」
　また，先に言及した南タイでダッワ活動に従事するコープは，女性が顔を覆う理由としては，ほかの女性たちとほぼ同じように，宗教的な罪と財産としての女性の価値をあげる．「イスラームの規範によれば，女性は男性の財産だという．顔だけじゃない．もし外にいけば，セックスの欲望が起こってくる．露出した服装をしたら罪だ．実践するのは難しい．しかし，世間では変だとみられる．イスラームでは正しい．もし親族でなければ，顔を知らない．誰の子供かがわからない．顔がどんなか．覆っている．人的資源（*sapayakon butkhon*），価値のある資源だ．欲望を阻止する．（頭のいい人材の海外への）頭脳流出を阻止するように，また天然ゴムや，ジャスミンライスと同じように，大事に守っていくのだ．」
　また，妻が顔を覆うようになって美しくなったと感じるともいう．タイでは色白であることが，美人の第一条件といっていいほど重視される．コープは少し嬉しそうに，「顔が色白になった．誰の妻かと（他の男性に）顔を見られると，気が悪い（*huacai sia*）」という．
　ここでの構図は，男性＝主体，女性＝財産，ゆえに女性は，外からの危険を回避して家の中で大切に守らなければならないという論理にそっている．ダッワに出かけたときには，妻は個人名では呼ばれないという．例えば，夫の名前がコープだと，「アリヤ・コープ」と呼ばれる．アリーとは庇護下にある者という意味で，「アリヤ・コープ」とは，「コープの庇護下にある者（コープの妻）」ということになる．帰宅するときに，女性の滞在する家から妻を呼び出すときには，「コープの庇護下にある者出てきなさい．もう車に乗るから」となるという．「洗剤（などの商品）と同じ．ブリーズ，パオなど商標がある」．つまり，妻は夫と一体であり，夫は妻を指し示す標示なのである．

4 ●ヴェール着用者が対峙する他者

　前節ではヴェールを着用しはじめると，その女性が住まう世界は大きく変容する

ことを述べた．本節は，男性からみたときに財産，資源である彼女たち自身が，そこで自らが自己をたちあげるときに向きあう他者を 1. 神，2. 夫，3. ダッワの外の三つに分けて，彼女たちの語りからみてみたい．そこからは，彼女たちの生きる世界が垣間見えてくるであろう．

4-1　神と向きあう ── ダッワの世界

　ダッワの活動に没入しはじめると，ダッワ以外の世界との関わりは二次的となる．ダッワの多くの家庭にはテレビもない．ニュースもみない．自分たちの心の平穏のみ，あの世のことのみに関心があるようである．2013 年 12 月の調査時にタイではちょうど大規模な反政府デモが行われており，連日ダッワ以外のムスリムの家では朝から晩までテレビをつけっぱなしにして，家族はみんなテレビの前で釘づけという状況であった．メーソットからは，大型バスが出てバンコクのデモに参加する人たちもいた．しかし，ダッワの関係者に今回のデモのことをきいても，自分たちには関係ないという．それは，男性のダッワのリーダーたちも，ターリムに参加していた女性たちも同様の答えだった．

　ヴェールで顔を覆ったダッワの女性たちは，ヴェールの中で平穏で，宗教的な満ち足りた暮らしを選んでいるかのような印象を受けた．サイダーは，かつては医者や，弁護士がいいという価値観をもっていたが，今は違うという．子供たちもダッワのなかで宗教的な生活をしてほしい，そして子供の夫もダッワの人がいい．そうしないとうまくいかないからという．

　また，かつて英語教師をしていたザイナブは，早期退職をして今はダッワ活動に没頭する生活を送っている．彼女にダッワに出る前と出たあとで変わったかどうかを尋ねると，彼女の答えは次のようなものだった．

　「変わった，大いに変わった．メーソットを出て，ピサヌロークで大学に通った．でも，宗教（イスラーム）は捨てなかったし，礼拝も捨てなかった．コーランを読むのも捨てなかった．ずっとやってきた．ダッワの仕事はここちよいと感じる．心が平穏だ．何も考えない．足るを知る．子供もみんないい人間だ．神は子供をみんないい人間にしてくれた．神に感謝する．今は環境がこうだから，子供を宗教の中にいさせる．ぐれた子はいない．タバコも喫わないし，お酒も飲まない．……2 歳の孫娘がテレビをみてそれを見本とする．ファッションモデルが歩くように歩いて見せたり，ほおずりしたり．子供が真似をするのでテレビを消して見せない．でも，時には宗教のこと，神を思って歌を歌うビデオなんかを見せる．動物の番組などは見せる．コマーシャルなんかも裸が多い．ムスリムが禁止していることを見せるの

はよくない．昔は今ほどひどくなかった．テレビは子供に影響を与える．私たちも車の広告を見て，美しいと，毎日見ていると欲しくなるだろう．子供も同じだ．脳の中に入る．」

サイダーは，顔を覆うことが生活においてより神と向きあうことになることを，次のように明確に述べている．「顔を覆うと礼拝も急いでやる．自動的にやるようになる．顔を覆っていないと，礼拝もやったりやらなかったり，5回全部そろわない．でもこれは全部する．畏れる．神を畏れて礼拝をする．顔を覆っていないときは，人はときには面倒くさがったり，外出したり．」さらにサイダーはいう．「集中力がついた，礼拝するときなどに集中する．心が平穏だ．宗教の勉強をますますしたくなる．宗教を理解したいという気持ちが高まる．そして，他の人を助けたいという気持ちが高まる．」

このように，顔を覆うヴェールをまとうことで，女性はより神と向きあう生活を送ることになる[14]．

4-2 夫と向きあう —— ダッワの家族生活

サイダーは，ダッワに出はじめて夫との関係も変わったという．「もし宗教があれば，より愛する．宗教は子供や家族を愛するように教える．何か宗教に関することをするときには，喜びを感じる．話をするのもいい．もし宗教があれば彼は満足している．妻が顔を覆うと，彼は嬉しいと思う．」

ダッワに没頭する夫婦はどのような日常生活を送っているのかについて，サイダーに語ってもらった．

「朝午前5時にアザーン（モスクからの礼拝の時刻を告げる呼びかけ）があると子供を起こして礼拝させる．夫が家で一緒にターリムを読む．10分くらい．夫はそして昨日の（勉強会での）ように話す．夫はモスクに行く．5時半くらいに．（モスクでの）礼拝が終わってから，夫は彼の両親がやっている喫茶店に手伝いに行く．そこに作ったケーキを届けるのだ．長女は私がバイクで7時半に学校に送っていく．イスラーム学校の1年生だ．男の子は夫が幼稚園に8時半に送っていく．そして夫は9時にはモスクに再びいく．9時から11時の間，毎日ダッワ（の活動）について話し合う．そのための時間をとる．時には人を訪問する．家を訪ねたり，病人を病院に訪問したり．12時くらいに帰ってきてご飯を食べて休む．そしてまたモスクにいく．私は先にご飯をつくっておいて，10時に店に出かける．女性は12時40分に礼拝，夫は1時にする．夫はそのままずっとモスクにいることもあれば，家に帰ることもある．3時には夫が息子を迎えにいく．娘は自分で歩いて帰ってくる．

4時に店を閉めて家に帰る．夫は4時に息子を迎えにいって（家に送り届け），4時半にはまたモスクに出かけて礼拝する．娘は5時に先生がきてコーランを読む．ダッワの子供たちが7，8人くらい集まって，5時から7時まで毎日勉強する．金曜日だけ休みだ．夜の礼拝（イシャー）[15]が終わるまで7時半くらいまでモスクにいる．そして家族でご飯を食べる．夫はケーキをつくる．私は子供を寝かせつける．午後10時くらいまでケーキをつくる．1回に10個，2日に一度つくる．」夫がダッワに出ていないときには，こうした毎日が続く．

　サイダーの夫は，毎年4カ月間ダッワに出てしまってその間に連絡が全くとれない状態になる．サイダーも，夫婦でダッワに熱心であるがゆえに，たとえ出産のときにいなくても，夫の父親が死んでも，ダッワの実践を中断することなく4カ月後に帰ってきてはじめて子供の顔を見たとしても，ダッワの活動をしているのだからと受容している．「4カ月出ている間，連絡はまったくない．電話もない．どこにいるのかもわからない．4カ月が終わったときに電話してくる．『4カ月完了して，家に帰る』と．毎年そうだ．2番目の子供を産んだときには，一人で病院で生んだ．夫はどこにいたのか，パキスタンかどこか，知らない．最後の日にバンコクに帰ってきてはじめて知った．『子供を産んだのか，男か女か』と尋ねた．彼は何も知らなかった．」彼女はいう．「夫の場合には問題はない．酒を飲むわけでも，たばこを吸うわけでもない．遊び人ではない．遊びにいくわけではなく，宗教の仕事で出かける．みんな喜ぶ．女性も功徳を得る．……神がなんとかしてくれると確信している．もし夫が死んでしまったらどうするのか．誰にも頼れない．神に頼る．ずっと一緒にいるわけではない．いつか死んだら，私たちも自分でやっていかなくてはならない．子供3人を育てなければならない．たった4カ月，すぐに迎えにくる．……神が私たちを養ってくれる．夫が養ってくれるわけではない．夫が死んだらどうする．やっていかなくてはならない．誰が先に死ぬか分からない」と達観している様子である．

　しかし，夫婦でダッワに出るとまた，違った意味で利点がある．それは，ダッワに一緒に出ると夫との関係が新鮮になることである．

　サイダーはいう．「夫婦でマストゥロに出たときに，帰ってきたらまるで結婚したばかりのときのように，とても幸せを感じる．マストゥロでは女性と男性は別れる．男性はモスク，女性は家にいる．一組ずつ呼びだして会う．そのときは，恥ずかしがってまるで恋人になったばかりのときのよう．幸せだ．喧嘩しない，あきない．まるで結婚したばかり．毎回そうだ．マストゥロに出たら，互いに理解する．喧嘩しない．ずっと，結婚したばかりのよう．一緒に遊びにいったよう」．

　また，かつては夫より収入も多かったサイダーであるが，夫に従うことが幸福だ

という．「タイでは多くの女性が働いている．そして自分に自信をもっている，男性より優れている，と．でもイスラームは，女性が男性より優れているということはできない．家長が宗教の原則 (lak satsana) に従っていると彼に従う．問題はおこらない．幸福だ．彼には理由がある．全く喧嘩しないというわけではない．時には彼は私を許容する．時には彼を許容する．助け合う．従うだけというわけではない．彼は私のいうことも聞く，彼のいうことも聞く．13 年間一緒にいるが，子供ができてより助け合うようになった」．

ダッワに出ることで夫との関係が良くなったという人は他にもいる．夫が妻をより愛するようになったという．ラフマット（42 歳）は，ミャンマーからタイにきて 20 年，顔を覆いはじめて 9 年になる．20 歳で結婚して，16 歳の娘がいる．夫（53 歳）はミャンマーから交易にタイにきたという．「自分で好きになったのではなく，母が結婚させた．今は好き．なぜならば神が愛情を入れてくれた．……神は彼に愛情を入れてくれた，なぜなら私が顔を覆っているから他の女性とは異なっている．他の男性は私の顔を見ることはできない．彼の視線では私は永遠に美しくみえる．彼はいつも『きみは美しい』という．神が心に入れてくれる．神の命令だ」．

このように，夫婦が二人ともダッワに熱心な場合には，互いに相手に関心を集中させ，その関係は，女性がヴェールで顔を覆うことによって，他の男性との関係を断ち，夫の庇護下に入ることで関係をより確かなものとしている．しかし，片方のみがダッワに熱心であると，ファティマのように，ヴェールは逆に夫婦の関係を遮ることにもなるのである．

4-3 ダッワ以外の人との関係

顔を覆うことにより，彼女たちは誰にむけて顔を隠しているのだろうか．それは，神に対してではない．夫でもない．父親や弟といった親族でもない．具体的には，顔は宗教に関係なく親族以外の男性に対して隠されているのである．私のような非ムスリムに対しても，その場に男性がいなければ顔を見せることは何の問題もない．男女隔離が徹底されているダッワの場においては，女性の空間においてのみ顔は開示される．

しかし，ダッワ以外の公共の場，市場や学校など男女隔離が行われていない場合には，男性も含まれるので，顔は隠される．つまり，不特定の男女を含んだ公的空間において顔は隠され，私秘化される．特定の人以外には容易に近づけない個としての主体化以前の匿名の存在と化す．そこに身体としてあるにも関わらず，その存在を見てはいけないものとする．顔の不在はそうした装置となっているのである．

ゆえに，コープのいうような村といった公的空間においては顔を隠すことへの批判は，こうした存在の私秘化が問題とされているともいえよう．サイダーの両親は顔を隠すことで，公的空間において娘が匿名化することへの懸念や反対を表明していたのかもしれない．逆にいうと，本来，身体としてそこにあるということは，他者に対してすでに開かれた存在であるということを，顔の不在は逆に示唆している．

ここでは，顔を覆う女性にとって，自己を形成する契機となる他者は，主として神であり，夫であり，そしてダッワの関係者であるといえよう．女性がヴェールを開くのは，神と夫をはじめとする男性親族，そして女性であり，ヴェールによって遮るのはそれ以外の社会ということになる．

5 ●顔と他者をめぐる考察

われわれは，身体として存在することでどうしようもない受動性をおびている．しかし，じつは自己と他者の境界は，目に見える皮膚に覆われた身体という物理的に確固としたものにみえる境界をこえた揺らぎをもっている．例えば精霊憑依の事例にみられるように，自己と他者が入れ替わる可能性さえもつ開かれた存在となっている（田辺 2013；西井 2013 参照）．この場合も，他者との交感関係は，身体として存在することで可能となっているのである．

ここでの他者は，対峙することで自己を触発し，生成させるものとしてある[16]．鷲田は，その存在の皮膚全体を「顔」に収斂させ，次のようにいう．「身体表面を〈平面〉へと変換する操作と，それによって変換されたわれわれの存在の皮膜の全体が〈顔〉である．そしてわれわれがふつう『顔』と呼んでいるものは，この〈顔〉が顔面へと収斂し，収縮したものにほかならない」（鷲田 1998：135-136）．つまり，この自己と他者の触発関係において，顔は存在全体を縮約した要であり，イメージの原型となっている．「顔に出会い，顔を識別することが，イメージを構成する過程にとって，何か決定的な意味をもっている」（宇野 2012：146）と考えられるのである．

レヴィナスは，決して主観に収拾することのできない他者の表徴として顔を定義したという（宇野 2012：157）．ただ，宇野は，レヴィナスが顔というイメージの構成が，同時に主体の構成にかかわること自体を精密に考えることなく，顔をただ他者性のしるしとして，超越的な根拠としてとらえた，とする（宇野 2012：158）．レヴィナスは，あくまで主体を超越するものとして他者を考えたが，それはある意味で，人間は顔を通して他者を受け取り，目の前の他者から非現象としての他者＝超越的な他者への飛躍を行う存在であることを示しているのではないか．死の想像力をも

つようになった人間が，生物学的な個体の表象としての顔を越えて，倫理的自己を生成する契機となる顔をもつ．それは，ヒトが進化の過程において，顔を通して社会性の基盤を形成するようになったといえるのではないだろうか．

ヴェールで顔を覆うムスリム女性は，自らの「顔」を「閉じること」＝「不在にすること」で，対面する他者を制限し，そこでは宗教的・倫理的な自己を構成しようとしているとみることができる．「顔」を隠すことは，きわめてラディカルに，そこにある身体を非存在へと転換する装置であり，「顔」の不在は逆にねじれた形で超越的な他者＝神へとつながっているといえるかもしれない．

レヴィナスは，自己は，他者に対面することに遅れて構成されるとする．こうしたずれの感覚は，ルーマンにおいても生きていることの「ずれ」の認識として捉えられている．吉澤夏子は，ルーマンは，生きているということと，「生きていること」として把握されたものは，常にすでに，ずれているとする．この不断に生成されつづける「ずれ」が，世界におけるあらゆる経験を可能にさせると同時に，そのあらゆる経験の認識を最後の瞬間に挫折させるとしているという（吉澤 2002：141）．この「ずれ」から，ルーマンにとっても他者は，どのようにしてもけっして到達しえない絶対の差異として捉えられ，「私と他者の共存」というパラドクスができごとの生成を促すものとして，社会生成の根源に措定されている．できごとにおいて出会われる他者は，私から逃れていくというかたちでしか捉えることはできず，「逃れていく」という「動き」の中で，はじめて私は他者と共存しうるとしている[17]．

吉澤はまた，ルーマンにとって「『動き』において感受される他者は，その他者との関わりの中ではじめて私として感受される私と，いつでも交換可能なものとして現れている」という．「他者の経験は，他者とともに，私という同一性が同時に構成されるような，したがって，それは私が私でなくなるかもしれない，というきわめて危険な局面を含んでいる」（吉澤 2002：187-188）．こう考えると，顔を隠すヴェールは，直接対峙する他者と自己の共立しがたさに直面する危機から逃れようとする一つの方策となっているのかもしれない．

そこで最後に，死者の顔を覆うのはなぜか，という本章の最初に提示した問いに戻ろう．それは，私でありえたかもしれない他者の存在様態に関わっている．その存在が得体のしれない不気味なものに変質していることを，もっとも顕著に現すのが顔であると考えられる．死せる身体と，先ほどまで生きていたことのギャップを切実なものとして突き付け，他者に対峙して形成された自己の生を問い直す．そのギャップは，自己にはねかえり，その存在を不安定にさせる．そこで，対面状況において交感関係にあった他者が，すでに死者であることを明示的に示す必要があるのではないか．それは，死者に対峙する者が自己を保つための方策である．死者の

顔を覆う布は，生者の生きることそのものの根幹がおびやかされる危険性が最大限高まった事態をやりすごす装置であるのかもしれない．

　ムスリム女性の顔を覆うヴェールと，死者の顔を覆う布は，真逆の方向から「顔」を覆うことで，見られる者と見る者を守っているといえよう．

注
1）最後の別れのときに，もう一度覆い（布だったり棺桶の蓋だったりする）を開けて顔を見るのは，日本と同様である．
2）国立科学博物館「大顔展」ウェブページから（2015年10月18日閲覧）http://www.kahaku.go.jp/special/past/kao-ten/kao/kao-index.html
　　また，顔の表情認知に関して，ヒトが（4歳から4歳半で言葉を通じて相手の心理を推論する能力の獲得する前の）3歳半くらいから「顔を読む」ことで相手の考えを読み取る力を獲得していく，という京都大学のグループの実験結果についての報道がなされた．しかし，同様の実験では，チンパンジーでは顔の注視は見られなかったという．これは，必ずしもチンパンジーが「顔を読まない」ということを意味するのではなく，一定の実験の条件下においては顔を注視しなかったという結果である（2015年11月5日毎日新聞）．
3）1995年に「日本顔学会」が設立され，心理学・人類学・工学・歯学・脳科学などの幅広い分野の顔を対象とする研究者が結集している．http://www.jface.jp/jp/
4）ここでの「イスラーム復興」とは，大塚に従って，西欧近代が20世紀のムスリム社会に及ぼした影響をうけて，みずからのアイデンティティの根拠としてイスラームを重視する社会・文化的な現象をさして用いる．それは，イスラームをみずからの政治的イデオロギーとして選択し，それに基づく改革運動を行おうとする人々の政治イデオロギーや運動をさす「イスラーム主義」とは区別して用いる（大塚 2004：10-15）．
5）世界規模で起こるイスラーム復興現象は，タイにおいても様々な形で影響をみせている．ダッワはアラビア語で「イスラームへの呼びかけ」*da'wa* からきており，ムスリムの非ムスリムへの布教を意味したが，イスラーム復興運動では，従来は非ムスリムを対象とするダッワが，イスラーム社会内部での教宣活動として展開されるようになった（小杉 2002）．タイではダッワは，ほとんどがタブリーギー・ジュマート *Tablighi Jama'at* もしくはジュマー・タブリグをさす．ダッワ運動の特徴は，繰り返される行為，単純化した教義にある．ダッワ運動は「ムスリムのスンナへの復帰」という究極目標をかかげている．スンナとはイスラーム的生活様式で，その理想は預言者ムハンマドの生活である．よってそこではムハンマドの言行を記録したハディースが重視され，イスラームの中心的信仰である六信五行の中でも日常生活の中で守られるべきより微細な既定がなされる．
6）本章は，メーソットにおける2012年12月及び2013年12月にそれぞれ約2週間行った調査を中心的なデータとしている．それを補足するものとして1989年から継続的に調査を行っている南タイのサトゥーン県のムスリムと仏教徒が混住する村落での知見を用いている．
7）レヴィナスの「顔」は，どこまでいっても手の届かない他者の顔である．レヴィナスは，

このことを次のようにいう.「顔においては，われわれの権能に対する存在者の無限の抵抗が殺意に抗して確証される．顔は殺意に立ち向かう．というのも，顔は完全に剥き出しのものとして自力で意味を有するからであり，このような顔の裸は何らかの様式を備えた形象ではないのだ」(レヴィナス 1999：361).初めに個ありきではなく，他者の存在が個を存在させる.「なんじ殺すなかれ」という倫理として，死を媒介として立ち現れる「顔」がそこにある．顔をめぐる考察は，哲学においてはレヴィナス的な〈非・現象〉の倫理がある一方で，メルロ＝ポンティ的な〈現象〉の認識論があり，これらは二つの大きな方向性をなすという(小林 1998：232).

8) ムスリム女性のヴェールをめぐっては，1975 年「国連婦人の 10 年」を契機に世界的レベルでの女性研究がすすめられるなかで注目されるようになった．それは，19 世紀末からの近代化にともなう女性解放としての脱ヴェール化から，1970 年代のエジプトから始まったイスラーム復興の潮流のなかでの再ヴェール化といった流れで捉えられている(中山 1999；大川 2000；塩谷 2012；後藤 2014 参照).

9) 北タイには，大きく分けてインド，パキスタン，バングラデシュ系のムスリム・コミュニティと，雲南から移住してきた中国系のムスリム・コミュニティがある．インドからはじまったダッワ運動は，ハジ・ユソフ自身がインド系のムスリムでもあり，まずは南アジア系ムスリムの間に広がり，やがて中国系のムスリムの間にも広まったという.

10) ビルマ語のターリムには，2012 年 8 月 31 日に 23 名(顔を覆うヴェール着用 22 名)，2013 年 12 月 27 日に 26 名(同全員)の参加者がいた．タイ語のターリムには 12 月 22 日に参加した．参加者は女性 12 人であったが，このうちタイ語のターリムにもミャンマー・ムスリムが 4 人参加していた．全員顔を覆うヴェールを着用しており，終わるとタイ人ムスリム女性の場合は夫が迎えにきて，お茶やお菓子なども出ずそのまま帰っていく．ビルマ語のターリムの方が活発であるという印象を受けた.

11) その場にいたタイ・ムスリムの女性に，ビルマ語からタイ語に訳してもらった.

12) 小麦粉を水で溶かして薄く焼いたインド風のパンかクレープのようなもので，タイでは砂糖やコンデンスミルクをかけてくるくると巻いて食べる．鉄板を載せた屋台で南アジア系の人がよく売っている.

13) 1 バーツは，2015 年 10 月現在で約 3.4 円．100 バーツは労働者の 1 日の最低賃金の 3 分の 1 くらいにあたる.

14) 後藤絵美は，現代エジプト女性のヴェール(ヒジャーブ)着用増加現象について，神のためにまとうという側面を描き出している(後藤 2014).

15) 1 日 5 回の礼拝は，ムスリムがなすべき義務的行為である五行のうち 2 番目の義務である．夜が白みはじめてから日の出前までに行うファジュル礼拝に続き，ズフル礼拝，アスル礼拝，マグリブ礼拝と行って，最後のイシャーの礼拝は日没後の残照が完全に消えてからファジュルの礼拝までに行う.

16) このことを千葉雅也は次のように述べている．「『エチカ』において，『身体がなしうること』を拡げていく最初の一歩は，他の存在者からの『触発 affection』である．……触発をきっかけに，私たちの身体は異質な状態へと傾けられる．太陽光の強度のいかんにより，私たちにおける『快感あるいは苦痛，喜びあるいは悲しみ』は増減するだろう．こうした持続的な〈生成〉変化が『情動 affect』である」(千葉 2013：347).

17) ルーマンは「社会的なのもの」が存立する源基的な状況に，自己と他者の差異をおいている．ダブル・コンティンジェンシーの議論参照（ルーマン 1993）．

参照文献

馬場悠男（2009）『NHK 知るを楽しむ この人この世界 ──「顔」って何だろう？』2009 年 2・3 月号，日本放送出版協会．

エクマン，P・フリーセン，WV（1987）『表情分析入門 ── 表情に隠された意味をさぐる』（工藤力訳）誠信書房．

後藤絵美（2014）『神のためにまとうヴェール ── 現代エジプトの女性とイスラーム』中央公論新社．

小林康夫（1998）「解説」鷲田清一著『顔の現象学 ── 見られることの権利』講談社学術文庫，228-235 頁．

小杉泰（2002）「ダアワ」『岩波イスラーム辞典』589-590 頁．

レヴィナス，E（1999）『レヴィナス・コレクション』（合田正人編・訳）ちくま学芸文庫．

ルーマン，N（1993）『社会システム理論（上）』（佐藤勉監訳）恒星社厚生閣．

Maud, Muhammad Khalid (2000) Introduction, In: Masud, MK (ed.), *Travellers in Faith: Studies of the Tablighi Jama'at as a Transnational Movement for Faith Renewal*. Brill. Leiden, pp. viii-lx.

中山紀子（1999）「スカーフにみるイスラームの多様性 ── トルコ・O 村の事例より」鈴木清史・山本誠編『装いの人類学』人文書院，147-169 頁．

西井凉子（2012）「動員のプロセスとしてのコミュニティ，あるいは「生成する」コミュニティ ── 南タイのイスラーム復興運動」平井京之介編『実践としてのコミュニティ ── 移動・国家・運動』京都大学学術出版会，273-309 頁．

──（2013）『情動のエスノグラフィ ── 南タイの村で感じる＊つながる＊生きる』京都大学学術出版会．

大川真由子（2000）「ヴェール論にみる中東ムスリム女性研究の現在 ── イスラーム主義と『近代化』の視点から」『社会人類学年報』26：187-203．

大塚和夫（2004）『イスラーム主義とは何か』岩波新書．

塩谷もも（2012）「ジャワにおけるヴェール着用者の増加とその背景」床呂郁哉・西井凉子・福島康博編『東南アジアのイスラーム』東京外国語大学出版会，287-309 頁．

田辺繁治（2013）『精霊の人類学 ── 北タイにおける共同性のポリティクス』岩波書店．

千葉雅也（2013）『動きすぎてはいけない ── ジル・ドゥルーズと生成変化の哲学』河出書房新社．

宇野邦一（2012）『ドゥルーズ ── 群れと結晶』河出書房新社．

鷲田清一（1998）『顔の現象学 ── 見られることの権利』講談社学術文庫．

吉澤夏子（2002）『世界の儚さの社会学 ── シュッツからルーマン』勁草書房．

第13章 道義と道具
他者論への実践的アプローチ

田中雅一

❖ Keywords ❖
資源，ソーシャル・キャピタル，関わり合い，セックスワーク，パトロン−クライエント，名誉殺人

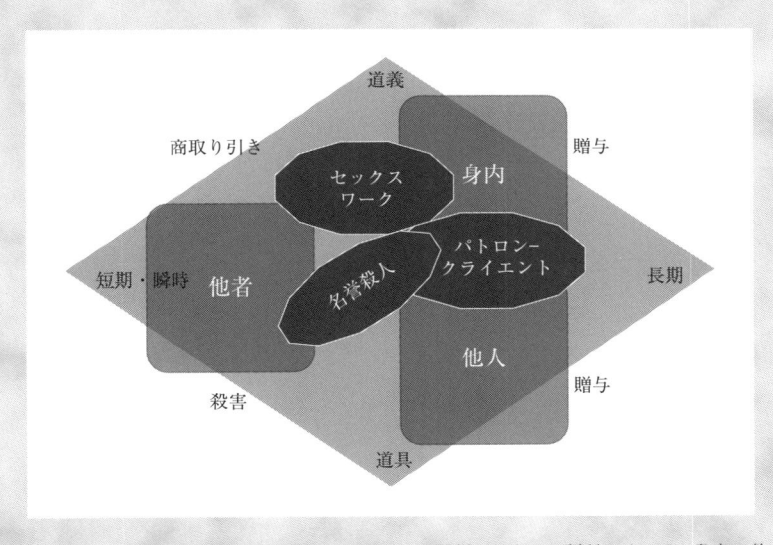

道義と道具，長期的関係と短期的（あるいは瞬時の）関係のふたつの基軸によって，身内，他人，他者を配置した．他者が身内になったり（セックスワーク），身内が他者になったり（名誉殺人），他人でも身内でもない関係（パトロン−クライエント）などの動きを，基本図式に重ねている．

1 ●身内,他人,他者,よそ者

　日本では,臓器移植は大きく二つに分けられている.一つは近親間にのみ許されている生体移植,もう一つは脳死が宣言された人体からの移植である.前者は,自身の身体を犠牲にして近親の生存のために行われる,究極の贈与である.身内だから臓器提供は当たり前といった風潮もあるかもしれない.これにたいし,後者は他者による臓器の提供である.臓器の授与者はその提供者がだれなのかを知ることはできないし,また知ったとしても当事者はすでに亡くなっていて会うことはできない.臓器移植をめぐる問題点の一つは,臓器の商品化である.自分の臓器を売ったり,殺害して売ったり,果ては将来のために臓器の提供者を「養殖」するというような非人間的状況(アウシュヴィッツを想起させる究極の他者化)を避ける必要がある.生体移植が身内に限られ,そうでない臓器移植が匿名を遵守するのは,前者には商取り引きが発生しないと想定されているからに他ならない.近親においては利他的な行為が,赤の他人とは商取り引きがそれぞれ想定される.本章で考察したいのは,こうした想定の根拠となっている社会関係 ── 身内と他人 ── の成り立ちである.

　他者について考えるということは同時に自己(の境界)について考えることでもある.わたしの境界はどこにあるのか.通常は身体がわたしの境界と考えられるが,身体がわたしの外部に位置する感覚にとらわれたり,反対に使い慣れた道具がわたしの身体の一部と感じられたりする場合もあろう.自他関係や身体のあり方を探るアプローチの典型は哲学的,とくに現象学的な研究である[1].本章では,こうしたアプローチの成果を尊重しつつも,より社会的な文脈で(自己と)他者について考えてみたい.その際,注目したいのは他者に関わる実践(働きかけ,相互行為)である.

　本章の目的は,道義と道具をキーワードに自己と他者との関係あるいは他者表象について実践的アプローチから検討することである.ここでいう道義(morality)とは,自分の利益にとらわれてふるまうべきではないという,行為を律する理念で,その極端な形式は自己犠牲あるいは自己否定である.これにたいし道具とは,他者を自分の言いなりに扱う態度や考え方,他者とは自己の利益のために利用する対象でしかないとみなす自己肯定的・拡張的態度である.実践的アプローチでは,日常のやり取りならびにそこで媒介する「もの」に注目し,より近しい他者(身内)とそうでない他者(他人)が振り分けられる過程(実践)に注目する[2].これにたいし,既存の社会的集団やカテゴリー(家族,親族,民族集団など)に基づいて,自他の関係を固定的に論じる立場からの研究方法を構造的アプローチと呼ぶ(実践的アプ

ローチに近い．文脈依存性を強調する立場については本書第18章床呂論文を参照）．

　本章では，何らかの形で自己が実践的関わりをもつ他者を，大きく身内と他人に分けて考察の対象とする．身内は一般に，近親や家族など血縁関係にある他者を指すが，本章では道義的な価値観が支配する人間関係，集団を指すものとする．これにたいし他人との関係は，道具的な価値が支配する．しかし，他人だから道具的な価値が支配すると述べているのではない．道具的な価値が支配しているかどうかによって相手が他人かどうかが決まるのである．つまり，本章における身内や他人は，血縁関係の有無などによって固定的に（構造的に）定義される概念ではなく，道義の支配する関係にある他者は身内に，道具の支配する関係にある他者は他人に分類されるという操作的な概念である．道義的実践を行うことによって他人を身内に変えることも，道具的実践によって身内を他人に変えることもできるのである．道義的価値と道具的価値に基づく実践がそれぞれ身内と他人を区別する基準となる．実践の種類が他者を身内と他人に分けたり，身内と他人を生成・構築するのである．

　ところで，自己の周りには長期的な関係にある身内と他人以外に，短期的な（ほとんどの場合，瞬時と表現してもいい）関係にある人々が存在するという点にも留意したい．本章では，かれらを「他者」と表現する．他者という言葉で具体的に想定しているのは貨幣を媒介とする他者である．これに対し，自己以外の存在すべてを〈他者〉と表現する．それは身内も他人も含まれる総称である．したがって前段落で言及してきた他者は，厳密には〈他者〉のことである．道義と道具の対立は贈与と貨幣の対立に対応しない．贈与を通じてわたしたちは他者と長期的な関係を確立する（そのような関係を求めて贈与する）．しかし，それがそのまま道義的な関係を生み出すのではない．パトロン－クライエント関係（後述，3-1項参照）のように道具的な関係を打ち立てるために贈与が使われることもある．これにたいし貨幣は，負債が生じないかぎり短期的な商取り引きに使用され，顧客とのあいだに長期的な関係を生み出さない．貨幣が媒介する存在は主として他者なのである（3-2項）．さらに，身内と考えられていた人間が突然排除の対象になることがある．このようにして排除された存在もまた（その後の関係をできるだけ最小限に留めようとするという点で）他者と言えよう（3-3項）．

　身内と他人，他者．本章で扱うのはこの三者であるが，もう一つ想定しておきたい存在としてよそ者がある．この四者が本章で限定的に扱う〈他者〉である．さて，よそ者は，他者に比べてより神秘的な存在である．それは周縁に留まり，象徴秩序を攪乱すると同時に，その維持に役立っている存在である．伝統から近代へ，未開から文明へという過程においてよそ者は他者に置きかわってきた．よそ者は周辺的存在であり，その周辺性がその属性を規定している．その意味で，実践的というよ

り構造的アプローチによって盛んに論じられてきた[3]．また，よそ者は自己と短期的な関係にあるわけではない．むしろ贈与などを通じて長期的関係が認められる．しかし，それは厳密には身内でも他人でもない．よそ者は，ここで取り扱う身内，他人，他者を区別する実践領域とは別の文脈で考えるべきかもしれない．この点については，最後にもう一度考えてみたい．

本章では，道義と道具というキーワードに基づいてミクロなアプローチからさまざまな事例を吟味し，身内と他人との境界の曖昧さを指摘すると同時に，ある種の実践が，人を他人にする，あるいは身内にする，さらに他者にするというパフォーマティヴな側面に注目する[4]．

以下ではまず，最近の人類学や社会学において提案された資源，ソーシャル・キャピタル，関わり合いの三つの概念を批判的に考察することで，道義と道具が社会関係を考える上で中心的な対立概念であることを明らかにする．一般に，ソーシャル・キャピタルと関わり合い（絆）という二つの概念に道義的性格を想定しがちであるが，それだけではなく道具的性格も認められることを指摘したい．つぎに，身内と他人との関係について分析を試みる．身内と他人を分かつ境界はけっして確固たるものではないことを明らかにし，翻ってわたしたちの自他関係の曖昧さを明らかにする．

2 ●道義と道具

2-1　資源における利用と分配・共有

東京外国語大学を拠点とする巨大プロジェクト「資源の分配と共有に関する人類学的統合領域の構築 —— 象徴系と生態系の連関をとおして」（科学研究費助成事業特定領域研究（2））が実施されたのは，2002年度から06年度までの5年間であった．このプロジェクトについて，代表者の内堀基光はつぎのように述べている．

> 研究領域の目的及び意義
> 本領域研究は，「資源人類学」の略称を用いていることで特徴づけられるように，「資源」の分配と共有のあり方を研究軸として立てることにより，人類社会が拠って立つ象徴系（文化）と生態系（自然）という二つの基盤を連関的に捉えること，そして，この連関の様相を実証的かつ理論的に解明する人類学の新たな統合領域を構築することを設定目的としている．自然生態系に直接由来

する天然資源のみならず，人間の作り出す二次的物的資源，さらには無形の知的・文化的資源をも含む広義の「資源」の分配と共有のあり方をもって，人類社会の根底的な構成と見るという視座を確立することを目指すものである（http://www.mext.go.jp/component/a_menu/science/detail/__icsFiles/afieldfile/2010/12/22/1300741_001.pdf　2015年6月13日閲覧）．

　資源（resource）という概念の背後には，「人間中心の道具的世界観」が存在する．これは，人間を戦略的な存在として捉える立場である．人間は，自身の生存あるいは属する集団の維持や存続を目的に，自由意志に基づいて行動を選択するという考え方である．その際，資源，すなわち自身の周りにあるものや生物，他者などの一次的資源や知識や文化などの二次的資源は，自己や集団の存続に利用できるかどうか，また希少かどうか（空気は必要だが，希少性がないので資源とは言えない）によって価値づけられる．資源があくまで人間の側から利用価値があるかどうかによって規定されるという観点に立つかぎり，機械技術的な資源観を真に乗り越えたことにはならない．

　しかし，上述の引用から明らかなように，資源人類学のプロジェクトでは「資源利用」ではなく，「資源の分配と共有」が問われている．分配と共有という言葉が示唆するのは，資源に関わる人間の共同性あるいは社会性である．複数の人間が慣習や機微によって資源を分け与え，またともに所有する（所有を調整する）．そこから見えてくるのは，道具ではなく道義である．人々は競合するのではなく，協働する必要があり，その背後には人間として，親として，あるいは子どもや兄弟姉妹としてふるまうべき道義が求められるからである．その意味で，資源人類学は，なによりも道義をめぐるプロジェクトであると理解すべきであろう．ただし，ここで注意したいのは，資源を道義とみなすか，道具とみなすかは資源そのものの性格によるのではなく，それにたいする人間の実践 —— 利用か共有か —— であるということである．

2-2　ソーシャル・キャピタル

　政治学者，ロバート・パットナムの著作で注目されることになったソーシャル・キャピタル（social capital）は，物的資本や人的資本とならぶ第三の資本で，「個人間のつながり，すなわち社会的ネットワーク，およびそこから生じる互酬性と信頼性の規範」を指し示している（パットナム 2006：14）．ソーシャル・キャピタルは「人々を賢く，健康で，安全，豊かにし，そして公正で安定した民主主義を可能と

する」(パットナム 2006：355)．ソーシャル・キャピタルが豊かであれば，人々は健全な民主主義のもとで経済的に豊かな生活を送ることができる．当然，行政の効率も上がり，犯罪率も減り，犯罪防止にかける支出も減る．ソーシャル・キャピタル論の主張は，坂本治也 (2010：15) の「大胆な」まとめによると，「皆が仲良くつき合い，互いに信頼しあって助け合えば，世の中は万事うまくいく」ということになる．ソーシャル・キャピタルは，仏教の徳に近い概念と言えよう．人々は日々の交際で善行をして徳を積む．その徳が社会を豊かなものにするのである．そのような実践を通じて，他者が身内へと変貌し，良き社会が生まれる．

　ところが，現代社会において人々の密接なつき合い関係は衰退し，他者についての疑心暗鬼が生まれる．公共心が薄れ，犯罪が多発している．パットナムは，このような状況をソーシャル・キャピタルが減退していると表現した．この主張は，人々が現代もっている漠然とした社会についての不安を的確に表すとともに，その解決方法であるネットワークの再構築，すなわちさまざまな市民団体（自発的結社）の活性化もまた，社会の動向に適合的であった．

　ソーシャル・キャピタルには，否定的な側面も無視できない．これに関してパットナムは，ソーシャル・キャピタルを結束型と橋渡し型の二つに分ける．前者は，内向きで，排他的で，等質な集団を強化する．後者は外向きで，開放的，多様性を積極的に引き受ける．パットナムは，結束型の事例として「民族ごとの友愛組織や，教会を基盤にした女性読書会，洒落たカントリークラブ」を，橋渡し型の事例として「公民権運動，青年組織，世界教会主義の宗教組織」を挙げている (パットナム 2006：19)．そして，前者についてはその排他性に由来する弊害も多いと述べる．これは，「ソーシャル・キャピタルの暗黒面 (the dark side of social capital)」とか「負のソーシャル・キャピタル (negative social capital)」と形容される．既存の民族や宗教団体を強化するような結束型のソーシャル・キャピタルは，内に向かっては「社会貢献度」も高いが，ほかの民族との対立を高め，国家分裂の危機をもたらす[5]．

　さて，「個人間のつながり，すなわち社会的ネットワーク，およびそこから生じる互酬性と信頼性の規範」というソーシャル・キャピタルの定義からも明らかなように，ソーシャル・キャピタルは道義と密接に関係している．個々人の日常実践を通じて生まれる関係は，互恵的であり，かつ信頼を生み出す．そこには，他者に配慮し，信頼を勝ちとり，なにが社会（ネットワーク）にとって重要なのかをつねに念頭に行動する人々の存在が想定されている．

　しかし，道義性を強調するパットナムの立場に立つと，ソーシャル・キャピタルに認められる搾取性や支配の正当化を可能とする側面が見落とされることになる．人々が生み出すソーシャル・キャピタルを搾取する存在（ソーシャル・キャピタリス

ト）も無視できない（田中 2015）．ここでいうソーシャル・キャピタリストとは，宗教的カリスマが人々の生み出すソーシャル・キャピタルを搾取し，ほかの領域（たとえば政治権力や金融資本）へのアクセスに使用するというような事例である．宗教の領域だけではない．政治の世界では当然のようになされてきたことではないだろうか．

パットナムはかつてイタリアを対象に，ソーシャル・キャピタルの指標となるさまざまな要因を分析することでソーシャル・キャピタルが高い北イタリアにおいて民主主義が発達していると論じた（パットナム 2001）．しかし，問題はさまざまな要素の個別的な数値とその総体ではなく，要素の組み合わせであろう．自助組織の活動など個々の要素の数値が高い場合でも，それらが民主的に利用されないのであれば意味がないからである．

このようにソーシャル・キャピタルという概念は，一方で道義を他方で道具を含意する．重要なことは，資本（キャピタル）にはこうした二つの性格がそなわっているということである．パットナムは，親密なやりとり（互酬性，信頼）を通じて生まれる道義的関係が広域に広がる可能性を信じているようである．モースの贈与論の最終章（モース 2009）においても，広域社会における贈与経済の可能性が示唆されていた．これは，贈与と道義的価値，長期的関係を結びつけて想定している議論と思われる．しかし，贈与につねに道義的意味合いが含まれているわけではない（後述，3-1 項）．貨幣の方にこそ，むしろバランスのとれた人間関係が創出される可能性があるとも言える（3-2 項）．本章の分類に従えば，パットナムは他者をいかにして道義的エイジェント（身内）にするかという問題意識をもっていたが，そこには他人という視点が欠けているのである．

2–3 関わり合い

ソーシャル・キャピタルは日々の付き合いを通じて蓄積されると述べたが，人類学の分野ではすでにソーシャル・キャピタルに近い概念が提案されていた．それが，「関わり合い（relatedness）」である．

英国の人類学者，ジャネット・カーステンによると，関わり合いは，ヨーロッパにおける親族概念が想起させる生物学的な性格を相対化するために，血縁にかわって提案されたものである．これによって，親族を含むより広範囲な人間関係が研究の射程に入ることになった．また，現代の生殖技術によって生まれたさまざまな「親族関係」をも通文化的な視点から研究可能にするという（Carsten 1995, 2000）．しかし，そうした方法論的な問題以上に，関わり合い概念が本章にとって意義深いと思

われるのは，ソーシャル・キャピタル概念では看過されがちであった関係の実態（個々人のあいだで生じるやり取り）が問われることになったということである．つまり，ものや身体などが，関わり合いの概念に含まれているのである．関わり合いは，人間関係を —— 母子関係のように生物学的に決定されているように思われる場合も含めて —— 所与のものとしてではなく，日常的実践を通じて生まれる関係，ある種の生成過程として理解しようとする．固定的にみえる集団もまた，その成員たちの日々の活動を通じて生まれる関わり合いの総体となる．わたしたちの関心から言い換えると，人々は親密なやり取りを通じて身内となる．

カーステンの主唱する関わり合いも，ソーシャル・キャピタルと同じく道義的概念と言えよう．ものや身体的な関わりを通じて身内が生まれるわけだが，身内（その典型は母子関係である）とは道義的絆で結ばれている人々だからである．しかし，わたしたちは，関わり合いにおいても，資源や資本（ソーシャル・キャピタル）に見たのと同じ道具と道義の両義性を指摘することができる．

カーステンが見落としていると思われるのは，関わり合い概念の負の側面である．たとえば，夫婦のあいだでの暴力（家庭内暴力）や子どもの虐待，一家心中は，カーステンの議論からは説明できない．親子や兄弟姉妹の一体化は，同時に他者を所有するという意識を生むことになるのではないか．親密なやり取りは，子どもなのだから親の言うことを聞くのは当然だ，妻は夫に従うべきだといった意識を生むことにならないか．道義的側面を強調する関わり合い理論においても，道具的側面を無視するわけにはいかないのである．関わり合いは，もののやり取りや身体の接触に注目して，そこから身内を生み出す過程に注目する．同じ視点から，自分に都合のいい他人を生み出す場合もあることを理解すべきであろう．

3 ●身内，他人，他者

さて，これまで社会関係を分析する概念として，資本やソーシャル・キャピタル，関わり合いを吟味し，その両義的性格 —— 道具と道義 —— を指摘した．以下では，具体的な事例をいくつか検討することで，身内と他人が実践を通じて創出される過程や，他者化され排除される場合などについて考察したい．

3-1　身内なのか他人なのか？ —— パトロン-クライエント

まず紹介したいのが，贈与関係が道具となる場合である．これは，贈与などのも

ののやり取りを通じて生まれる人間関係が道義に基づいていることを想定して，自己にとって有利な道具にしようという事例である．わたしたちは身内だから道義的な要請には従わなければならないと説得される．しかし，その目的は身内の利用であって，結果的に身内を他人化する実践でもある．

中屋敷千尋（2014）は，インドのチベット系社会でニリンという親族組織が存在することを明らかにした．これはエゴ中心の共系組織（キンドレッド）で，その関係は道義と道具が複雑に絡んでいる．というのも，選挙が近づくと，候補者やその支持者はニリン関係をフルに生かして，ニリンのメンバーに投票を依頼する．頼まれた者は，ニリン関係を根拠とする道義観に促されて投票の依頼に応じる．しかし，ニリンの範囲は曖昧であり，ときに複数の候補者から同じニリンだからと主張されて悩むことになる．また，日常ではほとんど交流がない人同士でも，選挙が近づくと「同じニリンだから」と切り出して交渉が始まる．ニリンが道具として利用されるのである．この場合，人は身内となることで利用される —— 他人となるのである．

それだけではない．ニリンそのものが大きく変容する事例も一つ報告されている．本来エゴ中心で，単系出自集団と異なり境界が不分明で自在な関係であるニリンが，大物（親分）を起点とする名前のついた血縁集団へと変化する．そこでは集団の境界がより明確となり，だれがメンバーかがはっきりしている．そして，親分の意向で投票相手が決まる．つまり，ここでは，上意下達という形で投票相手が決定される．道義ではなく道具が圧倒的な力をもつことになる．このように，ニリンは，ときに道義と戦略が微妙に絡む人間関係を生み出し，ときにより固定的で道具的な関係（親分-子分関係）を生み出す．しかし，後者の場合でもまったく道義性が否定されているわけではないと想定される．

血縁や地縁などにとらわれず，もうすこし成員がオープンであれば，中屋敷が報告する固定的なニリンの事例は一般にパトロン-クライエント（親分-子分）関係あるいはファクション（党派）に近いと言える[6]．親分（パトロン）は，地縁や血縁に関係なく他人をリクルートし，身内にする．親分は自分が所有するさまざまな資源を使って（時に贈与として分け与え）子分たちを引きつけ，さまざまな世話をして，支持を取り付ける．かわりに求められるのが，必要なときに親分を支持しなければならないという義務である．人がある親分を支持し，そのファクションに属するにあたっては，政治・経済的な計算が働いていないわけではない．パトロン-クライエント関係は，他者を身内にする制度と言えるが，そこにはなお，政治的，経済的思惑が双方に認められる．親分は，贈与を与えることで子分たちに負債を課し，道義的にかれを支持するように仕向ける．親分が子分に求める反対給付は政治的な，そして時に自己犠牲的な支援なのである．子分もまた，利益を求めて（政治的な保護

や経済的な利益の増大）親分と親密な関係に入る．こうして長期的な関係が生まれ，それが道義的な性格を帯びることになるのである．

3-2　他者関係を維持する ── セックスワークの場合

　経済人類学の分野では，贈与と商品あるいは貨幣はつねに対比されて論じられてきた．そして，そこではつねに贈り手と受け手，売り手と買い手の社会関係が考察の対象になっている．本項ではとくに貨幣のやり取りに見られる社会関係に注目するが，それらがどのような関係を反映しているのかという視点ではなく，どのような関係を生み出し，維持しているのか，あるいは拒否しているのかという視点から考察を試みる．

　ものを売るという商取り引きにおいて，顧客は通常あかの他人（他者）が想定されている．人間関係によって値段が変わる場合を想定していない．しかし，経済人類学の分野では，売り手と買い手の関係と，それがもたらす取り引きへの影響，あるいは逆に買い手の「常連化」による取り引き関係の変貌が研究主題となってきた（田村 2009；渡部 2015）．この問題は，性的サービスを顧客に行うセックスワーク（売春）にとくに顕著に見られる．たとえば，日本の女性セックスワーカーにおいては，一定の収入を維持するために，セックスワーカーは顧客にたいして好意を示し常連客の数を増やそうとする．つまり，感情労働を通じて顧客との長期的な関係を確立しようとする（田中 2014a）．

　セックスワーカーは顧客の気持ちを獲得するために「恋人」としてふるまう．これによって男性の中には，なぜこんなに好意をいだいているのに，お金を払う必要があるのか，と怒る者も出てくる．ある女性はこのように述べている．

　　お客さんを超えて交流したらやっぱ危ないんじゃないんですか，危険．なんか，それを1回やると，向こうが調子乗ってくるじゃないですか．わたし，めっちゃキレられてばっかりで，今まで，お客さんに，「俺，俺はなんなんだ，お前のなんなんだ！」みたいな感じで〔キレられた〕．

いつのまにか，彼は彼女の身内（恋人）と思い込み，それが金銭の授受（他人同士の関係）に矛盾すると考えるに至ったのである．こうなると，常連獲得のために好意を示すという戦略は逆効果になる．セックスワークだけでなく他の仕事にも当てはまることだが，好意と支払いという相対立する要素の微妙なバランスの上にセックスワークは成立していることが分かる（田中 2014a, b）．

わたしが2014年から行っているインド・ムンバイの売春街では，常連客のいる女性がほとんどいなかったが，その理由の一つが常連になると，男性がお金を払わなくなるから，というものであった．時間はおよそ5～10分，1人500円からと最短時間で価格も低い．このような状況ではこみいった感情労働を行う余裕もない．
　日本のセックスワークに見られるジレンマは感情労働を伴うサービス業一般についてある程度当てはまる．マクドナルドの店員の営業スマイルを好意の表現と思う客がいないわけではない．他の仕事とセックスワークが異なるのは，売るサービスが親密さの典型であるセックスであるという点である．関わり合いの議論からも明らかなように，身体の分泌物の交換は親密度を高める．セックスほど当事者間の親密さを示唆するものはない．このため，セックスワークをまともな仕事とは認められないという主張が生まれる[7]．
　他方で，つぎのような逆の見方も想定できよう．セックスワーカーはサービスの見返りにお金を得ることで，親密な関係になることを拒否している（商取り引きであることを維持している）のだと，行為の直前に貨幣を受け取ることでセックスそのものの性格が変化するのだ，と．このような解釈は強引と思われるかもしれないが，ここで参考にしたいのが，男性による女性への性的サービス（性感マッサージ）の調査である．
　小島恭美（2004）によると，金目当てのホストと異なり，性感マッサージ師は女性に性的サービスを行うことを至上の喜びとしている．多くの性感マッサージ師は正業を別にもっているため，性感マッサージを仕事というより奉仕（ボランティア）と考えている．本当のところお金を取る気はないし，時間制限もとくにもうけない．女性が満足を得るまで仕事に専心するのがかれらのモットーである．ところが，顧客である女性の方は，小額でも支払いすることに固執する．なぜなら，お金を払わないと彼女とマッサージ師の関係は曖昧になり，また多くの親密な関係における性関係と同じく，女性が受動的になってしまうからだ．それを恐れて彼女はマッサージ師のサービスを購入する．支払いという実践は，彼女の主導的な立場を保証し，またこの関係がプライベートな関係でないことを示す（小島の言葉に従えば，恋愛関係を拒否する）．
　このように考えると，立場は逆であるが，女性のセックスワーカーはお金を受け取ることで，彼女の性的なサービスがプライベートなものではないことを明らかにしていると言えよう．ここで貨幣は，身内になることを拒否する媒体なのである．セックスワーカーにも常連客は存在する．しかし，かれらは銀座のクラブや居酒屋と異なり，つけで遊べない．その理由は，セックスワークの場合，金銭の授受なしで長期的な関係が生まれるとより親密な恋人関係との区別が曖昧になるのにたい

第13章　道義と道具　305

し，クラブや居酒屋の場合はあくまで信頼関係の強化であり，そこに経済関係が含まれていても矛盾はしないからである．

「金の切れ目が縁の切れ目」という諺がある．金をもっているかぎり，ちやほやされたり慕われたりするが，なくなるととたんに態度が冷たくなり，遠ざかってしまう状況を指している．この場合，金は身内に近い関係を生み出す手段である．金が続くかぎり顧客は同じセックスワーカーの所に通い，いつかは金がなくても関係を重ねることができるかもしれない．しかし，ほとんどの場合お金が切れると顧客は拒否されてしまう．当然と言えば当然である．性感マッサージ師の事例から解釈できるのは，毎回金を払うことが未来に続くような縁を切っているということである．これにたいし，同じ貨幣でも負債（つけ）という形になると，そこに縁が生じる（田中 2007）．

貨幣が介在する関係は，基本的に短期的なものである．顧客が金と交換してサービスを受ける．しかし，この関係が継続すると，自己と他者との関係が変質する．変質することが望ましい場合もあれば，そうでない場合もある．望ましいのは，顧客が常連となり，店を通さないで会いはじめ，そして月々まとまった額の生活費をもらって愛人となる，というような場合であろう．もしかすると，愛人ではなく恋人同士になって結婚するかもしれない．恋人同士になった場合，顧客とワーカーのあいだに貨幣のやり取りはなくなり，贈与のやり取りが生じる．反対に望ましくない関係になることを避けるには，この項で紹介した事例のように貨幣が重要な役割を果たす．

以上，本項では他者関係を維持することの困難さを指摘すると同時に，貨幣の機能について明らかにしようと試みた．

3-3　身内の中の他者 —— 名誉殺人

つぎに考えたいのは，身内に他者が生まれる場合である．これは身内と他人というこれまでの対比では説明できない事例である．冒頭で述べたように，他者は瞬間的で匿名的な関係を結ぶ対象であり，道義的価値が支配する身内でもないし，道具的価値が支配する他人でもない．他者は短期的な関係ゆえに，文化人類学が対象にしてきた伝統社会においてはほとんど身内ほど重視されなかったとも言える．

以下で紹介するのは北インドから中東にかけて頻発している名誉殺人（honor killing）である[8]．これは，女性の不道徳な行為がその家族や帰属集団（家族，親族，村落，カースト，宗教集団など）にもたらす不名誉を取り除き，名誉回復の手段として行われる暴力（殺傷事件）と定義する．不道徳な行為とは，婚前の性関係，親の

意見を無視して，自分が決めた男性と駆け落ちする，男性関係で噂が立つ，妻が不貞をすることなどを指す．このような場合，父親や兄弟が女性の性を管理できていなかったとみなされ，その家族の名誉が失われる．場合によっては家族だけでない，親族や村人など，同じ仲間とみなされる人々も名誉を失う．名誉を回復する唯一と言っていい手段が当事者である女性の殺害である．2007年インドで655の殺人事件が名誉殺人と認められている (*The Hindu* 2008.8.29)．最近の国連による統計では，総犠牲者5000人のうち1000人前後がインドで殺されているというが，その数はもっと多い可能性が高い[9]．

　インドにおいて女性の性はきびしく管理されている．婚前交渉は当然のことながら禁止されている．性的ではないにしても特定の男性との親密な関係は許されない．不道徳とされる性関係の発覚や噂も名誉殺人の立派な動機となる．異なるカースト間結婚（とくに不可触民のような地位の低い男性と地位の高い女性との結婚）や異なる宗教間結婚，さらに村内婚（近親婚），同じゴートラ（父系クラン）間の結婚の場合，強い反対が親だけでなく同じ村やカースト集団からなされる．既婚者の場合，とくに妻の不倫やそうした疑惑が名誉殺人の原因となる．驚くべきことに，夫が妻の不貞を夢で見たというだけで妻を殺した例がある．強姦されても，被害者が家の名誉を汚されたとみなされて殺害される．

> 2004年7月，ラージャスターン州，ダリット（不可触民）の男性17歳と関係をもった地位の高いグージャル・カーストの少女（15歳）が駆け落ちした．2人が駆け落ちすると，家族は少年が誘拐したと警察に届ける．警察が捜索し，ムンバイで暮らしていたカップルを探し当てた．その後少女は9月22日に自分の父と叔父たちに殺される．両親たちは少女が蛇か昆虫にかまれて死んだと伝える．警察は13人を逮捕するが，州議員が同じカーストのグージャルのため，罪の軽減に動いているという (*Decan Herald* 2004.10.22)．

　この事例からも分かるように殺害を行う，あるいはだれかに殺害を頼むのは，娘の行為で名誉を失ったと考える人たちで，彼女の父，兄弟，叔父，母や姉妹などである．母や姉妹が手を下したとされる事例もある．さらに，名誉が家族だけでなく，村や親族集団に関わる場合，暴力はより集合的な性格を帯びてくる．被害者は，女性だけでなく，その相手の男性，両方，あるいは男性だけということもある．名誉殺人にいたる過程では，駆け落ち発覚時，その後の保護の訴え，また犯罪がなされたあとの逮捕や起訴などの一連の展開で警察や裁判所が当然のことながら深く関わってくる．しかし，地方裁判所や警察は，名誉をめぐって容疑者と同じ考え方，

価値観を共有していたり，政治家による容疑者擁護があったりして，加害者が即座に逮捕されたり，重罰になることはほとんどない．グージャルの事例のように，政治家について言えば，地域で力をもっているカースト・メンバーの感情を逆なですると票を失うことになるので，容疑者を擁護するために警察や司法に介入する．

さて，カースト内婚[10]が規範であるインド社会において，女性が地位の低い男性と結婚することはあるまじき行為である．女性の不道徳的行為でカーストのウチとソトを区別していた境界が崩れることになる．この秩序の崩壊が名誉の喪失という言葉で表現される．ウチは家族にとどまらず，親族や村社会，さらにはカーストにまで及ぶ．女性がもたらした不名誉は，彼女を殺すことでのみ払拭できる．このため，名誉殺人は暴力だが，それは（彼女もメンバーであった身内から見れば）正当な暴力である．ウチを支配するのは，なによりも道義である．名誉殺人は，ウチの道義を優先させた結果なのであり，またこれを通じて道義が強化されることになるのである．不道徳とされる行為を行うことで，女性は身内から他者へと変貌する．多くの社会では，彼女は捨てられる，縁を切られる（勘当される）——他者になるだけである．しかし，名誉を重んじる社会では，この他者化は家族全員にもおよび，家族の社会生活が脅かされる．なぜなら他者化とは家族より大きな身内（親族，村落，カースト）から排除されることを意味する（たとえば残された姉妹は結婚できないかもしれない）からである．自分たちが他者化されないためには，娘を殺すしか方法はない．彼女はたんなる他者ではなく，自分たちを脅かす他者となる．このため殺されなければならない．

殺す側から見ると，ソトの男性と駆け落ちした娘や姉妹は，自己の分身でもある．人はこれ以上分割できない個人（individual）ではなく，近しい人とは身体物質を共有するという可分な人（dividual person）という考え方が支配的であるインド社会では，一緒に食事をしてきた子どもや兄弟姉妹は自他の境界があいまいな人々だと言っていいだろう．不道徳な行為をする女性は，この自他融合の世界に侵入してきた異物であり，この異物を取り除く必要がある．彼女は分身であって異物なのである．娘は自分の過ちによって他者になる．しかし，それだけでなくこれまで彼女が属していた家族や親族とって裏切り者であり，異物として残存する．この異物は自分たちにも感染する．したがって，これを取り除く，つまり殺害しなければならなくなるのである．

身内と他者を分ける境界は脆弱で，それゆえ人々はさまざまな文化実践を通じて頻繁に境界を強化する実践に従事する．他方で，他者となった身内（性的逸脱を行ったとみなされる女性）を糾弾し，排除（殺害）しながら，身内内の秩序を維持しようとしているのである．

3-4　他者のきわみ

　これまで，贈与や商品あるいは貨幣に注目して身内と他人との関係や，身内が他人や他者になるダイナミズムを考察してきた．繰り返すが，身内や他人とは長期的な関係を前提にしているが，他者との関係は原則短期的なものである．極端な瞬時的関係は，出会いがどちらかの死を意味するような場合であろう．「関係」が生まれた途端にそれは消滅する．イスラエルの軍隊について調査をしたバーとベン＝アリ（Bar and Ben=Ari 2005）は，スナイパー（射撃手）がいかにして，はるか遠くの兵士を狙撃するのかについて論じているが，そこで重要なのは敵の兵士を人ではなく，非人格的存在，すなわちものとして見る力であると述べる．ものに化した瞬間，ライフルの引き金が引かれ弾が発射する．人的交流の可能性が一瞬にして潰える瞬間である[11]．

　瞬時の関係しか想定できない他者からなる世界は，戦場だけに認められるわけではない．より一般的には絶滅収容所の世界と言える．それは匿名が支配する世界である．他者は番号で呼ばれ，名前やそれが示唆するさまざまな個人的な要素が剥奪される．囚人の髪は刈りそろえられ，同じ種類の囚人服を着せられる．そこに個性はない．かれらは生物学的には生存しているが，社会的には生存してはいない．かれらは生きる死者，非人格的存在，「もの」なのである（アガンベン 2001）．絶滅収容所の一つ，ポーランドのアウシュヴィッツに送られた大量のユダヤ人が残した持ち物や身につけていたもの，毛髪などに人格は付与されていない．本来もっとも人格性を帯びているはずの毛髪さえ工業製品の材料にすぎない．それらは，持ち主と同じく一方的に収奪されるだけだ．贈与関係に伴う道義性はここには存在しない[12]．即座にガス室に送られることを免れたとしても，囚人たちはそこで最初から他人以下の存在，材料（もの）なのだ．そして，このような材料の一つに，冒頭で言及した移植用臓器が含まれていても不思議ではない[13]．

4 ●よそ者の消滅

　本章では，他者を身内と他人さらには他者に分かつ実践に注目した．それはまた道義的な関係を打ち立てるか，道具的な関係を打ち立てるか，という自己の意図と密接に関係する実践であった．事例の分析から，身内世界には道義的な，他人世界には道具的な関係や価値観が支配されているという二項対立はかならずしも固定されていないことが明らかになった．身内が他人になり，他人が身内になる，また贈

与や商品の交換に注目することで，当事者がどのような関係を紡ごうとしているのか（あるいはそれを拒否しているのか）を論じた．カーステンが提唱した関わり合いという概念は，身内の関係をもとに生まれたため，そこには道義的関係が色濃く反映されていて，道具的な関係は無視されていた．パットナムのソーシャル・キャピタルは，カーステンが扱うよりはるかに広域の社会を対象にして提唱された概念である．しかし，ここでも道義的関係が重視されていた．そこには市民社会をいかに活性化するべきかという実践的な動機が込められていた．パットナムが描く市民社会の理想の対極に位置するのが，前節で他者のきわみと呼んだ絶滅収容所の囚人たちの世界であろう．

　貨幣やライフルあるいは絶滅収容所といった実践の媒介物に注目すれば，本章で「他者」と呼んだ人々の出現は近代的な存在である．もちろん，貨幣も武器も古代から存在した．だが，それらは現代社会において果たす役割からかけ離れていた．貨幣は呪術的機能を有し，しばしばもち運びを拒否するほど巨大であった．武器はつねに接近戦を要請し，殺害を目的としていても瞬時的な出会い，遠隔地からの大量殺戮（たとえば空爆）を想定していなかった．では，近代以前には身内と他人しか存在しなかったのか．もちろんそうではない．しかし，身内と他人からなる自己をめぐる長期的な人間社会の外に存在したのは，本章で述べてきたような他者ではなく，冒頭で言及した「よそ者」と考えるべきであろう．周辺に位置するよそ者こそが「シニフィエなきシニフィアン」「浮遊するシニフィアン」あるいは「零度の記号」として，さまざまな象徴的付加価値が付与される存在であった．トリックスター，第三項（今村 1982）などと呼ばれてきた存在．そのような存在は，もちろん現代社会にも認められる．しかし，それが果たす役割は過去に比べると，あるいは人類学が扱ってきたような伝統社会に比べるとずっと小さい．現代社会に生きるわたしたちはよそ者と出あう前に他者と出あっているのである．しかし，伝統社会においてもよそ者がつねに周辺世界に属する存在，あるいは短期的な関係を取り結ぶ存在と想定すべきではない．

　エヴァンズ＝プリチャード（2001）の描くアザンデ人の平民社会は妖術師が跋扈する世界である．妖術師は身内に潜んでいる．これを発見しその力を抑えたり，時に排斥したりするという過程は，身内を（他者というよりは）よそ者に変える過程でもある．しかし，それによって妖術師が完全に外部に追いやられるわけではない．例外的に殺害される場合もあったようだが，多くは妖術師と判明したあとも一緒に生活をする．ここが名誉殺人とは異なるところである．

　本章が進化論的な議論に貢献できるとするなら，よそ者の存在がいつのまにか消えてしまったということについての問題提起である．よそ者のかわりに登場したの

が，主として貨幣を媒介とする他者と言えないだろうか．かつては，神秘的な存在であるよそ者がたくさん存在し，邂逅する機会も多かった[14]．現代社会では，よそ者が棲息する闇が，文字通り啓蒙主義，それが支える近代的な技術や世界の隅々まで通用する通貨によって駆逐された．わたしたちが慣れ親しんだ世界に存在するのは，身内と他人，そして，その外部に存在するのは匿名の他者である．繰り返すが，身内と他人，他者は固定されている存在ではない．人々の実践を通じてそれらはゆるく（セックスワークにおける常連），あるいは瞬時に（名誉殺人）変化する．しかし，これらがよそ者（たとえば幽霊）へと変化することはもはやほとんどない．これはよそ者の世俗化と呼べる過程かもしれない．本章は，この世俗化研究を念頭においた最初の〈他者〉論の試みとして位置づけたい．

注
1）哲学的な他者論は膨大な数にのぼるが，ここではより社会学的な視点から〈他者〉を論じたシュッツの論稿（1988）を挙げておきたい．
2）もちろん，すべての実践が道義と道具に分かれるわけではない．
3）たとえば山口昌男（2000）の中心−周辺論は，構造的アプローチの典型であるが，その核となるのは周辺的存在，よそ者である．
4）交換の類型化を試みたサーリンズの議論（2012）は，交換という実践による〈他者〉の類型化と解釈することも可能である．
5）結束型という負のソーシャル・キャピタルが効率的に作用するためには，敵（犠牲の山羊）を必要とする．負のソーシャル・キャピタルが結束を強め，結果としてその外部の集団を排除するというのではない．排除すべき敵を集団のソトに創り上げて，内部の結束を強めるのである（田中 2009）．このような視点は，残念ながらソーシャル・キャピタル論に求めることはできない．
6）パトロン−クライエント関係については（Wolf 1965）を，ファクションについては（Nicholas 1965）を参照．
7）売春・セックスワークが仕事と考えられるのかについての議論は（田中 2014a）を参照．
8）名誉殺人について詳しくは田中（2012）を参照．
9）Nupur Basu（2013）による．
10）厳密に述べると，職業集団であるカーストは多くの地域集団（サブ・カースト）に分かれていて，その内部で結婚がなされてきた．
11）戦争時での殺害への心理的抵抗についてはグロスマン（2004）を参照．殺害に道義的関係が伴わないと，一律に考えるべきではない．多くの狩猟採集民社会では，動物にたいし非人格化の戦略をとることはない．本書の第10章大村論文や第18章床呂論文が述べるように狩の対象となる動物はむしろ，豊かな人格をもつ存在として理解されている．それは殺され，料理され，消化するときまで同じ人格（動物格？）を備えた存在である．モンゴルやシベリア，さらに北極圏に住む多くの狩猟採集民にとって，狩猟の対象となる大型動物

には，主と呼ばれる個体が存在する（小長谷1994）．この使いが狩りの対象となる．狩猟者と動物とのあいだでのやり取りの後，動物が殺害される．これは主からの贈り物とみなされて，人は反対給付を行わなければならない．ここに認められるのは，個別の動物をめぐる人と主との贈与関係である．狩人による動物の殺害は人間と動物との関係の終結ではなく，人間と動物主との関係の存続を示すものでしかない．しかし，動物の主と人間の関係は，身内とみなすべきではない．後述するように，動物の主はよそ者と考えるべきであろう．

12) 絶滅収容所のユダヤ人たちを他人とみなすことも可能かもしれないが，彼らとナチスとのあいだに長期的な関係が確立したわけではない．

13) カズオ・イシグロの描く『わたしを離さないで』（土屋政雄訳，早川書房，2006年）の世界，あるいは『キック・オーバー』（*Get the Gringo*, 2012年アメリカ合衆国，エイドリアン・グランバーグ監督）で「保護」されている少年のように．

14) 注11で言及した「動物の主」もそのような存在と想定できる．

参照文献

アガンベン，G（2001）『アウシュヴィッツの残りのもの ── アルシーヴと証人』（上村忠男・広石正和訳）月曜社．

Bar, N and Ben-Ari, E (2005) Israeli Snipers in the Al-Aqsa Intifada: Killing, Humanity and Lived Experience. *Third World Quarterly*, 26 (1): 133-152.

Basu, N (2013) Honour Killings: India's Crying Shame. *IPS* 2013/11/30（http://www.ipsnews.net/2013/11/op-ed-honour-killings-indias-crying-shame/ 2015年8月14日閲覧）．

Carsten, J (1995) The Substance of Kinship and the Heat of the Hearth: Feeding, Personhood and Relatedness among Malays in Pulau Langkawi. *American Ethnologist*, 22 (2): 223-241.

───（2000）Introdction: Cultures of Relatedness. In: J Carsten（ed.）, *Cultures of Relatedness: New Approaches to the Study of Kinship*. Cambridge University Press, Cambridge.

エヴァンズ＝プリチャード，EE（2001）『アザンデ人の世界 ── 妖術・託宣・呪術』（向井元子訳）みすず書房．

グロスマン，D（2004）『戦争における「人殺し」の心理学』（安原和見訳）ちくま学芸文庫．

今村仁司（1982）『暴力のオントロギー』勁草書房．

小島恭美（2004）「「売る男」と「買う女」── 女性向け性感マッサージをめぐって」京都大学大学院・人間・環境学研究科提出修士論文．

小長谷有紀（1994）「狩猟と遊牧をつなぐ動物資源観」大塚柳太郎編『講座・地球に生きる（3） 資源への文化適応』雄山閣，69-92頁．

中屋敷千尋（2014）「北インド・チベット系社会における選挙と親族 ── スピティ渓谷における親族関係ニリンの事例から」『文化人類学』79（3）：241-263.

モース，M（2009）『贈与論』（吉田禎吾・江川純一訳）ちくま学芸文庫．

Nicholas, RW (1965) Factions: A Comparative Analysis. In: M Banton（ed.）, *Political Systems and the Distribution of Power*. Tavistock, pp. 1-22.

パットナム，R（2001）『哲学する民主主義 ── 伝統と改革の市民的構造』（河田潤一訳）NTT

出版.
―（2006）『孤独なボーリング ―― 米国コミュニティの崩壊と再生』（柴内康文訳）柏書房.
坂本治也（2010）「日本のソーシャル・キャピタルの現状と理論的背景」『ソーシャル・キャピタルと市民参加』（研究双書 150）関西大学経済・政治研究所，1-31 頁.
サーリンズ，M（2012）『石器時代の経済学』（山内昶訳）法政大学出版局.
シュッツ，A（1988）『社会的世界の意味構成』（佐藤嘉一訳）木鐸社.
田中雅一（2007）「貨幣と共同体 ―― スリランカ・タミル漁村における負債の贈与的資源性をめぐって」春日直樹責任編集『貨幣と資源』（内堀基光総合編集『資源人類学』05）弘文堂，59-107 頁.
―（2009）「エイジェントは誘惑する ―― 社会・集団をめぐる闘争モデル批判の試み」河合香吏編『集団 ―― 人類社会の進化』京都大学学術出版会，275-292 頁.
―（2012）「名誉殺人 ―― 現代インドにおける女性への暴力」『現代インド研究』2：59-77.
―（2014a）「「やっとホントの顔を見せてくれたね！」―― 日本人セックスワーカーに見る肉体・感情・官能をめぐる労働について」『Contact Zone』6：30-59.
―（2014b）「シングルを否定し，シングルを肯定する ―― 日本のセックスワーカーにおける顧客と恋人との関係をめぐって」椎野若菜編『シングルの人類学 2　シングルのつなぐ縁』人文書院，79-99 頁.
―（2015）「スリランカの民族紛争と宗教 ―― ソーシャル・キャピタル論の視点から」『アジアの社会参加仏教 ―― 政教関係の視座から』北海道大学出版会，309-336 頁.
田村うらら（2009）「トルコの定期市における売り手–買い手関係 ―― 顧客関係の固定化をめぐって」『文化人類学』74（1）：48-72.
Wolf, ER (1965) Kinship, Friendship, and Patron-Client Relations in Complex Societies. In: M Banton (ed.), *Social Anthropology of Complex Societies*. Tavistock, pp. 21-62.
山口昌男（2000）『文化と両義性』岩波現代文庫.
渡部瑞希（2015）「商取引における「賭け」と「フレンドシップ」―― カトマンズの観光市場，タメルにおける宝飾商人の事例から」『文化人類学』79（4）：397-416.

第14章 他者としての精霊
イバン民族誌から

内堀基光

❖ Keywords ❖

精霊，霊魂，二重世界，夢見，狩猟，首狩

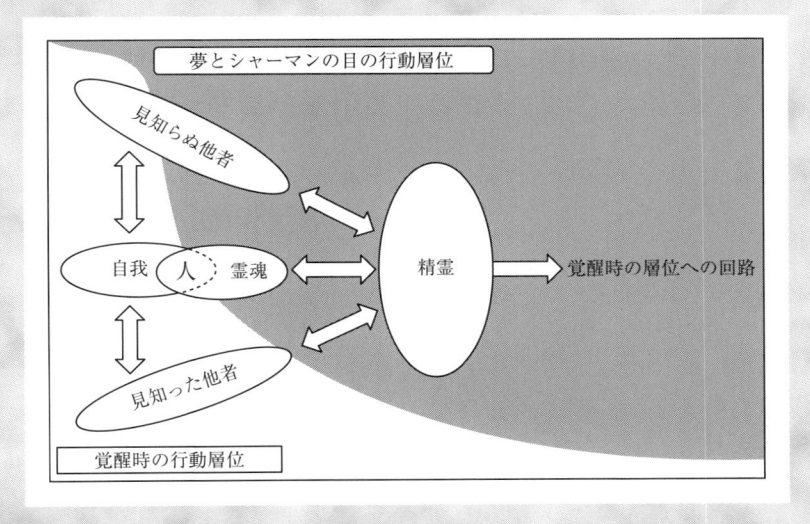

イバン世界の存在と行動の層位：それぞれの楕円は2つの層位で行動する存在者．それらの重複，転換，やりとり関係は⇔で示される．「自我」と「霊魂」は重なる部分もあり，重なった部分が「人」を構成するが，イバンの人間存在論の特徴は，「自我」と「霊魂」がそれぞれ独立に，異なる層位で行動するとされることにある．

1 ●ほぼ絶対的にヒト（だけ）的な他者というもの
── 他者性の度合

　同所的な共在集団あるいは共同体に属する個体同士は，ある行動平面上では互いに他者であり，本書の多くの章はこうした意味での他者を扱っている．絶対的な自己と他者という切断の仕方を避け，他者性の相対性，その度合といったものを考えに入れるとき，これら世界についての了解と感覚を共にする諸個体は，低度の他者性を帯びた他者だと言ってよい．一方，生活の場を異にし，出会いも稀な他者は高度な他者性を帯びた他者であるが，互いに他者として自己と同一の行動平面にあるという属性がそこに認められている以上，その他者性はいくらでも低められていく可能性を秘めている．人間社会の場合，他者性の度合の高低（あるいは濃淡）が変動することは，社会の外縁の拡大という進化と歴史の時間枠においても，また個体の生活史の時間枠においても，多くの分野でごく普通の研究事項として扱われてきた．いずれの時間においても，一つには相互行為（行動）の平面，もう一つには主観的な親密性と仲間としてのアイデンティティの平面での扱いであった．そのかぎりでは他者性の度合の高低あるいは強弱は，研究上のアプローチの本質的な違いを要請するものではなかったと言えよう．

　この章で対象とする他者は，上の意味で自己と同一行動平面上にあるものではない．動物行動学あるいは霊長類学との連続性のなかで語ろうとすれば，たとえそれがヒトであろうとも，同一行動平面上にあるものは，むしろ他個体という概念で指示されるべきものであろう．ここで扱う他者は，本来的にはその意味での他個体ではない．とはいえ自己と同一の平面とまったく交差することのない，いわばそれと平行的な平面にある存在だというわけでもない．二つの平面は，時として交差し，その交差の線上では同一の存在価といったものをもってたがいに行為しあうこともある，そうした存在である．こうした他者の存在によって，ヒトの行動平面には二重性が現出すると考えることができる．ヒトを含む霊長類あるいは動物一般に当てはまる他個体を他者と言うならば，ここで語ろうとするものは，そうした他者とは別のアプローチを必要とするものであり，あえて区別すればむしろ「異者」という語が相応しいものかもしれない．

　以下で語るのは，こうした意味で異者であり，見方によっては幻影として語りうるようなもの，すなわち人間の生の経験において霊魂的とも精霊的とも，あるいは神霊的ともいえるものが，いかに他者として，つまり自己と同一行動平面にあり，ほぼ同等の動作主としての資格で現われる他個体のように現前するかという問題で

ある．こうした現前のありようを，ほかの他個体としての他者との対照のなかで探ってゆく．これをヒトの社会性の進化におけるクリティカルな契機と見ることが本章の主論点となる．

2 ●イバンの生活誌から一つのエピソード

　古い小さなエピソードからはじめたい．1976 年 10 月の一夜，ボルネオ島西部，マレーシアのサラワク州南部を流れるルパール川の支流スクラン川上流にあったイバン人の集住長屋（ロングハウス）の通廊で見聞きしたことである．
　その夜は，イバン語でスララ・ブンガイ serara' bungai と呼ばれるシャーマン儀礼が行なわれていた．この儀礼は，現在はサラワク州全域に広がっているイバン居住地のなかでもラヤール川，スクラン川，クリアン川などに住む，研究者がサリバス・スクラン系イバンと呼んでいる人びとの居住域で盛んに行なわれていた儀礼である．ブンガイとは「花」の意で，この儀礼の脈絡では家族（ないし世帯）全体の生命の状態を表現するとされる不可視の植物を指している．「花」は家族（世帯）に 1 本あり[1]，家族成員の誰かが死ぬと，「花」の一部が朽ちるという．シャーマン儀礼の個々のパフォーマンスの詳細は，ケースごと，またシャーマンごとに異なるが，主なモチーフは変わらない．すなわち，生きているメンバーの「花」全体から最近死んだメンバーの生命にあたる部分が切り離される（これをスララと称する）行為を演じるのである．そのために通常，この儀式はロングハウス共同体全体に適用される服喪の期間を終了する数日前に開催される．しかし，シャーマンによる儀式には，こうした象徴的な生と死の分離に関わるイメージ表現よりも，現実的にもっと重要な機能があるかもしれない．それは儀式の機会をとらえて，コミュニティのメンバーが最近のさまざまな経験についてシャーマンに相談をもちかけ，場合によってはシャーマンによるその解釈と可能な対処を求めるという事実である．ここでのエピソードは，この機能に焦点を当てることになる．
　その夜，シャーマンは彼自身のもってきた儀礼用具のほか，儀礼に向けて死者の遺族によって用意された小さな壺，吹き矢の筒，儀礼用途と威信財として織られた木綿絣布（プア・クンブという），細めで節の長い種類の竹の筒などを準備していた．通廊には年かさの女性たちが集まってきて，シャーマンの周囲に座った．一人が昨晩見た夢を語り出した．ロングハウスに近い森の中を歩いていると，今からシャーマン儀礼が行なわれようとしている当の対象である死者と出会ったのだという．彼は向こう側からやってきたが，左手に槍をもち，2 匹の犬と一緒だった．彼女は死

者が急に現われたので怖くなり，何をしているのか訊いた．彼は狩り（イバン語で *ngasu*，つまり犬を連れた狩り）だと答えた．これを聞いて彼女は叫んだ．「止めて，おじさん，かかってこないで．親戚じゃない．」回りにいたものは，この夢を死者 ── たまたま彼は生前シャーマンだったのだが ── がまだ辺りをうろついていて，生きているものたちの狩りをしていることの証だと受け取った．これに応じてもう一人の女が彼女もまたその死者と出会う夢を見たと言った．

この夢の語りに続いた人びとの会話から分かったことは，この死んだシャーマンの「霊魂」── イバン語ではスムンガット *semengat* と呼ばれる ── は，彼が生きているときから，ときどき「悪いアントゥ *antu*，つまり妖怪になって」，仲間の人間の霊魂を狩ることがあったとされていたということである．数年前に近くのロングハウスで起きた幼児の死もこの狩りのせいだとされていた．アントゥと呼ばれるものの多様な相貌については後節で述べる．邪悪なときには妖怪，そうではないときには精霊という日本語で言い表せるようなものであり，イバンにとって多くの点で自分たち人間と逆の属性をもちながら，イバンが想い描き，そこで行動する世界においては個性ある動作者として人間との共通性をもつ存在者だと理解しておけばよい．彼の霊魂は「邪悪」（*jai'*）と言われていた．だが，老女たちの会話のなかでは，彼の「人格そのもの」── と，いちおう言っておこう ── が邪悪な意図をもつように語られることはなかった．「彼が悪かったんじゃない．悪いのは彼の霊魂」というわけだ．

こうした会話のなかで通廊での儀礼は進み，竹の筒の表皮の一部を小刀で切り取って棄てるという主要作業が首尾よく終わった後，老女のひとりがシャーマンにこのことに何とか手立てをしてほしいと頼んだ．だがシャーマンはこの要望を穏やかに断った．シャーマンによる処置が効果をもつためには継続的に儀礼的な手当が施されなければならないが，今このロングハウスにはシャーマンがいなくなっている ── 彼は別のロングハウスから呼ばれてきていた ── から，というのが彼のあげた理由である．そして彼が最後に言い足したのは「悪いのは霊魂であって，彼（死んだシャーマン）じゃないからね」ということだった．

3 ●経験の語り方 ── 霊魂と夢

上のことはイバンの霊魂存在についての信念を知っていれば，一見なんでもないエピソードである．イバン民族誌学の泰斗 D・フリーマンの表現では，イバンは霊魂 ── フリーマンの英訳では soul ── の存在に「揺るぎない信念 unshakeable belief」をもっている (Freeman 1970).「揺るぎない信念」とは今から振り返ればいかにも時代がかった表現だが，少なくとも1940年代末という時代に霊魂の実在について懐疑的になるイバンにフリーマンが一人として遭遇しなかったことは事実と認めて良い．1970年代中葉に行なった私の調査においても，年寄りのみならず20歳台の若者もまた男女を問わず霊魂の実在を当たり前のこととして語っていた．しかもそれは儀礼など格別の機会に限って語られるというのではなく，日常の経験に密着したところでしばしば言及されていた．民族学の議論のなかで，霊魂に当るような観念の存在はあまりに当たり前すぎて，それを理論的な問題として焦点化するのはかえって難しいところがある．霊魂について語ろうとすれば，ちょっと前の人類学であれば「人格論」，今流行りの人類学であれば「存在論」といった議論の枠組が前面に出てきやすいとは思う．本章は全体としてそのどちらにも関わりうるが，出発点としては「経験の語り方」という枠組をとることにする．

イバンが日常的に経験する出来事を語る機会のうち，聞き手がもっとも多いのは通廊でのとりとめのない語らいであり，これをイバンはブランダウ・ルアイ *berandau ruai* と呼ぶ．ルアイは通廊の意だが，ランダウというのは蔓性植物の総称でブランダウはそれを動詞化した語であり，そこにとりとめのなさ，つまり無目的の語らいのあり様がうまく表現されている．前節のエピソードは儀礼を取り囲んだ席ではあるが，女性たちの会話はブランダウの雰囲気のなかで行なわれている．ふだんのブランダウで語られる内容は，他所のロングハウスの人びとについてのうわさ話や農作業・狩猟・採集についての情報といった，われわれにとっては「通常の」経験 ── 活動と伝聞 ── に関わるものだが，それとならんで夢見にかかわることも多い．そのほとんどは自分がごく最近見た夢についてだが，ときには他人の夢を二次的に話題にすることもある．後者の場合，夢の内容そのものの特異性，あるいは夢と現実に起きたこととの関係にまつわる特異性がその動機である．精霊に関わる経験の多くは夢での経験である．

イバンにとって夢は経験である．「経験」にあたる包括的な抽象語はイバン語にはないが，感覚（五感）をとおして身の回りの世界の細部を探索しつつ行動し，それを反省しつつ意識のなかに定着させることをもって経験であるとすれば，イバンは夢をブランダウで語ることによって意識化し，それによって夢を経験へと持ち上げるのだと言うこともできる．その点で夢と夢以外の経験はイバンにとって同型のものである．ここで問う必要があるのは，この二つは同型でありながらも，どのようにして異なる種類あるいは位相の経験として並立しているのか，ということである．

これをイバンの説く「理論」に沿って説明すれば，人間は二重の行動主体をもつ

第14章 他者としての精霊　319

ことに基礎をもつということになる．というか，彼らは主体を二重に捉えている．夢における行動は霊魂が主体となるものであり，それに対して覚醒時はむしろ「身体」あるいはその部位を軸にして表現される主体の行動だということになるのだが，ここでの問題はそうした説明がもつ効力の範囲，すなわちどれほどにこの説明にイバンが納得し，どのような時にこれに言及し，またそれがはらむ矛盾に気づいているのか（あるいはいないのか）ということに関わっている．それによって霊魂の存在への「揺るぎない信念」なるものの実相を明らかにすることができよう．

　ここで「行動の層位」（あるいは「振る舞い」の層位）という発想を導入する．流行の言葉を使えばパースペクティヴに近いものだが，「層位 (layers)」ということで多様な行動基盤の同時性とその多層的な構造を協調することにしたい．パースペクティヴには時と場合による遠近焦点あるいは観点の切り替え —— たとえ連続的ではあれ —— といった含意がともなうが，ここではむしろ同時並行性に目を向けようと思うからである．大きく分けてこの層位は 2 層からなっている．そのひとつは夢の行動層位であり，これは後述するようにシャーマンがその能力を発揮する層位と等位である．もうひとつは言うまでもなく覚醒と身体によって代表される行動層位であり，人間の通常の意思と感覚をともなう身体的な層位である．ここで「行動の層位」とよび「経験の層位」としないのは，経験がはっきりと経験として形成されるのは，先に述べたように意識化によってであり，意識化以前はむしろ行動（ないし「振る舞い」）と呼ぶべきだろうからである．二つの行動の層位は，たとえばブランダウという語りあいにおける意識化によって，ある個体（個人）の統一された経験となるわけである．本節前半で経験の語を使ったのは，その意味ではやや先走った扱い方であるが，いわば先取的な語法として受け取ってほしい．

　ここで言う行動層位は I・ハロウェルの言う「行動環境」(behavioral environment) の内部層序と考えてよい (Hallowel 1955)．「行動環境」にはさまざまな動作体が含まれる．というか，そこに含まれるものはすべて潜勢的に動作体であって，それが現実態をとるのはその時々の行動層位によると考えよう．ここで注目しなければならないことがある．当たり前のことだが，夢を語るのは覚醒時の主体であるから，これと夢の中の行動主体とは別物だということである．言い換えれば，いかに夢が意味ある行動の層位で現実性をもつと考えられようとも，ひとりの経験として統合されるのは覚醒時の現実の層位においてであるということである．夢の現実は，そのかぎりでは現実の基層にあるというよりも，その上に積み重ねられる上層にある．ただし，ここでただちに覚醒時の主体こそが全面的に「我」であり，夢における主体は「非我」だと結論づけるわけにはいかない．行動主体を覚醒時の A と夢見時の B に分けるとすると，主体 A と主体 B が非均衡的に出現する場が「我」だとも

言ったほうが良いように思える．その「我」はどちらかというと主体Aの語によって語られる．だがAを超えたものも「我」ではあるということで，ここにもAとBのあいだにある種の浸透が認識されているからである．この浸透を確実に体験できる，というかできるように語る存在がシャーマンである[2]．

　夢に見られるもの（およびシャーマンの目に見えるもの）と覚醒時の経験対象は，上述のようにいわば二重世界における存在者ということになるが，完全に表裏的に一体一対応するものではない．覚醒時の世界も夢の世界もともに世界全体の一部に過ぎず，両者が同時に経験されるようなことはありえないからである．他者の夢はその人の覚醒時の語りのみによって知られることを考えてみれば良い．そもそもここに矛盾の発生根拠があるのだ．かりに世界を世界Aと世界Bとし，行動主体を主体A，主体Bとする．わたしの世界にあっては二つの項のAとBは一致するが，他者のBはAの層で間接的に聞き知ることしかできないからである．霊魂は通常頭蓋のなかにいるとされるが，そのことは人が意識をもって生きていることであり，病のときや夢を見ているときには一時的にこの霊魂が身体から離れているのだと言われる．そして死は霊魂と身体の永遠完全な分離である．ここまではきわめて分かりやすい．ところがエピソードに見られるように，イバンの考え方ではこの霊魂なるものが人格と完全に一致していない．キリスト教的な霊魂観とはここが根本的に違っていて，かなり分かりにくく，またそこに由来して，相容れない論理からなる特異な矛盾空間とも言うべきものが展開することになる．

　霊魂という夢のなかの行動主体と「我」が乖離しているという理論，つまり別々の存在だという理屈の帰結の一つは，前者の行動の責任を後者がとらない（とれない）ということである．前節のようなエピソードはこのことが実際にどう語られ，どう実感されているかを示すことになるのだが，このエピソードの中心にある精霊と死霊の存在に関しては，経験となる夢見という問題にかぎらず，もう一つ面白い問題が生じてくる．その問題との絡みで，次節では経験から存在へと議論を進めよう．

4 ●精霊の存在

　第2節のエピソードは夢における「見知った他者」との出会いであった．この見知った他者がシャーマンを交えた語らいのなかでアントゥ，すなわち精霊とも妖怪とも言える存在であるとみなされたわけだが，この同定はおそらく，夢に出てきた死者が生前からアントゥになりうる存在とみなされていたことに根拠をもってい

る．繰り返しになるが，イバンの説明理論では夢の体験は，夢を見ている人の霊魂の体験であり，夢で見られるものは見られる事物の霊魂である．これはE・タイラーの古典的なアニミズム論で展開された「主知主義的」な説明理論の核心部分をそのままなぞっているようでもある．この理論的な前提と，実際日常的にいわば受動的に見た夢をさまざまに解釈すること，またときには特定の夢を能動的に求めるという行為などが，イバンの夢習俗の全体をなしている．日常的な夢のほとんどは「文化的定型夢」(culturally patterned dream) といったものであり，その解釈も類型に沿ってかなり自動的になされ，それへの対処も畑仕事に出ない，予定していた計画を控えるといった機械的なものですむ．これは個別の夢に特別の意味を読み込まない仕組みであるとさえ言えよう．これに対して，夢に誰か同定できない人間が現われて，何かしら尋常ではない働きかけがなされたようなときには，時機を見てシャーマンによる対処を要請することが多い．同定できない人物は，夢に現われるいくつかの種の動物（獣や魚類）などと同じく，アントゥだとみなされる傾向にあるからである．

　このことは夢を見る人の霊魂とアントゥはイバンの存在論のなかで同じ行動層位に立つものだということを意味している．実際には夢のなかでの相互行為において，肯定的にも否定的にも能動的な行為をするのはアントゥのほうであり，人の霊魂は圧倒的に受け身に回る．夢でのアントゥとの出会いをあえて求めるということも行なわれていて，この出会いによってさまざまの呪物や呪的な知識を得たという人も少なくない．とりわけシャーマンとして活動しうる霊能を獲得するには，こうした出会いが必須である．もっともこの場合でも，夢を見る人間のほうが受益者であるという意味では，アントゥの能動性には変りがないと言ってよい．こうした点から見るとアントゥは，利であれ害であれ，何らかの力能の根源だと考えることもできる．アントゥの背後に何かがあって，それがアントゥをとおして現われるといったものではない．アントゥは力能の根源であって，メッセンジャーあるいは仲介者なのではない．

　アントゥには「分からなさ」といった感覚がつきまとっている．それはこの根源性ゆえである．そこが日本語のカミに近い語感を与えるわけだが，日常表現のなかではカミよりもずっと言及範囲が広い．通常よりやたらと大きくなった果菜からはじまり，かつてであれば写真術についてもアントゥと語られたこと (Jensen 1974) は，日本語の「お化け」に当たりもする用語法である．人の死との関連で言えば，葬儀時における遺体そのもの（日本語ドラマ刑事語の「ホトケ」），死後の死霊としての存在（「仏さま」）など，総じて「死者」を言及するときに用いられるが，それはより特定的に死者の集合を意味するスバヤン *sebayan* の語と結合もすれば，独立で使わ

れたりもする．第 2 節のアントゥは部分的にはこの意味でのアントゥでもあるが，実はさらに特定的な名をもつイバンの民俗形象に言及しており，このことはイバンにはほとんど自明のことがらであった．それはアントゥ・グラシと呼ばれる．この場合のアントゥは「妖怪」「化け物」に近い意味合いをもっている．イバン世界には妖怪的なアントゥには多くの種類があるが，グラシはおそらくもっとも恐れられている妖怪で，夢で見られたとおり，猟犬を連れて狩りをすると言われている．彼の目には人間がイノシシに見えるということである．当然，アントゥ・グラシなどは人に害をなす存在ということになるのだが，時として特定の人の守護者のような役割を果たすとも言われる．その点ではアントゥの善悪は一義的ではない．このことは一般に人間にとって善をなす存在とされるプタラ petara も同様で，人間に対して潜在的には脅威となりうる存在でもあるのだ．

　さまざまな側面で語られ，多様なしかたで人間と関わるアントゥという存在を全体として見るとき，ひとつ強調しておかなければならないことは，死者が死霊として存在をつづけるということは，イバンの霊魂理論のなかでは特別の位置を占めているということである．つまりこの場面では，霊魂と精霊が単に同じ行動層位上にあるというにとどまらず，「霊魂 semengat ＝ 精霊 antu（死霊）」という等式が成り立つことになるわけだ．この等式によって，生きていた時に行動主体の全体，とりわけ覚醒時の行動主体に帰属していた人格性とそれにともなう行動責任がすべて死者の霊魂に負わされることになる．言い換えれば，死とともに「その人自身」と「その人の霊魂」との乖離は解消されることになる．生きていればこそ，悪さをする霊魂，邪悪な霊魂の行動から，その人は免責される．他人の妻に夜這いする夢を見たと告白しつつ，「俺の霊魂は悪いね」といった弁解が成り立つ余地はここにある．死んだシャーマンの生前の霊魂の行動についても同様の弁護がほかの人によっても認められるわけだ．しかし，死んだシャーマンが夢で人を襲うことについては，イバンの霊魂理論は弁護の論理をほんらい用意していないはずである．死者に人格があるとすれば，それは霊魂の人格になってしまうからである．ここに理屈の上での矛盾がある．

　民俗的な夢理論や霊魂・精霊の存在論に論理的整合性を求めるのは，場違いではある．頭蓋のなかに霊魂の常の居場所があり，睡眠中に夢を見るとき，あるいは病気の時にはそこからさまよい出るのだとする説明理論そのものに，いくつもの矛盾（不整合）がはじめから内包されているのだから，ここであえて矛盾した言説のエピソードをあげつらっても仕方がないことは確かである[3)]．にもかかわらず，小さな矛盾を衝いていくことは，それらの理論が生活のなかでもつ位置と重みを測るうえでも重要である．これによって民俗理論の実践的な適用場面を回復し，それによっ

て理論の矛盾する諸部分が社会生活のどこで効能を発揮するかを見極めることができるからである．

　第2節のエピソードにおける儀礼を執行したシャーマンの言にある矛盾は，意識してなされたものか，あるいはそれに気づかずなされたものか微妙なところがある．前者であれば，彼が老女たちの心配を無視か軽視し，以後の面倒を避けようとするところに発した逃げ口上の可能性があるし，後者であれば，霊魂と死霊の理論についての，すくなくともその場における無頓着に由来するということになろう．また前者にはこれ以上付け加える説明の要はないが，後者にはこの無頓着を引き起こした要因をもうすこし追い求める必要があるように思われてくる．この要因をどう見るかは，それなりに射程の長い思考を要求することになる．

　私としては，この背後にある要因は，抽象的な言い方をすれば，一方における確立された文化的表象と，他方における人間の記憶と想起の焦点化性向とのあいだの乖離ということだと思う．具体的にいえば，イバンのあいだで理論として表象化された「死者＝死者の霊魂」という等式は，生きていた時のその人を想起する際には裏切られてしまう（ことがある）ということである．あたかも死後も霊魂とは別に死者の人格があるかのように語ってしまうのは，生きている人間の人格に関わる理論の論理的横流しにほかならないが，この横流しは死んだばかりの人の身体に代表される人格への想起が理論を圧倒するということから可能になる．この想起が強度の情動をともなって起きる場合には，とくにそうである．夢における「見知った他者」との恐怖をもたらす遭遇を語る老女たちこそがこうした想起の当事者であったが，おそらくシャーマンはそれに引きずられ，生きている人間とその霊魂に適用される日常的言い回しを，無意識のうちについ流用してしまったということなのであろう．

　この流用において記憶が果たしたであろう役割は，イバンにとっての夢の意味を論じるとき，本質的ともいえる重要性をもっている．そもそも記憶とそこからの想起は覚醒時の行動層位における活動である．夢を語るときに想起される人物や出来事は過去の覚醒時の行動層位に由来する．これが夢見のなかの行動に介入するとき，二つの行動位相のあいだに通じあう回路が生成されることになる．あるいは行動層位の二層性から存在者の二重世界へと目を移して論じれば，語りによって二つの世界のあいだが架橋されるのだと言っても良い．そしてまさしく，イバンにとって夢が覚醒時の行動層位に対して兆候や警告として意味ある経験となるのは，こうした回路，架橋が成立するからなのである．注意する必要があるのは，日常的にはこの回路・架橋は一方通行路だということである．夢は日常の昼の生活になんらかの影響を与えるが，その逆はない．「昼の残渣」（day residue）といった心理学的理屈はイバンのするところではないのだ．第2節エピソードの背景を追い求めるにあたって

見た記憶と想起の役割にイバンは盲目なのであり，それだからこそ，独立の意味と独自の情動（恐怖と不安）の源泉を夢に見出したのである．

　この節を締めるにあたり，多少の補注を加えておきたい．アントゥと霊魂が同一の行動層位の動作主でありうることは，これまで述べてきたことに加えて，「稲の霊魂」semengat padi ── 日本風に言えば「稲魂」── について，一部のイバンはアントゥ・パディ antu padi と呼ぶことがあるという事実によっても示される（岩田1972）．また，私の知るかぎり誰ひとりとして，アントゥが霊魂をもつということ，あるいはアントゥの霊魂という表現を使ったひとはいない．ここでも「霊魂≒精霊」の等式は成り立っているわけだ[4]．だが，それはあくまでも一面でのことである．別の面では，アントゥは霊魂のそれと異なる行動層位，つまり人間の覚醒時の行動層位での動作主でもありうる．これがイバン世界におけるアントゥの超越性である．超越性という語で，ここでは文字どおり，ある地平を超えた高みに至っていることを言おうとしているのだが，そこで超えられる地平とは霊魂の行動層位と人そのものの行動層位との境界域のことである．アントゥとは二つの行動層位のどちらにも自在に移り動ける存在者の謂いであり，その総称だと言ってもよい．

5 ●精霊は自己の鏡像としての他者である

　人間の覚醒時の行動層位にあらわれるアントゥはまず例外なく人間の姿形をもって現われる．禿げていたり，背中に穴が空いていたり，極端に大きかったりはするが，非人間的な「もの」── 日本の妖怪にあるような ──，あるいは人間以外の「動物」そのものとしては現われない．何種類かの動物はアントゥになるとは言われるが，それは動物が人の形をとって現われるということである．こうした人間形象主義（anthropomorphism）ともいうべきものがイバンの物理的行動層位のある部分で卓越していることには十分な注意を払う必要がある．おそらくこのことはイバンも認識していると思われる．はっきりとしない形象で夢のなかで女性を性的に襲うもの，あるいは同定もできない（せず，か）が害をもたらすとされるものに対しては，まさしく「もの」（utai）という語で指示するからである ── 日本語の「ものの怪」に不思議に照応していると付け加えておこう（女性を襲う夢魔については Freeman (1967) 参照のこと）．これに対して，アントゥと言えば具体性ははるかに強く，しかも人間的形象をとるわけで，その点では人間とアントゥのあいだは連続しているとも言える．人間の遺体がアントゥと呼ばれるのは，その限りではむしろ整合的と言うべきかもしれない．繰り返して言うが，アントゥが超越的に二つの行動層位を

第14章　他者としての精霊　325

移り動くのに対して，人間は物理的な身体に代表される「自分」と霊魂の分裂によって，異なる時間と空間のなかでのみそれができる．これが両者の決定的な違いであって，人間は霊魂という存在様態でのみアントゥになれるのである．第2節のエピソードが語るところはすべてこのことに依拠している．

　このことで明らかになるのは，イバンにとってアントゥとは，人間とはちがう超越的な「異者」ではあっても，自己に対する人間としての「他者」にかなり近いところにいる存在であり，しかも何らかのかたちで人間的な交渉に近い交渉（やりとり）に入りうる相手だということである．他者性としては，もちろん遠いほうの他者にはちがいないが，本節ではその交渉の具体的な様相をとおして，アントゥの人間的「異者＝他者」のありようを描くことにする．

　第2節エピソードのアントゥ・グラシからはじめよう．グラシの名はマレー半島のマレー人のあいだでも *geregasi* という妖怪として知られているからイバン独自のものではない (Skeat 1900)．だが，その属性はきわめてイバンの生活に密着したかたちで表象されている．このアントゥは，イバンの民話などでは通常，壮年から老年の大男のかたちで描かれている．彼が連れている猟犬にはパスン *Pasun* という名が付けられている．猟犬とともにグラシは狩りをして人間を殺し，食う．グラシやパスンには人間がイノシシに見えるのだというから，彼らの存在は，「狩るもの」対「狩られるもの」という狩猟活動の関係におけるイバンの位置を反転させている．逆に言えば，グラシは狩猟活動におけるイバンの男たちの負の意味を背負った実像だということである．逆立像だと言ってもよい．いくぶん深読みの危険を覚悟して言えば，グラシのなかにイバンは狩猟者＝「獣の殺害者」としてのみずからの罪過を投影していると言えるかもしれない（内堀 1980；Burkert 1989)．イバンがふだん主張する強烈なアイデンティティは稲作民だということにあるにもかかわらず，男たちの狩猟への情熱にはそれに劣らず強いものがある．女たちはこれにしばしば批判的であり，男たちの狩猟偏向を「遊びだ」と切り捨ててしまうことすらある．この農耕と狩猟に観られる男と女という対立は，次のアントゥの場合のように，より文字どおりの性的不均衡を見せることになるが，ジェンダーとしてであれセクシュアリティとしてであれ，イバンのアントゥ群では男女の対照が目立っていることに注目したい．

　最もセクシュアルな不均衡を見せるアントゥはアントゥ・コックリル *antu koklir* という．産褥で死んだ女性がなるアントゥであり，東南アジア島嶼部で広くポンティアナック *pontianak* と呼ばれている妖怪と変化（へんげ）のきっかけは同じだが，攻撃対象が異なる．ポンティアナックが妊娠した女性を襲い，とりわけ流産・死産を引き起こすとされるのに対して，コックリルは男性，しかも女たちに夜這いをしか

ける性癖をもつ女たらしの男を襲って，その睾丸（プリル *pelir*）をついばむという．ポンティアナックは妊婦への嫉妬とその子（*anak*）への復讐を攻撃の動機としているが，イバンのコックリルは性関係における男，あるいは性関係そのものが敵だというわけである．動物ではジャコウネコ科のビントゥロング（イバン語では *enturon*）がこれに変じることがあるという．

　イバンにとってグラシの対極にあるアントゥは「パンガウに住む人びと」（*Orang Panggau*）という呼ばれる一群の存在である．彼らは一般的にはンスラ・パンガウと称する英雄民話圏の主人公たちである[5]．主人公の代表はクリェン *Keling* の名をもつ．東南アジアに分布するサンスクリット起源の名辞であり，ジャワ語などではインド亜大陸出身者を指す言葉になっているが，イバン語にはその意味はない．V・プロップの図式化した英雄民話のモチーフがさまざまに具体化しているのが特徴で，クリェンとその恋人・妻のクマン *Kumang*，個別名をもつイトコたちを主要登場者とし，これに敵対者たち，援助者たちを含めて数多くの形象が活躍する（内堀1979）．アントゥ・グラシも登場することがあるが，敵役とはかぎらず，しばしばクリェンの援助者であったりする．

　ここまではきわめて分かりやすいのだが，説明を要するのは，この英雄民話圏の世界と人間の住む現実世界がイバンにとってはある回路で接続しているということである．具体的には，クリェンたちもまたアントゥとみなされており，しかもいつかは知らぬ太古においてはイバンと同じ現実世界の存在者，イバンと同じ共同体の一員だったとされているのである．霊魂がアントゥ・グラシになりうるという意味で，人間とグラシの二者が連続する回路をもっているように，クリェンたちもまたイバンと過去の同族という回路をもっているわけである．ただし，現実と人間と彼らパンガウの英雄のあいだにはどちらかがどちらかに「なりうる」という関係はない．彼らが現実世界に姿を現わすのはコブラをはじめとする種々の毒ヘビとしてであり，イバンのなかにはこうしたヘビの人間の居住する家屋内への出現と夢見における告知を契機として，パンガウの英雄のあるもの —— ヘビの種類に応じて，たとえばコブラはクリェン —— を守護霊（守り神）としたりする．こうして民話の世界を超えた人間の経験世界の二つの行動層位において，基本的に人間に善意をもつアントゥとしての位置をもつものになる．民話におけるパンガウの英雄たちの最も目立つ特徴は，首狩の手柄，農耕での高収穫，夜這いによる女性の獲得といった現実のイバンの男たちの理想をあからさまに体現しているところにある．その点でパンガウの英雄はアントゥ・グラシと同様，精霊世界へのイバンの自己投影像（鏡像）だが，いわば混じりっ気なしの正の正立像であり，グラシのようには負の意味を帯びたところがない．

第 14 章　他者としての精霊　327

パンガウの英雄たちの先に「神々」がいる．すでに言及したところだが，イバン語でプタラと呼ばれる存在は英語で gods と訳されてきた．人間に対して基本的に恩恵を施す存在としてこの訳語は間違いとは言えない．だが，イバン出身研究者によるものまで含めて多くの民族（民俗）誌文献でプタラがアントゥに対立するものとして言及されているのは誤りだと言わなければならない．少なくとも 1970 年代中期の山村で私との会話に乗ってきたイバンの老人男性はすべて，プタラをアントゥの一種，つまりその下位範疇だと見ていた．この見解の違いはどこから来たか．

　プタラをアントゥとは異なる範疇とみなしたのは，次のような事情によるのかもしれない．すなわち，プタラの語はサンスクリットの bhatara に由来するもので，東南アジアでは島嶼部でも大陸部でも広く諸神格を指す語として使われているが，イバン語のアントゥの類縁の語である hantu（マレー人・ジャワ人）や hantuen（ンガジュ・ダヤク人）とバータラ系は区別されているところが多いようなのだ（Stöhr and Zoetmulder 1965）．こうした広域民族誌の影響か，あるいは一神教の側から見たバイアスがどこかで介入しているのかもしれない．いずれにしても，記載の過程で唯一神とまでは言わなくとも，イバンの世界観に格別な神格の存在を認めたいという意思が働いている（いた）ことを疑う根拠はある．プタラを範疇名称だとは言わず，そこに含まれる個々の名をもつ存在を超えた至高神のように語る者すら今では出てきているのだから．

　つい遠回りをしてしまった．強調したかったことはイバンの超越者の最上位範疇がアントゥであり，日本語ならばこれにカミの語を当てるのを可としうること，したがってプタラとされる諸存在者もアントゥ一般の属性をもつということである．プタラには戦の神とされるシンガラン・ブロン Singalang Burong，大地の主とされるプーラン・ガナ Pulan Gana，誕生してくる人間を鍛造するというスンパンダイ Sempandai，シャーマンの統率神とされるマナン・ムンジャヤ Manang Menjaya などの名がよく知られていて，これらの神はそれぞれ首狩祭礼，農耕儀礼，治療儀礼，成巫儀礼とそれらにともなう祭宴に招来される主神である．彼らもまた人間形象的に捉えられていることは他のアントゥと同じだが，確かに人間との日常的関わりには薄いところがある．民話や神話での描写，儀礼と祭宴における祈祷文と儀礼歌での呼びかけといった言語上の引き合いを除いて，人間との関係を動作主同士の相互行為と見るとき，その濃密度は，

　　　　グラシなどの妖怪的な存在＞クリェンなどの英雄的な存在＞プタラ

ということになる．関係が強い（濃い）ということは，現実的には，より二価背反的な関係がそこにあることを意味する．人間に対しての正負の効果がともに大きい

ということだが，それはアントゥのイバンに対する鏡像性の内容から発している．グラシが負の価値をおびた逆立像，クリェンたちが正の正立像と先に述べたが，それぞれに逆価が幾分伴っているのだ．グラシも最強の狩猟者たるアントゥとして人間の守護霊になりうるし，クリェンたちはそもそもイバンの往事の倫理に内在する二価背反を体現しているのである．これらに対して見ると，プタラの二価背反性はせいぜい「面倒な存在」だということくらいであろう[6]．これを受けて次節では，かつてのイバン社会の倫理における二価背反性，すなわち他者に関わる二価背反性に一歩踏み込んでみたい．

6 ●「他我」としての精霊

　アントゥと人間は「社会的コミュニケーション」をすると言えるか．こう問われれば，アントゥの存在を共同了解とする共同体の内部にある個体にとってはそうなのだ，としか答えようがない．アントゥの存在とその介入可能性まで含めて，こうした共同体の社会関係は成り立っているからである．多くの場合，アントゥと人間個体とのあいだで成り立つコミュニケーションは夢における当事者間のみのものであって，了解共同体の他個体はそれにいかなる意味でも参画しない．その個別の出来事には，原理的に計り知れないところがあるわけだが，時空が遠く離れたところで，それについての語りは作られうるし，作られなければ，そうした秘密のコミュニケーションも意味はなくなる．イバンが夢を語るのはこうした文脈で考えなければならないし，またアントゥとの「出会い」というのも同じことである．

　グラシやクリェンのようなアントゥが人間の鏡像だということは，二価背反的な倫理性がイバン個々人の内面に宿されているということである．グラシのような基本的に邪悪なアントゥに人間の霊魂がなりうるのも，人間のなかにグラシ的な属性があるとイバンがどこかで認識しているからだと言ってよい．中古の日本語の文脈でいえば「心の鬼」といったもの，あるいは精神分析用語でスーパーエゴのようなもの，そしてどこか具体性と抽象性の中間にあるようなものが形をとって現われたのがアントゥだと考えてみよう．いわば内なる見えない他者，自己の反照としての他者であり，それゆえに人であるような，かつ人でないようなものとして現われる他者なのではないか．アントゥの「分からなさ」は，究極的には，それがこうしたすべての価値を一つに呑み込んだ存在者だということにある．そしてその分からなさゆえに，アントゥは人間にとって自己と同一の行動平面上のものではありえず，具体的に表象される場合には，「異者」として表象されなければならないのである．

往古のイバンの男たちのあいだで競い合いの舞台装置を提供していたのは首狩であった．現在では首狩に代わって教育だという論説もあるが，いずれにしてもそこで強調されているのは競争と社会的威信であり，また含意されているのは女にもて度である (Masing 1980)．だが，首狩は殺人行為があってはじめて達成できる威信であり，そこが教育とは決定的にちがう．また教育は，男だけでなく女にとっても達成しがいのある威信である．威信達成とピア間の競争という点ではともかく，イバンにおける生命観とジェンダー（およびセクシュアリティ）との関わりから言うと，教育は首狩の代替物にはほど遠い．首狩を軸にしたかつての倫理と価値観は，現実には再現不能な特異な複合なのである．この留保の下で語ることになるが，首級の獲得にまで至る殺人の行為は狩猟における動物殺害と共通するものがある．ともに死んだ肉体の技術的処理に関わることによってはじめて所期の意図を完遂するわけで，焼畑による陸稲の栽培という農耕民アイデンティティの対極に立つ行為である．その意味では両者とも日常性からのある種の逸脱を内包していると言えるのだ．

　狩猟は人間の獣に対する一方的暴力のように見えるが，イバンの主要な獲物であるイノシシはその実けっこう獰猛な動物で，犬にとっても人間にとっても危険のもとである．イバンの夢ではイノシシに逆襲される夢が語られることが多く，これは凶兆と解釈される文化的定型夢の一つ「恐怖の夢」として定着している．その点ではイノシシは人間の敵対者でもありえ，実際，イバンにとって狩猟行はいくつかの点で――とりわけ象徴的な代替行為として――首狩行と共通の要素を共有するものでもある．小さな例示をすることになるが，私がながく住んでいたロングハウスには，1970年代の中葉，数十頭の犬がいて，実質的にそのすべてが猟犬だったが，なかにはプリス（「警官」），コミニス（「共産主義者」），トゥアン（「旦那＝白人（の指揮者）」）といった共産ゲリラ部隊と政府軍とのあいだのジャングル戦の強者たちに言及するものもあった．

　留意しなければならないのは，現代のジャングル戦と同じく，過去の首狩行にしても，ほとんどの場合は散発的な殺人行為ではなく，その時に応じた「敵」が措定されていたことであり，その限りで殺す者は殺されうるものであったということである．その意味で首狩というのは「敵」とされる異者のなかに自分の悪を見ることであり，こうした異者である他者は潜在的に常に恐怖の源であった．本書第9章で河合が描くところのドドスがトゥルカナのなかに見るのは自己の窮乏の投影像であり，ある種のやむを得なさに対する共感である．それに対して，イバンの場合，暴力的な敵対状況は歴史的に限定された状況だった可能性は高いものの (Wagner 1972)，さほど広くない地域社会――しばしばある川の流域社会――の外部に由来する他者を見る目の底にあるのは，現在でも幾分かの疑いと警戒である．他地域の

見知らぬイバンに対しても異なるところはない．

こうして見知らぬ他者もまた，イバンの自我にとって仲間うち —— すなわち「他者度」の低い他者 —— とは異なる内容と意味を帯びた「他我」(alter ego) を構成する．他我の形成をプロセスとして見れば，他者の自己化／自己の他者化，といったこと，すなわち自己と他者のあいだに成り立つ鏡像関係の形成である．アントゥ（精霊）もその意味でイバンの他我であり，イバンはアントゥのもつ二価背反的な存在に自我の鏡像 —— 正立像であれ逆立像であれ，また倫理的価値として正であれ負であれ —— を見出すのである．アントゥは，確固とした共同了解の意味世界に，幻影でありながら幻影を超えたものとして置かれている．その世界は尋常の感覚のもとにある人間にとってはある種の外部世界ではある．だが，彼らはそこからより身近な覚醒時の生活世界に参入してくることがあり，そこにおいては人間といかようかの相互行為に入る．この相互行為の可能性が，先述のアントゥの超越性そのものであり，覚醒時の行動層位では人間の五感によって捉えられる存在として現われる（とされている）ことが，この超越性を証す現象となるわけである．

これまでに述べてきたことを振り返れば，イバンにおける精霊の出現，霊魂の行動とされるものは基本的に夜の出来事である．当然これは夢見とその語りという実際の日常経験そのものに根ざしているわけだが，それだけに常に懐疑の目にさらされることになる．霊魂についての確信とは対照的に，個々のアントゥとの遭遇は，夢のなかであるか覚醒時であるかを問わず，真実として共有されるのは簡単ではない —— とりわけそれが経験したものの利得や威信に結びつく場合には．私が調査を継続していたイバンの村（ロングハウス）とは流域を異にする地域で1980年代に多くの若者がシャーマンになった．彼らは自分の成巫の由来として夢におけるアントゥとの出会いと教唆を挙げていたというが，多くの人がこれを単なる「嘘」であり，成巫の動機は単に「金」だと退けていた．アントゥとの相互行為が真正だとされるためには，第2節のエピソードのように，似たような夢が複数の人間によって見られたりするか，アントゥによる人の死などの災厄や受難の出来事との「結びつけ」の理屈がうまく作用する必要がある．

アントゥを五感で感得するとはいっても，アントゥの出現のさまざまな兆候ではなく，「アントゥそのものを見た」と主張する人は少ない．私の知る老女は「自分くらいの歳になれば」と前置きして，「自身の体で」見たことがあると言ったが，それも夜中の森の縁で赤い大きな球形のもの，つまり目玉を見たというだけであった．触覚にしても同様である．ある祭宴の夜，もの干し場の端で排尿するためにしゃがんでいると（イバンは男も排尿時はしゃがむ），足元のすのこのすき間から手が伸びてきて，ふくらはぎを掴まれたと語った男がいたが，触覚はとりわけ個体的な感覚

であるだけに，その共有化には語りをとおすほかはない．とくにアントゥの存在が複数の人間によって同時に体験されるのは，触覚や視覚によってではなく，ほとんど「聞かれる」ことによってである．それも高床式のロングハウスの床下を歩いていた豚たちが突然激しく騒ぎ出すといった，それ自体では他愛もないようなことであるが，こうした物理的に「ないもの」を感得する共有体験での聴覚の優位性は，視野に限界のある熱帯森林内での狩猟行動における聴覚の働きに似たところがある．ほとんど竜頭蛇尾に近い言い方になるが，個的体験としての五感そのものはむしろ夢体験の拾遺のようなものである．

7 ●他者＝異者の展開

　本章で問題としてきたのは，他個体とは区別されるものとしての他者である．そもそも「他者」が単なる「他個体」でなく，「自己」にとってある種理解不可能なものとして対峙してくるためには，自己とは「異なる」属性への着目が必要である．自己と同じ「ような」他個体の行為・行動について，自己とは「異なる」意図あるいは背景への着目の様態を「他者」の生成と見ることは，進化行動学的，あるいは発達心理学的には意義のあるところだが，民族学的には意義が弱い．あるいは民族学的だけでなく，進化人類学的な比較においても，わざわざ「他者」という概念を立てる必要のないものではないだろうか．進化人類学は進化行動学に限定されるのではない．他個体とは決定的に異なる「他者」の生成と，そうした「他者」に関わる経験がこの場合には重要なのである．

　イバンの個別ケースについて見ると，精霊に関わる経験はまずは孤独の経験であり，私の知るかぎりでは共同経験であることはなかった．孤独の経験は語られ，人びとのあいだで解釈の対象とされるときに共同経験的になる．だが語りをとおしてのこうした孤独の経験の「共同化」は，適宜繰り返されなければならない．つまり，プロットの固定化が進んだ物語（神話や民話）というかたちでの伝承だけでは弱く，共同化に強い現実性を与えるのは，すべての五感（臭いを含む）に基づく直接経験の一次的語り，あるいはせいぜいその伝聞というかたちでの二次的な語りなのだ．もちろんこれが可能になるのは，自分に近い他者（他者性の低い他者）の感覚（五感）と自己の感覚の同質性を信用することが前提となる．この信用を感覚の共同性，またこれにもとづく語りの場で追感覚は「共同感覚」と呼んでもよいものとなる．

　上の意味での「他者」は，人間が語らいをとおして経験として意識化し，ひいてはこの経験を共同の感覚にもとづくようにして生きることによって，時間を必要と

する生成過程に乗せてゆく．これが共同体の了解，承認の過程である．その過程上に関わる個別の経験は，共同性に基盤をおく個的な経験として再起する．この経験を語る自己と，それを理解し対応する他個体は，他者の生成への共同作業を行なう．こうした生成過程は本質的に循環的なものだが，言うまでもなく，生成される「他者」はこの作業には関わらない．生成過程もまた，関わる人間集団の成員それぞれの自覚の外部にある．

　正逆どちらの鏡像であれ，共同的な自己（われわれ）の他の層位での存在としての他者＝異者を可能とする根底的な能力は幻想から想像力へと飛躍する能力である．そうした異者＝他者を，人間形象的なそれに限る必要は実はない．われわれと類比的に生命あるもの，すなわち動物（と植物）の存在を承認し，さらには人間から身の回り世界のすべてへ，違っていて同じような存在者を了解するとき，人間と非人間との交渉はおろか，非人間同士の交渉までも全交渉空間の中に位置づけることを考えてよい．これが形容矛盾的になるが，人間世界における最大限における意味での「他者」の多様性ということである —— イバンの場合には非人間同士の交渉まで意味をこめて想像力の域を広げてはいない，としてもである．

　ひるがえって，こうした想像力における他者＝異者の存在価を考えるとき，そこにヒト以外の霊長類の入る余地はあるか．あるいは，この想像力の展開は人類進化のどのような継起と契機に対応するか．これに対する普通の，とおりいっぺんの答え，本節冒頭での「宣言」のような答えは，ほとんどトートロジカルに「この想像力によってヒト的な他者が現われる」というものだろう．ホモ属の進化における具体的ステージなど，仮説としても特定しようもないのかもしれない．だが，意識レベルでの「分かる―分からない」の区別にもとづく異者という他者の表象を離れ，感覚・体感レベルでの「分からないもの」，「不気味なもの」(Das Unheimlich) といった存在感覚がヒト以外の霊長類にないとは言えない．いわば，自己でもなく他者でもなく，その境界を越えたところでの「変だ」の感覚は，霊長類はおろかより広い動物に備わったものなのかもしれない．広い意味では生存する環境についての変化を感知し評価する進化的に獲得された能力の一部でもあろう．この感覚が幻影として現れる進化上の契機は何か，さらに幻影についての長期記憶の保持と共有化によって特定の異者＝他者として表象化されるに至ったのはいつか．こうした問いは，サルがどのような夢を見，それによって何を感じるかという問いに遡りもすることになる．答えはまだ遠いのだろうか．

注

1 ）私の調査した地方では不可視の「花」は家族（世帯）に 1 本あり，世帯居室の炉の上にかかった薪置き棚を支える 4 本柱の 1 つのもとに生えていると表象されている．この柱に傷を付けることは地域内の紛争を呼び起こすとされ，禁忌事項である．地方によっては，1 本の「花」ではなく，1 叢の植物とされる．

2 ）「シャーマンには世界が違って見える」と語ってくれた普通の，つまりシャーマンでないイバンがいた．イバンという名辞には「シャーマンではない」という含意がある．シャーマンのほかに，祭礼での儀礼歌の歌い手—ルマンバンと呼ばれる—は純粋に語りの上でではあるが，別の層位への浸透に言及する．シャーマンと異なり，彼らは形式上でもトランス状態に入ることはない．それでも儀礼歌の主筋を唱え終わった後で，「霊魂が戻ってくる」ように願うフレーズを唱える．ここで言及される霊魂は動作主として主体的に行動しうるものというよりも，「生命力」のようなものに近い（注 4 参照）．

3 ）夢の体験中に霊魂が覚醒時の居場所を離れるという説明は，霊魂と身体との病気のときの一時的分離，死んだ後の永久の分離とどのように折り合いをつけるかあいまいで，根本のところで矛盾がある．こうした矛盾なりあいまいさが問題なく存続するのは，霊魂に関わる民俗理論が整合的に統合されていないということを証しているのだが，こうした不整合の整合化への歴史的例は古代ギリシアに見られるところで，それとのもじりで言えば本節の題名を「熱帯雨林のプラトン」ともしたいところであった（出 1965）．

4 ）イバンの *semengat* が単なる vital force あるいは life substance のようなものでないことはここからも分かる．だが，山刀などの鉄製品を噛んで「霊魂を強くする」*kering semengat* といった儀礼行為もあり，人間の部位ごとに複数の霊魂があるという言説もある（Jensen 1974）．そこには多少 life substance 的な相貌がないわけではない．マレー語では semangat と書き発音する語がイバンの *semengat* に対応するが，マレー語の場合「精神」（騎士道精神，大和魂などのような）といった意味で使われることが多い．その点ではイバンの観念と違うことは確かであるが，まったく無関係というわけでもない．私自身 2014 年までの 40 年間近くにわたって一貫して *semengat* という綴りを使ってきたが，Uchibori (2014) ではじめて *semangat* の綴りを使った．ローマ字によるイバン正書法改訂の民間の動きがあったため，こちらに変えられたのではないかと先回りしたためだが，これはあるイバンの文化活動家によって誤りだと指摘された．イバンの *semengat* とマレーの *semangat* を概念上で同一視することを嫌悪する運動家もいることは，今日の政治状況下ではきわめて興味深いものがあるが，本節の題からははずれるので議論は割愛する．

5 ）これには膨大な数の物語が含まれていて，早くから文学史家にも注目されていた（Chadwick and Chadwick 1932-1940）．またサラワクでは現在までに数十点におよぶ物語が採取されて公私の出版エージェントから刊行されており，今でも新作が作られるほど，「客体化された」イバン文化の中核をなしているとみなされている．1970 年代から政府が設定した祝祭日としてガワイ・ダヤク（イバンを含むダヤク諸族のガワイ *gawai* つまり祭）という行事があり，現在ではサラワク各地でミスコンが行なわれている．イバン居住地では選ばれたミスは *Kumang* の名で呼ばれている．またやや行事での目玉度は落ちるが同じく男の若者に対するコンテスト優勝者には *Keling* の名が付されている．

6)「面倒だ」というのはイバンの儀礼に詳しく,「鳥占い」のローカルな権威者でもあるひとりの老人の言葉だが,キリスト教への改宗動機のひとつにはこの感情,プタラを含むアントゥに対してさまざまの儀礼的対策を講じる必要への嫌気があることは確かである.

参照文献(直接引用しなかったものも含む)

Burkert, W (1989) *Homo Necans: The Anthropology of Ancient Greek Sacrificial Ritual and Myth*, University of California Press, Barcley.

Chadwick, HM and Chadwick, N (1932-1940) *The Growth of Literature*, 3 vols., The University Press, Cambrige.

Freeman, D (1970) (Originally, 1955) *Report on the Iban*, Athlone Press.

—— (1967) Shaman and Incubus, *Psychoanalytic Study of Society*, vol. 4: 315-343.

—— (1981) *Some Reflections on the Nature of Iban Society*, An Occasional Paper of the Department of Anthropology, Research School of Pacific Studies, The Australian National University, Canberra.

Hallowell, AI (1955) *Culture and Experience*, University of Pennsylvania Press, Philadelphia.

長谷川悟郎 (2009)「フィールドノート ―― カピット・バレー流域,イバンの首狩りと妖怪グラシ」『日本マレーシア研究会会報 (JAMS News)』42 号:42-43.

出隆 (1967)『ギリシア人の霊魂観と人間学』(1935 年提出博士論文),出隆著作集別巻 1,勁草書房.

岩田慶治 (1973)『草木虫魚の人類学 ―― アニミズムの世界』淡交社.

Jensen, E (1974) *The Iban and Their Religion*, Oxford University Press, Oxford.

Masing, J (1980) Timang and the Iban Cult of Head-Hunting, *Canberra Anthropology*, vol. 1 (2): 59-68.

プロップ,V (1975)『民話の形態学』(大木伸一訳) 白馬書房.

Skeat, WW (1900) *Malay Magic: Being an Introduction to the Folklore and Popular Religion of the Malay Peninsula*, Macmillan, London.

Stöhr, W and Zoetmulder, P (1965) *Die Religionen Indonesiens*, Kohlhammer, Stuttgart.

Uchibori, M (2002) Bungai, in *Encyclopaedia of Iban Studies*, 4 vols., The Tun Jugah Foundation and Borneo Research Council, Kuching.

—— (2014) When *Semangat* Becomes *Antu*: An Essay on Iban Ontology, *NGINGIT*, Issue 5, The Tun Jugah Foundation, Kuching: 27-32.

内堀基光 (1980)「イバン族の民話(上・中・下)」『月刊言語』第 8 巻 10 号 (82-94),11 号 (86-95),12 号 (88-97),大修館.

—— (1986/2006)『死の人類学』弘文堂/講談社.

—— (1996)『森の食べ方』東京大学出版会.

—— (2006)「声と言葉の力:ボルネオ・イバンの祭文をめぐって」『自然と文化そしてことば』1 号,葫蘆舎,74-80 頁.

—— (2013)「死という制度 ―― その初発をめぐって」河合香吏編『制度 ―― 人類社会の進化史的基盤』京都大学学術出版会,37-57 頁.

—— (2013)「心は身体的にしか語れない ―― 心,命,魂は体のどこにあるか」菅原和孝編『身

体化の人類学 —— 認知・記憶・言語・他者』世界思想社, 76-101 頁.
Wagner, U (1972) *Colonialism and Iban warfare*, Obe-Tryck Sthlm, Stockholm.

第 4 部

広がる他者論の地平

第15章 野生動物との距離をめぐる人類史

山越 言

❖ Keywords ❖

農作物被害，人獣共通感染症，野生動物観光，スポーツ・ハンティング，馴化

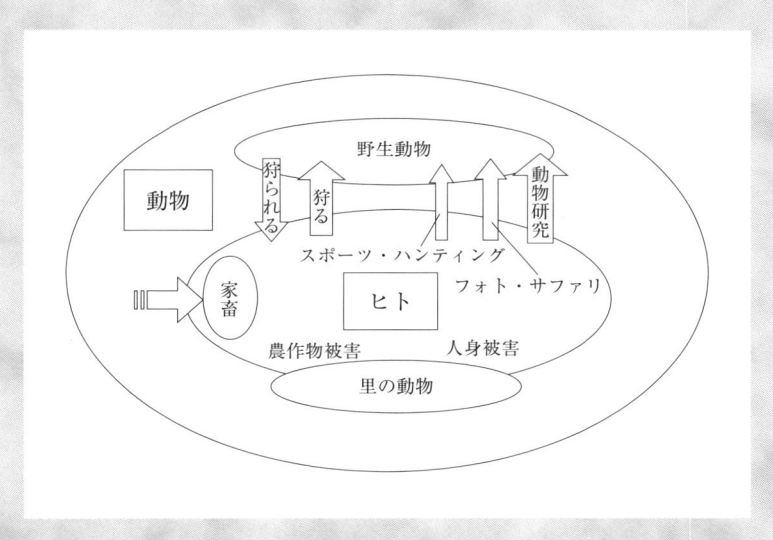

「私」の属する「われわれ」は多層的に定義され得る．いっぽうこの「われわれ」概念は，同様に多層的な「他者」に取り囲まれ，その境界に位置する存在によって不断に脅かされてもいる．仮にカタカナ書きの「ヒト *Homo sapiens*」を「われわれ」としてみれば，「他者」にあたるのは「(ヒト以外の)動物」ということになるだろう．ヒトと野生動物のあいだに生じたさまざまなインターフェイスを人類史的に俯瞰してみると，定住や近代化といった転換点で，両者の間の距離をめぐる新しい関係が成立してきたことがわかる．近代のヒトと野生動物との関係を読み解くキーワードは，スポーツ・ハンティングに代表される近代狩猟と非消費的な動物観察であるが，それらを駆動した「奇妙な衝動」とは何なのだろうか．

1 ●「他者」としての野生動物

「私」の属する「われわれ」は，時と場合により「家族」「氏族」「地域共同体」「〜国民」「近代人」「人類」「ヒト」など，多層的に定義され得る．いっぽうこの「われわれ」概念は，同様に多層的な「他者」に取り囲まれ，その境界に位置する存在（「よそ者」「蛮族」「妖怪」「外国人」「未開人」「人工生命／ロボット／アンドロイド」「古人類」「類人猿」など）によって不断に脅かされてもいる．仮にカタカナ書きの「ヒト」すなわち，生物学的な種としての現生人類 *Homo sapiens* を「われわれ」としてみれば，「他者」にあたるのは「（ヒト以外の）動物」ということになるだろう．本章は，ヒトと野生動物との関係を題材に，「われわれ」ヒトと，その「他者」たる野生動物とのあいだの物理的距離に注目し，そこに現れる両者の境界の振る舞いを，狩猟，馴化，観察，観光といったトピックに注目して読み解く試みである．

2 ●人と野生動物との接合面

今日，日本の農村部で「野生動物問題」が急速に社会問題化している（羽山 2001）．とくに高齢化で疲弊した中山間地域では，狩猟や田畑での農作業に従事する労働力が減少し，シカ，イノシシ，サル，クマといった動物たちの侵入を防ぐことができず，結果として重篤な農作物被害や人身被害をもたらすことになった．都市部でもときおりこれらの野生動物の侵入が報じられ，野生動物の生息管理に行政が手を焼く事態が生じている．人々の生活域と野生動物の生息域の間の境界が人里側に押し込まれている状況であり，前世紀には絶滅が危惧されていた野生動物相との関わり方の再定義が迫られている．

野生動物による農作物被害や人身被害は，熱帯の発展途上国でも大きな問題となっているが，その歴史的・社会的文脈は本邦のそれとは大きく異なっている．アフリカを例にとれば，多くの野生動物が生息地の減少や乱獲等により絶滅が危惧され，広大な自然保護区により保護されている．国連機関や国際自然保護団体による保全活動の影響下で，観光等による国家収入の源ともなる野生動物は，狩猟禁止等の法令により手厚く守られていることが多い．このため，農作物被害に対し農民が抵抗する手段を奪われ，生業の維持と自然保護が鋭く対立する事態が生じている（目黒 2014）．

いっぽう，これらの事例とは異なるヒトと野生動物の接合面として，人獣共通感

染症がある．近年の疫学的，遺伝学的研究により，エイズ，B型肝炎，熱帯熱マラリアといった重要な感染症が，類人猿や他の熱帯性野生動物を経由してヒトに感染してきたことが明らかになってきた (Corbet et al. 2000; Liu et al. 2010)．また，現在進行形のエボラ出血熱の流行も，野生コウモリが宿主として疑われており (Leroy et al. 2005)，直接的な被害とは別の面からヒトと野生動物との距離や接触のあり方が問われている．

これらの事例は，ヒトと野生動物が生活の場を共有する場合，その接合面において一定以上の距離を必要とすること，つまり，野生動物に近づき過ぎることには大きな危険が伴うことを示唆している (Wolfe et al. 2007)．そもそも，人類史的に見れば，ヒトが文化・文明により「武装」する以前は，ヒトは大型肉食獣による捕食を怖れて逃げ回る存在であったことも示唆されており (ハート・サスマン 2007)，その接合面は緊張感に満ちたものであったろう．しかしながら，人類史のいくつかの局面で，ヒトはそれぞれ異なる理由で野生動物に接近し，その境界を越え，野生動物を馴化することで密接な関係を築くに至った．

3 ●人類史の中でのヒト ── 野生動物関係の変遷

3-1　家畜化

ヒトが農耕，牧畜を開始し，野生動植物を家畜化，栽培化し始めた時期は，諸説あるがおおむね1.2万年前と推定されている (Larson et al. 2014)．つまり，700万年ほどの人類史のほとんどの間，ヒトは狩猟採集によって生き延びてきた．その間のヒトと野生動物との関係は，狩る/狩られる関係の中で，敵対的あるいは忌避的なものであり，互いに近接することはまれであっただろう．

農耕，牧畜の開始という大革命によって，その後のヒトと野生動物との関係はまったく異なる位相を持つことになった．牧畜が可能になる前提として，繁殖管理や間引きによる育種が可能な程度に馴化された草食獣の群れが必要になる．しかしながら，今西錦司が『遊牧論』(1948)で注目したように，ヒトに対し忌避的な草食獣群が，共に遊動するまでに馴化されるためには，その関係性において何らかの飛躍が必要である．今西は，当時有力だった幼獣捕獲説に対し，遊動域の限られた草食獣の群れにヒトが追従することで家畜化を達成するという，ユニークなシナリオを提示した．

こうした群れの遊牧圏内にはいりこんで，群れといっしょに行動しているあいだに，その狩猟生活者は，いつしかその群れが自分に与えられた群れであり，自分の所有にかかる群れであると考えるようにならないだろうか．（今西 1993：226-227）

今西説の当否は置くとして，この時期に人類史上おそらく初めて，ヒトがそれまでのヒトと野生動物との境界を乗り越え，野生動物を馴化してヒトの領域に引き入れるという状況が構築されたことになる．

3-2　定住と人為的環境というニッチの出現

　牧畜とほぼ同時期に始まった農耕と，その原因あるいは結果としての定住生活は，野生動物の家畜化とは異なり，より生態学的な形でヒトと野生動物との関係を再定義した．育種により可食部が肥大し，消化が容易な栽培植物が，農耕活動により空間的に集中して顕れるようになると，それを目指して野生動物がヒトの生活域に進出してくる．今日の農作物被害と同様の関係の始まりである．農耕地に集まる動物は，それ自体が狩猟の対象となり得るし，今西の遊牧論の対立仮説であった野生動物の家畜化の農耕起源論の一部では，このような野生動物側からの接近が牧畜の起源の前駆となったとも主張されていた（今西 1948）．
　その後，定住化したヒトによる景観レベルでの環境改変が進むと，新たに誕生した人為的環境（里地里山）に適応する野生動物が現れてくる．つまり，「雑草的な種」と呼ぶべき動物である（たとえばアジアの人為的植生に適応したカニクイザルなどの"Weed Macaques"，Richard et al. 1989）．そのような「里の動物」の一部は，宗教的・呪術的意義を与えられ，神聖な動物としてヒトの生活域の近傍に存在を許されるようにもなる（図1）．このような事例は，奈良公園の鹿やインドのヒンドゥ寺院のハヌマンラングールなど，世界各地で多くの事例を挙げることができる．つまり，家畜化の場合とは逆に，野生動物の側が境界を乗り越えヒトの領域に侵入し，結果として人為的環境に間接的に馴化された，ということができるだろう．
　このように，狩猟採集民として，野生動物と狩る/狩られる関係を築いていたであろうヒトは，数種の野生動物を家畜化して自らの生活圏に招き入れた．また，おそらくは火の使用とともに始まり，定住と農耕の発達により大規模化した環境改変により，「人為的環境」という巨大なニッチが出現し，そこへの野生動物の二次的適応により，ヒトの生活圏はそれら「里の動物」の侵入を受けることになった．基本的に，現代のわれわれの生活圏に見られる馴化された動物たちは，これらふたつ

図1●村落に侵入し栽培されているパパイヤを食べるギニア，ボッソウ村の神聖なチンパンジー

の別個の過程の結果，われわれの近傍に存在するようになったと言えるだろう．

4●近代におけるヒトと野生動物の新たな関係

　1.2万年前に定住化，農耕・牧畜の開始を契機に大きく変化したヒトと動物との境界線は，近代の到来とともに再び大きく再編成されることになる．大航海時代から奴隷貿易，植民地時代への流れの中，世界的な人とモノの交流が進み，西欧世界は急速に広がった彼らの支配領域で，エキゾチックな野生動物と出遭うことになった．そのような状況で，ヒトと野生動物との境界線は大きく変容した．興味深いことに，その変容は，定住化の時代の歴史を繰り返すかのようであった．

　まずは猟銃という文明の利器で武装した近代人は，野生動物との間の狩る/狩られる関係において，圧倒的な強者の立場に立った．植民地において行った彼らの狩猟は，生活の必要からのものではなく，獲物の頭骨などを収集し持ち帰る，のちにスポーツ・ハンティングと呼ばれるようになる娯楽的なものであった．それは，西欧文化に特有な，文化と自然の二項対立的峻別に基づいた，征服すべき自然に対峙する象徴的行為といえる（カートミル 1995）．

　狩る/狩られる関係が刷新されるいっぽうで，野生動物を馴化する新たな関係も

第15章　野生動物との距離をめぐる人類史　343

見られるようになる．植民地で狩猟の対象となったエキゾチックな動物は，太古より，一部の支配層の娯楽のため，珍獣として生息地から遠く離れた都市部に運ばれていた．近代における世界的な交易の拡大により，そのような関心は，移動動物園，サーカスとして都市住民の娯楽として一般化し，今日の動物園を生む源流の一つとなった（若生 2010）．あたかも 1.2 万年前の家畜化のように，野生動物を本来の生息地から引き離して馴化し，採餌，繁殖をヒトが管理しつつそれらをヒトの生活圏に招き入れる動きが，再現されたといえるかもしれない．

ところで，今日われわれがあたり前のように享受している野生動物との関係の一つに，野生動物を生息地において野生状態で「観察」するという行為がある．一般的には東アフリカの「サファリ」に代表される野生動物観光がそれにあたり，より特殊で小規模なものとして，生態学者による野生動物の行動・生態研究も該当する．ヒトと野生動物の関係史として考えると，「自然」を観察するために人々が自らの生活圏から遠く離れた場所を訪れ，野生動物への接近を試みるという行為は極めてユニークであり，おそらく 19 世紀には存在せず，20 世紀の前半に準備され，第二次大戦後になってようやく一般化した，きわめて歴史の浅い行為である．以下，なぜわれわれが，人類史上おそらくは初めての野生動物との関わり方として，野生動物を観察するという奇妙な接近をするようになったのかを概観してみたい．

5 ●野生動物を観察すること

5-1 「自然」観光の起源

ギリシア・ローマの古来より，人々が自然景観を豊かで美しいものとして認識してきたことは，文学や絵画などの文化遺産から確認できる．しかしながら，多くの場合，それらは人々の豊かな暮らしとともにある人為的景観，つまりいわゆる田園風景であり，人々の生活と切り離された「風景そのもの」への関心は見られなかったという（桑原 1944；石川 2000）．近代が準備されつつあった 17-18 世紀にかけて，悪霊の住む畏れの地であったアルプス山脈は徐々に征服/登頂すべき対象に，また，美しい観光地として消費すべきものへと変化していった（ニコルソン 1989）．同時代に，美学の分野では，平原や花畑のような平面的で柔和な「美」に対し，急峻な山地や滝のように縦の配置を持ち，威圧的で見る物を感動させる「崇高」という概念が注目され始めた．18 世紀末の英国では，廃墟などを含む崇高なウェールズの風景を見に出かけるピクチャレスク観光が一世を風靡し，文学や絵画を消費するに留

まらず，実際に崇高な風景を見に出かけるという活動が流行した（森野・森野 2007）．

人々が自らの生活圏に留まり，旅行者の文章や風景画として遠方の崇高な「自然」を消費することから始まった動きは，観光という活動の一般化によって，実際に「自然」を見に出かける行為に転化していった．そのことにより，芸術として消費していた風景と実際に現地で目にする風景との間に相互交流が生まれ，遠方の自然を都市居住者の欲望に合わせて「整備」するという，オスカー・ワイルド（1968 : 81）の『自然もまた芸術を模倣する』という言葉通りの倒錯した運動も生じてくる（Crandell 1993）．このような相互作用がもたらす矛盾は，今日でも世界遺産に指定された「美しい」村落が，消費者である観光客の欲望に答えるために不自由な生活を余儀なくされるといった形で顕在化している．

19世紀末から世界各地に設立されるようになった「自然保護区」も，このような都市住民が創りだしたフィクションとしての「自然」が現実化したものと見ることができる．1872年，世界で最初に成立した国立公園が米国西部のイエローストーン国立公園である．ヨーロッパからの移民である開拓者たちは，祖国の田園的風景からかけ離れた崇高な北米の自然景観を，彼らが我がものとした美しい「手つかずの原生自然（ウィルダネス）」と認識した（Nash 1967）．米墨戦争により西部開拓が西海岸に到達し，未開のフロンティアの消滅が認識された時期に，そのような原生自然を消失から保護する国立公園制度が誕生したことは興味深い．20世紀初頭に勃発したヨセミテ国立公園ヘッチヘッチー渓谷へのダム建設をめぐる論争を経て，自然をそのままに隔離するだけでなく，人々が体験しレクリエーションの場として利用していく動きが優勢となっていく（鬼頭 1996）．

5-2　狩猟から観察への転換 ── 東アフリカの国立公園史

北米の国立公園をモデルにした自然保護区制度は，ちょうど同時期に欧米列強が植民地支配を強めつつあったサハラ以南アフリカで，強権を手にした植民地政府によって大規模に適用されることになった．そこで行われたのは，実際にはアフリカ人によって利用されていた広大な土地を境界で囲い込み，住民を追い出し利用を禁ずるという大規模なインフラ整備によって，「手つかずの自然」を人工的に造り出すことであった．自然保護区とは，人が手を加えない場所，という含意を持ちながら，実際には巨費をかけて「設立」され，境界が人為的に「設定」され，その「デザイン」が議論される，どこか倒錯的な制度である．アフリカの自然保護区で実現される自然のデザインを規定する「消費者」の視線は，植民地期から現在に至るま

で，富裕な欧米人由来のものであり，アフリカの人々にとっては外発的なものであり続けた (山越 2014)．

このような自然保護政策史の中で，アフリカの野生動物に対する訪問者の行動には，興味深い大きな変化が起こっていた．20世紀初頭の自然保護区の黎明期に，植民者側の人々が野生動物に対して行っていたのは，今日スポーツ・ハンティングと呼ばれるような趣味的・娯楽的狩猟行為であった．1909年に行われた米国第26代大統領セオドラ・ルーズベルトの有名な東アフリカ巡行では，ゾウやライオンを含む 500 頭以上の野生獣が殺されたと記録されている (ルーズベルト 1913)．

このようなスポーツ・ハンティング的な野生動物との関わり (狩猟サファリ) は，欧米人の富裕層を中心に現在でも継続して行われている (安田 2013)．しかしながら，今日の東アフリカにおいて主流となっているのは，野生動物の極近くまで接近し，観察し，写真に収めて帰る非消費的な観光行動である．このようなフォト・サファリ的な行動の基盤となる動物への視線は，20世紀初頭に残された文章からはほとんど見いだすことができない．カメラの小型化による普及という写真技術史的進歩に呼応しながら (Steinhart 2006)，20世紀のどこかでフォト・サファリ的視線が誕生し，今日に至るまでに，狩猟サファリ的関係性を脇に追いやり主流化したことが示唆される．

1910〜30年代にケニアに滞在したカレン・ブリクセン (筆名アイザック・ディネーセン) にとって，主著『アフリカの日々』(1981 [1937]) での野生動物は，狩猟サファリの対象でしかなかった．いっぽう彼女の，1959年に執筆されたエッセイ『王様の手紙』には以下のような記述がある．

> 当節では，もっとも良く知られた猛獣のハンターたちがカメラで狩りを行っている．この特別なスポーツは，わたしがアフリカに住んでいたあいだに始まり急速に広まったものだ．(ブリクセン：73)

たとえば1930年代にケニアのアンボセリ公園で，多くの非狩猟的観光者が訪問していたという報告 (Lovatt Smoth 1986) もあり，上記のような変化は1930年前後に起こったことが推察される．

興味深いことに，新しく誕生したフォト・サファリという野生動物への視線は，アフリカ人自身からは奇妙なものとみられていた．アフリカ諸国の独立期の傑出した指導者であり，のちにタンザニアの初代大統領となったジュリアス・ニエレレの下記のような談話が知られている．

> 個人的には，動物にはあまり興味がありません．ワニを眺めながら休日を過ご

図２●ナイロビ国立公園での野生動物観光

したいとは思わないのです．しかしながら，私はそれらが生息し続けることには全面的に賛成です．ダイヤモンドやサイザルのように，野生動物はタンガニーカに莫大な収入をもたらしてくれるでしょう．たくさんのアメリカ人やヨーロッパ人が，野生動物を見ることに奇妙な衝動を持っていますから，彼らの希望がかなうように私たちが保証しようではありませんか．（Daily Telegraph 紙．Grzimek（1962: 112）による引用文から拙訳，山越（2006））

フォト・サファリの勃興と前後して，狩猟サファリにより生息数が激減したことから狩猟が禁止・制限された自然保護区の中の野生動物は，写真を撮るだけの観光客に徐々に慣れていったに違いない．今日，東アフリカの多くの自然保護区では，四輪駆動の自動車を用いればほんの数 m の距離までさまざまな野生動物に近づくことが可能である．このような馴化は，おそらくは，1930 年代以降，長期にわたって繰り返されたフォト・サファリ的接近により徐々に成立したのだろう．このような距離をめぐる相互作用の末に，野生動物に接近して観察（だけを）したいという，近代の「奇妙な衝動」が誕生したのだろう．

筆者は 2012 年にケニア，ナイロビ国立公園でフォト・サファリを実践する機会を得た．そこでは，わずか数時間の行程の中で，10 分に一度ほどの頻度で異なる動物の近傍に車をつけ，存分に写真撮影をすることができた（図2）．それが，手つかずの「自然」であると表象されているにもかかわらず，ディズニーランドのよう

な次々にアトラクションをめぐっていく娯楽施設に近いという印象を持った．この「公園」が，70年以上をかけた野生動物相，あるいは生態系全体の馴化という大がかりな「インフラ整備」によって成し遂げられた施設であるということを考えれば，そのような大規模な人工施設を，太古から変わらぬ「手つかずの自然」であると見る方が倒錯であろう．

5-3　野生動物研究による動物の馴化 ── 餌づけと人づけ

　近代の狩る／狩られる関係が，対象動物の生息数保護という観点から止揚され，新たに観察と撮影からなる非消費的関係が誕生した．たとえば東アフリカの自然保護区では，狩猟サファリからフォト・サファリへ，という変化が起こり，結果として巨大な産業としての野生動物観光が成立した．その結果，そもそもの生息地においてヒトの存在を許容する馴化された野生動物相が登場することになった．

　いっぽう，野生動物の社会や生態を野生下で観察するという生態学的研究も前述の変容に平行して発達してきた．研究者が野生動物の行動を観察することは20世紀前半にも散発的に見られるが，それが常態化したのは戦後，とくに1960年代以降のことである．まさにアポロ計画により人が月に到達したのと同時代であり，科学史的には月面とアフリカ奥地の野生動物生息地は，人類にとって同程度に遠いフロンティアであったことになる．

　1960年代の野生動物観察の一般化を準備したのは，今西錦司の流れを汲む日本の霊長類学者による野生ニホンザル研究であった．なかでも，宮崎県幸島のニホンザルによるイモ洗い文化の研究が世界の動物生態学者に与えた影響は計り知れない（ドゥ・ヴァール 2002）．野生動物の群れを近距離で直接観察するためには，対象個体群に観察者の存在を許容してもらうことが必要である．そのために日本の霊長類学者が採用した方法が餌づけであった．餌づけの利点は，餌を介して研究者が比較的早期に対象個体群に接近し，その存在が無害であることを示すことができる点である．餌づけ方の成功と普及ののち，餌づけによる個体数の不自然な増加や，餌場という過密がもたらす攻撃性の増加といった行動面での「自然」状態の攪乱が批判されるようになった．今日では研究手法としての餌づけはほとんど行われなくなり，かわって餌を用いず，辛抱強く長期の追跡を行うことで研究者の無害性を示す「人づけ」と呼ばれる方法が一般化している．

　このような特定の野生動物の群れを対象にした馴化方法は，前述のフォト・サファリと時代的に並行しており，それぞれ独立に発達したものである．興味深いことに，霊長類学者により達成された餌づけ・人づけによる群れの馴化という野生動

表1 ●アフリカにおける2種類の野生動物観光の比較

	フォト・サファリ	類人猿観光
起源	狩猟管理（車両）	研究（群・個体追跡）
ハビタット	サバンナ	森林
対象	公園，生態系レベル	特定の群れ
接近方法	自動車，多数	徒歩，少数
値段	比較的安価	比較的高価

物との新たな関係は，家畜原種の群れ単位での馴化（今西『遊牧論』的な馴化）が擬似的に繰り返されたと考えることもできる．

　霊長類研究者が主導した餌づけ・人づけによる研究は，独創的な形の野生動物観光へと発展した．発祥の地である日本では，餌づけを用いたニホンザルの野生個体群の馴化により，1970年代に大分の高崎山などをはじめとする各地で観光地としての野猿公園が設立され，高度成長期のレジャーとして大きく発展した．今日でも，一時期の人気を失い閉園する公園が相次いではいるものの，観光産業の一つとして存在感を保っている．また，アフリカでは，見晴らしが良く四駆自動車によるアクセスが容易で，ライオンやキリン，ゾウといった人気動物が生息するサバンナ地域に比べて遅れをとっていた森林地域での観光資源として，霊長類学的手法によって馴化されたゴリラやチンパンジーの人づけ群を訪ねるツーリズムが人気である．適切な用語がないため，本章ではこれらを「類人猿観光」と呼ぶことにする．霊長類学者による類人猿個体群の馴化が60年代から70年代にかけてアフリカ各地で成功したことを反映し，類人猿観光は80年代以降徐々に普及した．アフリカでは比較的新しい観光形態であるといえる．

　サバンナでのフォト・サファリが車両を用いた接近法を採り，狩猟サファリをその起源に持つのに比べ，類人猿観光は研究者によって始められた徒歩の追跡による人づけを起源とする．観光のデザインも，フォト・サファリが多数の観光客を相対的に安価で導入するいっぽう，類人猿観光は個体群や周辺環境への負荷軽減のため，同時に入山する観光客の数を絞り，そのぶん単価を上げる管理方法を採る．生態学的には，フォト・サファリが結果として広大な保護区全般にわたる生態系レベルでの馴化を達成しているのに比べ，類人猿観光は対象とする類人猿個体群の馴化が重視される．このように，2種の野生動物観光は，その異なる起源を反映して，多くの点で対照的な活動となっている（表1）．

6 ●類人猿観光の現実と諸問題 ── ギニア・ボッソウ村のチンパンジー保全

6-1 人とチンパンジーが共存する村ボッソウ

　霊長類研究を起源とする類人猿観光の事例として，筆者が研究の対象としているギニア共和国ボッソウ村のチンパンジーに関する事例を紹介したい．ボッソウのチンパンジーは，1940年前後のフランス植民地政府による学術調査により，村人がトーテム動物であるチンパンジーを村の精霊の森に保護している珍しい場所としてその存在を知られるようになった（山越2006）．以後，1960年代にオランダ，アムステルダム大学の短期調査がなされ，1976年以降は京都大学の杉山幸丸が開始した長期継続研究が現在まで続けられている．

　ボッソウ村のチンパンジーは，村人から保護されてきたため，そもそも人をあまり怖れない状態で「発見」された．そのため，他の調査地での常である長期間にわたる餌づけ・人づけの必要がなく，調査初期から比較的近距離での観察が可能であった（Yamakoshi 2011）．つまり，村人がチンパンジーの生息を彼らの生活圏の中に許容することにより，西アフリカの熱帯林地域に典型的な焼畑農業が造り出す人為的農村景観に，チンパンジーが「里の動物」として適応した状況が生まれていた．

　研究・観光活動が始まる前のチンパンジーと村人との関係は，相互に存在を許容し合ういっぽうで，一定の距離を保つ抑制的なものであったという．研究開始当初から観察が可能だったとはいえ，追跡しても10〜20 mほどの距離に近づくと逃げられる状況であった．村人は畑荒らしなどはある程度許容していたと言うが，実際にはチンパンジーが農作物に近づくと，かけ声や投石等により畑から追い出すことが常態であった．そもそも，チンパンジーは先祖の霊魂の現し身であると考えられ，怖ろしい超自然的力を持った存在として，とくに女性や子どもは出会ったら逃げるように言われていたという．このような形で，チンパンジーを精霊の森の奥に敬して遠ざける距離の取り方が維持されていたのだろう．

　1970年以降，チンパンジーの道具使用行動の発見といった研究成果（杉山1981）により，ボッソウのチンパンジーが世界的に広く知られるようになった．また，1984年の社会主義政権崩壊ののちに経済の自由化が行われて以降，少数ながらチンパンジーを目的とした観光客が訪れるようになった．ボッソウ村での観光活動は，研究活動に倣う形で徒歩でのアプローチを採り，さらに観光対象がチンパンジーの群れに限られるという典型的な「類人猿観光」型のものである．ちなみに，ボッソ

ウ村での伝統的保護デザインは，立入が禁止され植生が厳格に保護されている精霊の森を基盤としてはいるが，生態系単位ではなく，そこに生息するチンパンジーのみを保護する仕組みになっている．ボッソウ村で伝統的に狩猟が禁じられているのはチンパンジーのみであり，他の動物の狩猟は行われているため，チンパンジー以外の動物相は非常に貧弱である（山越 1999）．

6-2 研究と観光によるチンパンジーの馴化とそれに伴う諸問題

研究と観光が継続するにつれ，チンパンジーはヒトの観察者の接近に対して次第に寛容となり，「里の動物」として維持してきたヒトとの距離に変化が見られるようになった．たとえば 1995 年の筆者による調査時には，一日中チンパンジーを観察しようと努力しても，平均で 2〜3 時間の観察時間しか得られず，多くの場合，深い藪によってチンパンジーを見失っていた．しかし，今世紀に入ってからチンパンジーの馴化が急激に進み，現在では観察者のすぐ横をチンパンジーが平然と通り過ぎるほど人づけが進んでいる．

40 年にわたる長期の研究調査と観光活動の継続により，ボッソウのチンパンジーの保全状況には，いくつかの深刻な問題が生じている．1970 年代以降 20 頭前後で安定していた個体数は，今世紀に入って大きく減少し，2015 年末現在で 8 個体という状況である（図3）．現時点で，ボッソウのチンパンジー群には少なくとも 4 種の大きな保全上の問題があり，そのいずれもが，直接的あるいは間接的に，人々とチンパンジーとのあいだの距離の変化に由来している．

第 1 の問題としては人獣共通感染症の可能性が指摘できる．図3に示された個体数変動において，その減少の大きな原因としてまず挙げられるのが，2003 年末に発生した呼吸器系感染症により，同時期に 5 個体を失ったことである（松沢ら 2004）．1992 年にも同様の呼吸器系感染症で幼少個体 1 頭を失っている．厳密な因果関係は明らかではないが，2003 年のチンパンジーの大量死の原因となった呼吸器系疾患が，観光客，研究者，あるいは村人からからもたらされた可能性は低くないと思われる．

第 2 の問題としては，チンパンジーが人を怖れなくなったことの直接的な反映として，チンパンジーによるキャッサバ，イネの茎，オレンジをはじめとする果樹などへの農作物被害が深刻化している（Hockings et al. 2009a）．

また，第 3 の問題として，研究活動が始まる前には極めてまれであったチンパンジーによる村の子どもへの人身被害が増加し，2000 年以降はほぼ毎年のように被害者が生まれている（Hockings et al. 2009b）．第 2，第 3 の問題は，村が研究活動を

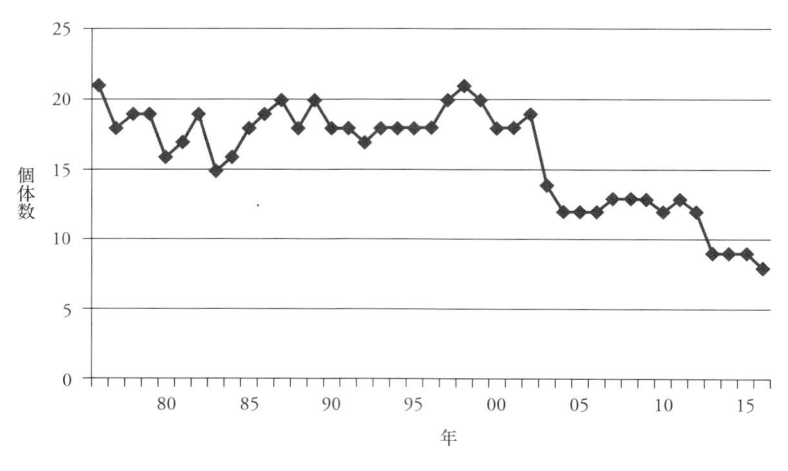

図3 ●ボッソウのチンパンジーの個体数変動

受け入れ，観光客から観光収入を得ることにより，結果として人づけの進行を許し，それまで維持していたチンパンジーとの適度な距離感を失ったことに由来する．この問題は，自らの伝統的遺産を積極的に活用し，金銭収入を得るという村のこれまでの方向性を問うものであり，村内の意見対立を先鋭化することで，結果的にチンパンジー保全活動に対する危機となっている．

　四つめは，より構造的な原因として，個体群の老齢化の進行が挙げられる．ボッソウのチンパンジーの生息域は，村の精霊の森と焼畑休閑林，耕作地がモザイクに分布する人為的影響が強い環境下にあり，近隣のチンパンジー個体群とのあいだに数キロメートルの距離がある相対的に孤立した個体群である（山越 2009）．近隣群とのあいだに絶対的な地理的障壁があるわけではないが，1976年以来，他の群れからの移入が確認された事例は皆無である．いっぽう，ボッソウ群からは若年個体が性成熟期に姿を消す傾向が顕著であり，いわゆる人口の社会的減が大きい．ボッソウの周辺に，チンパンジーを組織的に保護している村はなく，周辺個体群は常に人々からの狩猟に晒されている．つまり，ボッソウに移入する可能性のある個体はヒトを怖れるため，村と近接して暮らし，研究者や観光客に頻繁に追跡される日常を過ごすボッソウ群に移入することが忌避されているのではないかと推測される．ここでもやはり，研究者や観光客といった積極的にチンパンジーを追跡し観察するという行為が，結果としてチンパンジーの人づけを進行させ，そのことが人口構造そのものに影響を与えているという意味で，前述の三つの問題と同根であるといえる．

現在ボッソウでは，過度の人馴れを止め，以前のようなヒトとチンパンジーとの間の適切な距離を取り戻すために，「脱馴化」を目指した対策を検討中である．観察時には 10 m 程度の距離以内には近づかない，マスク着用，感染症罹患時の入山禁止，不要不急の研究活動の休止，縮小といった具体的な対応策を始めたところである．

6-3　類人猿観光の脆弱さ

　ゴリラやチンパンジーを対象にした類人猿観光は，アフリカにおける比較的新しい観光アプローチとして定着してきた．きっかけとなった霊長類研究者による類人猿個体群の人づけは，1960 年代に活発化したため，現在まで半世紀ほどの歴史しか持たない．しかしながら，その半世紀の間，研究者と観光客の「奇妙な衝動」により，類人猿と観察者の距離は次第に短くなり，ボッソウ村の事例で紹介したような，人身被害，農作物被害，人獣共通感染症といった，さまざまな問題を抱えることになった．また，ヒトが追跡者として追随する群は，ヒトを怖れる移入個体が減ることで次第に個体数を減らしていくという傾向も，各地の個体群で懸念されている．また，そもそも密猟者の圧力にさらされ，政情も不安定なアフリカの現状では，個体群を馴化することは，その個体群を外部からの脅威に対して脆弱にすることであるから，そもそも馴化はすべきでないという意見もある．
　このような類人猿観光が抱える諸問題は，現在までのところサバンナ環境におけるフォト・サファリではさほど顕在化していないが，馴致が過度に進めば同様の問題が生じるかもしれない．また，過度の人づけがもたらす弊害の多くは，以前盛んに批判された餌づけ由来の弊害と共通している点も多い．ヒトがさまざまな文化史的転換を経て実現した，動物を近距離から観察するという「奇妙な衝動」は，この半世紀の経験によって問い直される時期に来ているといえよう．

7　●新たな他者としての野生動物

　本章は，ヒトの定義の外縁を取り囲む他者として動物，とりわけ野生動物を設定し，ヒトとの間の生態学的境界における距離のありかたを，忌避，接近の様態に注目して人類史的な視点から試論を試みた．家畜としてヒトの生活圏に取り込まれた動物種や，人為的環境に適応しヒトの生活圏を生息地とする里の動物とは異なり，ひと気のない生息地に住む動物たちは，かつてはヒトにとって単に疎遠な存在で

あったろう.

　近代化の進展とともに，それまで存在しなかった野生動物への新しいまなざしが顕れてきた．新たに登場した「野生動物」という近代的概念は，まず家畜を排除し，さらに人為の影響のない環境という仮想的条件を「手つかずの自然」として措定し，そこに生息する動物を「野生」であるとして特権化した．そのようなまなざしからは，「里の動物」は，本来の「野生」性を失った，なにか一段劣った存在のように位置づけられるようになる．つまり，それまで存在しなかった「野生動物」が人にとっての新たな他者として顕れ，例えばそれらに対峙して狩猟することが，ヘミングウェイ (1966, 1999) の狩猟小説のごとく，特別な精神的経験として価値づけられるようになった．

　近代化とともに再定義され，狩猟サファリとして展開する野生動物の狩猟は，20世紀中盤の自然保護区の現場では，野生動物を「観察」し，写真撮影のみを行う「奇妙な衝動」に駆られたフォト・サファリに次第に置き換わっていく．その結果として，たとえばアフリカのサバンナでは，地域生態系全体が四駆に乗った観察者に馴化され，大規模な野生動物観光へと発展していった．また，同時期に唐突に思える形で興隆した野生動物の社会・生態学的研究は，やはり対象動物の近傍での観察という手法により，対象個体群を馴化させ，結果として類人猿観光の発展の基礎を作った．スポーツ・ハンターにとって，征服すべき自然の象徴としてあった強大で崇高な野生動物が，20世紀後半には脆弱で保護すべき他者に変貌した．

　さて，現在，野生動物はどのような顔をした他者として，われわれの外側に存在しているのだろうか．20世紀中盤の認識的転換を経て，保全されるべき脆弱な存在であるという立場はいっそう強まるだろう．いっぽう，20世紀後半に科学的に未知な他者として注目を集めていた側面は，社会・生態学研究の集中的な対象となったことで魅力を減じているのかもしれない．前世紀的活動として超克されたと考えられていたスポーツ・ハンティングは，住民参加型自然保護活動の重要な資金源として見直され，野生動物狩猟自体が被害問題の管理ツールとしてその重要性を見直される傾向にもある (安田 2013)．われわれが野生動物に対して持つ他者像は，今日もなお，絶えざる更新の最中であるようだ．この100年ほどの間に起こった急激な変化を考えると，そのような認識的転換は，たとえば類人猿の権利運動のような形で明示的に起きるのではなく (カヴァリエリ・シンガー 2001)，現状からは予想もつかないような形でひそかに水面下で準備されているのだろう．

参照文献

ブリクセン，K（1998）『草原に落ちる影』（桝田啓介訳）筑摩書房．

カートミル，M（1995）『ヒトはなぜ殺すか ── 狩猟仮説と動物観の文明史』（内田亮子訳）新曜社．

カヴァリエリ，P・シンガー，P（2001）『大型類人猿の権利宣言』（山内友三郎・西田利貞監訳）昭和堂．

Corbet, S, Müller-Trutwin, MC, Versmisse, P, Delarue, S, Ayouba, A, Lewis, J, Brunak, S, Martin, P, Brun-Vezinet, F, Simon, F, Barre-Sinoussi, F and Mauclere, P (2000) env Sequences of Simian Immunodeficiency Viruses from Chimpanzees in Cameroon Are Strongly Related to Those of Human Immunodeficiency Virus Group N from the Same Geographic Area. *Journal of Virology*, 74: 529-534.

Crandell, G (1993) *Nature Pictorialized*, The Johns Hopkins University Press, Baltimore.

ドゥ・ヴァール F（2002）『サルとすし職人 ──〈文化〉と動物の行動学』（西田利貞・藤井留美訳）原書房．

ディネーセン，I（1981）『アフリカの日々』（横山貞子訳）晶文社．

ハート，D・サスマン，RW（2007）『ヒトは食べられて進化した』（伊藤伸子訳）化学同人．

羽山伸一（2001）『野生動物問題』地人書館．

ヘミングウェイ，E（1966）『ヘミングウェイ全集第6巻 アフリカの緑の丘』三笠書房．

──（1999）『ケニア』（金原瑞人訳）アーティストハウス．

Hockings, KJ, Anderson, JR and Matsuzawa, T (2009a) Use of wild and cultivated foods by chimpanzees at Bossou, Republic of Guinea: Feeding dynamics in a human-influenced environment. *American Journal of Primatology*, 71: 636-646.

Hockings, KJ, Yamakoshi, G, Kabasawa, A and Matsuzawa, T (2009b) Attacks on Local Persons by Chimpanzees in Bossou, Republic of Guinea: Long-term Perspectives. *American Journal of Primatology*, 71: 1-10.

今西錦司（1993）［1948］「遊牧論」『増補版 今西錦司全集』講談社，214-285 頁．

石川美子（2000）『旅のエクリチュール』白水社．

鬼頭秀一（1996）『自然保護を問いなおす』筑摩書房．

桑原武夫（1995）［1944］『登山の文化史』平凡社ライブラリー．

Larson, G, Pipernob, DR, Allabyd, RG, Purugganane, MD, Anderssonf, L, Arroyo-Kalinh, M, Bartoni, L, Climer Vigueiraj, C, Denhamk, T, Dobneyl, K, Doustm, AN, Geptsn, P, Gilberto, MTP, Gremillionp, KJ, Lucash, L, Lukensq, L, Marshallr, FB, Olsenj, KM, Piress, JC, Richersont, PJ, de Casasu, RR, Sanjurc, OI, Thomasv, MG and Fullerh, DQ (2014) Current perspectives and the future of domestication studies. *Proceedings of the National Academy of Sciences of the United States of America*. 111 (17): 6139-6146.

Leroy, EM, Kumulungui1, B, Pourrut, X, Rouquet, P, Hassanin, A, Yaba, P, Délicat, A, Paweska, JT, Gonzalez, J-P and Swanepoel, R (2005) Fruit bats as reservoirs of Ebola virus. *Nature*, 438: 575-576.

Liu, W, Li, Y, Learn, GH, Rudicell, RS, Robertson, JD, Keele, BF, Ndjango, J-BN, Sanz, CM,

Morgan, DB, Locatelli, S, Gonder, MK, Kranzusch, PJ, Walsh, PD, Delaporte, E, Mpoudi-Ngole, E, Georgiev, AV, Muller, MN, Shaw, GM, Peeters, M, Sharp, PM, Rayner, JC and Hahn, BH (2010) Origin of the human malaria parasite Plasmodium falciparum in gorillas. *Nature,* 467: 420–425.

Lovatt Smith, D (1986) *Amboseli : Nothing Short of a Miracle.* East African Publishing House, Nairobi.

松沢哲郎・タチアナ・ハムル・カテリーナ・クープス・ドラ・ビロ・林美里・クローディア・ソウザ・水野友有・加藤朗野・山越言・大橋岳・杉山幸丸・マカン・クールマ (2004)「ボッソウ・ニンバの野生チンパンジー ── 2003 年の流行病による大量死と『緑の回廊』計画」『霊長類研究』20 (1): 45-55.

目黒紀夫 (2014)『さまよえる「共存」とマサイ ── ケニアの野生動物保全の現場から』新泉社.

森野聡子・森野和弥 (2007)『ピクチャレスク・ウェールズの創造と変容』青山社.

Nash, RF (1967) *Wilderness and American Mind.* Yale University Press.

ニコルソン, MH (1989)『クラテール叢書 13　暗い山と栄光の山 ── 無限性の美学の展開』(小黒和子訳) 国書刊行会.

Richard, AF, Goldstein, SJ and Dewar, RE (1989) Weed macaques: The evolutionary implications of macaque feeding ecology. *International Journal of Primatology,* 10 (6): 569-594.

ルーズベルト, T (1913)『ルーズベルト氏猛獣狩日記』(山口福四郎訳) 博文館.

Steinhart, EI (2006) *Black Poachers, White Hunters: A Social History of Hunting in Colonial Kenya,* James Currey, Oxford.

杉山幸丸 (1981)『野生チンパンジーの社会 ── 人類進化への道すじ』講談社現代新書.

若生謙二 (2010)『動物園革命』岩波書店.

ワイルド, O (1968)『虚言の衰退』(吉田正俊訳) 研究社.

Wolfe, ND, Panosian Dunavan, C, and Diamond, J (2007) Origins of major human infectious diseases. *Nature,* 447: 279–283.

山越言 (1999)「"神聖な森"のチンパンジー ── ギニア・ボッソウにおける人との共存」『エコソフィア』3: 106-117.

── (2006)「野生チンパンジーとの共存を支える在来知に基づいた保全モデル ── ギニア・ボッソウ村における住民運動の事例から」『環境社会学研究』12: 120-135.

── (2009)「ギニア南部森林地域における村落の生態史 ── ドーナツ状森林の機能と成因」池谷和信編『地球環境史からの問い』岩波書店. 208-216 頁.

Yamakoshi, G (2011) The "prehistory" before 1976: Looking back on three decades of research on Bossou chimpanzees. In: *The Chimpanzees of Bossou and Nimba,* Matsuzawa, T, Humle, T and Sugiyama, Y (eds), Springer, Tokyo, pp. 35-44.

山越言 (2014)「自然保護」『アフリカ学事典』(日本アフリカ学会編) 昭和堂. 614-623 頁.

安田章人 (2013)『護るために殺す？ ── アフリカにおけるスポーツハンティングの「持続可能性」と地域社会』勁草書房.

第16章 環境の他者へ
平衡と共存の行動学試論

足立　薫

❖ Keywords ❖

混群，環境，コミュニケーション，種間関係，生態学

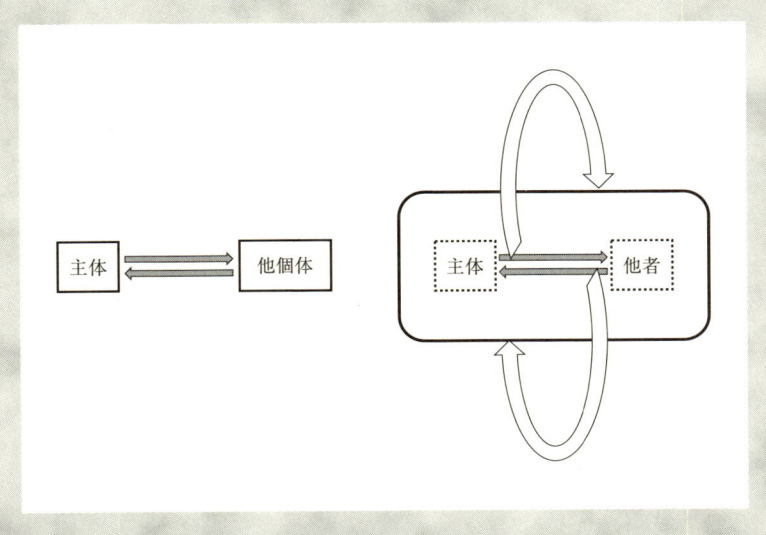

　社会集団を形成する動物個体は，共存する他個体と日常的に相互に作用しあう．相互作用のみに注目すると，他個体は現実に手の届く，潜在的な可能性も含めた交渉可能な具体的相手である．一方，日常的な相互作用が環境という場を通して，相互作用を再帰的に拘束することに注目すると，他個体は単なる具体的な交渉相手ではなく，連続的に作動する集団形成の秩序に支えられた存在としての他者である．

1 ●生物学に「他者」を開く

　生物学の分野で,「他者」について正面から論じることはほとんどない．生態学や行動学が扱うのは「他個体」であって,「他者」ではないからである．どんな生物でも, 単体としてただそれだけで存在することはできず, その生物を取り囲む環境の諸要素と相互作用しつつ生きている．環境との相互作用の過程では, 様々な差異化が重要な働きを発揮し, 生きていることの主要な部分は差異で成り立っているといってもよいのかもしれないが, 現代の生物学ではそれを「他者」や「他者性」の概念で説明することはない．視点の中心におかれる生物主体にとって, 環境の諸要素は有機的なものと無機的なものに分けることができ, 有機的なものの中に同種と異種の「他個体」が含まれる．人間の社会性の進化を考えるとき, 主体にとってもっとも重要な環境要素となるのは同種の他個体の存在である．同種他個体との相互作用は, 動物行動学では種内コミュニケーション現象として扱われてきた領域であるが, 人間の社会性の進化を種内コミュニケーションの視点から論じる試みは, 通常は言語の獲得の条件や時期を問うものとなる．それに対して, 本章では動物における種内コミュニケーション研究の歴史を振り返り, コミュニケーションの行動学的な側面と, 環境との相互作用という生態学的な側面との関係を考察する．なかでも, 生き物全体を通じてみられる, 環境に対する適応としての〈差異化〉の働きに注目したい．そこでは人間以前の社会性に何かが付加されて人間の社会性が完成するといった, プラスアルファの進化観とは異なるものが目指される．生き物が本性として発揮する環境との相互作用の検討を通して,「他者」を正面から扱うことのない生物学に,「他者」へ開かれる様相が存在しうる可能性を見出すことが目標である．

2 ●動物のコミュニケーション

2-1　個体間の信号

　動物行動学理論のもっとも初期の展開において, ある刺激に対して種特異的に定型的な行動が引き起こされる現象が見出され, その刺激は「信号刺激」と呼ばれた（スレーター 1994）．信号刺激のなかでも, 動物の個体間で用いられるものは, 特別にリリーサーと呼ばれ, たとえばニコ・ティンバーゲンが様々なモデル実験で明ら

かにした．トゲウオのジグザグ・ダンスや攻撃のための倒立の姿勢がこれにあたる．トゲウオのオスはなわばりをもつが，なわばり内に繁殖状態のメスが入ってきたときには，交尾の前段階を構成するジグザグの泳ぎ方をしてメスを迎え入れるのに対して，オスが侵入してきたときには頭を下にして自分の腹を相手に見せるような姿勢をとる．これは威嚇の姿勢となり，侵入してきたオスを追い出す効果をもつ．なわばりオスが2種類の全く異なる行動をとる理由は，メスの侵入の場合には大きく膨らんだ銀色の腹部が，またオスの侵入の場合には，赤くスリムな腹部の色パターンが，それぞれ定型的な反応の引き金になり行動を解発（リリース）する鍵となるからであることが明らかになった．ほかにも多くの種の闘争や求愛のディスプレイでリリーサーとなる刺激が解明され，初期の動物行動学は動物の個体間でコミュニケーションの情報を伝達する「信号」を次々と明らかにしていった．

　社会生物学が包括適応度の概念を提唱し，動物は種の利益ではなく遺伝子の利益に従って行動を進化させていることが認められる以前の古典的な動物行動学では，リリーサーを介した個体間の相互作用では「信号」の情報を共有し，対処すべき課題に共同であたることによって双方が利益を受けている，と考えられていた．コミュニケーションは対面する2個体の間で，信号の送り手から受け手に対して何らかの情報が渡されることと理解され，向かい合う2個体はコミュニケーションの実践によって闘争や求愛のタスクを共同で遂行する．闘争や求愛でやりとりされるディスプレイ行動は，大声で鳴き交わしたり，特徴的で派手な色彩の動きを伴ったりと，意図的に何かを伝えようと行動するように見えるものが多い．動物のコミュニケーションでは，主体となる個体が他個体に対して何かを伝えようとし，他個体は主体となる個体の声に耳を傾け，動作に注目し，その信号を受け取ろうとする．初期の動物行動学は，信号の受け渡しモデルを用いて対面する2個体の様子を描きだし，信号は両者の生存をともによりよい状態にするために進化したと予想した．

2-2　操作とマインドリーディング

　初期の動物行動学では，コミュニケーションに臨む主体と他個体の間に，同じ目的に向かって利益を共有するという暗黙の前提が存在した．それは闘争における致命傷を回避し，また求愛から交尾行動を成功させて子孫を作るという形で，生き延びて子供を増やし種の保存に資することが，究極的な利益と考えられていたからである．そのような考え方が否定され，動物はすべて種の利益ではなく個体，あるいは遺伝子の利益を最大化するようにその行動が進化していることが認められるようになるのが，1970年代から1980年代前半にかけての社会生物学の理論形成である．

社会生物学の浸透に伴って，動物のコミュニケーションの理論では，「お互いの利益のための信号の受け渡しモデル」の考え方から，「操作とマインドリーディング」モデルが重要なものとなった．クレブスとドーキンス（Krebs and Dawkins 1984）は，コミュニケーションの場面で主体は種の利益のためではなく，自身の利益のためにのみ信号を発しているとして，新しいコミュニケーション＝信号モデルを構築した．他個体の行動を自分の利益になるように思い通りに操作することが，信号の第一の機能となる．信号を受信する他個体は，自らが操作されて不利益をこうむらないように，主体の意図を読む（マインドリーディング）行動を進化させると予測される．「操作とマインドリーディング」モデルでは，コミュニケーションは信号の受発信による情報の移動であることは以前と変わらないが，向き合う主体と他個体がお互いに利益を共有していない点が異なっている．

　「操作とマインドリーディング」モデルにもっともよく合うのは，たとえば擬態や擬傷にみられる，被食者と捕食者のコミュニケーションである．昆虫やカエルなどが鮮やかな赤や，黒と黄色のはっきりしたコントラストの体色をもつのは，捕食者である大型の鳥や哺乳動物に対して，自分が毒や針を持ち食べると危険であることを伝えている．地上に巣を作るコチドリは，キツネなどの捕食者が巣に近づくと，傷を負って飛べないように見える動作をして，捕食者の注意を自分に引き付けて巣から遠ざける行動をする．アフリカの草原にすむガゼルはストッティングと呼ばれる，高く飛び上がる特徴的な行動によって，捕食者に自分の運動能力の高さを見せつけ狩りを思いとどまらせる．これらの特徴は Aposematism（対捕食者戦略における警告）の概念のもとに，古くからコミュニケーション研究の主要な対象となってきた．

2-3　コミュニケーションと社会集団

　コミュニケーションの進化は，主体と他個体という対面する2個体間で受け渡される信号の進化の文脈で議論されてきた．信号を発信する主体が他個体を操作する，という視点は，集団を形成する社会行動のコミュニケーションにおいても適用される．社会集団を作ることの究極的な要因は，社会生物学においては個体あるいは遺伝子の利益に求められる．したがって，群れの形成維持に影響を与えると考えられるような，グルーミングなどの親和的行動や闘争，求愛，直接的な協力行動なども，「操作とマインドリーディング」の信号モデルのもとに議論することが可能である．個体間のコミュニケーションにおいて主体と他個体の間には共有される価値が前提としてあるのではなく，主体による操作と他個体がそれにどのように対応するか，

つまりお互いに自分の利益を優先する2個体間の情報の受け渡しにおける適応が，信号のデザインを進化させてきたと考えられる．

　社会集団を形成する霊長類では，人間も含めて集団内で多くのコミュニケーションが生起する．個々のコミュニケーションは集団内に成立している制度的な慣習に拘束され，コミュニケーションの積み重ねがその慣習を形作るという再帰的な関係にあり，ある種の動物群では，この制度的な慣習は「文化」と呼ばれることもある．動物のコミュニケーションに関する進化的研究は，基本的に主体と他個体という2者間の関係に焦点を絞ってモデル化が行われるが，社会集団におけるコミュニケーションは多数の個体間で生起し，操作と操作される行為，発信者と受信者の入れ替わりは連続する．特定の2者間関係の束では社会集団全体の特性を表しつくせないのと同様に，2者間のコミュニケーションの総和は，集団の社会性全体と同等なものとはなりえないと考えられる．集団を2者間関係に還元せずに，連続するコミュニケーションの全体性を基盤としてとらえるならば，コミュニケーションにおいて主体に対面する他個体は，2者間の信号モデルで説明できない特徴を見せる可能性がある．社会集団の成り立ちを2者間関係に還元せずにとらえるときに，コミュニケーションと制度的な慣習の再帰性は重要な要素であると考えられる．言い換えるならば，主体に対峙する他個体が，再帰的なコミュニケーションの連続の中で「他者」の性質を帯びるのではないだろうか．どのような社会集団とコミュニケーションの作動が「他者」の存在を可能にするのか，霊長類の社会集団を対象にして次節で検討したい．

3 ●「他者」とはだれのことか

3-1　群れのメンバー

　群居性の霊長類にとって，他個体との相互作用としてのコミュニケーションは様々なレベルで現れる．生きていく上でもっとも基本的で不可欠な相互作用の相手は，同じ群れの他個体である．社会集団の構成とその要因を解明することは，初期の霊長類学の大きな目標であった．一見，まとまりも秩序もなく，空間的に同じ位置を占めているだけのように見えていても，観察を続けると，そこには定型的なコミュニケーションがあり，関わる個体の組み合わせや関係にも定型性が見出されることは，多くの霊長類の研究例で明らかになってきた．

　動物社会学の課題はこのような定型的なコミュニケーションパターンをできるだ

け多く観察し，その文脈と社会進化的な意義を明らかにすることであった．ここで一つ一つを例に挙げるまでもなく，同じ群れのメンバーとの間で行われる相互作用の定型的なパターンこそが，明らかにされるべき集団の社会構造である．これらのパターンを種間で比較することにより，動物社会学は社会の進化を議論してきた．

　観察される相互作用は，闘争的なものから親和的なもの，2個体間のものから3個体以上の複雑なもの，短時間に終わるものから間隔をあけて長期間を経て完結するものまで，その様態は多様である．しかし，多くの種で共存を可能にし，個体間の競争を緩和する相互作用の蓄積が観察され，集団形成の進化的な要因の検討が行われている．相互作用に見出される様々な定型パターンは，生態学的な環境と関連づけられたり，文化的な慣習として取り上げられたりするが，定まった秩序として社会集団のメンバーの行動を再帰的に拘束しているという点で，等しく社会的であるといえる．

3-2　隣接群

　観察者にとって，またおそらく多くの群れ個体の当事者にとっても，ある程度はっきりと区別され，同じ群れのメンバーの次に社会的に重要な意味をもつのは，別の群れに出会った時の相手の群れの個体だろう．群れ間の出会いは，ほとんどの種で敵対的である．なわばりをもつサルでは，なわばりの境界線上で隣接する二つの群れの個体同士が向かい合い，威嚇の音声を鳴き交わしたり，チャージング・ディスプレイで誇示し合ったりする．

　そこでは威嚇の声はけっして自群の他個体に向けられることはなく，隣接群の他個体がターゲットとなっている．自群の同種他個体は，協同でなわばりやメスといった資源を防衛する仲間だが，向かい合う隣接群に属する同じ種の他個体は排除すべき者である．「他」を明確にして戦うことは，「われわれ」を析出させ群れの輪郭をはっきりさせることにつながる．社会性が発達し，群れ内が構造化されていれば，その分はっきりとした「他」も見えやすい．群れ内に強い結束がある動物では，群れ間の出会いは相手を実際に傷つける程にシビアなものに発展する可能性をもっている．

　隣接群の他個体は，日常的に出会い社会交渉を行う「顔見知り」ではなく，「よそ者」である．自群の他個体とは，日常的に相互作用を積み重ねており，その交渉の結果は，慣習というかたちで，主体と他個体との関係を再帰的に規定する．チンパンジーやニホンザルのオスたちは，群れ内でオス同士が敵対的な交渉を繰り返し，その勝敗の結果がオス間の順位関係に反映される．特定のオス間の優劣関係は，当

事者以外の個体にも認識されており，群れ内で起こる様々な相互作用における行動の選択に影響を与えるのである．それに対して，隣接群の同種他個体は，慣習を構成する日常の相互作用の蓄積をもたず，突然に，また，ごく稀に対面する相手である．隣接群の個体との出会いは，自群の個体との出会いよりも頻度が圧倒的に少なく，一定の関係を構築するだけの過去の相互作用の履歴が存在しないのである．

　ただし，両者は何の手がかりもなく出会うわけではない．隣接群の個体との出会いは，慣習として定着した個体間の関係性を参照するのとは別のやり方で，時には自群の個体よりも定型的に進行する場合もある．群れ間の出会いで交わされる威嚇の音声やディスプレイは，多くの種で儀礼的に固定化されたものを含んでいる．

　同種他個体は，種を同じくすることに起因する根本的な共通性をもつ．種を同じくする個体同士は遺伝情報の組成のかなりの部分を共有していて，体の大きさ，毛色，体色といった形態的な類似性はもとより，音声や視覚的ディスプレイ，認知能力，繁殖や闘争のための社会行動を共有し，種内でコミュニケーションを成立させることができる．さらに，地上を歩いて移動するのか，樹上で細い枝をつたって移動するのかといったロコモーション（移動様式）も同じであり，採食する食物の内容もほぼ共通である．つまり，自群に属さない隣接群の他個体であっても，生活の様式と社会行動の型は共通であり，出会ったときには，コミュニケーションが成立し，多くの場合は闘争的な交渉が起こるのである．

　自群と隣接群の同種個体を分けるのは，顔見知りであるか，見知らぬものであるかという，日常的な交渉の蓄積の差のみである．日常的な交渉の蓄積は，それが社会行動で起こる場合に慣習の働きを担う．「われわれ」の群れという抽象的な概念を，言語をもたないヒト以外の霊長類で確かめることはできないが，交渉の積み重ねによって集団が不断に生成され続けており，積み重ねそのものが原初的な制度として働いていることを前論文（足立 2013）で主張した．見知らぬ個体とは，この不断に作り上げられ続けている制度的な慣習の，枠外からやってくる者に他ならない．それは種としての共通性をもち，潜在的には交渉可能であるにもかかわらず，日常の交渉の蓄積の外部にいる同種他個体であるといってよいだろう．コミュニケーションが可能であることが認知される一方で，そのコミュニケーションを再帰的に規定する継続した日常のコミュニケーションの繰り返しには不在のものとして，隣接群の同種他個体は現れている．

3-3　移籍個体

　日常の交渉の外部にいる同種他個体のうち，隣接群とは異なる反応を示すものの

中に，移籍する性の単独個体がいる．伊谷（1987）が霊長類の社会を系統に従って配置し，その進化に関する理論を組み立てたとき，基礎においたのが社会構造である．社会構造は，群れ内のオトナ個体の数と性比，および性成熟に達したときに群れを移出する移籍個体の性別によって特徴づけられる．

　たとえば，ニホンザルではオスの個体が一定の年齢になると生まれた群れ，すなわち出自群を出る．他方，メスは出自群にとどまり一生を過ごすため，ニホンザルは母系社会の構造をとる．出自群を移出したオスは，群れ外オス，ハナレザル，孤猿などと呼ばれ，群れ内のオスと区別される．群れ外オスは群れとの位置取りによって，追随オスと非追随オスに分けられることもあり，孤独にシングルで遊動することもあれば，群れ外オスどうしで集まって行動する場合もあるなど，その様態は多様である．しかし，共通しているのは，群れ内の個体が群れ内個体どうしで行う社会交渉とは異なる交渉パターンをみせることである（Kawazoe 2015）．追随オスはかなりの頻度で群れ内個体と関わるが，非交尾期には群れ内オスに一方的にグルーミングし，交尾期には群れ内オスに攻撃されやすい．群れ内メスは「見知らぬオス」を交尾相手として好む傾向があり，群れ外オスは群れ内オスの攻撃をかわしつつ繁殖の成功を収めている．

　このように同種の移籍個体は，群れ内の個体にとって群れの外の見知らぬ個体となる．隣接群の同種他個体と同様に，移籍個体は群れ内の相互作用の蓄積に，少なくとも群れ内の個体と同じように関与することはないのである．

3-4　混群 —— 異種の個体

　同種個体同士の場合，群れの内と外で異なる他個体のありようを認めることができる．それでは，異種の生きものの場合はどうだろうか．異種の個体同士の場合，通常の意味での社会交渉を結ぶことは稀であるが，同所的に生息し同じ環境を利用して生きている限り，様々なレベルで異種間の作用がみられる．生物学では異種間の相互作用を利益の配分によって区別し，相利共生，片利共生，競争，被食—捕食などに分類する．ここでは集団を作るという作用に注目した霊長類の種間関係を対象とすることから，機能的な利益を基準とした分類ではなく，霊長類の中での系統の近さに焦点をあて，種間の相互作用について考えてみたい．

　同所的に生息する近縁な異種の場合，利用する採食食物や生活場所といった資源や，音声やディスプレイなど社会行動にも類似性が認められる場合が多い．生態学では同所的に同じ資源を利用する異種のまとまりをギルドと表現し，ギルドの生態系全体での機能的な位置づけを考察することが行われる．さらに極端な例では，ア

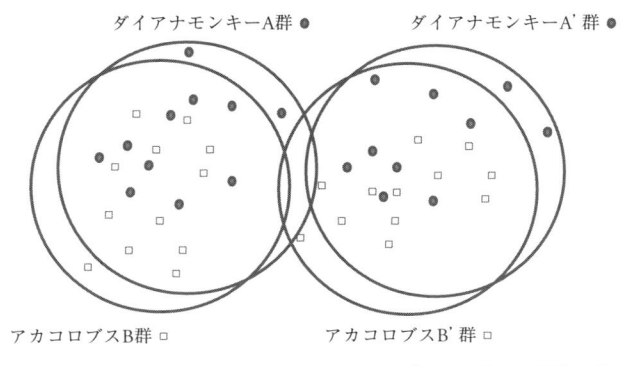

図1●タイ公園のダイアナモンキーとアカコロブスの混群と同種群の分布

フリカや南米の熱帯地域の霊長類で，異種個体が同種群のように一つの群れを形成する混群が観察されており，異種同士が長時間にわたって平和的に共存する．混群では異種の個体は，異種というだけでは「見知らぬ個体」とはならず，混群を形成する通常の社会行動の蓄積を支える重要な交渉相手となる．混群も同種群と同様に，群れ内の個体の相互作用の蓄積が，再帰的に群れ内個体の行動を規制する慣習的な制度として働くことによって成立している（足立 2013）．群れ内個体が異種であるため，相互作用のあり方は同種個体間の場合と異なっている．混群では，グルーミングや闘争ディスプレイのような，同種群で普遍的にみられる目立った相互作用の頻度は非常に低い．これらの目立った相互作用は，2個体が対面しお互いに同じ方向に注意を向け，2個体が何らかのクリアすべき共通の課題に向かっているように，観察者に見えるような状況である．しかし，後述するように，ともに採食や遊動を行う混群の異種個体間では，環境の利用を媒介とした採食における相互作用など，広い意味で社会交渉と呼べる行動がみられ，その蓄積の内と外の関係は同種の場合と変わりがない．つまり，混群では対面して対峙するのではなく，主体も他個体もどちらもが同じ環境資源を利用することにより，主体の行動が環境を介して他個体に影響を与えているという意味で，混群を形成する個体間での相互作用が蓄積されている．結果として，混群における相互作用の外部としての他個体は，混群内の異種個体ではなく，混群の外にいる隣接する混群の同種や異種の個体ということになる．

コートジボアール，タイ国立公園で観察されるオナガザル類の混群では，7種の異種が頻繁に混群を形成する．そのうちのダイアナモンキーとアカコロブスに注目してみると，対象群となるダイアナモンキーの群れAに対して，パートナーとな

るアカコロブスの一群Bが特定できる．対象群Aの隣にはダイアナモンキーの隣接群A'が存在し，この隣接群A'と日常的に混群を形成するアカコロブスの隣接群B'が存在する（図1）．ここでは対象群Aのダイアナモンキーの個体にとって，日常的に相互作用する相手は，同種他個体であるA群のダイアナモンキーと，異種他個体であるB群のアカコロブスである．一方，日常的な社会的相互作用の蓄積の外部は，ダイアナモンキーの隣接群A'の同種他個体とアカコロブスの隣接群B'の異種他個体となる．混群の場合には，同種であるか異種であるかということは，日常の相互作用の蓄積という点では重要な差異とならない．異種個体は同種個体とほぼ同等の資格で日常の交渉の蓄積に参画し，また同時に，同種個体は異種個体と同等に，日常の交渉の蓄積の外部におかれるのである．

　混群形成を支える日常的な相互作用とは，グルーミングやケンカといったいわゆる社会行動ではなく，採食活動や遊動といった，環境を媒介にして個体同士がお互いの行動を調節し合う行動全般を指す（足立 2013）．食物資源の利用に重複が大きいオナガザル類の混群では，同種群と同様に採食や遊動といった環境利用において，異種の他個体と必ず関わり合いながら生きている．個体が無機的な環境と同時に，同種や異種の他個体も含む有機的な環境要素と相互作用することが，「生活形」やそれを可能にする生活の「場」の概念で理解されるならば，採食や遊動という生命活動にもっとも近いレベルの行動はすべてが社会的な相互交渉となる（足立 2009）．

3-5　捕食者—被食者

　系統関係の遠い霊長類の群れどうしも，同じ環境を利用することがあるし，近縁でない異種の場合にも，同じ環境に適応することによって利用する資源が類似する例が存在する（たとえば，熱帯林で果実を共通に採食するダイカーや鳥類とオナガザル類など）．このときは先にあげた近縁異種間のギルドや混群のような社会関係が成立し，系統関係の遠い異種どうしでも日常的な相互作用を行う場を考えることができる．一方，同所的に生息していても資源利用に違いがみられる極端な例が，被食—捕食関係である．この場合には，一方の種は利用される資源を構成し，異種が交渉する場は生きるか死ぬかの場であり，日常的ではあるがその意味は同種間，あるいは生活様式の類似した異種間のそれとはまったく異なる．

　前述したタイ国立公園の混群では，混群に参加するオナガザル類，とくにダイアナモンキーとアカコロブスにとって，同所的に生息するチンパンジーは脅威的な捕食者である（Bshary and Noë 1997）．チンパンジーのたてる物音や音声を聞くと，混群を形成するオナガザル類は警戒音を発し，ハンターであるチンパンジーに狩りを

思いとどまらせようと大騒ぎをする．混群の個体は捕食者に対して「自分はお前たちの存在に気付いていてすぐに逃避することができる」ということをアピールし，狩りの成功率が低い可能性をディスプレイしている．このとき，被食者であるオナガザル類の個体にとってチンパンジーの個体は，察知し避けて通るべき相手となる．
　ここで異種個体としてのチンパンジーとのコミュニケーションは，両義的なものとなる．混群を形成するオナガザル類とチンパンジーの被食—捕食関係は，異種間での相互作用の蓄積によって構成されている．チンパンジーの群れと出会い，警戒音を発するという行動の繰り返しが慣習的に蓄積され，その蓄積が次の出会いの場でのオナガザル類とチンパンジーの両種の個体の行動を再帰的に規定する．捕食者であるチンパンジーは社会的な相互作用の蓄積の内部に存在するとも言えるが，問題はそれが「日常的」といえるかどうかである．
　チンパンジーの襲来は混群という集団の生成にとって，どの程度日常的なのだろうか．反復する相互作用の繰り返しが慣習の働きをもち，原初的な制度となると考えたとき，混群での近縁な異種間の採食行動を相互作用の重要な要素と考えた（足立2013）．生きる時間の大部分が採食とそれに関わる遊動に費やされているという彼らの生活様式を考えるとき，採食行動における異種間の相互作用は，十分に「日常的」な頻度の高い反復であるとしてよいだろう．それに対して，捕食者の襲来は，非常に頻度が低い．オナガザル類にとってより頻繁に遭遇する捕食者である猛禽類でも，まったく出会わない日もあるし，チンパンジーではさらに頻度が低くなる．タイ国立公園での観察の場合，筆者の通算1年半の観察期間で実際にチンパンジーが群れと直接的に接触する機会を見たのは1回だけである[1]．
　この問題は対象個体の時間スケールで，何が「日常」かが重要となることを意味する．人間の観察者の時間スケールでみると，毎日何時間も繰り返される採食行動は日常的で，1年に1回の被食は非日常と呼びたくなる．しかし，混群のオナガザル類の生きる世界において，捕食されてしまうというイベントの生死に関わる重要性の価値を考慮した場合，1年に1回は非日常と呼んで無視できる頻度ではない可能性もある．日常的な相互作用の蓄積の外部にある他個体に注目するとき，社会の構造とともに，繰り返される相互作用の時間スケールと，その外部の現われの希少性が問題となる．この「たまにしか起こらないこと」については，次節で検討したい．

4 ●「他者」の場所

　日常的に相互作用が繰り返され，繰り返しの結果が再帰的に日常の相互作用のありようを決める様相について，それが慣習，あるいは原初的な制度の役割を果たしていることは，ヒト以外の霊長類にも認めることができる（西江 2013；伊藤 2013；花村 2013）．一方で，ヒトの社会においても，国家や民族などの高位の概念化された制度の単位ではなく，日々の社会交渉の中で実現される「いま，ここ」の社会性が集団の構成の基盤となる様相をみることができる（杉山 2013）．様々な個体がこのような再帰的な繰り返しの中に，あるときは直接的に巻き込まれ，またある時は潜在的に関与する．コミュニケーションの過程で主体と向き合う他個体は，ここでは単なる個体ではなく，繰り返される再帰的な相互作用に結び付けられた「他者」として，集団の生成の場に現れているのではないだろうか．

4-1　非構造の社会集団

　伊谷純一郎は霊長類社会の進化の理論の基礎に，それぞれの種の社会構造をおき，それを Basic Social Unit と呼んだ（伊谷 1987）．そして，基本単位が，ペア，単雄（複雌），複雄複雌といった，群れ内のオトナ個体の共存様態で分類され，その構成が霊長類の社会性と強く関連することを示した．群れの中での相互作用は一定のルールに従って繰り返され，この繰り返しが群れ内での個体の共存，ひいては社会構造を規定している．このような社会構造の考え方に対して，伊谷は非構造の概念を用いて，別の原理で成立する集団内の共存についても説明している．

　オナガザル類の混群は，伊谷の非構造によくあてはまる集団である（足立 2009）．混群では同種群のように，グルーミングやケンカのような目立った相互作用は起こりにくい．定型的な相互作用のルールや厳格な構造をもたず，異種がゆるいまとまりを持続させ，しかも，異種のグループがくっついたり離れたりして輪郭を変動させつづけるという特徴をもつのが，コートジボアールのタイ国立公園でみられる混群である．混群とは明確な構造を内部にもたないにもかかわらず，ゆるやかではあるが持続的に続く異種個体による集団のまとまりであり，ルールや構造で成り立つ同種集団の社会性とは異なる原理が働いている．

　混群が集団として成立する理由を，筆者は採食行動の連鎖がコミュニケーションとして働くことに求めた．採食の場におけるコミュニケーションは採食ニッチの分化につながり，その過程を「役割を生きる」と表現し，同じ環境を利用する者同士

写真●タイ国立公園で混群を形成するサルのうち，とくに近縁なオナガザル属の3種はすべて果実を主要な食物としている．実際に果実を採食する場面では狭い樹上の空間で，お互いに同時に採食することを避け，順番を守るように分散して位置取りをする．果実を手に取れない場所にいる個体は，昆虫や樹液などそのときに手に入るほかの食べ物を採食する．

の社会的なつながりについて考察した（足立 2013）．混群を形成するオナガザル類は生活の様式のよく似た近縁種であるため，採食食物もよく似ている．同じ環境で一つの群れとして共存する中で，オナガザル類は種間の類似と差異の程度に従って，採食食物を重複させると同時に独自のメニューも利用する．混群に共存する異種間では，たとえばオナガザル属の3種すべては果実をおもな採食食物とするが，ダイアナモンキーは常に果実に頼り，キャンベルモンキーは果実以外にも昆虫を，ショウハナジログエノンは果実以外に葉を，というように，それぞれのニッチは重複しつつも独自の部分に分化する．「何を食べるか」というニッチは，日々の採食行動の結果としてのそれぞれの種の独自の性質でもあり，同時に，日々の採食行動の場面では異種間で重複して利用する食べ物を前にした，種間の社会行動に影響を与える要因としても働いている．

　つまり，混群における採食ニッチは「日常的に相互作用が繰り返され，繰り返しの結果が再帰的に日常の相互作用のありようを決める」という意味で，社会の慣習の契機となり原始的な制度につながる要素を含んでいる．混群を形成するオナガザル類にとって，果実食者や昆虫食者といったニッチが，混群という集団においてそれぞれの種が果たす役割の機能をもち，異種や同種の他個体と相互作用を繰り返しながら，採食行動を社会的なコミュニケーションとして繰り返すことそのものが，混群を集団として成立させているのである．

4-2　環境という「場」

　採食行動がコミュニケーションとして成立する基盤としては，同じ環境を利用し生活の「場」を共有することが重要である（足立 2013）．採食をめぐるコミュニケーションは，同じ環境の中で生きることを通じて，共通の資源を重複して利用する可能性のある個体同士が，行動を調整し合いながら採食することを意味している．採食ニッチが分化してくる「場」，つまり日常的な相互作用の繰り返しが再帰的に起こる「場」とは，同所的に共有の資源を利用する生きものの活動と不可分な環境そのものといえる．タイ国立公園の熱帯林に生息するオナガザル類にとって，主要な食物である果実は環境を構成する重要な要素であり，混群を形成するオナガザル類の「日常的な相互作用」である，採食をめぐるコミュニケーションを成立させている「場」である．ここではオナガザル類の行動選択そのものが環境の要素を構成しており，採食する個体は環境を利用する主体であると同時に，環境と分かちがたく結びついている．

　ある環境について考えるとき，食物の分布と量，競争関係にある生物個体数・量，

捕食圧など，生物個体の生存に影響を与える生態学的な要因を思い浮かべることができるが，その環境で生きている当の生物個体に，環境を構成する情報の全体が与えられているわけではないという事実が重要となる．ミクロな視点でみれば環境に同所的に生息する同種，異種の生物個体，あるいは無機的な環境要素の生態的相互作用では，時間の経過に従って様々な変化が起こっており，環境は常に変動を続けている．それにもかかわらず，個体は，昨日とは少し違う今日の環境で，ニッチの役割を生きることで，「そこそこ」うまくやっていくことができている．混群のオナガザル類は，過去の採食行動や，採食樹でのケンカや譲り合いといった同種異種の個体間の相互作用の蓄積全体を，データベースとして脳内のどこかにすべて保存しているわけではないだろう．季節的に変動する生息地内の果実の分布と量についても，時空間を鳥瞰的にとらえて把握しているというよりは[2]，近い過去に採食のために利用した場所に関する記憶や，たまたま遊動ルート上にあった食物資源のように，直近の経験と偶然による限られた情報を頼りにして利用していると考えられる．偶然や限定的な履歴にのみ依拠していたとしても，相互作用の繰り返しが継起している限りにおいて，生物個体は大きな失敗を犯さずに生き延びることができるのである．

　日常の採食行動で採食ニッチを役割として生きることにより，混群のオナガザル類は混群として共存し集団を形成したり，解消したりしている．不在という集団のあり方もまた，採食をめぐるコミュニケーションの一つの現れととらえることが可能である．採食をめぐるコミュニケーションの多様性は，だいたい一定の予測可能なパターンの中に納まり，採食ニッチの分化による種特異的な食物の嗜好や，採食競合の回避行動として観察される．日常の範囲では採食ニッチの役割をなぞるように，混群のオナガザル類は採食行動をめぐるコミュニケーションを実践している．ごく稀に，ニッチ理論の予測する行動とは異なる行動が選択されることがあり，「めったにおこらないこと」として観察されるが，それはコミュニケーションの失敗ではなく，「そこそこ」の強制力をもった役割をはみ出す，希少なパターンととらえられる．

　コミュニケーションの連鎖の有限性を規定している秩序には，有限性を超えて起こってしまうことを必ず含んでいる．ニッチ分化を果たし協調的に共存する秩序としての全体メカニズムは，制度的な慣習としての役割を成り立たせている基盤である．しかし，集団を構成する個体からこの全体メカニズムを見通すことは決してできない．ニッチという環境を媒介にしたコミュニケーションの「場」は，そこに生きる個体の志向が完全に到達することは不可能な極限を構成している．この逸脱をも含んで全体を包括するように成立する秩序によって初めて，他個体は「他者」の

属性を獲得すると考えられる．このようにして現れる「他者」は，環境という「場」におけるコミュニケーションの連鎖の極限に現れるものであり，「環境の他者」と呼ぶことができるだろう．

4-3 非平衡の生態理論

　ニッチは，群集生態学の分野で発展してきた概念である (Chase and Leibold 2003)．群集生態学の究極的な目標の一つは，一定の空間，時間的スケールで，ある環境に存在する種の構成と数や，その動態を明らかにすることである．ニッチ理論では，資源が不足する環境に類似するニッチをもつ異種が存在する場合，資源要求が重複するため潜在的には競合するのだが，お互いの要求を少し譲歩するように資源利用を調整することで異種が共存しているとされる．このようにニッチ分化を基礎として，ニッチの集合体として生態系の群集構造を予測するやり方は，生態系の平衡理論と呼ばれ群集生態学の主流を担ってきた．これに対して，生態系の群集構造を規定するのは，環境を攪乱する別の要因であり，種間の競合やニッチ分化ではないと考えるのが非平衡理論である．非平衡理論では，大規模な火山噴火や洪水などの災害，山火事，捕食者の増減などが，生物が生きる環境を一定の頻度で改変するため，平衡理論が前提としている環境の一定性が保たれず，種間で潜在的な競合を回避するような平衡状態は成立していないとする．

　ハッベルの提唱した統一中立論（ハッベル 2009）は，非平衡理論の一つとして構想されている．この理論ではある一つの栄養段階に属する生物群集において，個体のレベルでの中立性が成立しており，生態的浮動と呼ばれるランダムで中立な過程によって群集が構造化されていると仮定する．この仮定から出発して理論的な帰結を予測し，実際の群集との整合性を検討するのである．中立性の仮定は，群集内のすべての種のすべての個体が等しく生態的に同等であることを意味しており，ニッチ分化による群集の構造化とは別の説明理論である．統一中立論は従来の競合を前提としたニッチ分化ではなく，個体の中立性の仮定をおくことによって群集レベルでの異種間の共存をモデル化できる点が評価されている．種間でのローカルなレベルでの異質性を前提とした生態的競合はなく，ハッベルが「メタ群集」と呼ぶローカルな群集を横断するスケールでの，非競争的な出来事によって群集の構造はより理解しやすい場合があることを統一中立論は示唆している．

　非平衡の生態理論では，局所的には種間競合が群集構造を機能的に規定するが，メタ群集のレベルでは競合が成立しないと考えられている．群集内の共存を規定するのは，火山の爆発や洪水，人間による活動などの攪乱要因，捕食者の増減など，

ごくまれに，偶発的に起こる様々なイベントである．ニッチが日常のローカルな相互作用の蓄積から構成されるのに対して，非平衡理論で基礎となるのは「たまにしかおこらない」大規模な天変地異である．日常性の原理とは異なるところでおきる大災害が生物の絶滅を引き起こし，それをうまく生き延びた生物の種分化による多様性の増大をもたらす．ニッチの役割を生きる日常とはかけはなれたところで起こる，大規模な生態圏の攪乱は，日常の相互作用の連鎖を超えた極限のもう一つの現れ方となり，ここにも「環境の他者」を見出すことができる．

4-4 自然の調和

集団を形成する霊長類にとって，ともに同じ集団を構成し共存する個体は，日常的な相互作用の蓄積に関与する相手である．前節でみたように，個体性をもった他者は，繰り返される日常の相互作用の外にあって，そこに参加しない相手であると同時に，ひとたび状況が変われば，そこに参加しうる潜在的な可能性をもった存在ともいえる．他者には，見知らぬ遠い存在であるというベクトルと，共通した同じ性質をもつ近い存在であるというベクトルの，相反する二つの方向性が含まれている．そのため，二つのベクトルのどちらに注目し重きをおくかによって，他者の他者性は相対的なものとなる．

人間の社会では，自集団を「われわれ」と名付け他集団と区別し，集団の構造を概念としてとらえる．「われわれ」は部族や国家といったカテゴリーを形成し，人間の生活を空間的にも歴史的にもコントロールする枠組みとなる．「いまここ」で何とかうまくやるという意味での社会性とともに，概念化された自集団の枠組みを同時に参照しながら生きていくのが，人間社会の進化的な特殊性である．

混群のような霊長類の群れを考えたとき，群れという集団の社会システムがうまくまわっていくための全体的な秩序は，そこに属している個体には知られていないし，個体の行動は全体的秩序に従って行動するようにも適応していない．混群を構成する種の個体は，ニッチというその場しのぎの役割をなぞり，「そこそこ」うまくやっていっている．それはセルトー (1987) が「戦略」に「戦術」を対峙させたことを思い起こさせる．「戦略」を知らず，限られた情報をつぎはぎして「戦術」として利用することで，生きものが日々を生き延びるとき，「他者」は，システムが止まらないための全体のルールである「戦略」の存在を指示している．にもかかわらず，「戦略」そのものは，個体によって決して手にとって参照されることはないのである．言うまでもないことだが，社会集団を構成する個体はそれが生きている限りにおいて，調和のうちに保たれる社会システムの動きを保証している．「他者」

が働くことができるのは，そのような場所に限られているのだが，人間以外のサルにとって「他者」や「戦略」が，生活の局面で意識的に焦点化されることはほぼないと言っていいだろう．

混群のサルに「他者」がその気配をあらわにすることはあるのだろうか．火山の噴火や大地震のような大災害や，メタ群集が混群の個体に見通せるわけではない．しかし，見通すことのできない全体の戦略としての「他者」が，日常の中にほころびのように顔を見せることもごく稀に，多くの場合は日常的な相互作用からの逸脱や失敗という形で存在する．

たとえば，混群の核となり常に行動をともにするダイアナモンキーとオリーブコロブスが，アクシデントで混群を解消してしまう例がこれにあたる．ダイアナモンキーと混群を形成しているオリーブコロブスの群れで，休息時に全個体が深い眠りに落ちてしまい，ダイアナモンキーが休息を切り上げて移動を始めるのに気付かず，その場所に残ってしまうという例を観察した．たまたまオリーブコロブスが選んだ休息のための樹木と，ダイアナモンキーの群れの本体が離れていたせいなのか，その日は暑さでオリーブコロブスの疲労が強かったのか，原因はわからない．しかし，めったにない混群の解消という事態に際して，めったに鳴かないオリーブコロブスの個体が音声を発し異常な緊急事態を告げた．ここでオリーブコロブスは，日常的にダイアナモンキーとの相互作用の繰り返しに成功しており，成功している限りにおいて相互作用を成立させている「場」をいちいち参照する必要がないと考えられる．混群解消という日常には起こりえない緊急事態に瀕して初めて，「場」の構築に立ち戻る必要に迫られるのではないだろうか．それが，聞いたこともない音声のコミュニケーションという形の，相互作用の連続のほころびとなって現われ，社会全体を包括する秩序に支えられた「他者」がほんの少しだけその気配を見せる．

5 ●「生態学的他者」は可能か

人間も含めた生き物は環境と相互に働きあい，環境という場を介して他個体と再帰的な相互作用を繰り返し，時には集団として共存し,時には単独で行動するといった社会性を発揮している．ここで再帰的な相互作用の契機となり，あるいは無限に繰り返される相互作用全体を包括する全体のメカニズムは，再帰的な相互作用の繰り返しにとっては絶対的な外部となる．繰り返しの単なる外部ではなく，繰り返しそのものを引き起こす働きとして，繰り返しが起こる場とは位相を異にする働きこそが，他個体を単なる「他」から「他者」へと変換する要因であるだろう．生きも

のが生きている限りにおいて再帰的な相互作用は連続し続け，そのメカニズムの全体像は決して手の届かない極限を構成する．その意味で「他者」は，日々繰り返される有限の相互作用と，到達されえない無限の全体との境界部分に存在するといってもよいだろう．

このように環境という場の利用を介して理解される他者を，仮に「生態学的他者」あるいは「環境の他者」と呼んでみる．生き物全般に共通する環境利用という特性を基礎に「他者」をとらえることができれば，他者は人間に特有の概念ではなくなるだろう．従来，他者は人間の社会を理解する上で避けて通れない重要な問題である，と多くの哲学者が考え取り組んできた概念である．人間らしさ，あるいは人間の社会性の特徴は他者に対する志向性の問題だといっても過言ではないかもしれない．しかし，人間社会を進化的基盤において理解しようとする場合，他者を人間以外の動物にはなく人間にのみ存在する，進化の過程で獲得したプラスアルファの要素ととらえることは本当に適切なことなのだろうか．

人間社会において他者をとらえる視座は，他者をその抽象度のグラデーションのうちのどこに位置づけるかによって，様々である．もっとも抽象度の高い他者は，多くの場合「絶対的な」という形容詞とともに言及される．「絶対他者」とは日常的な社会関係とはまったく無縁の異次元の存在であり，人間には近づくことも触れることもできない，端的には「神」と言いあらわされるような存在を示しているととらえることができる．他者とは，あくまでも漠然とではあるが，「神」を指すという思い込みは，哲学や宗教学にそれほど深くコミットしたわけでもない，一人の生活者としての筆者の個人的感覚にも，ある程度しみついている．それに対して現象学や心理学が対象としてきた他者は，自己の範囲をあらかじめ限定し，それ以外のすべての中から他者となる部分を切り出してくる操作を経て，自己と共通な要素をもつからこそ関わりあいが可能な他者である（田口 2014）．手を伸ばせば触れることができる個体としての他者とは，伸ばしている手の持ち主である自分を取り囲む世界に存在する．個体としての他者は，個体性をもたない観念的な「絶対的な」他者と違い，「同」と「異」の双方を併せもつ存在である．人間の社会では集団の内に様々な「同」と「異」をもつ個体としての他者と関係を結び，同時に，「絶対他者」をも集団形成の源泉としてきた．

人間は他者に名前を付け，認知できないものをみようとするという点で進化的な特異性を獲得した．生きものは有限の果てについて意識することなく，日々，目の前の環境と「そこそこ」うまく付き合うことで生き延びることができる．稀にうまくいかないこともあるが，たいがいはうまくいく，という意味での「そこそこ」が生きものに普遍的な特質であるとすれば，人間は「そこそこ」の生き方を捨て，原

理的に達することのない有限と無限の境を求める道へ踏み出した恐ろしい生きものであるといえるかもしれない．

注

1) 混群を観察する人間の観察者がいることで，捕食者であるチンパンジーが混群に近づかなかった可能性も考えられるし，空からの捕食者である猛禽類にも同じことがあてはまるかもしれない．
2) 認知地図のような形式で，採食場所の記憶を保存するメカニズムが存在する可能性は高いが，すべての履歴を参照できるような仕組みは考えにくい．個人的な経験から考えて，認知能力の高いとされる人間でも同様ではないだろうか．

参照文献

足立薫（2009）「非構造の社会学 ── 集団の極相へ」河合香吏編『集団 ── 人類社会の進化』京都大学学術出版会，4-21 頁．
───（2013）「役割を生きる制度 ── 生態的ニッチと動物の社会」河合香吏編『制度 ── 人類社会の進化』京都大学学術出版会，265-285 頁．
Bshary, R and Noë, R (1997) Red colobus and Diana monkeys provide mutual protection against predators. *Animal behavior*, 54: 1461-1474.
セルトー，M（1987）『日常的実践のポイエティーク』（山田登世子訳）国文社．
Chase, M and Leibold, MA (2003) *Ecological niches: Linking classical and contemporary approaches*. University of Chicago Press, Chicago and London.
花村俊吉（2013）「見えない他者の声に耳を澄ませるとき」河合香吏編『制度 ── 人間社会の進化』京都大学学術出版会，167-194 頁．
ハッベル，SP（2009）『群集生態学 ── 生物多様性学と生物地理学の統一中立理論』（平尾聡秀・島谷健一郎・村上正志訳）文一総合出版．
伊谷純一郎（1987）『霊長類社会の進化』平凡社．
伊藤詞子（2013）「共存の様態と行為選択の二重の環」河合香吏編『制度 ── 人類社会の進化』京都大学学術出版会，143-166 頁．
Kawazoe, T (2015) Association patterns and affiliative relationships outside a troop in wild male Japanese macaques, *Macaca fuscata*, during the non-mating season. *Behavior* (online available in October, doi: 10.1163/1568539X-00003325).
Krebs, J and Dawkins, R (1984) Animal signals: mind-reading and manipulation. In: Krebs, JR and Davies NB (eds), *Behavioural Ecology: An Evolutionary Approach*, 2nd ed, pp. 380-402. Blackwell Scientific.
西江仁徳（2013）「アルファオスとは「誰のこと」か？」河合香吏編『制度 ── 人類社会の進化』京都大学学術出版会，121-142 頁．
スレーター，JB（1994）『動物行動学入門』（日高敏隆・百瀬浩訳）平凡社．

杉山祐子（2013）「「感情」という制度」河合香吏編『制度 —— 人類社会の進化』京都大学学術出版会，349-370頁.
田口茂（2014）『現象学という思考 ——〈自明なもの〉の知へ』筑摩書房.

第17章 社会という「物語」
分業，協同育児と他者性の進化

竹ノ下祐二

❖ Keywords ❖

物語，分業，協同育児，他者＝役／役者

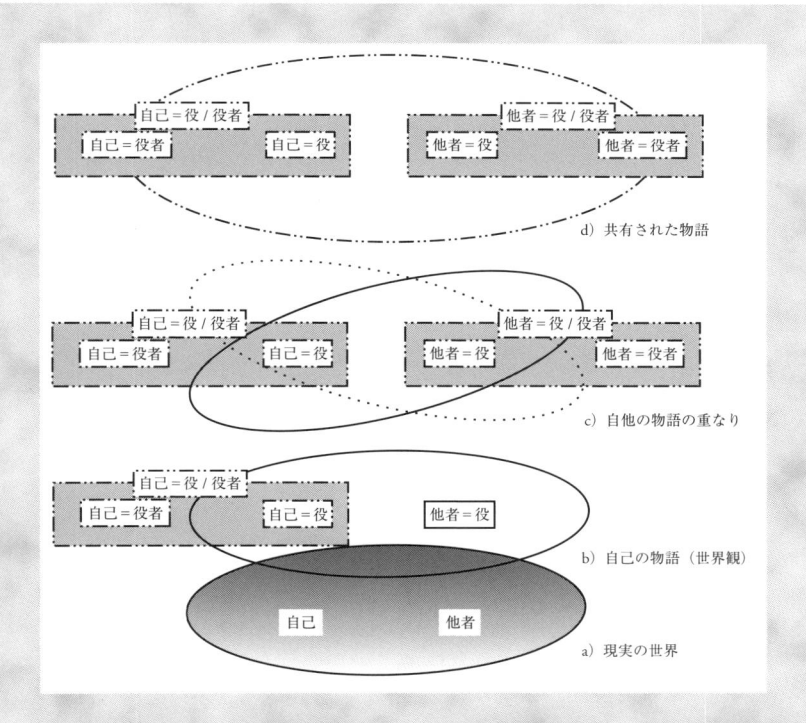

図中ラベル:
- d) 共有された物語
- c) 自他の物語の重なり
- b) 自己の物語（世界観）
- a) 現実の世界

（自己＝役／役者，自己＝役者，自己＝役，他者＝役／役者，他者＝役，他者＝役者，自己，他者）

　現実の世界の中には，「自己によって主体性を感知される存在」として他者が存在する(a)．大型類人猿は，現実の世界から自己の物語を仮構し，役者兼演出家（"自己＝役者"）として"自己＝役"を演じると同時に，他者にも役を付与する．大型類人猿にとって他者とは，"自己＝役者"の物語の中に配役された"他者＝役"として了解される(b)．ヒトでは，"他者＝役"が"自己＝役者"ではなく"他者＝役者"の仮構した物語の配役であることを見出す(c)．こうして現実の世界の上に自他の物語が重なりあうと，ヒトはそれらをすりあわせ，共有されたひとつの物語を構築する．ヒトにおける他者とは，物語を共有し，共に演出・演技する"他者＝役／役者"である(d)．

1 ●本章における他者

　序章で河合が述べているように，本書においては，厳密な「他者」の定義が著者のあいだで共有されてはいない．そこで，はじめに本章が「他者」と呼ぶものは何か，そして「他者」の何を論じようとしているのかを記しておく．

　われわれは日常，他人をただの物体やプログラム通りに動く機械のようなものだとは認識しない．他人は環境からの入力に対して決まりきった反応をするのではなく，目的や意図をもち，自らのふるまいを主体的に決定する存在だとみなす．本章で「他者」と呼ぶものは，そのような，「自己が主体性を感知する対象」のことである．

　われわれヒトにとって（というより，私にとって）最も主体性を感知しやすいのは同種であるヒトの他個体である．だが，他者は必ずしも同種他個体に限らない．他の生物も他者たりうる．ペットとして犬や猫を飼育している人は，動物たちが自己と"まったく同じ"ではないものの，それなりの主体性をもった存在として接する．むろん，哺乳類に限らず，トリやトカゲ，魚，昆虫など，人によってはサボテンなどの植物でさえも他者たりうるだろう．しかし，一般的には系統的に遠い生物種になるほど，あるいは生活上の関わりや重要度が低くなるほど，われわれが外界の存在に感知しうる主体性の強度は下がる．他者に見出される主体性は，自己との類似性・類縁性に強く依存している．したがって，本章において他者を語る視点は，序章における河合の類型でいう「自己と同質の他者」ということになる．

　環境中の存在に主体性を見出すのはヒトに限らない．ヒトに近縁な霊長類，とりわけ，本章でとりあげるゴリラやチンパンジーなどの大型類人猿もまた，同種他個体やヒトなどを意図や目的，つまり主体性をもつ存在としてあつかう[1]．このことは多くの実証的研究によって確認されてきたし，本書においてはあらためて説明するまでもない自明のことである．

　したがって，本章における「他者」はヒトにも非ヒト霊長類にもみられるもので，「制度」のように人類社会の進化過程のどこかで"出現"したものではない．よって，本章は他者の「起源」を探ることを目的としない．本章では，ヒトと非ヒト，とくにわれわれと最も近縁な大型類人猿とのあいだで「他者」のありようを比較し，ヒトにとっての他者と大型類人猿にとってのそれの差違を浮き彫りにすることを目指す．そして最後に，人類社会の進化における他者の"変容"のプロセスに関する若干の考察をおこなう．

　もう一点，本章のアプローチについて付言しておこう．本書には，自己と他者の

「接続」を論じている章と，「理解」を論じる章が混在している．本章のアプローチは後者である．すなわち，私（自己）は他者をどのようなものとして了解しているか，を論じたい．

2 ●「心の理論」と誤信念課題

「主体性を感知する」とは，その存在のふるまいの背後に，内在的な意図や目的，情動や信念などがあると"みなす"ことである．そのような心的ふるまいは，「心の理論（Theory of Mind）」と呼ばれる．これをさきほどの「他者」の定義にあてはめるならば，「他者」とは自己が心の理論を投影する存在，となる．

プレマックとウッドラフによる問題提起以来（Premack and Woodruff 1978），ヒトの幼児やチンパンジーを対象として，心の理論の存在を検証する実験が多数行なわれてきた．その結果，ヒトにおいて心の理論が出現するのはおおむね4歳以降であることがあきらかにされた．チンパンジーにおいては，プレマックらの期待に反してなかなか肯定的な結果は得られなかった．しかし，現在のところ，チンパンジーにも「心の理論」は存在するが，ヒトのそれとはやや異なるものである，と理解されているようだ．コールとトマセロは，30年間におよぶ「心の理論」研究をレビューし，チンパンジーにも「心の理論」は存在すると結論づけたものの，チンパンジーの「心の理論」はヒトのそれとは異なっているとし，とくに重要な差違として，チンパンジーは他者の「誤信念（false belief）」を理解できないことを指摘した（Call and Tomasello 2008）．

2-1 チンパンジーは「誤信念」を理解できない？

「誤信念」とは，情報不足や認知の過誤のせいで個体がある事象に関して抱く，事実と異なる認識のことである．ある個体が他者の誤信念を理解できることは，その個体に心の理論が備わっていることの強力な証拠となる．

誤信念課題の実験にはさまざまなものがあるが，ヒト（の幼児）を対象とした実験で有名なのが，以下のような「サリーとアンの課題」である．

1. 被験者に，紙芝居や寸劇，映像等によって次のような場面が提示される．
    1. ふたりの子ども（「サリー」と「アン」）が部屋にいる．
    2. やがてサリーは，お菓子をかごに入れ，外へ出てゆく．

3. アンは，サリーがいないあいだに，かごからお菓子をとりだし，箱に入れかえる
   4. そこへサリーが戻ってくる．
 2. ここで実験者が被験者に「サリーがお菓子の場所を探すとしたらどこか」あるいは「サリーはお菓子がどこにあると思っているか」と尋ねる．

　被験者は，アンがお菓子の隠し場所を取り替えているところを目撃しているので，質問された時点ではお菓子は箱の中に入っていると知っている．しかし，劇中のサリーはそれを目撃していない．だからサリーはお菓子がかごの中に入っているという「誤信念」を抱いているはずだ．よって正解は「かご」である．ヒトでは，おおむね4～7歳頃にこの課題をクリアできるようになるので，ヒトでは心の理論が発現するのはその時期だと考えられている．
　チンパンジーでも非言語的手段を用いてさまざまな実験がおこなわれてきた．しかし，現在まで，チンパンジーが誤信念課題をクリアできたといえる結果は得られていない．

2-2　誤信念課題と戦術的欺き

　しかし，野生下のかれらの様子や他の実験結果を考えると，大型類人猿が他者の誤信念を理解できないというのは納得しがたい．反証のひとつとして，チンパンジーは「戦術的欺き」を行うという事実があげられる．
　戦術的欺きとは，昆虫の擬態や鳥類の擬傷行動のような遺伝的にプログラムされたものではなく，意図をもっておこなわれる欺き行動のことである（バーン・ホワイトゥン 2004）．たとえば，メスを交尾に誘おうと勃起したペニスをおめあてのメスに見せつけているオスが，近くに自分より優位なオスがあらわれると両手で自分の勃起したペニスを隠す．あるいは，飼育下で，自分だけが餌のありかを知っている場合，他個体に餌の場所をさとられないように，わざと遠回りをするなど，はぐらかす行動をとる．
　あきらかに，こうした「戦術的欺き」は，他者の信念を操作し（自己にとって都合のよい）誤信念を抱かせるようにしむける行動である．ペニスを隠す行動は，優位なオスに「俺のペニスは勃起などしていない」と，餌のありかをはぐらかすのは「俺は餌のあるところなど知らない」と思わせようとする行動だ．そんなことができるのに，他者の誤信念を理解できないのはおかしい．
　似たようなことが，ヒトの幼児でも確認されている．育児や保育，幼児教育の現

場では，心の理論が未発達である3歳以前の幼児が他者を欺く行動を示すという事例に事かかない．瓜生は，次の実験によってそれを検証した（瓜生 2007）．

1. 被験者の幼児に，アニメ「それいけ！アンパンマン」の主人公で正義の味方のアンパンマンが，顔が濡れて力が出ない状況が提示される．幼児たちはみな，アンパンマンは濡れた顔をジャムおじさんが作ったあたらしい顔につけかえることで力をとりもどすことを知っている．
2. その後，保育者によって，ふたつの箱と，紙で作ったあたらしい顔が用意され，被験者自身に好きな方の箱を選ばせ，それを隠させる．
3. 保育者から，「アンパンマンを助けるため，悪役のばいきんまんからアンパンマンの顔を守ろう」と言葉をかける．
4. 画面上にばいきんまんが現れ，「アンパンマンの顔はどこか教えろ」と，被験者に催促する．

この実験の正解は，アンパンマンの顔を守るための合理的な手段として，空の箱を指差すことである．誤信念課題に正答できる年長児（4〜5歳）の正答率はむろん100%であったが，誤信念課題を理解できない年少児（2〜3歳）でも，およそ3割の子どもが正答した．正答率は誤信念課題より高かった．また，正答ではないものの，ばいきんまんの問いかけに対して「知らない」，「いや」など，回答を否認しようとした子どもがいた．これは，欺きではないが，ばいきんまんの知識を制限しようとしているので，やはり他者の信念を操作しようとするふるまいである．

2-3 誤信念課題が確認しているもの

誤信念課題は，それをクリアできれば確実に心の理論をもっているといえるという意味で，心の理論のすぐれた検証手法である．しかし，誤信念課題をクリアできなかったからといって，それは必ずしも被験者が他者の誤信念を理解できないことにはならない．

木村は，上述のサリーとアン課題を題材に，被験者が心の理論をもっていても課題に不正解となってしまう状況を提示してみせた（木村 2015）．ひとつは，課題中の登場人物であるサリーやアンが超能力者である場合．もうひとつは，被験者自身が強い空想癖があって，ヒトは遠隔透視の能力があると信じている場合である．これらいずれの想定においても，サリーは，アンがお菓子のありかをかえる場面を見ていなくても，本当のお菓子のありかを何らかの方法によって知ることができる．

したがって，正解は「箱」となる．
　この思考実験を通じて，木村はヒトや動物が「誤信念課題」をクリアするには，心の理論をもっているだけではなくて，それが「まっとうな」心の理論でなくてはならず，さらにその「まっとうさ」は実験者が決めていると指摘し，実験者が恣意的に決めているそれを「心の理論の審級」と呼んだ．誤信念課題は，単に他者の信念を推測する能力があるだけではクリアできず，実験者の抱いている，いわば「世の中の常識」とでも呼べるような「心の理論の審級」をも理解しないと正解できないのである．
　木村の議論は，ここから人間の研究者が動物を研究する際に無意識に忍びこんでしまう人間中心主義への批判へと展開してゆく．だがここではその問題へは立ち入らず，少し別の側面から誤信念課題を吟味してみよう．
　「アンパンマン課題」と「サリー・アン課題」の違いはどこにあるだろうか．木村の指摘する「心の理論の審級」の問題は，アンパンマン課題にも共通である[2]．
　私がふたつの課題の最も重要な差違と考えるのは，被験者が提示された場面の登場人物や文脈を知っているかどうか，自分がその場面にコミットするか，という2点である．アンパンマン課題においては，子どもたちは，アンパンマンをよく知っており，アンパンマンとばいきんまんの関係性も理解している．そして，悪役であるばいきんまんにアンパンマンの顔のありかを知られたらどうなるか想像できる．また，自分はアンパンマンに味方したいという意図を抱いている．そして，被験者の回答が場面のその後の展開に影響する．
　つまり，アンパンマン課題で提示されるのは，被験者の知っている人物（ヒトではないが）が，社会的に意味のある文脈でおこなっている社会交渉であり，さらにその場面が，被験者がその場面にコミットすることによって場面を動かすことができる状況において，示されているのである．
　それに対して，「サリー・アン課題」では，サリーとアンの人物像やふたりの社会関係は不明であるうえ，被験者と何の関わりもない．アンが何を意図してお菓子の場所を入れかえたのかもわからない．サリーの心を推測するための"社会的てがかり"が皆無に近い状況が作られているのである．さらに，被験者は単なる傍観者であり，場面にコミットしない．
　日常生活において，われわれがある場面における他者の心を推測するときは，その他者についての情報や前後の文脈，ふだんの社会関係，あるいは当人の表情やしぐさなどの社会的てがかりを動員するのが普通である．「サリー・アン課題」は，そうした社会的てがかりを徹底的に排除した状況で他者の心を推測することを被験者に要求している．これは，被験者が単に行動の表層から機械論的に他個体のふ

まいを予測している可能性を排除するためになされたことだが，結果的に，非現実的でハードルの高い課題となっている．また，「サリー・アン課題」では，被験者の回答は場面に関与しない．つまり被験者にとって正答することの意義がない．これでは，"本気で"推測しないこともありうる．

　3歳以下の幼児やチンパンジーが，他者の信念を操作することはできるにも関わらず，誤信念課題をクリアできないということは，かれらが他個体の心を推測できる（する）のは，現実に存在する社会関係と社会的文脈が与えられ，その文脈に自分がコミットし，他者の心を推測することが自分にとって有意味にならなくてはいけないことを示している．たとえば，「自分がメスを交尾に誘っている場面で，自分より優位なオスが姿をあらわした」という文脈において，「俺のペニスを見たら，こいつは俺がこのメスを交尾に誘っていたことを知り，俺を攻撃したくなるだろう」と，あらわれたオスの心を推測できる（する）．だが，3歳以下の幼児やチンパンジーは，社会的てがかりがまったくない状況では，ゼロから他者の心を推測することができない（あるいは，しない）．

　そういう状況では，他者の心を推測するのに先立って，状況の意味（文脈）を想像しなくてはならない．それは，自己が経験したことのある具体的な文脈でもよいし，「一般的にこういうときは」というような，具体性をもたない一般的な文脈であってもよい．とにかく文脈が存在しないところに文脈を仮構し補完しなくてはならないのである．

　だとすれば，誤信念課題によって確認しうるのは，被験者が現実の文脈を読みとるだけでなく，現実から読みとれないところに文脈を仮構する能力があるか，である．文脈を仮構する能力という表現はいささか堅苦しいので，もう少し表現をやわらかくしよう．与えられた「場面」から，その場面をめぐる筋書を作ることだから，「お話作りの力」といえる．内田は，ヒトの幼児が4〜5歳頃になるとさまざまな「お話」を作るようになること，いくつかの場面が描かれた絵を何枚か提示すると，自ら場面の時系列を考え，展開を補ってお話を作れること，作られるお話はある程度共通すること，などを示している（内田 1990）[3]．このようなお話作りができるようになるのが，ちょうど誤信念課題をクリアできるようになる時期と一致することも，誤信念課題が「お話作りの力」を確認していることの傍証となろう．

3 ●ヒトと動物を隔てるふたつのギャップ

3-1 物語を演じるヒト
■再帰的なシナリオ構成力

　ズデンドルフは，ヒトはあらゆる意味で他の動物 ── 大型類人猿を含む ── と大きく異なっており，そのギャップはヒト特有のたった二つの心的能力によってもたらされると論じた（ズデンドルフ2014）．二つの心的能力とは，「さまざまな状況を想像したり考察したりすることを可能にする，入れ子構造をもつシナリオの構築能力」と「自分の心を他者のそれと連結しようとする衝動」である．前者によって，ヒトは「いま，ここ」で経験していることをもとに，未来や遠隔地の状況を想像したり，独立の経験を類似性にもとづいて分類・整理したり，経験と経験を因果関係によって結びつけたりすることができる．また，この能力を用いて，実際に行為する前に心の中で「リハーサル」をおこなうこともできるし，過去に経験したできごとを心の中で再現して思い出に浸ることもできる．さらに，実際に経験したことだけではなく，未来において起こるであろうことを思い描いたり，過去の経験を心の中で修正し「もしもあのときこうだったら」と反省することもできる．

　ヒトのこうした心的ふるまいを，ズデンドルフは演劇のたとえを用いて説明している．ヒトは世界を舞台とみなし，自己と他者を役者になぞらえ，それぞれに配役を振ってシナリオを描き，実際に演じるのである．その際，シナリオや配役は無から創り出すわけではない．現実の世界を生きながら，他個体との間で不断に交わされる個別具体的な社会交渉の集積の結果，自分の生きている世界のひとつの解釈，世界観としてシナリオは形成される．ここでいう「シナリオ」とは，演劇の台本のようなかっちりとしたものではなく，大塚 (2012) が提示したような，個別具体的な事象を集積する中で，事象の背後に存在するものとして見出される「大きな物語（サーガ）」に近い．そのようにしてひとたび「大きな物語」が構成されると，個々の場面において，おかれている文脈や，場面に参与する人物の心を推測する手がかりがないところにおいても，「大きな物語」の枠内に合致するような，具体的な文脈を仮構することができる．

　ズデンドルフのいう「再帰的なシナリオ構築能力」は前節で述べた「お話作りの力」とほぼ同義である．ヒトは，4〜5歳頃までに，それまでの経験と，遺伝的に備わった能力の発現によって，自己の生きている世界に関する「大きな物語」を構築する．そして，今度はその「大きな物語」に沿うかたちで世界を理解し，生きて

ゆこうとしはじめる，と言える．つまり，ヒトは世界そのものではなく，世界をもとに創りだした「物語」を演じているのである．

■**自他の心を連結しようとする衝動 ── 二重性をもつ自己と他者**

　ヒトが世界から物語を構成し，それを演出しようとすると，自己のうちに役者兼演出家としての自己（"自己＝役者"）と，物語の中で演じられる役柄としての自己（"自己＝役"）という二重性が生じる．自己は役者であり役なのである（"自己＝役/役者"）．一方，他者は，"自己＝役者"が構成し演出した物語の登場人物，すなわち"他者＝役"としてのみ存在する．

　しかし，現実の他者は"自己＝役者"の仮構した「物語」を"自己＝役者"の指示で演じているわけではない．だから，"他者＝役"のふるまいは，しばしば"自己＝役者"の物語と矛盾する．そのとき，"自己＝役者"は，"他者＝役"が演じているのが，自己の構成した「物語」ではないことに気づく．そして，"他者＝役"の背後にいてかれを演出している"他者＝役者"を見出すだろう．ここにいたって，他者が，自己がそうであるように，役と役者という二重性を備えた存在，すなわち"他者＝役/役者"として了解されるだろう．われわれヒトにとっての他者とは，このような役/役者という二重性を備えた存在である．

　他者が"他者＝役/役者"として了解されると，"他者＝役"が演じているのが，はじめに想定したような"自己＝役者"の物語ではないことも了解される．"他者＝役"は，別の「大きな物語」の登場人物なのだ．この世界の上には，自己の「大きな物語」だけでなく，他者の数だけ存在するいくつもの「大きな物語」が重なっているのである．

　すると，"自己＝役者"の「物語」と"他者＝役"のふるまいとの矛盾は，「物語」と現実との不一致ではなく，「（"自己＝役者"の）物語」と「（"他者＝役者"の）物語」との不一致として了解される．そこで，うまくゆかない社会交渉を調節するには，自己と他者の物語をすりあわせる必要が生じる．これが，ズデンドルフのいう，「自分の心を他者のそれと連結しようとする衝動」であろう．

　そして，多数の個体と世界観のすりあわせをおこなっていると，やがて自分や特定の誰かに帰属しない，「共同の（一般的な）物語」が創出するだろう．この「共同の物語」が，「サリー・アン課題」のような文脈の欠如した誤信念課題を解くときに参照されるのだ．

　本書第11章で杉山が示しているのは，焼畑農耕民ベンバの人びとが，おのおのが現実を解釈しつつ仮構した「物語」を，ナカマとの語りあいによって他者とすりあわせ，「共同の物語」を構成してゆくさまである．ヒトにおいて「物語」は，単

なるメタファーではなく，実際に人びとのあいだで「語られる物」として実体性を帯びる．

3-2 現実を生きる大型類人猿

　ヒトにとっての他者が"他者＝役／役者"であるとするならば，ゴリラやチンパンジーなど，大型類人猿における他者とはどのようなものだろうか．

　ズデンドルフが言うように，「入れ子構造をもつシナリオの構築能力」と「自分の心を他者のそれと連結しようとする衝動」がヒトに特有の能力であるとするならば，大型類人猿における他者は，ヒトにとってのそれであるような，"他者＝役／役者"ではありえない．しかし，前節で述べたように，大型類人猿は現実に存在する社会関係と社会的文脈が与えられれば，他個体の心を推測／構築することができる．そして，かれらはそのようにして形成された社会関係や構造を認識し，その認識にもとづいて個体間の社会交渉をおこなっているようだ．また，鏡像認知実験などを通じて，チンパンジーが原初的ながら自己意識を形成していることも確かめられている（Matsuzawa 2001）．よって，大型類人猿もまた，ヒト同様，現実世界にもとづき，ある種の「世界観」を自己の中に構成していると考えられる．それは，少なくともかれらが毎日毎日場当たり的に環境認知をおこなって暮らしていると考えるより，はるかに現実的である．そして，そのようにして構成された世界観は，それなりに個体間で整合性がとれている．たとえば，誰もが誰がアルファオスなのかを知っている．

　しかし，世界観に社会的な整合性があるからといって，かれらが世界観＝物語を共有していると考えるのは性急であろう．個体間で世界観に整合性がとれているのは，かれらが同じ世界を参照して個別に世界観を構築しているからであって，積極的に自己と他者の世界観を連結し整合させようとしていると考える必然性はないからだ．ヒト同様，大型類人猿においても，他者のふるまいが自分の世界観に合致しないことはしばしばあるだろう．ズデンドルフが正しいとすれば，大型類人猿のシナリオには入れ子構造（再帰性）がない．だから，他者のふるまいが"自己＝役者"の世界観に合致しなかったとしても，そこから再帰的に"他者＝役者"を見出すことができない．予期せぬ他者のふるまいは，"自己＝役者"の世界観と現実の他者との不一致という認識にとどまる．この不一致は，"自己＝役者"の世界観を修正するか，力によって他個体のふるまいを矯正すればことたりる．言いかえると，自己の世界観と現実の世界をすりあわせればよいのであって，自己と他者の世界観をすりあわせる必要はない．

チンパンジーが「サリー・アン課題」をクリアできない，つまりチンパンジーは，現実に存在する社会関係と社会的文脈が与えられ，自分自身がその社会関係と文脈の中に置かれてはじめて，特定の個体の心を推測/構築できる（あるいは，する）のは，かれらが自己の世界観一つしかもたないからである．自己の世界観の中で，自分が役を与えた"他者＝役"のことならば理解できるが，匿名同然の「サリー」や「アン」は，チンパンジーの世界観では理解できない．大型類人猿は常に舞台上におり，舞台袖から物語を演出したり，客席から物語のなりゆきを眺めたりすることはしないのだ．

4 ● ゴリラの「育児における協働」と，ヒトの「協同育児」の対比にみられる，他者のあらわれの差違

ここまでを要約すると，ヒトにおける他者は，「自己がそうであるように"他者＝役/役者"という二重性をもった存在」として自己に了解されるが，大型類人猿にとっての他者はそうした二重性をもたない，"他者＝役"として了解される，ということになる．この仮説について，子の養育場面における社会交渉から例証を試みる．

ヒトや大型類人猿にとって，育児とは単に子を生物個体として成長させることだけではなく，子どもを社会化するプロセスでもあることは言うまでもない．これは，ヒトや大型類人猿に限らず，あらゆる社会性動物に共通である．社会化とは，集団内に新奇に出現した見知らぬ個体を他者として集団に受け入れるということだ．ならば，前節までに考察した，ヒトと大型類人猿における他者のありようの差違は，育児のやりかたに反映されるはずである．こうした観点から，ゴリラとヒトの育児を比較してみる．

4-1 東山動物園のゴリラにおける，母および非母の新生児への関わり

私は2012年5月から，名古屋市東山動物園でゴリラの新生児とその母親，および非母との社会交渉の継続観察をしている．オスのアカンボウ，キヨマサは，2011年11月に自然分娩で群れの中に生まれた．同居しているのは，母親ネネと，父親シャバーニ，そして父親違いの姉のアイという3頭のオトナであった．これに，アイの子で，2012年5月に生まれてすぐ人工哺育されたメスのアカンボウのアニーが2014年11月から同居した．

非母たち，すなわち父親のシャバーニと姉のアイは，生後すぐからキヨマサに対して強い関心を示した．生後半年頃になって，キヨマサが母親から離れてひとりで放飼場を探索するようになると，シャバーニもアイも，布切れを提示したり，わざと目の前で寝転んだりと，キヨマサの関心をひくようなさまざまな誘いかけをおこなった．ところが，頻繁に誘いかけをする一方で，キヨマサが1歳半になる頃までは，非母たちはキヨマサを強引にひっぱり寄せたり，離れようとするのを拘束したりといった，キヨマサの"意に反するような"行動をまったくといってよいほど示さなかった．キヨマサと非母たちとの交渉は，非母たちによる誘いかけに対するキヨマサの自発的な反応によってはじまり，キヨマサが自発的に交渉をうちきるか，母親のネネが介入することによって終わっていた．もちろん，餌の時間になってキヨマサそっちのけになることはあったけれども．

　1歳半をすぎる頃になると，キヨマサは非母からの誘いかけがなくても自発的に非母たちと交渉をもとうとするようになった．そうした際，非母たちはキヨマサからの交渉のはたらきかけに対してきわめて寛容であった．とくに父親のシャバーニの寛容さは見ていて感心するほどであった．姉のアイは時々近づいてくるキヨマサをやんわりと押し返したりしたが，シャバーニはレスリングをしていて興奮したキヨマサにお尻を噛まれても，昼寝するために麦藁で作ったベッドを何度も何度もぐちゃぐちゃにされても，決してキヨマサを攻撃することはなかった．そして，この時期にも，非母たちはキヨマサの"意に反する"ふるまいをほとんどおこなわなかった．

　非母たちによるキヨマサの関心をひこうとするあの手この手の誘いかけを観察していると，一見かれらはアカンボウに対してとても能動的に見える．しかし，実際は交渉が成立するかどうかは，アカンボウの応答の有無に完全に依存していた．その意味で，この時期までの非母のアカンボウへの関わりは受動的であったといえる．

　変化が生じたのは，キヨマサが2歳半をすぎ，かなり活発さを増してきた頃である．この時期になると，非母たちはキヨマサを追い払ったり，軽く威圧したりといった敵対的なふるまいをするようになり，ときにはレスリングであまり激しくぶつかってくるときに，押さえつけて軽く背中に歯をあてるといった，「罰する」行動も示すようになった．

　それらは一見「しつけ」のようにみえなくもないが，非母による子どもへの関わりは，きまぐれで一貫性がない．キヨマサのふるまいが何かの規範に照らして不適切だから罰したということではなく，単に自分にとって不快なふるまいに対して「十分に手かげんされた攻撃」をしたにすぎない．非母たちは，子どもに対して親和的かつ寛容という原則は保ちつつも，基本的には自分の都合で子どもと接してい

るようだった．唯一の例外は，キヨマサが年少のアニーを泣かせるときであった．キヨマサと遊んでいるアニーが泣くと，父親のシャバーニはアニーが泣くまでの経緯にかかわらず，かならずアニーでなくキヨマサに攻撃的ふるまいをし，つかまえて押さえつけたり歯をあてたりした．しかしこの行動も，キヨマサに何かを理解させようとしているのではなく，ゴリラのシルバーバックは集団内での争いの際には弱いほうを援助する（山極 2005）という，シルバーバック自身の行動原則にしたがっているにすぎない．

　母親のネネは，キヨマサが3歳をすぎる頃まで，キヨマサに対して"誘いかける"ような行動も，キヨマサに対して攻撃したり罰したりといった行動のいずれも，まったくといっていいほど示さなかった．キヨマサに対する寛容さは非母同様であったが，母子の二者関係においては，積極的な誘いや応答はまれで，いわば，子どもをただ許容しているようであった．ところが，非母とキヨマサとの交渉の場面では，母親のネネは積極的にふるまった．キヨマサと非母との相互交渉を常にモニタリングし，子どもに危険が及びそうになると，子どもを回収するか，状況にかかわらず非母を攻撃した．たとえば，上述のシャバーニがレスリング中に興奮したキヨマサにお尻を噛まれた際，シャバーニは思わずのけぞって声をあげたが，キヨマサを攻撃したりしなかった．にもかかわらず，シャバーニの声を聞いたネネはすぐさま飛んできて，シャバーニを激しく攻撃したので，私はシャバーニに大いに同情した．母親は，非母との関係において，一貫して子どもの無条件かつ全面的な味方としてふるまい，子どもが非母たちや母親違いのきょうだいに対して好き勝手にふるまうのを全力で助けていたといえる．非母たちも，キヨマサと関わる際には母親のネネの動向を常に気にしており，ネネがキヨマサを回収しに来たときに，それを遮ることはごくまれであった．ところが，母子の二者で交わされる交渉においては，母親のふるまいは非母のそれと比べ子どもに対して甘めではあるものの，食物を分け与えないどころかとりあげる，寝転んで休息しているときにじゃれついてくると向こうに押しやるなど，自分の都合が優先されることがしばしば見られた．

　このように，ゴリラの集団において，母と非母とでは子どもとの関わりかたにおいては明瞭な違いがみられるものの，オトナたちは「親和性と寛容を基調としつつ，自分の都合で子どもと接する」という原則のもとで子どもと社会交渉を重ね，それが結果的に子どもの身体的，社会的発達の促進につながっている．ゴリラの子どもは，母親による全面的な保護と非母たちの寛容さに守られて，のびのびと自分の都合で行動しながら成長してゆくといえる．

4-2 子ども家庭支援センターにおける，子と非子の関わりへの母親の介入

　動物園のゴリラの観察と並行して，私はヒトにおける複数の母子の集まりにおける，母と子，非母と子の社会交渉の観察もおこなった．中部学院大学子ども家庭支援センター「ラ・ルーラ」は，子どもと親が集い，さまざまな活動をする施設である．この施設において，2歳半～3歳の幼児を対象に，かれらと母親，および他の利用者の母子との交渉を観察した．

　ラ・ルーラで複数の親子が共在する状況におけるヒトの母親の態度は，ゴリラの母親とは対照的であった．母親は，他の大人や子どもとの関わりにおいて，子どもの好き勝手を保障するのではなく，むしろ子どもに対して制限的であった．そして，子どもに制限的にふるまう際，しばしば子どもに「役」を与え，それを演じさせようとしていた．

　たとえば，ほかの子どもを追い払って滑り台を独占しようとする子がいると，その子のお母さんがその場に介入し，「仲良くしなくちゃだめでしょ」とわが子を叱る．そして，「ほら，「一緒にあそぼ」って言ってごらん」と，子どもに特定のふるまいをおこなうよう促す．すると，追い払われたほうの子のお母さんもまたそこへ介入し，まずわが子を「いきなり割りこむからいけないんでしょ？」と叱ってから，「ほら○○ちゃんが「一緒にあそぼ」って言ってるよ？「いいよ」って言おうね」と促す．そして，子どもたちが言われた通りのやりとりをすると，親たちは「よく言えたね．じゃあみんなで一緒にあそぼうね」と子どもたちを褒める．

　このように，ラ・ルーラのお母さんたちは，社会的場面において，わが子に対しその場に適切な役割を演じることを期待し，実行するよう促すことを繰り返す．そうした促しの大部分は自分の子に対してなされるが，同じような「役割期待」は，実母の促しにしたがって「あそぼ」と言った子をほかのお母さんが褒めるなど，弱いながらも他の子どもたちにも向けられている．そして，子どもの側も，3歳くらいになると，母や非母たちをモニタリングしながら，自発的に自分の配役を演じようとするように見えた．

4-3 子どもという他者

　ここで，前節において示した，ヒトの他者は"他者＝役／役者"，ゴリラの他者は"他者＝役"，という図式にもとづいて，東山動物園のゴリラと子ども家庭支援センターでのヒトとを比べてみたい．

ゴリラにおいても，ヒトにおいても，新生児とは，集団の中に出現した「見知らぬ個体（stranger）」である．ゴリラにおいて，すでに群れにいる個体の世界観の中には，この見知らぬゴリラはまだ適切に位置づけられていない．唯一，母親は第三者に対して新生児の全面的な保護者であり，子はその母親の被保護者である，ということだけが了解されているが，非母と新生児をつなぐ関係が存在しない．つまり，集団の成員にとって，生まれたばかりの新生児の「役」がわからないのだ．演劇において，自分の知っているシナリオには書かれていなかった登場人物が，突如舞台袖からあらわれたようなものである．

　だから，群れの成員たちは新生児に役を与えなくてはならない．そのためには現実の新生児のふるまいから役を構成する必要がある．東山動物園のゴリラの非母たちが，アカンボウの発達の初期に，一見能動的な，しかし実際は受動的な"誘いかけ"をおこなっていたのは，「役」のない新生児の出方をうかがい，自己の世界観の中に位置づける作業だったと考えられる[4）5)]．アカンボウの発達が進み，交渉を積み重ねてゆくうち，非母たちの世界観に子どもの「役」が位置づけられ，アカンボウが"他者＝役"となってゆく．いうまでもなく，その「役」は固定的ではなく，子どもの発達につれて随時更新されてゆく流動的なものである．だが，たとえ流動的であっても，「役」として存在しさえすれば，現実の子どものふるまいをその「役」に照らして理解し，能動的な対応をとることができる．このように考えると，ゴリラにおける子どもの社会化とは，社会の成員のおのおのが，「役のない他者」として出現した新生児に，自己の世界観の中の「役」を与えてゆく過程だということができる．そしてもちろん，その過程で子ども自身も，社会の成員に「役」を与えながら，自己の世界観を形成してゆくだろう．

　一方，母子関係においては，出生直後から「全面的な保護者と被保護者」という「役」の初期設定からスタートする[6)]．母親であるネネがキヨマサに対して"誘いかけ"をおこなわなかったのは，母子の間では，こうした役の初期設定が存在するため，わざわざ相手の出方をうかがう必要がなかったためだと考えられる．

　これに対して，子ども家庭支援センターで観察された，親たちによるヒトの子どもへの関わりは，子どもを「役者」にさせようという行為だといってよい．お母さんたちは，子どもが他の子どもや非母などの第三者と関わる場面では，子どもの全面的な保護者ではなかった．わが子と第三者の交渉を常にモニタリングするのはゴリラの母親と同じだが，介入のしかたはゴリラとは異なっていた．お母さんたちはわが子をモニタリングし，子どもと他者との関わりに不具合が生じるとそこに介入し，子どもに適切なふるまい＝配役を与え，演じさせた．さらに，ひとりのお母さんがそのような「演出」をはじめると，他のお母さんもしばしばそこに参加した．

そのようなとき，お母さんたちのあいだでは，「個体間に優劣を導入せず，けんかをしないで仲良くあそぶ」という物語が共有されているようであり，お母さんたちは協調して，その「共同の物語」を子どもたちに演じさせ，共有の輪を子どもたちにも広げようとしているかのようであった．ここから，ヒトにおける子どもの社会化とは，集団の成員が協調して，集団内で共有されている物語を子どもたちに習得させ，子どもたちを物語を演じる役者に仕立てあげてゆくプロセスであるといえる．

　ただ，ここで注意しておきたいのは，子ども家庭支援センターという場は，現代日本社会では市民権を得てきているとはいえ，人類社会全体からするとかなり特殊な場であるということである．したがって，そこで形成される集団もまた，ヒトの社会としては比較的特殊な集まりである．だから，ここでの観察をあたかも人類普遍の現象であるかのように捉えるのはゆきすぎであろう．とりわけ，お母さんたちのあいだで共有されていた「個体間に優劣を導入せず，けんかをしないで仲良くあそぶ」という物語などはきわめて現代日本的である．

　しかし，集団内で共有されている物語がなんであれ，それを子どもたちにも共有させようとすることは，自然社会にもみられる現象である．ヒューレットとその共同研究者たちは，子どもにものを教える (teaching) ことが少ないといわれている中央アフリカの狩猟採集民社会において，たしかに低頻度ではあるが，めくばせ，指差し，言葉による促しなど，さまざまなやり方で子どもに文化的事象を伝達していることを示した (Hewlett et al. 2011)．伝達される内容は，道具の作りかたや使いかた，食物とそうでないものの見分けかたなどといった生業に関する技術だけはなく，食事の分配の手伝いをさせながら誰に分配すべきかを覚えさせたり，人に会ったときに「なんて言うんだった？」とあいさつを促したりといった，社会的な慣習や制度に関する知識も含まれている．そして，子どもへの知識の教示は，大部分は親によってなされるものの，親だけでなく，集団内のさまざまな成員によってなされるという．

　チブラとゲルゲリは，共有された知識の伝達を効率化するヒトのコミュニケーションのありかたを "natural pedagogy" と呼び，それは人類特有でかつ人類普遍の心性であると論じ，ヒトの乳幼児には，受動的に他者からの教示を受け入れやすい性質が備わっているとした (Csibra and Gergely 2011)．こうしたことを踏まえると，社会集団の中で共有されている物語を，集団の成員が協調して子に伝えてゆく，つまり子どもたちを他者＝役／役者にしてゆくのは，人類に特有かつ普遍的な現象であると考えられる．

5 ●他者＝役/役者の進化 ── 協同育児と分業

　本章の結びとして，人類社会の進化において，他者＝役でしかなかったものが他者＝役/役者へと変容したきっかけやプロセスについて，不完全ではあるが手短に考察したい．

5-1　協同育児

　ハーディとその共同研究者たちは，「人類の社会進化における協同育児モデル」を提唱し，協同育児（cooperative breeding）の進化こそが，人類を他の大型類人猿社会と隔てる社会的，心理的な諸特徴の基盤にあると論じている（ハーディ2005；Hrdy 2008; Burkart et al. 2009）．かれらによれば，チンパンジーとヒトでは，社会的知性や認知能力には大きな差違が認められないが，ヒトではそうした知性や認知能力を協調的な文脈で発揮することをよくするのに対し，チンパンジーではそうした能力はもっぱら競合的な文脈で用いられる．協同育児の進化が，そうした認知能力の使いどころを変容させたのだという．ズデンドルフもまた，あまり明瞭に論証はしていないものの，彼が提唱する「ヒトと動物を隔てるふたつのギャップ」の進化は協同育児によると述べている．

　社会の成員が，子どもへの寛容性を拡大させるかたちで相互に協力，協調するようになったとする考えかたには一理ある．本章で示したゴリラにおける子どもをめぐる社会交渉にもあらわれているように，大型類人猿も，子どもをめぐっては，かなりの寛容性を発揮する．子殺しの存在によって子に対する残虐なイメージが広まっているチンパンジーでも，ふだんは子どもに対して（少なくともオトナに対するよりは）寛容である．

　しかし，他者を"他者＝役/役者"として了解し，自他のあいだで「大きな物語」を共有しようとする心性の進化の出発点に協同育児をもってくる考えかたには異論がある．それは以下の理由による．

　東山動物園のゴリラの観察からは，たしかに子どもに対して非母たちの寛容性が強くあらわれることが示された．だが，ゴリラの子どもへの関わりは基本的に自分の都合でなされていて，母と非母，あるいは非母どうしが協調して子どもにはたらきかけることはなかった．その意味で，ゴリラの子どもをめぐる母と非母たちの関わりは，おのおのが自分の意図や目的に沿ってふるまうことで，あくまで「結果的に」子の発達を助けているにすぎない．その意味で，かれらのしていることは，「協

働（collaboration）」ではあるが，共通の目的や意図にしたがって協力するという意味での「協同（cooperation）」とはいえない．協同育児モデルでは，協働から協同へ移行するメカニズムが説明されていない．子どもをめぐる寛容性を他の社会関係に拡張するのなら，より広範な社会関係において協働がなされるようになることは予測できる．だが，協働が協同へと変容するきっかけが何なのかがわからないのだ．

　また，協同育児には大きなリスクがある．ヒトにおける協同育児の中で頻繁にみられるのは非母による子守りであるが，子どもの世話を非母に委ねるのは，母親にとっても，子にとってもリスクが大きい．現代の進化生態学の理論において，霊長類の社会には常に「潜在的な子殺しのリスク」があり，子を同種他個体による子殺しからいかに防衛するかということが，親の重要な仕事であると考えられている（van Schaick and Janson 2000）．社会進化の協同育児モデルでは，協同育児は生業における分業など他の人類社会の特質に先んじて進化したと想定している．だが，集団の成員が競合的な側面でのみ社会的知能を使うような状況で，おいそれと子どもを他者に委ねることができるだろうか．子どものほうも，誰とも知らぬ他者においそれと自己を委ねることができるだろうか．

5-2　分業

　したがって，協同育児の根幹である「子を他者に委ねる」ことが可能になるには，それに先立って，移動時の助けあいや食物分配など，育児以外の，比較的低リスクな文脈における協同的な社会関係がある程度成立していたと考えるほうが合理的で，協同育児を人類社会のスタートポイントに位置づけるのは具合がわるい．だから，協同育児の進化よりも，食物獲得の場面における協力や分業を社会進化の時系列の前方に位置づけるべきであろう．

　協力や分業において最重要なのは目的の共有である．西田・保坂はマハレ山塊のチンパンジーの狩猟行動を分析し，かれらは集団で狩猟をするため一見共同で狩猟をしているようにみえるが，実際は役割分担などはなされておらず，チンパンジーの狩猟はいわば「同時多発的単独狩猟」であると論じた（西田・保坂 2001）．本章でここまで論じてきたことを踏まえると，チンパンジーは，成員どうしの目標がたまたま一致することはあっても，互いの目的を共有することはできないので，これは当然である．だが，ここでもしかれらが獲物を獲得したのちの分配までを見通した，共有の「大きな物語」を構成し，その物語の中でそれぞれが自分の役を演じることができれば，狩猟効率があがるのは間違いない．そして，分配をあてにして勢子役をひきうけ，あとで裏切られて食いっぱぐれるリスクは，他者に預けた子どもが不

注意で子殺しの対象となってしまうリスクと比べれば，はるかに軽微である．したがって，「同時多発単独狩猟」から「共同狩猟」への移行は，「育児における協働」から「協同育児」への移行よりもハードルが低いと考えられる．

また，あらかじめ分業が発達している社会のほうが，そうでない社会に比べ，子自身にとって，また非母にとって，協同育児のメリットが大きくなると考えられる．分業が発達した社会では，子が何を習得すると適応度があがるかは，その子が社会の中で果たす役割に依存する．つまり生存と繁殖に有利な資質というものが，他者との関係において決まってくるのである．そこで有利になるのは，自己が周囲から期待されている役割を察知することである．そのためには，子は早くから母以外の多様な他者と関わりをもち，積極的に他者と物語を共有することが望ましい．非母にとっては，実子であれ，他個体の子であれ，子どもがなるべく早く社会の中で分業の一翼を担ってくれることが望ましい．また，他個体の子の発達に介入し，その子がより自己にとって望ましい物語を作り出すようしむけることができれば，さらに有利であろう．分業社会においては，自己にとってより都合のよい物語をどれだけ他者に浸透させるかが適応度を左右するはずだからだ．

実際には，分業と協同育児は，一方が完成してから他方の進化がはじまった，というようなものではなく，相互に影響しつつ共進化してきたと考えるべきである．その上で，どちらがより基盤的かといえば，より低リスクである食物獲得をめぐる場面での協力と分業が協同育児に先んじて進化したと考えたい．いずれにせよ，ヒトにおける他者，すなわち"他者＝役/役者"は，分業と協同育児の進化とともに形成されたと考えられる．

注

1）ヒトと系統的に離れた昆虫などにも，われわれとは異なった主体性認知のシステムが存在するかもしれないが，それは「自己と異質の他者」であり，本章のスコープの外にある．
2）被験者の幼児がひねくれもので，アンパンマンよりばいきんまんのほうが好きであれば，嬉々として正しいありかを教えるのが正解である．
3）たとえば，「少女」「老婆」「林」「オオカミ」の絵を提示すると，子どもたちはなんとなく「赤ずきんちゃん」のようなお話を作る．
4）新生児だけでなく，同時にその母親の「役」，つまり，"どのような母親"なのかという見極めもおこなっているのかもしれない．
5）これは，本書第6章において西江が述べている，不特定の他者に対する「探索的行為」と同じものであろう．そして，集団の成員にとって，新生児は西江のいう「剥き出しの他者」であるともいえる．
6）飼育下で時折みられる母親による育児放棄は，この初期設定の失敗だと考えられる．

参照文献

Burkart, JM, Hrdy, SB and van Schaik, CP (2009) Cooperative breeding and human cognitive evolution. *Evolutionary Anthropology*, 18: 175-186.

バーン，R・ホワイトゥン，A（2004）『マキャベリ的知性と心の理論の進化論 ―― ヒトはなぜ賢くなったか』（藤田和生・山下博志・友永雅己訳）ナカニシヤ出版.

Call, J and Tomasello, M (2008) Does the chimpanzee have a theory of mind? 30 years later. *Trends in Cognitive Sciences*, 12: 187-192.

Csibra, G and Gergely, G (2011) Natural pedagogy as evolutionary adaptation. *Philosophical Transactions of the Royal Society B: Biological Sciences*, 366: 1149-1157.

Hewlett, BS, Fouts, HN, Boyette, AH and Hewlett, BL (2011) Social learning among Congo Basin hunter-gatherers. *Philosophical Transactions of the Royal Society B: Biological Sciences*, 366: 1168-1178.

ハーディ，SB（2005）『マザー・ネイチャー』（上・下）（塩原通緒訳）早川書房.

Hrdy, B (2008) Evolutionary context of human development: The cooperative breeding model. In: Salmon, CA and Shackelford, TK (eds), *Family relationships: An evolutionary perspective*, pp. 39-68.

木村大治（2015）「存在のもつれ」木村大治編『動物と出会うⅡ ―― 心と社会の生成』ナカニシヤ出版，i-xvi 頁.

Matsuzawa, T (2001) *Primate origins of human cognition and behavior*. Springer, Tokyo.

西田利貞・保坂和彦（2001）「霊長類における食物分配」西田利貞編『ホミニゼーション』京都大学学術出版会，255-304 頁.

大塚英志（2012）『物語消費論改』アスキー・メディアワークス.

Premack, D and Woodruff, G (1978) Does the chimpanzee has a theory of mind? *The Behavioral and Brain Sciences*, 4: 515-526.

van Schaick, CP and Janson, CH (eds) (2000) *Infanticide by Males and its Implications*. Cambridge University Press, Cambridge.

ズデンドルフ，T（2014）『現実を生きるサル　空想を語るヒト ―― 人間と動物をへだてる，たった２つの違い』（寺町朋子訳）白揚社.

内田伸子（1990）『想像力の発達 ―― 創造的想像のメカニズム』サイエンス社.

瓜生淑子（2007）「嘘を求められる場面での幼児の反応 ―― 誤信念課題との比較から」『発達心理学研究』18：13-24.

山極寿一（2005）『ゴリラ』東京大学出版会.

第18章 野生のチューリング・テスト
非人間の〈もの〉が他者となるとき

床呂郁哉

❖ Keywords ❖

人間/非人間の境界の可変性，他者Ⅰと他者Ⅱ，機械のアニミズム，野生のチューリング・テスト

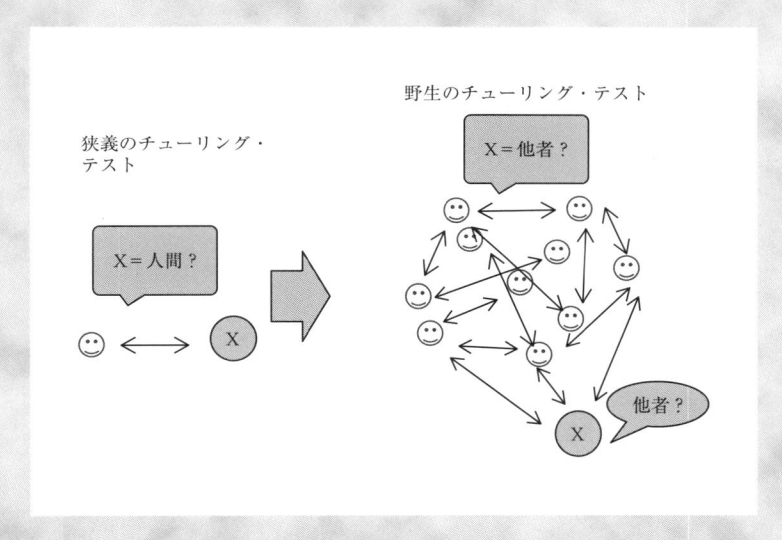

狭義のチューリング・テスト（左）は対象Xが人間であるかどうかをXと限定された場における（二者間の）コミュニケーションを試みることを通じて判定する．これに対して，「野生のチューリング・テスト」（右）は，対象Xをなんらかの意味で相互作用や交渉・呼びかけの対象とすることが有意味な相手（広義の「他者」＝他者Ⅱ）と見なすかどうかを，まさにその当該の対象との社会的な相互作用を通じて行為遂行的に確認していくという状況を指す．

1 ●非人間の他者へ

1-1 人間と非人間の境界の可塑性・可変性

　本章は他者としての〈非人間〉の存在者の問題を扱うものである．まず本章の問題意識に関して簡単に述べたい．これまで文化（社会）人類学を含む人文諸科学系の分野における他者論においては，「他者」の外延として（例外はあるが）ともすると同じ人間（人類にとっての同種他個体）を念頭においた枠組みが想定される傾向があったと言える．

　しかしながら，人類のマクロな進化史的基盤を含むより根源的・原理的な観点からすれば，各種の〈非人間〉の存在者が他者となりうる側面をより積極的に考察の対象に入れるべきではないだろうか．ここで言う〈非人間〉(Non-Human) とは狭義のヒト（ホモ・サピエンス）以外の生物や各種の「もの」（自然物，人工物など）などを指す（以下，「動物」や「もの」という場合，便宜上ヒトを除くこととする）．

　本章の第二の問題意識は，人間と非人間の境界の可塑性・可変性という論点から他者の問題を考察してみようということである．具体的には人間と〈もの〉の境界のゆらぎ，エージェンシーを発揮する〈もの〉といった視点である．総じて本章では，非人間の「もの」（動物，自然物，人工物など）を含んだ他者論はいかに構想可能かという問題を扱っていく．

　そして本章の後半では，こうした現象を人類の社会性の進化といった視点からどう考えられるのかについて，数学者A・チューリングによる「チューリング・テスト（イミテーション・ゲーム）」のアイディアを補助線としながら，それをさらに修正・拡張する形で検討を試みていくこととしたい．

1-2 他者とは何か？

　「非人間（ヒト以外の存在者）の他者」の問題を考察する前に，そもそも「他者」とはいかなる対象を指すのか，本章で論じるにあたっての枠組みについて触れておきたい．

　まず日常的，通念的なレベルでは，そもそも「他者」とは何かと訊かれれば，それは「自己（自分）ではないもの」といった答え方が一つの定石であろう．また逆に「自己」とは，しばしば「他者ではないもの」として想定され，すなわち自己と他者を一種の循環的，相互反証的な方法で規定するということが（例外はあるとし

ても）一般的な筋道であるようにも見える．

しかしながら，こうした思考の筋道には，相互循環的，相互参照的な規定が孕む問題や困難という点は置くとしても，より具体的に実際の（非人間を含む）他者を考察していくという本章の目的においても，ある大きな欠点を抱え込んでいるように思える．結論から先に言えば，こうした「自己/他者」に関する循環的規定で抜け落ちている（しかし看過すべきではない）要素として「環境」という第三項の存在を指摘することができるだろう．

言い換えれば，上に挙げた循環的な規定は（少なくとも本章の関心からすれば）不十分であり，「他者」とは「自己」の単なる否定（ないし自己の反転）としての「非自己」ではない．というのは，実際には「非自己（自己でないもの）」のうちには他者に加えて「環境」が含まれる．言い換えれば「非自己」ならばそのままずべてが「他者」なのではない．つまり本章でいうところの「他者」とは，（通念的理解に反して）必ずしも「自己ではないもの」と同義なのではなく，むしろ「自己でもなく，また単なる環境でもない」存在者を指すものとして考えたい．

1-3　他者と環境

それでは，広義の「自己でないもの（非自己）」のうち，本章で言うところの「他者」と「環境」を弁別する基準ないし特徴はいったい何なのか，が次の問題となる．本章ではそれを，次のように考えてみたい．まず自己でないさまざまな対象のうち，自己にとって交渉・対話等を含む広義のコミュニケーション，ないしそれに準じた相互作用の可能性に開かれている対象を「他者」であると規定する．そして自己ではない対象（非自己）のなかでも，そうした広義のコミュニケーションやそれに類する相互作用の対象として立ち現れる可能性が原理的にない対象は，自己からみて「他者」というよりはむしろ「環境」と呼んだ方がふさわしい．

要約すれば，「他者」とは，自己ではない（非自己）のはもちろん，単なる「環境」とも異なって，自己にとって一種の（広義の）コミュニケーションや，それに類するインタラクションの可能性に開かれた存在者を指すと言える（図1参照）．

しかしながら，急いで付け加えると，ここで言う「自己」と「他者」，「環境」といったカテゴリーの区別は極めて状況（文脈）依存的であり，可変的である．すなわち，ある特定の同じ物理的対象が，場合に応じて〈自己〉だったり〈他者〉だったり，あるいは単なる〈環境〉として立ち現れるといったことは，極めてありふれた事態である．

たとえば私の身体は，普段の日常的な状況や意識のなかでは〈自己〉の一部であ

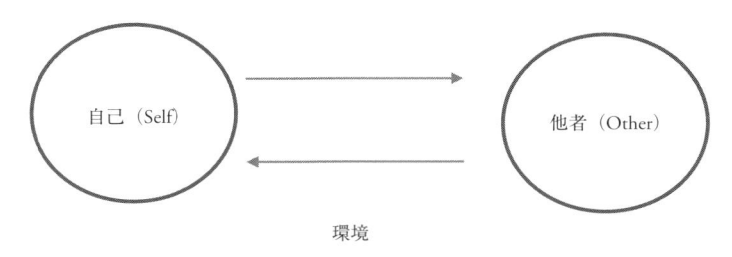

図1 ●「他者」とは自己にとって，コミュニケーション（インタラクション）の可能性に開かれた存在者である．

ることに特段の疑いは持たれないだろう．また包丁や自動車のような通念的には「自己ではない」道具や機械などの人工物であっても，それを熟練した料理人やドライバーが使用する際には，あたかも「自分の身体の延長」であるかのように使用している状況はありふれている．

しかしながら，たとえば病気やケガといった状況下では，他ならぬ自分自身の身体であっても「まるで自分（の身体）ではない」かのような，ある種のよそよそしさ，ないし「他者性」を帯びた存在として立ち現れてくることが稀ではない．このように，〈自己〉と〈自己でないもの〉の外延の境界は状況や文脈に応じて可変的・可塑的であると言える．

また〈自己ではないもの〉のなかの下位区分としての〈環境〉と〈他者〉の区別も極めて相対的，状況依存的である．その具体的な一例として，筆者がフィールドワークを行ってきたフィリピン南部のスールー諸島のサマ（Sama）人の漁民と海の関係を挙げたい．現地のサマ人は伝統的に潜水漁などを含め優れた漁民として知られるが，そのサマ人の漁師らにとっての海は，ふだんはそこを舞台として移動や漁が行われるような外部空間，すなわち「環境」として立ち現れていると言っていいだろう．

しかしながらひとたび，嵐などの非日常的な気象や，不漁が続くなどのアブノーマルな状況が起こると，サマ人は他ならぬ海（ないし海に影響を及ぼすとされている精霊）に向かって「嵐や波を鎮めてくれる」ように呼びかけや祈願を行う．また，もし大漁になれば返礼の儀礼をする，といった約束を海（ないし海に影響を有するとされる精霊）に向かって誓うなど，総じて海を単なる不活性の外部環境というよりは，生きた交渉や対話の相手として見なす態度を認めることができる．

つまり，サマ人の漁師にとっては，海は普段は単なる「環境」だが，状況に応じて広義の「他者」として，呼びかけや祈願，交渉など広義のコミュニケーションの対象として立ち現れることがありうるのだ．すなわち本章では「環境」と「他者」

は概念上，別のものとして考えるが，現実の具体的な状況下ではその外延の境界は必ずしも固定したものではなく，可変的であることにも留意しておきたい．

1-4 他者Ⅰと他者Ⅱ

さて，以上のように「他者」を「非自己」のなかでも単なる「環境」から区別することを前提とした上で，本章ではさらに「他者」概念を2種類に分けて考えていくことを提唱する．これは後に非人間（人間ではないもの）を含み込んだ他者論を構想する上で必要な作業である．

ここで言う2種類の他者とは，狭義の他者（これを便宜上，「**他者Ⅰ**」と呼ぶ）と広義の他者（これを「**他者Ⅱ**」と呼ぶ）である．このうちの前者，すなわち「他者Ⅰ」とは，社会的インタラクション，コミュニケーション，交渉，対話等が可能な対象のうち，比較的，応答・返答可能性が明瞭であるように見え，自己と相手の関係が比較的，対称的・相互的である（ように見える）他者のことである．たとえば人間にとっての（生きている）他人とか，ある生物個体にとっての同種他個体（とくに生きている同種他個体）などが「他者Ⅰ」の典型である．

これに対して「他者Ⅱ（広義の他者）」とは，当事者（自己）にとって広義の社会的インタラクションやコミュニケーション，交渉，対話，呼びかけ等の試み（トライアル）が有意味だと想定・推定されうるような対象を指す．言い換えれば，「他者Ⅱ」には自己と相手との関係が（特に外部の観察者の視点から見て）必ずしも対称的・相互的ではない場合を含むものとして規定したい．ただし他者Ⅰと他者Ⅱの区別はあくまで理念型，ないしスペクトル上の二極というべきものであり，先に「他者」一般と「環境」の区別に関して述べたのと同様に，ここでも「他者Ⅰ」と「他者Ⅱ」の区別は必ずしも絶対的で明瞭なものではない．

ともあれ，このように他者の概念を「広義の他者（他者Ⅱ）」にまで拡張することで，たとえば人形や路傍の石，無機物などのように通念的な意味では人間の側からの呼びかけや働きかけに対する返答や応答可能性が（客観的，通念的には）保証されていない対象や，「いまここ」の場には物理的に存在しない「非在の他者」としての死者，神・霊などの対象なども広義の「他者」（他者Ⅱ）の外延に含み込んで考える余地が広がるであろう．

2 ●非人間の他者の諸相

　前節での他者概念の拡張を踏まえた上で，本節では非人間（人間ではないもの）を他者として具体的に考察する作業に入っていくこととしたい．

　結論から言えば，人間にとって動物，自然物，人工物などの非人間の存在者も，特定の社会的・文化的状況や文脈下において，当事者の人間にとってインタラクションやコミュニケーションなどが可能な対象（他者Ⅰ）であるか，少なくとも呼びかけや働きかけの試みが有意味な対象（他者Ⅱ）として立ち現れうる，というのが本節以降の主な主張である．

2-1　他者としての動物

　さまざまな非人間の存在のうち，まずは動物[1]について検討してみよう．まず近代西欧社会の文脈においては，（後で詳しく述べるように仔細に見ればいくつかの有力な例外はあるが）概して動物を人間のように交渉や応答が可能な他者として見るよりは，一種の自動機械のような存在として見なすような見方が，思想的には主流であったと言えるだろう．

　とりわけ R・デカルト以降に次第に顕著になったいわゆる動物機械論の思想においては，動物は人間と似たような心や理性（ないし魂や感情）を有する生き物という視点は後景に退き，むしろ心なき一種の自動機械であるかのような見方が支配的となった．デカルトに言わせれば動物がときに示す行動の巧みさや正確さなどは，動物が精神や心をもつことの証拠にならないばかりか，むしろ動物が一種の心なき機械に過ぎないことを逆に証明しているとされる（デカルト 1997：78）．その後，教科書的に言えばこの動物機械論は哲学者マルブランシュ（1638-1715）らによって，より通俗化したかたちで西欧社会に普及し，影響を及ぼしていったとされる（金森 2012：73-81）[2]．

　しかしながら，次に述べるように，よりマクロな人類史を通じてみれば，こうした動物機械論的な発想はむしろ例外的（特殊西欧近代的？）ではないかと思わせるような事例が各地に溢れている．次にそうしたいくつかの事例を検討したい．

　まず有名な事例としては，先史時代を含む非西欧文化圏の各地の社会における動物の埋葬，アニミズム，トーテミズム等を挙げることができる．

　中石器時代では，当時の狩猟民にとって獲物である動物たちは畏怖の念をもって扱われ，仲間である動物たちは憧憬をもって扱われた．バルト海のスカテホルムの

遺跡では自分たちの犬を社会の正式のメンバーとして認め，勇敢さを称えるために，彼らを戦利品と一緒に葬った．ときには，貴重品である，血のように赤いオーカーや狩りの収穫といった供物とともに，人間の墓よりも多くの名誉をもって葬られた犬もあるとされる（フェリペ・フェルナンデス＝アルメスト 2008：40）．

　現代の狩猟民社会でもこうした感受性は決して失われていない．たとえばアマゾン流域のアチュア（Achuar）人の社会を研究した P・デスコラによると，現地では狩猟の対象となる動物は尊敬の対象である．さらに言えば動物も植物も人間と同じような魂を有する一種の「ひと」（person）であると見なされている．そこでは動物や植物も意識や意図・志向性（intentionality）や感情（emotions）を有する存在とされ，そのため彼ら同類のあいだ同士ではもちろんのこと，人間を含めた異種とのあいだでも（非言語的に）メッセージを交換できるとされる（Descola 2013: 4-6）．

　さて，こうして動物を広義の他者として見なすような文化圏と対照的な事例として，先ほどはデカルト以降の近代西欧社会における動物機械論について述べた．しかしながら実際には西欧文化圏でも動物に霊魂・知能・エージェンシーを備え交渉・対話可能な主体であることを認める系譜が存在することも述べておくべきだろう．その代表例として，かつてヨーロッパで行われていたいわゆる動物裁判を紹介したい．

　中世と近代初期のヨーロッパでは，ヒトを殺した動物は，殺される前にたいていは，人間の殺人者に課されるのと同様の裁判を受ける慣行があった．およそ 300 年前までは，動物も実質的に人間と同じ法的権利をもつのが当たり前の事態であった．納屋を荒らしたネズミ，穀物に被害を与えたイナゴ，祠に糞をした鳥，人を嚙んだイヌはみな，その「罪」によって裁判所で裁かれ，地域住民がお金を払って弁護人もついた．ときには，それで無罪になることもあった（フェリペ・フェルナンデス＝アルメスト 2008：55-56）．

　動物裁判は言うまでもなく前近代の話である．しかしながら，現代の欧米や日本を含む世俗化された各地の社会においても，動物を単なる心なき自動機械のように見なすのではなく，むしろ人間と同じではないにしても似たような「心」をもった存在として捉えるような感受性は決して稀有なものではない．そのもっとも卑近な例は，欧米（や日本など）におけるペットなど，いわゆる愛玩動物と飼い主の人間の関係であろう．ペットが死んだ際には，あたかも人間の家族の死に匹敵するような深い喪失感をもたらしうることも知られており（いわゆるペットロス），飼い主がペットの墓を造って弔うといった行為も欧米を含めて決して珍しいことではない．

　また筆者が調査を行っている現代日本の真珠養殖現場での真珠貝と人間の関係にも興味深いものがある．詳細はすでに拙稿（床呂 2011）で述べたので省くが，かい

第 18 章　野生のチューリング・テスト　　405

つまんで言えば，日本の真珠養殖場で働く養殖技術者のあいだでは，真珠貝を単なる利益獲得のための手段や，もの言わぬ心なき客体として統御の対象とする態度ではなく，むしろ真珠貝を心ある存在として扱い，貝と交渉的・対話的な態度で臨む姿勢である（床呂 2011）．

なお生物学や動物心理学など現代科学の領域においても，霊長類をはじめとする哺乳類などの「高等」な動物はもちろん，イカやダンゴムシ，ミミズ，粘菌などでさえ実は単なる本能的・盲目的・機械的に駆動されるような存在ではなく，広義の知性や「心」（の萌芽）を備えた存在として見るような視点からの研究も次第に増加しつつある（たとえば池田 2011；森山 2011；中垣 2010 など参照）．

2-2 非生物のモノは他者となりうるか？

前節までは，人間以外の存在者（非人間）のうち，主に動物など生物が広義の「他者」（他者Ⅱ）として立ち現れるようないくつかの事例を紹介し検討した．本節では，さらに非人間の他者の外延を広げるために，不活性の（生命なき）モノ，すなわち生物ではない存在者（自然物，人工物等）が他者となることが可能かどうかを検討していきたい．たとえば路傍に落ちている物言わぬ石や，人が作った人工物としての自動車は他者になりうるのだろうか，という問いである．

同じ非人間の存在者ではあっても，生命を備えた生物の場合は人間にとって比較的，他者として見なすことに無理がないと感じる読者のなかにも，路傍の石のような生命なき自然物とか，自動車のような人工物を「他者」として見ることには抵抗を感じる人が少なくないのではないだろうか．

しかしながら，ウイルスの存在などを持ち出すまでもなく，生物と非生物の通念的二分法は，必ずしも自明とは言えないし，特に他者をより広い視点から考察する際には必ずしも有効とは言い難い．また，そもそも生物をその物的環境から切り離して考えるのは無意味であることも指摘されている（Ingold 2000: 20）．そこで，次に，より個別具体的文脈において，生物以外のさまざまな存在者が人間にとって（広義の）他者として立ち現れる状況を検討してみたい．

2-3 自然物が他者となるとき

まず人類学においては，世界の各地で岩，石，山，海，月や星，太陽などの天体，台風などといった自然物・自然現象などが神格化される事例がしばしば報告されている．日本の例を挙げれば，神道において岩や石などがご神体とされることは珍し

いことではない．冒頭近くで紹介したように，筆者が調査対象とするサマ人の漁師のあいだでは海（や波）も神格化されて，状況に応じて儀礼や交渉の相手として立ち現れる．

こうした場合，外部の観察者の視点では，行為者（人間）と山や海などの自然物との相互作用や交渉における狭義の相互性は成立していない．しかし，少なくとも現場の当事者の一人称的な視点では，あたかも交渉や対話が成立しているように見える[3]．すなわち，そこでは海のような自然物（ないし自然現象）は，あたかも人に準ずるようなエージェンシーを備えた存在として，コミュニケーションや交渉の対象となりうる存在，すなわち広義の他者として当事者の前に出現していると言えるだろう．

2-4 人工物は他者になりうるか？

次に人工物が広義の「他者」となりうるか．もしなりうるとすれば，それはいかなる状況下においてなのか，という点について検討したい．

まず人類学の古典的な系譜から一例を挙げれば，M・モースが『贈与論』で言及した「人格（persona ペルソナ）」を有する「もの」という現象をその典型として考えることができるだろう．モースによると，マオリの〈贈与の霊〉のように，物そのものが「人格（persona）」をもっているという観念が各地で報告されているという．さらに古代ローマ法でも，贈与や交換の当事者は物の霊（spiritus）によって相手に結ばれたとされる（Mauss 1954（1925））．

また別の例として，前近代の日本における「もの」にまつわる観念や信仰を引き合いに出すこともできるだろう．もともと日本語（やまとことば）の「もの」という言葉には不活性の死せる物質（客体）というよりは，「もののけ」や「つきもの」といった用例に見られるように，各種の霊的・人格的な力や能力をもつ存在というニュアンスが付随していた（床呂・河合 2011：16）．

また日本では近現代に入っても漁業者や養殖業者が各種の生物の供養塔や供養碑を造って供養することが知られており，日本の各地にたとえば捕鯨に従事する者が立てた鯨塚や鰻やフグ，鶏を対象とする供養碑だとか，真珠養殖業者の立てた真珠貝供養塔・供養碑などが造られ，ときにはそうした生物に対する供養祭が実施されていることが報告されている（床呂 2011）．興味深いのは，実はこうした供養の対象には，必ずしも生物だけではなく人工物（人造物）もときとして含まれていることだ．具体的には針，人形，メガネ，そろばん，暦，そしてブラジャーやコンピュータまでが供養の対象となっている．

人工物が人格的ないし霊的な性格を有することを認め，場合によってはそうした人工物があたかも人と同じような行為の主体性（エージェンシー）を発揮しうるとする考え方が鮮明に現れた民族誌的事例として，バリ島における伝統的舞踊で用いられる仮面の例を紹介してみたい．バリ島で仮面劇に関して現地調査をしている吉田ゆか子によれば，現地でトペンと呼ばれる仮面劇の仮面は霊的な力が宿るとされ，仮面に対して各種の儀礼が施され供物が捧げられることがある．そうした仮面を相続したり贈与されたりすると，それは受け手（演者）に対して舞踊を促す力をもつとされる．吉田の表現を引用すれば「演者が次々と仮面を取り替えながらトペンを演じるとき，仮面は文字通り，『仮の面』のように見えるかもしれない．しかし，仮面が（略）親から子，孫へと世代を超えて受け継がれうることや，寺院によっては仮面を所有しており，その仮面はその時代時代の地元の成員によって，上演に用いられていることを思い起こせば，演者は仮面にとって『仮の胴』でもあるというもう一つの次元が見えてくる」という（吉田 2011）．

2–5　他者としてのコンピュータ

　客観的に見れば心や知性はおろか生命さえもたないはずの人工物が，しかしそれと対峙する当事者の視点ではあたかも一種の人格さえ帯びたような他者として立ち現れるといった現象は，なにも「伝統的」で「エキゾチック」な文化圏に限った話ではない．むしろ現代の欧米を筆頭とする高度に都市化された社会環境においても，場合によっては人が人工物にある種の他者性を感知し，あるいは広義の他者としてインタラクションやコミュニケーションの対象とするような事例を認めることができる．その典型的な事例は，コンピュータ（ないしそのプログラム，人工知能などのソフトウェア）であろう[4]．

　客観的には単なる電子的な信号や記号の集積にほかならないはずのコンピュータ・プログラムが，それと対峙する人間にとってあたかも本物の人間（狭義の他者＝「他者Ⅰ」）であるかのように感知されうるという現象は以前から報告されている．たとえば「イライザ」と名付けられたプログラムの例はあまりにも有名である．

　イライザは 1964 年〜65 年にかけて MIT のジョセフ・ワイゼンバウムが開発したプログラムである．それはもともと精神療法のために人間と対話するように作られたものであり，実際の精神療法の手法の一つである来談者中心療法のセラピストをモデルにしている．このプログラムは，ユーザーが入力した言葉からキーワードを抽出して一定の文章として返すだけの（少なくとも現時点から見れば）極めて単純な仕組みを基礎として作られている．

単純なルールに沿って機械的にセンテンスを返答するだけの仕組みであるにもかかわらず，イライザと会話をした人の多くは，イライザを本物の人間と会話したと信じて疑わなかったという．なかにはイライザと感情的な絆を感じる人さえ出るようになった．その後，興味深いことにイライザなどのプログラムは，鬱病患者への初期治療として実際に英国などの精神医療現場で採用されるに至った（クリスチャン 2011：106-108；コープランド 2013：244-245）．

　イライザのように人間と会話ないし各種のインタラクションをするプログラムはその後も改良を続けられて，現在ではインターネット上のボット（自動会話／書き込みプログラム）などの技術に応用されている．さらに現代の金融市場においては株や為替取引，商品先物取引などの商取引の現場においても生身の人間のトレーダーに加えて，コンピュータ・プログラムが売買を行う主体として実際に取引に参加していることが知られている．

　金融市場に限らず，インターネット上で人間がインタラクトする相手は，実は人間なのかコンピュータのプログラムなのか判断できないような状況がデファクトで日常化しつつある．各種の電子取引・予約で人間の打ち込んだ情報に対して応答する相手とか，あるいは電子商取引サイト等で「あなたへのお薦め商品」を提案してくるのは，現在ではたいていの場合，生身の人間ではなくコンピュータ・プログラムである．インターネット上の掲示板などでも，ときにそこでの書き込みが，人間ではなく自動化された書き込みプログラム（ボット）によるものであるという状況も稀ではない．すなわちコンピュータのディスプレイの彼方で自分に対してメッセージを発している他者は，はたして生身の人間なのか，自動化されたプログラムなのか，俄には判断しがたいような状況がいまや日常化しているのだ．

　このように，客観的（三人称的視点）に見れば心はおろか生命すら有しない単なる金属の塊としての機械としてのコンピュータや，その機械のなかの電子的な記号の配列に過ぎないプログラムが，それと対峙し応答する当事者の視点（一人称的視点）から見れば，あたかも一種の知性やエージェンシーさらには（イライザのように）人間的な感情までをも備えた他者のように立ち現れている（ように感じられる），という状況が，都市化された現代社会においてさえ一般的な状況となりつつあると言えるだろう．

3 ●チューリング・テストという補助線

　ここまで本章では人間以外のさまざまな生物，自然物，人工物などの〈非人間〉

の存在者が，ときと状況・文脈に応じて，ある種の「他者」として立ち現れることがありうるという事実を各地の個別具体的な事例を参照しながら確認してきた．すなわち，人間にとってどこまでが単なる「環境」ないし死せる客体であり，どこからが「他者」でありうるのかを定める境界線は，必ずしも通時代的，通文化的に固定したものではなく，むしろ時代や文化，特定の状況や場面，文脈などに応じて可変的・可塑的であることを改めて確認できるだろう．

これを受けて本節では，こうした人間にとっての「他者」の境界の可変性をどう考えるのかについて，やや一般化・抽象化して検討してみたい．

ここでは，他者に関する境界の可塑性・可変性，すなわち特定の対象が状況や文脈に応じて広義の自律的なエージェンシーや知性，ときには「心」を有する他者として立ち現れたり，逆にそれを否定されるという現象をどう考えるか検討するうえでチューリング・テストという概念を補助線として引くこととする．

ここで言うチューリング・テストとは，英国の数学者 A・チューリングによって提唱された一種の思考実験に基づく概念であり，その内容をごく簡単に言えば，もし人間が言語的インタラクションを通じて対象 X（コンピュータ）と人間の区別ができないならば，その対象 X（コンピュータ）は実質的に人間に準じる知能を有する存在と見なしてよいのではないか，という考え方である．その内容を簡単にいえば，別の部屋にいてモニターを通じて文字でコミュニケーションしている姿が見えない相手が，機械なのか人間なのかが区別がつかなくなったとき，その機械は「知能をもつ」と判断してよいのではないか，という一つの思考実験に基づく提案であった[5]．

より具体的にチューリング・テスト（イミテーションゲーム）の方法を述べれば，コンピュータはモニター上での文字による会話を通じて，自分が本物の人間であることを別の部屋にいる相手に信じ込ませようとする．このとき，人間なのかコンピュータなのか見分けることができなければ，コンピュータ側の勝利とするという「ゲーム」である．

最初は純粋な思考実験として提唱されたこのチューリング・テストを，現実のコンピュータ（と人間の判定者）を用いて実施してみるという試みも実際に行われている．なかでも 1991 年から毎年開催されているローブナー・コンテストは夙に有名である．そこで人間の審査員たちは 5 分以内の会話で相手が人間かどうかを判定する．そして 15 分以内の会話で相手の人間らしさや応答性を点数評価する．この大会で優勝したプログラムには「もっとも人間らしいコンピュータ」賞が授与される（クリスチャン 2011）．

少し考えれば分かるように，このチューリング・テストは十分条件であって必要

条件ではない．たとえば，まだ幼い子供のなかには，このテストをパスできない子も少なくないことが予想されるが，だからといってその子は何も考えていない（思考が欠如している）ということにはならない．実際にローブナー・コンテストなどでは，正真正銘の人間が，テストを通じて審査員から「人間ではない」という判定を受けてしまう事態が何度も起きている．

言い換えれば，狭義のチューリング・テストでは言語的コミュニケーション（会話）ができることを判定の基準に置いているために，「心」一般はもちろん「知性」のなかでもごく狭い領域，つまりせいぜい（成人の）人間の言語的知性や言語的な運用能力の有無を判定するようなものになっている．

4 ●「野生のチューリング・テスト」（広義のチューリング・テスト）

概して人工知能の専門家らは，ローブナー・コンテストをはじめチューリング・テストを実際にやってみる試みには否定的な意見をもっていることが少なくない．それは，会話だけでは中身を判断できないこと，先に紹介した「イライザ」の例を見ていても分かるように，このテストで人工知能の評価はできないというものだ．

別の問題点として，この種のコンテストでは，そもそもコンピュータが数台まぎれこんでいるという情報があらかじめ審査員（判定者）に与えられていることが指摘されている．そして審査員は会話している相手がコンピュータなのかどうか判定する競争に熱中し，意地悪い質問を浴びせる一種の魔女狩りゲームのような構造になっている点も指摘される（星野 2009）．

しかしながら，こうした複数の問題点にもかかわらず，ローブナー・コンテストをはじめとする実際に実施されている（狭義の）チューリング・テストをいったん離れて，チューリングの本来の発想自体に立ち返ってみるならば，そこで提案されている発想は，コンピュータはもとより「非人間の他者」一般を考察する上で極めて示唆に富むものであると筆者は考える．

さらに星野によると，そもそもチューリングの「初心」は，コンピュータに知能があるかないかを尋問するという魔女狩りのような審判にはなく，人間とコンピュータを区別せずに，公平に（同じ基準で）コンピュータとつき合おうということにあったとされる（星野 2009：13）．これを筆者は便宜上「対称性の公準」と呼ぶことにしたい．この「対称性の公準」は，後で述べるように人間が非人間の対象を「他者」として見なし，関わっていく際の一つの有力な手掛かりになりうるものと筆者

は考える．

　さらに言えば，心理学者の金沢創が示唆するように，実はわれわれが日々行っている会話を含めたやり取りこそ，ある種の（広義の）チューリング・テストそのものなのではないか，と考えてみることも可能だろう（金沢 1999：12-13）．

　たとえば，敢えて原理的に言えば，私の目の前に現れる私以外の人間（他者）はすべて誰かが作った精巧な心なきロボット（ないし意識なきゾンビ）であるかもしれない，という思考実験を行ってみよう．実はこの一見すると荒唐無稽な懐疑を「論理的に」反駁するのは意外に難しい．

　しかしながら，われわれは日常のなかでは，特に明白な根拠もなく，周囲の人間と呼ばれる対象を，自分と同じような内的な世界（心）をもったものと（無根拠に？）信じきっている．その信念があるからこそ，社会的なやり取りがうまく進行していくとも言える．すなわち，われわれ人間は，通常の日常生活において，「人間」と呼ばれる物体Xに対しては，常に「チューリング・テスト合格」の判断を下し，その身体的な見えの背後に，「心」というものを仮定して相互作用していると言えるだろう（金沢前掲書）．

　ここでチューリング・テストを，ローブナー・コンテストのような，コンピュータと人間を識別するための限定された場と枠組みのなかでの判定作業ではなく，われわれが日々，日常的に営んでいる他者との相互作用を含み込んだ社会・文化的，共同主観的な実践のメタファーとして拡張して考えてみればどうだろうか．本節では，いわゆる狭義のチューリング・テストの文脈を離れて，しかしある意味でチューリング自身の，機械のような物体と人間をできるだけ対等な基準で扱うという発想（筆者の言う「対称性の公準」）によりそった視点から更なる考察を進めていきたい．

　まず筆者は，それぞれの固有の社会，ないし文化・歴史的文脈に応じて，そこに帰属する複数のメンバーらが日々の社会的相互作用を行っている状況を，（先に挙げた金沢の示唆するように）ある種の広義のチューリング・テストを実施している状況として考え，それを「野生のチューリング・テスト（ないし野生のイミテーション・ゲーム）」と呼ぶこととしたい[6]．

　ここで，筆者の言う「野生のチューリング・テスト」と，ローブナー・コンテストなどに代表される狭義のチューリング・テストとの違いについて改めて確認しておきたい．まず狭義のチューリング・テストは，すでに述べた通り，当該の対象Xが人間（本章で言う「他者Ⅰ」に類した存在．狭義の他者）なのか，それともそうではない唯の機械なのかを人間の狭義の言語を通じて特定の審査員が判定する，という極めて目的や方法，状況が限定されたものである．

　これに対して「野生のチューリング・テスト」においては，対象Xをなんらか

の意味で相互作用・交渉・呼びかけなどの態度をとることが有意味な相手，われわれの用語でいえば「他者Ⅱ」（広義の他者）と見なすかどうかを，まさにその当該の対象との相互作用を通じて自己参照的・行為遂行的に確認しながら進めていくという状況を指す．

　また後者の野生のチューリング・テストにおいては，狭義のチューリング・テストとは異なり，必ずしも狭義の言語的相互作用に限定しない[7]．そして野生のチューリング・テストにおいては，人間なのか非人間なのかを識別するテストというニュアンスに重点があるのではなく，むしろ特定の対象Xと「あたかも人間ないしそれに準じた存在に似た他者」として関わるようなあり方，星野が指摘するようにチューリング自身の発想がもともと含んでいた「イミテーション・ゲーム」のニュアンスが近い．

5 ●「他者」の再帰性・恣意性

　さて，野生のチューリング・テストというメタファーを通じて「他者」に関して何が言えるのだろうか．一つには，「ある対象Xは他者かどうか」は，そのXとの実践的な相互作用の試みを積み重ねることを通じて，いわば再帰的・自己言及的・行為遂行的に判定（決定／生成）されてくるという点である．またそうした行為遂行的な「他者」の決定はある種の恣意性（文脈依存性）を孕んでいることも明瞭であろう．すなわち，何が他者であるのかは，必ずしも当該の対象にあらかじめ備わった内的・客観的性質（例：言語的知能があるか否か）によって決まるのではない．むしろ実際にその対象と相互作用を重ねていくなかで，無理なく他者として相互作用を持続・反復しうる対象がやはり他者として再帰的（遂行的）に再確認されていくのだ．

　この行為遂行的な「他者」の決定のプロセスは，ある種の恣意性（文脈依存性）を孕んでいる．すなわちなんらかの絶対的な基準に基づいてある対象Xが「他者」であるか否かが明瞭に決定，識別されるというよりも，むしろ特定の状況下での相互作用を通じて他の人間から「他者」だと暫定的に見なされるような対象が，その相互作用を通じて「他者」であること（あるいは他者ではないこと）を再帰的・自己産出的に生成させていくのだから．

　しかし他方で注意すべきなのは，だからといって今述べた恣意性や文脈依存性は，必ずしも個々人の勝手気ままで自由な主観によってなんとでもなるというのではないという点だ．それはむしろ，そうした個々人が属するそれぞれの社会・文化的状

況下で間主観的な協働作業の結果，長年に渡って形成されてきた「生き方」の結果であるという意味では，ある種の外在性，もしそう言ってよければ「客観性」を帯びたリアリティである．より一般的に敷衍すれば，いかなる対象や物体を「心」や「魂」を有するような存在者として見なしうるのかという点に関しては，必ずしも個人の恣意でどうにでもなるというよりは，むしろそれぞれの社会や文化・歴史的文脈下での間主観的な協働作業の結果（＝長年にわたって形成されてきたものであり，それはL・ウィトゲンシュタインや野矢の表現を借りれば「生き方」ないし「魂に対する態度」）であり，ゆえにある種の外在性・拘束性や歴史性を有しているとも言える（野矢1995：74-75；ウィトゲンシュタイン1994：355；大森1981：72）．

こうして，どの対象を「心ある他者」と見るのかについて各社会や文化の状況によって文脈依存的に決まるとすれば，石に心を認めるのは，そうした信念が共有され正当化される文脈を有する社会のなかでは，必ずしも過誤や虚偽とは言えない，と言えるだろう．

6 ● なぜ人間は「非人間（人間でないもの）」を「他者化」するのか？ ── まとめと課題

以上のように，本章では広義の他者（他者Ⅱ）を含む他者概念の拡張を手掛かりとしつつ，また同時に近年の認知科学，生物学，人類学などの分野における知性・心やエージェンシーに関する広義の脱人間中心主義的な議論の展開を参照しながら，広義のエージェンシーや相互作用（交渉・対話）の可能性は人間だけの占有物ではないことを論じてきた．この議論を通じて，通念的な意味での狭義の「他者（他者Ⅰ）」をめぐる議論は，本章の言う「他者Ⅱ（広義の他者）」のなかの言わば特殊例として包摂されるという見通しが示唆されたと考えられる．

また本章の後半では野生のチューリング・テストというメタファーを通じて，他者の概念を狭義のヒトに限定せず，ヒト以外の生物はもとより人工物，自然物までを含み込んだかたちに拡張していくことを試みた．

ここで最後に残された課題として，なぜ人間は非人間の存在者，ときには生物でさえない人工物を含む対象にまで心やエージェンシーを認め，その対象を潜在的に相互作用可能な他者として見なすような傾向性があるのか，という疑問に関して簡単に触れたい．

この点については比較心理学や認知科学などにおけるいくつかの仮説的考察，なかでもマキャベリ的知性仮説，心の理論，ノーマンの議論などが出発点として参考

になるだろう．まずマキャベリ的知性仮説と「心の理論」について取り上げる．

マキャベリ的知性仮説とは，雑駁に言えば，霊長類にとっての大きな課題は，生態学的環境への対処よりも，むしろ多数の同種他個体からなる集団内において他者の行動をいかに理解し，予測し，操作し，出し抜くか，といった点（いわばマキャベリ的権謀術策の行使）にあるとする仮説である．一般に他者との相互作用をうまくやっていくことは，生態的環境との対処よりも複雑で高度な課題であり，ゆえに高度な社会的知性（マキャベリ的知性）の進化を促してきたというのがこの仮説の骨子である（バーン・ホワイトゥン 2004）．すなわち，他者と何とか折り合いをつけて同所的に存在する，とか，互いに行為を調整しながら一緒にやっていくといった意味における「社会性（sociality）」の進化史的基盤をめぐる議論と言えるだろう．

この仮説はいわゆる「心の理論（セオリー・オブ・マインド）」とも密接に関係している．この仮説では，ヒトには他者の心的作用を検出するための内的なシステム・装置がそもそも生来的に備わっているとされる（サイモン・バロン＝コーエン 1997）．

この議論によれば，こうした装置は行為者ではないものを行為者と見なす（いわば，心なき対象にまで心を誤検出する）という誤謬を犯しやすい．なぜならば，進化論の視点からすれば，心を有する行為者かもしれない対象を無視するよりも，まずそれに気をとめて，それが心をもつ行為者かもしれないと仮定して，その相手の目的と次の行動を予測する方が生存にとって遥かに有利だからだ．

こうした議論をヒトと人工物との関係にまで拡張したのが，認知科学者のD・ノーマンの議論だ．ノーマンによると，対象が生物であれ何であれ，何にでも情動的な反応を読みとろうとする傾向が人間にはある．その基盤として長い進化史的な背景をノーマンは指摘する．すなわち生物は互いにインタラクションするようにできているが，そのときに顔の表情やボディ・ランゲージを読むなどの行為が重要である．何百万年という時を経て，他の人の内部状態を読む能力が人間の生物学的な遺産の一つとなった．その結果として，他人の情動にすぐに気がつくのであり，さらには生物らしくないものにまで情動を読みとってしまう傾向（擬人化）がある．他者と関わるときには，この能力が大きな意味をもつが，その反面として無生物に対してさえ，人間の情動に擬えて解釈することがあるとされる（ノーマン 2004：181-182）．

ここで挙げたマキャベリ的知性仮説や「心の理論」，ノーマンの議論は「非人間の他者」の問題を社会性の進化史的な基盤や背景から考察する上で示唆に富んでいる．しかしながら，マキャベリ的知性仮説などをめぐっては近年，いくつかの批判も寄せられていることにも注意したい．すなわちこの仮説は生態学的・技術的知性等の（狭義の社会的知性以外の）役割を軽視しているのではないか，あるいは社会的

相互作用における他者を騙したり出し抜くなど競争的側面を過大評価しているのではないか，むしろ研究者自身の競争主義的な世界観の投影ではないか等々の疑問である（Boivin 2008: 212-216；中村 2009：194-196）．

また，以上のような生物進化の視点からの説明は，ヒトにおける他者の外延の大きな可変性を説明する際に，非人間の存在者（たとえばモノ）の人間（他者）化の逆のベクトルとしての人間の非人間化の説明には弱い，という難点もあるように思われる．つまり，ある社会・文化的文脈内では非人間のものが他者に含まれる一方で，また異なる社会・文化的状況下では，正真正銘のヒトでさえ交渉可能な他者の範疇から除外される人間の非人間化（客体化，モノ化）現象をどう考えるかという問題も残されている．

ここで言う人間の非人間化とは，たとえば，かつて西欧でインディオやアボリジニなどが正当な「人間」の範疇から排除された事例とか，ナチス政権下によるユダヤ人抹殺，あるいは現代における臓器移植などのことである．こうした事例は，同じ人間に対して交渉可能な心ある主体（他者）として接する態度（「魂に対する態度」），というよりは，むしろ交渉ではなく一方的な抹殺や排除，ないし客体（資源）としての利用の対象（たとえば，医療資源としてのヒト）として見なすような態度であろう．

またこうした批判と重なりつつまた別個の論点としては，人類の進化史上において文化的・歴史的に「他者」の外延が大きく異なる点は，マキャベリ的知能仮説のようなマクロで大風呂敷の理論では説明しにくいという難点がある．この点に関しては，やはり個別具体的な社会的・文化的文脈に沿った状況下で，本章で言う「野生のチューリング・テスト」がいかに展開されてきたのか，を仔細に検討していく，という作業が必要になってくると言えるだろう．この点についてはまた別の機会に改めて論じていくこととしたい．ともあれ，本章での検討を通じて，人間中心主義的な枠組みを超える他者論の可能性について一定の手掛かりを示唆できたのではないだろうか．

注

1) 改めて言うまでもなくヒトも動物の一種であるが，表現が煩瑣になるのを避けるため，本章で「動物」と述べる際にはそこに便宜上ヒトは含まないこととする．
2) ただし注意すべき点は，デカルトに始まる「動物機械論」はその端緒からある種の両義性を含み込んでいた点だ．通念的にはデカルトの仮想敵はアリストテレスなどの伝統的な目的論や動物霊魂論的な自然観であり，デカルトはそれに対して一切の擬人主義的な理解や目的論を排した機械論的自然観を確立したという解釈が広く信じられている．ところが，

こうした「常識」に抗して科学史家のG・カンギレムは，生物に対する機械論的説明が目的論や擬人主義を排除するのは見せかけに過ぎず，実は目的論や擬人主義を前提としていると主張する（山口 2011：11；カンギレム 2002：129-130）．そうだとすれば，デカルトに端を発する動物機械論と，いわゆる動物霊魂論や動物への擬人主義的理解の対立という通念的な図式はいささか単純であると言わざるを得ないが，紙幅の都合により，この点については別の機会に論じることとしたい．この点に関しては久保の議論も参照（久保 2015：28-31）．

3) たとえば先に挙げたサマ人のあいだでの「呪文を唱えたら荒れていた海が静まった」というサマ人の言説など．

4) もう一つの典型的な事例はロボットである．ロボットに関しては久保による論考（久保 2015）を参照．

5) チューリングはコンピュータを最初に構想し，その基礎となるコンピュータ科学を創始した天才的な数学者として知られる人物である．チューリング・テストは，哲学誌『Mind』誌に掲載した記事「計算機械と知能（Computing Machinery and Intelligence）」で最初に提唱された．チューリング自身の表現では「イミテーション・ゲーム」であるが，本章ではより一般的な「チューリング・テスト」の表記を便宜上採用する．ただし星野が指摘するように，チューリングの本意は必ずしも人間からコンピュータを明瞭に峻別・識別するための「テスト」の提案にあったのではなく，むしろその反対に人間とコンピュータをより公平（対等）な基準によって扱っていこう，という方向性での思考実験であったと言えるだろう．なお本章のチューリング・テストをめぐる記述や検討は，ここで挙げた星野（2002, 2009）をはじめ，クリスチャン（2011），柴田（2001），金沢（1999）らの文献に多くを依拠している．

6) 改めて言うまでもないと思うが，ここで言う「野生」とは「野蛮」や「劣った」という否定的な意味ではなく，「実験室外の，アウトドアの，実際の日常状況下の」というニュアンスである．

7) たとえば非言語的な身体的やり取りだとか，言語を介在しない，ないし言語的手段が必ずしも中心的ではないインタラクション，たとえば「儀礼」や各種の身体的相互作用なども含む．

参照文献

バーン，R・ホワイトゥン，A（2004）『マキャベリ的知性と心の理論の進化論 —— ヒトはなぜ賢くなったか』（藤田和生・山下博志・友永雅己訳）ナカニシヤ出版．

Boivin, N (2008) *Material Cultures, Material Minds: The Impact on Human Thought, Society and Evolution*, Cambridge University Press, Cambridge.

デカルト，R（1997/1637）『方法序説』（谷川多佳子訳）岩波文庫．

Descola, P (2013) *Beyond Nature and Culture (Trans. By Janet Lloyd)*, University of Chicago Press, Chicago and London.

フェリペ・フェルナンデス＝アルメスト（2008）『人間の境界はどこにあるのだろう？』（長谷川真理子訳）岩波書店．

Gell, A（1998）*Art and Agency: An Anthropological Theory*, Oxford University Press, Oxford.
Haraway, D（1991）*Simians, Cyborgs and Women*, Free Association Press, London.
星野力（2002）『甦るチューリング ── コンピュータ科学に残された夢』NTT 出版.
─── （2009）『チューリングを受け継ぐ ── 論理と生命と死』勁草書房.
Hoskins, J（2006）Agency, Biography and Objects, Chris Tilley, W Keane et al.（eds）, *Handbook of Material Culture*, pp. 74-84, SAGE Publications, London.
池田譲（2011）『イカの心を探る ── 知の世界に生きる海の霊長類』NHK 出版.
Ingold, T（2000）*The Perception of the Environment*, Routledge, London.
金森修（2012）『動物に魂はあるのか』中公新書.
カンギレム，G（2002）『生命の認識』（杉山吉弘訳）法政大学出版.
Knappett, C（2005）*Thinking Through Material Culture ── An Interdisciplinary Perspective*, University of Pennsylvania Press, Philadelphia.
金沢創（1999）『他者の心は存在するか ──〈他者〉から〈私〉への進化論』金子書房.
コープランド，J（2013）『チューリング ── 情報時代のパイオニア』（服部桂訳）NTT 出版.
久保明教（2015）『ロボットの人類学 ── 20 世紀日本の機械と人間』世界思想社.
クリスチャン，B（2011）『機械より人間らしくなれるか』（吉田晋治訳）草思社.
黒崎政男（1998）『哲学者クロサキの憂鬱 ── となりのアンドロイド』NHK 出版.
ラトゥール，B（2008）『虚構の「近代」── 科学人類学は警告する』（川村久美子訳）新評論.
Mauss, M（1954/1925）*The Gift, trans., I. Cunnison*. Rotledge & Kegan Paul, London.
森山徹（2011）『ダンゴムシに心はあるのか ── 新しい心の科学』PHP サイエンス・ワールド新書.
中村美知夫（2009）『チンパンジー ── ことばのない彼らが語ること』中公新書.
中垣俊之（2010）『粘菌 ── その驚くべき知性』PHP サイエンス・ワールド新書.
ノーマン，D（2004）『エモーショナル・デザイン』（岡本明他訳）新曜社.
野矢茂樹（1995）『心と他者』勁草書房.
大森荘蔵（1981）『流れとよどみ』産業図書.
サイモン・バロン＝コーエン（1997）『自閉症とマインド・ブラインドネス』（長野敬他訳）青土社.
柴田正良（2001）『ロボットの心 ── 7 つの哲学物語』講談社現代新書.
床呂郁哉（1999）『越境 ── スールー海域世界から』岩波書店.
─── （2011）「「もの」の御し難さ ── 真珠養殖をめぐる新たな「ひと/もの」論」床呂郁哉・河合香吏編『ものの人類学』京都大学学術出版会，71-89 頁.
床呂郁哉・河合香吏編（2011）『ものの人類学』京都大学学術出版会.
Turing, AM（1950）Computing Machinery and Intelligence, *Mind*, Vol. 49: 433-460.
ウィトゲンシュタイン，L（1994）『哲学探究』（藤本隆志訳）大修館.
山口裕之（2011）『ひとは生命をどのように理解してきたか』講談社選書メチエ.
吉田ゆか子（2011）「仮面が芸能を育む ── バリ島のトペン舞踊劇に注目して」床呂郁哉・河合香吏編『ものの人類学』京都大学学術出版会，191-210 頁.

終章 苦悩としての他者
三者関係と四面体モデル

船曳建夫

❖ Keywords ❖
苦悩，四面体，手紙，排他的・包括的一人称，フンボルト

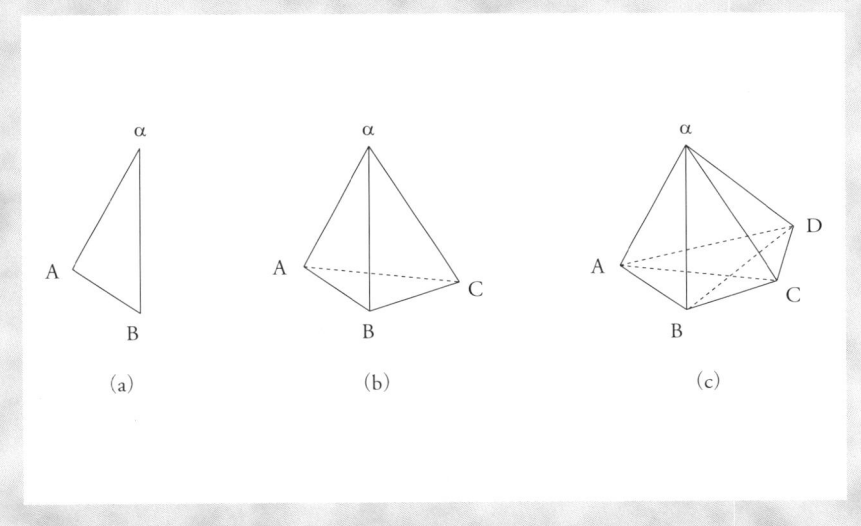

(a) (b) (c)

　人間の関係は常に二者間関係であり，社会的関係は二者間関係の重なりであり，第三者は，そのままでは，二者間関係にあるA，Bと直接に社会的関係を持ち得ない．そして，第三者，Cは，二者間関係にあるA，Bとαを共有することで，AとBと，それぞれに二者間関係を結び，同時に，αを共有することで，A，Bと社会関係に入る．この原理を「他者」という観点から捉えて民族誌を分析すると，実はCが現れて初めて，ABが，「関係」としてあらわれる．すなわちCが現れて初めて，AにとってBが「他者の一人」となる．なぜなら，ACとの関係を持つことで，Aは，BがAにとって他者であったことに気づくのである．

本章は，本書の他章から，半歩踏み出したところに位置する．「他者」という概念は，先進的な知性によって，苦悩の中に哲学的に考察され，また苦悩の取る姿として芸術表現されてきた．「他者」は，短くはあれ，数百年は続いている西欧「近代」に，特別な意味合いを持ってその影を濃くしてきたのだ．その「苦悩としての他者」を「他者」の議論のらち外としてまったく無視するわけにはいかないだろう．それゆえ，本章はあえて「らち外」に片足を踏み出しながらも，後の足はまだ本書の議論から完全に抜き去ることなく，まさに中途半端な姿勢でもって書かれている．私たちはこの試みが，本書のらち（埒），取り扱い範囲をまたいでしまっていることに気づかざるを得ないが，先の足が，いずれ向かう社会の「極限」に向いていることに斥候の役割を期待して，本論文をここに置くこととする．

1 ●これまでの議論と前置き

　本書の前身となる『集団 ── 人類社会の進化』の「人間集団のゼロ水準」（船曳 2009：以下，第1論文とする）と『制度 ── 人類社会の進化』の「制度の基本構成要素」（船曳 2013：以下，第2論文とする）で，私たちは次のことを推論した．
　第1論文では，「人間は，出会い，対面する他の人間と相互に了解の関係を取ることが可能である」（船曳 2009：294）とし，「その関係の可能性を保っている，無限の位置の広がりを『場』と呼ぼう．逆に，場は，人間の相互了解の行為によって場面として切り取られる」（船曳 2009：295）とした．その時に，場面の上に乗っている人間だけではなく，向こう側の人間とも同時に了解の関係をとり，かつ，それが持続するためには，抽象的な意味で「高さ」が必要であるだろう，と論を進めた．そして，その高さが，対面的な関係以上の広がりと，時間的な持続性をもたらしたときに，社会は構造化されると考えた．第1論文では，その考えを検証するために，むしろ逆から見ることを行った．すなわち，対面的な場面を切り取ることすら出来ない了解不能な，極端な状況を例として挙げ，あらためて，人間集団の継続には「高さ」が必要であることの論証を行った．
　第2論文では，その高さがどのようにして作られるかを，「制度」の問題として考えた．私たちは，ABという二者間関係から出発して，それが対面的な二者間関係から，第三者が現れて，三者以上の関係，四者，五者……となるとき，原理的にその複数の当事者にとって，相互の了解は，手に負えないほど困難になるはずだと推論した．それは日常の私たちの体験でもある．その困難を克服する方法を人類は見いだしたがゆえにいまこうして私たちは社会を制度の下に作り上げているはず

だ，という，このことを逆に照らし出す過程から，二者間関係から三者間関係に移る過程に焦点を当て，考察を行った．すなわち，その過程に現れる三者間関係の「第三者」とはいかなる存在かという問題を設定したのだ．それが分かれば，制度を支える根幹が理解できるかも知れない，という期待である．

　私たちが得た結論は，三者間関係の第三者とは，二者間関係をより堅く，永く「保証する」第三項として働いている，というものだった．しかし，その第三項が二者間関係を保証するために，その存在の内実が問題とされる限りにおいて，それが，擬似的に不滅な「金（きん）」であろうと，人間個人に支配的な影響力を持つ「父」，あるいは「母」であろうと，また死者としての父あるいは母であろうと，第1論文以来問題としている，私たちがいま現在達している社会の「生物学的な集団構成を質，量共に超え，次元を異にするというべき規模と複雑さ」(船曳 2009：297) を持つことは不可能であろう．そこで，私たちは，第三項が記号的な「象徴」となるとき初めて，私たちの社会制度が成立する，と論じた．

　詳細はここに再説しないが，第2論文の結論として得たものは，人間が持つすべての社会的関係は，その歴史を通じて，常に，いまも，ABという二者間関係であること．記号的な象徴，「α」によって三角関係を成すが，そこに，三人目のCが加わったときも，AB，BC，CAという三つの二者間関係がそこにはあると考えるべきであろうこと．そして，それら三つの二者間関係は，αを第三項として，三つの三角形，全体としては四面体を形成する，と考えられること，であった．

　さて，この二つの論文に続くものとして，「他者」を考えるとき，議論の流れは，第2論文の中で示唆した次の推論を考察することにつながる．「……二者間関係を取り結びうる，換言すればいまはそうではないが，可能性として第二者となり得る存在，なのである．それをこそ『他者』と呼ぶのではないか」(船曳 2013：320)．

　この推論を，第2論文の議論に則って進めれば，考察はさほどの困難をもたらさないかもしれない．しかし，論者は「他者」を論じることに，論理的な困難以上のものを感じた．それは，第1論文，第2論文が，いずれも，理論と社会生活の細部との対応を，特徴的な例を挙げることで理論の端緒とし，そこから議論を出発させたのち，議論の当否は論理の内部的整合性がいかに正確に保たれているか，に負わせる手法をとったことによる．その現実との対応の方法的な回避によって，これまでの結論が集団や制度の人類史的な現実にどのように当てはまるのか，の検討は，二つの論文の外の作業に移った．しかし，「他者」という，近代の西欧思想と芸術の営みの中で大きく意味を膨らませてきた概念を，この第3論文でも棚上げして，民族誌的資料，あるいは，言語的作品の中に端緒を見つけ，そこから，ただ論理的に推論して行くだけの方法にはためらいを感じた．

哲学が他者を論じてきたときの困難さを，社会科学的な考察であるからとして無視することは可能であるかも知れない．しかし，論者自身，この「他者」という存在がもたらすある種の心理的圧迫を常に感じてきていて，論理的には棚上げできたとしても，それを行いながら論文を書き終えるのは，道義に反すると思われた．そして，それはたんに，自身の問題ではなく，他者に向かって文章を発表するには，「他者」として問題を設定したときの現代的な意味と，問題の持つ「魅力」が減殺されると判断される．そこで，ここから以下の論述は，そうした哲学的な他者の問題に対応させながら，最終的には，第1論文と第2論文，特に第2論文で提出した四面体のモデルが，「他者」の考察にどのように有効かを調べてみる作業とする．

2 ●困難ではなく，苦悩としての他者

　近代に始まった他者についての難問というのは，たんに，第三項がどうのという，上から社会を見て，そこにある関係を論じることではない．他者についての議論は，個人的な不安，遅い早いはあれ，生まれてからのあるとき，「気がついてみると周りにいる人のことが分からないことの不安」，から出発している．社会的な問題で有ると同時に個人的な問題だ．

　ランボーの「私とは他者だ (Je est un autre.)」(Rimbaud 2009 (1871))，というのは，自分のことからしてまるで他人のように分からない，という意味と，私自身が元より分からない同士である他人なのだ，というのを，いっぺんに言ったのだと考える．サルトルの「地獄，それは他者だ (L'enfer, c'est les autres)」(Sartre 1943 (1982)) も，訳の分からない他人がいるから，この世は地獄だ，とも，逆に他人がいなかったら，この世は存在しなくて，地獄ですらない，という意味と捉えることが出来る．レヴィナスの他者についての考えは，私がいて他者がいる，という順序にすら居直ることは出来ず，「私」じゃない存在であるからこそ「他者」なので，「他者」無くしては「私」も無いんだ．他者が分からなくたってなんだって，それでやっていくのは，あたりまえでしょう，と言っているようだ (レヴィナス 2005 (1961) passim)．乱暴だが，とどのつまりは，「他者」とは，「私」が「耐える」ものだ，ということをみなが言っていることになる．つまり，他者とは，手立てを講じられる「困難」というより，決して終わらない「苦悩」という言葉の方が当てはまる存在のようだ．

　簡約過ぎる記述になるが，近代になって，ヨーロッパで身分制のたがが外れたり，宗教の重しが軽くなったり，たとえばその前にアジアでは中国の宋の時代，商活動と移動の自由が保証されるようになり，地球上のある限定された地域で，人は，対

面的ななじみのある社会関係から，第2論文でいう，αを第三項として共有する，多くの知らない他人と関わり合う場面が日常的になる．すると，他者との関係の取り方の難しさは，社会的な困難だけではなく，個々人の内面の，苦悩となり，苦悩としての他者が出現する，と言えようか．

　単純な文明段階論でいうと狩猟採集や農耕前期の時代には，他人とは，ばったり出会った，見知らぬ人間であれば「避ける」という強力な方法があり，顔見知りであれば，関係の困難はその場その場で解決するものだったろう．農耕文明の後期になって，次第に高さのある上下のハイアラーキカルな社会秩序が作り出され，そこでの移動の自由が制限された中でも，他者とは，それぞれの集団の上位社会の宗教や道徳律，身分制の中での役割を果たすことで，困難は個別の困難として対処するものであった．それが不思議なことに，すでに述べた近代に至ると，狩猟採集や農耕前期の物理的，社会的な移動の「自由」が戻ってきたために，思いがけなく見知らぬ他人に出会うことが多くなり，しかしながらその場合，今度は物理的にも社会的にも「逃げる」というような，ただ「避ける」ことは難しくなっている．また，見知った他人の場合も，問題をその場その場で解決するには要素が複雑過ぎて，問題をいつまでも引きずることになる．

　夏目漱石は，日本社会のある時期，明治時代に，『道草』という小説の主人公に，「世の中に片付くなんてものは殆んどありやしない．一遍起った事は何時迄も続くのさ．たゞ色々な形に変るから他にも自分にも解らなくなる丈の事さ」（夏目 1915（2003）：317）と言わせている．この物言いの「他」という漢字に「ひと」とルビが振られているのは，じつに示唆的である．この自伝的な事実を基礎にした小説で，漱石にとって「ひと」はすべて他人なのだ．近代の日本では，人はいくら動いても，仏の掌の上の孫悟空のように「世間（日本の社会）」から逃れられず，主人公がいうように，「一遍起った事は何時までも続く」のだ．そうした，社会の日常としては当たり前のことが，特殊個人的な問題たり得るところに他者という名の苦悩がある．ここでひと（他）はすべて，「苦悩としての他者」として立ち現れるようだ．

　こうした苦悩は，本書で扱う「他者」の問題だろうか？　すでに述べたように，私は，このいやらしくもまがまがしい問題は，それだからこその切実さがあり，それを社会的に，あるいは個人的に解くことは，本書の課題ではないとしても，「他者」という課題を立てるときには，その背景に，この近代の苦悩があったのだ，と思う．だから，むしろ，そこを利用して，個人的な苦悩の水準を避けながら，苦悩としての他者を人類の社会的な水準においてみることを試みたい．社会的な他者がどのような意味を持っているかを探る，という立場から，「『……二者間関係を取り結びうる，換言すればいまはそうではないが，可能性として第二者となり得る存在』，そ

れが他者だ」という議論を進めようと思う．

3 ●ムボトゥゴトゥの儀礼における，二者間関係と第三項αの不在の克服

　太平洋バヌアツ国マレクラ島（マラクラ：Malakula と表記されることもある）のムボトゥゴトゥ人のあいだでは，儀礼活動が彼らの社会的関係と行為のすべてに通底している（Funabiki 2012）．ここで彼らの「儀礼」と私がとらえているのは，彼らが言葉でそのように取り上げる，「精霊」と「踊り」と「豚の供儀」の三つを主要な要素として成り立つ，集合的な活動のことである．ムボトゥゴトゥ社会には，男と女，正確には，「イニシエーションをすませた男性」と「それ以外の人」の二分制の枠組みが社会的規範として強く働いている．元から男，女は，それぞれ独自の儀礼を持つが，イニシエーションをすませた男性たちが行う儀礼は，頻度と規模において，女性たちの儀礼を超えている．
　男性たちの儀礼は，彼らによって，2 種類に分けられ考えられている．それぞれ「ニマンギ」と「ナラワン」と呼ばれている．ニマンギは公開的な儀礼階梯制度である．ここで，公開的とは，精霊の名や特徴，踊りの上演，豚の供儀が，他のグループや，ムボトゥゴトゥ・グループ内の女性およびイニシエーションをすませていない男の子供にもその内容が知られ，見られても構わない，という性質を指す．ナラワンは秘匿的な儀礼階梯制度である．秘匿的とは，精霊の名や特徴，踊りの上演，豚の供儀のすべてが，その秘密結社のメンバーと参加を許された新人であるムボトゥゴトゥ男性以外には，知らされない，見させない，という性質を指す．ムボトゥゴトゥ社会では，ナラワン儀礼は，ニマンギ儀礼より，価値の高い儀礼として扱われている．儀礼挙行の費用（準備する飾り物，食物など）や人的エネルギーでも，前者の方がより大規模と認識されている．
　この対照的な性質を持つ二つの儀礼の，ある側面を比較すると，本章の主題である「他者」の性質が浮き立ってくる．それは，儀礼の権利と知識の受け渡しがどのようになされるか，という側面であり，儀礼の当事者に対して現れる第二者と「第三項としての三人目」の存在が，「他者」というものの一つのありようを示してくれるのである．
　論述の視点を，それぞれの儀礼で，新たな階梯に進む者 —— ニマンギでは「主催者」，ナラワンでは「新人」—— に取ることとする．
　ナラワン儀礼には，5 あるいは 6 の階梯が存在する．ここでは，そのナラワン儀

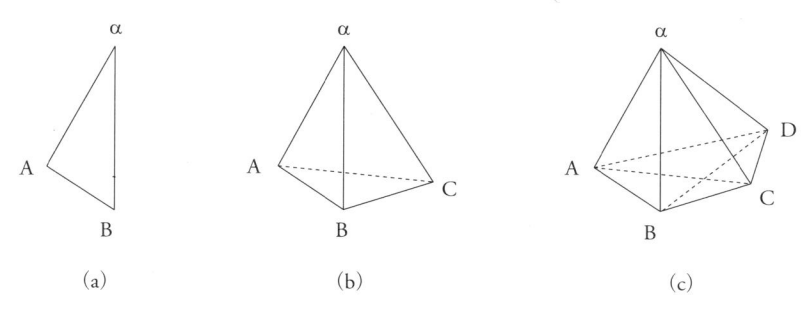

          α   α   α
                                                              D
      A   A   C   A   C
          B   B   B
         (a)   (b)   (c)

図1●三者間関係と四面体モデル

礼のヴァリエーションの違いは問題としない．その階梯の権利と知識が秘匿的であるために，新加入したい，またはナラワン儀礼内で新たな上の階梯に進みたいと考えている新人は，誰がその儀礼的権利と知識を持っているかを知らないか，もしくは正確には知らない．または，それが秘匿的な儀礼であることへの正しい態度として，知らないこと，になっている．ことにナラワン儀礼の最初の階梯は，ムボトゥゴトゥ社会に生まれた男子にとっては，ペニス包皮切開を伴うイニシエーションでもある．少年たちは，自分の意思でイニシエーション儀礼を始められるわけでもなく，完全な受け身で，ある日突然イニシエーション儀礼を通過するための1年間の隔離生活のため，大人たちに拉致されるのだ．そうしたイニシエーション以前の男の子ではなく，すでにイニシエーション儀礼を行った成人男子（といってもまだ10代前半であったりもするのだが）は，ナラワン儀礼の中の自分が進みたい階梯の権利と知識を持っている先輩男子に，自分の意向と，儀礼に必要な供儀の豚を中心とした準備が進んでいることを示して，ナラワン儀礼の開催を交渉することになる．

　ここの図式を第2論文で用いた四面体モデル（船曳 2013：321，本章扉にも再掲）で説明すれば，AはBやC（そして理論的にはD，E……）に対して，B，Cがその権利を持っているかどうかは分からないものとして儀礼の開催を交渉する．理屈としては，BとCは，自分がその権利を持っているかどうかは明かさないながらもその意向を聞くことになる．このときαとは，ナラワン儀礼の価値，あるいは精霊の威力といってよいが，それを第2論文に即して補足すれば，そうした価値や威力の存在それ自体ではなく，ナラワン儀礼が持つ，ムボトゥゴトゥ・グループに共有された象徴的な価値である．その点では，たとえBやCがAの狙っている階梯の権利者であったとしても，Aとのあいだでは，BやCはαとしてではなく，あくまで第二者として交渉の場面の上に乗っている．

　しかし，ここに困難な問題がある．それは，ナラワン儀礼の開催権が，すでにそ

の儀礼（のある階梯）をすませている長老たちにある，という仕組みである．ナラワン儀礼というαは，ムボトゥゴトゥ社会の，狭くは男性に，広くは女性を含めた社会全体に共有されている —— 女性も，その価値を認め，最初の階梯である男子のイニシエーション儀礼の最終場面には女性親族として参加する —— のだが，開催を決める権利は全員が共に持っているのではない．それを済ませたものたちだけが持っているのだ．

　Aを最初のイニシエーション儀礼をすませた「NA-1（ナラワンの第一段階の意）」の権利者であるとして，BはNA-2の権利者だとする．CはNA-2および，NA-3の権利者だとする．AはBとC（および他にもいるであろうNA-2の権利者）たちに弱い立場（ただリクエストするだけ，という意味）で交渉を行わなければならない．このとき，BがNA-3の階梯をCと交渉中であれば，BもまたC（および他にもいるであろうNA-3の権利者）に対して，ナラワン儀礼においては，弱い立場で交渉を行っていることになる．この交渉の関係では，A，B，Cは，ともにナラワン儀礼というαを持つことで制度を担う同等のメンバーではなく，BやCは，あたかもαを人格的に体現しているかのようである．

　このとき，AにとってBとCが，BにとってCが，αによってそれぞれに二者関係，さらなる第三人目も含んだ構造を持ちうる相手であるはずであるのに，BやCがあたかもαを介さずにAとの関係を左右することになる．それが交渉の「駆け引き」として，BやCが，αの位置にいるがごとく振る舞うのであれば，それは，第1，第2論文で示した，集団と制度のメカニズムに何ら反するものではない．しかし，もしBやC，その他の，上位の階梯の権利保持者が，交渉の駆け引きとしてではなく，人格化されたαであるかのごとくふるまい，交渉を拒否する，すなわち，権利と知識を譲ること事態を拒むとしたら，ナラワン儀礼はαとして共有されていないことになり，ナラワン儀礼という意味空間（価値空間と言い換えられる）が成立しなくなる．ナラワン儀礼は，一部のメンバーの独占的な希少物となる．

　なぜそのような自分たちの儀礼制度，ひいては儀礼が根幹をなすと考えられるムボトゥゴトゥ社会にとっての自傷行為を行うのか．ここの交渉を，ある時点でのムボトゥゴトゥ社会の社会的現実に即して詳しく説明する紙幅はないが，簡略に述べれば，既得権利者（BやC）は，自分たちの権利と知識を委譲することで（Aから）得られる豚や，ナラワン儀礼が存続することによる精神的な満足よりも，委譲しないことで自分たちの権利が，権威として希少なアウラを帯びることを狙っている，と言えよう．この論者の調査時点である1970年代後半のムボトゥゴトゥ社会の状況を説明するには，人口の減少が大きな要素である．それを総合的に説明することはここでは省くが，以下のことを，本章の議論のために指摘したい．

すなわち，BやCにとって，Aは新たな他者として現れたのであるが，ナラワン儀礼というαを頂点とする四面体が，人口減少と社会の変化によって，継続的にA1，A2，A3とあらたな広がりを持つことは出来ない，とBやCその他が見切ったとき，彼らはこう考えた．秘匿的な儀礼体系，ナラワンは，これまではメンバー以外を排除する一方で，新たなA1，A2，A3をメンバーとして迎える可能性が開かれていることでその意味空間と価値を保持してきたのであるが，そのやりかたを捨て，すべての他者と新加入の可能性を排除することで，むしろその希少性を高め，その既得権利者として彼ら自身がナラワンを体現するような「誤り」を犯しつつ，最後の儀礼経験者としての権益を死ぬまで保持しよう，と．ここでは，自分（たち）以外の人間（男）がナラワン儀礼の交渉可能な「他者」として現れることを拒絶している．

　こうしたナラワン儀礼の事情は，ニマンギ儀礼では見られない．むしろ異なる他者観がそこにはある．同じ4面体のモデルで説明すると，Aがある階梯n，「NI-n」（ニマンギ儀礼の階梯の数はナラワンより多く，17ある）の獲得を望んだとして，彼は，B，C，その他に対し同等の立場で，儀礼開催を相談することが出来る．それは，新たな階梯に進みたい者は，自分自身で儀礼の開催を決めることが出来るからだ．もちろん，ニマンギ儀礼を行って，誰も来てくれなければ儀礼として成立しないわけで，ここでも招待に応じさせる交渉は必要となる．また開催するとなると，男女，子供，合わせておよそ50人を超えるムボトゥゴトゥ人の客がやってくるために，その食べ物の準備や，泊まる場所の改修など，すべきことは多い．しかし，大きな相違点は，客の数が多かろうが少なかろうが，理論的には，主催者以外にもう二人だけいれば，それで儀礼は成立するのだ．主催者であるAに対して，獲得したい階梯NI-nの儀礼的交換が成立するために受取人一人とそれを認める仲介者一人がいれば良い．

　図示すると図2のようになる．

　そして，やや驚くべきことに，この受取人は，必ずしも，階梯NI-nの既得権利者でなくてもよい．また，仲介者も，必ずしも階梯NI-nの既得権利者でなくてもよい．

　細かく説明しよう．まず受取人は，主催者が選ぶ．主催者は，階梯NI-nの既得権利者から選んでもよいが，そうでなくてもよい．階梯NI-nの既得権利者から選ぶことの方が，より儀礼にふさわしいと思われているのは確かだが，そうでなくても，階梯の権利獲得は成立する．主催者は，日常生活における現実的な，経済的なあるいは政治的な貸借関係から判断して，ある階梯の権利を獲得するための機会を，儀礼の外の，社会的対他関係の改善や進展に使うことが出来るといってよい．儀礼

の場を使って，自分がもの（主として豚）を贈りたい相手を選ぶことが出来るのだ．このことは，A, B, C……のムボトゥゴトゥ社会の他の人々とのあいだで，「ニマンギ」儀礼（ニマンギ精霊の象徴的価値 α を頂点として持つ意味・価値空間全体）への支払いを，あるメンバーを受取人として選んで行っている，と言える．

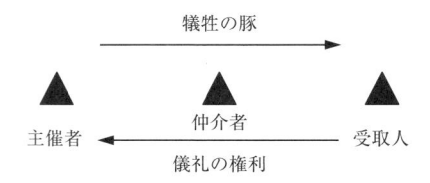

図2●ニマンギ儀礼の儀礼的交換の三つの役割

　仲介者も NI-n 既得権利者でなくてよいと，述べた．しかし，受取人よりは，仲介者は NI-n 既得権利者から選ばれる方がよい，とより強く考えられている．しかし，ここの彼らの考え方で私たちの議論に重要なのは，たとえそうでなくても，階梯の権利獲得は成立してしまう，という点だ．その意味するところは，ある人が，NI-n の階梯の獲得を望んだとき，たとえ，誰一人 NI-n の儀礼的な権利を持っていなかったとしても，主催者Aが「精霊」と「踊り」と「豚の供儀」の三つが備わった儀礼を行い，そこに，図2の受取人と仲介者がいて，儀礼が公開的に，みなの見ている前で行われて，みなが納得すれば，NI-n の権利を得られるのだ．だから望めば誰でも，先達者がいなくても，ニマンギの階梯を，最後の17番目まで修了させることが出来る．

　このニマンギとナラワンの儀礼におけるここでの議論を補強するために二つのことを述べようと思う．ニマンギにおいて，誰もその権利を持っていないある階梯（NI-n）の権利を，みなが同意してある主催者が獲得したと認めるまではよいだろう．しかし，誰もその儀礼の主催者としての経験を持っていないときに，なぜその儀礼的知識が，それを新たに獲得しようとする主催者に伝承されることが可能なのか？

　それは，かつて，その階梯（NI-n）が行われたときに何らかのかたちで参加したものが記憶として持っている，あるいは，その知識が言葉によって話され伝わっているからだ．すなわち，公開的である，ということは，あるニマンギ儀礼の内容も公開されている，ということである．さらに重要なのは，ナラワンでは何らかのかたちで，ナラワン儀礼の長老から儀礼的知識を聞き及んでいても，それをもってして，「知っている」と主張することは出来ない．しかし，ニマンギ儀礼においてはそのことが共有され許されている，ということだ．もしかするとうろ覚えだったり，他の階梯の儀礼内容からの推定だったりしても，みなが認めればそれで事は済むのだ．

　もう一つ指摘しておくべきことは，ナラワン儀礼はそのメンバーが秘密結社的に

存在するので，結局，誰が何を知っているかも分からない．たとえ，第6段階の階梯が最終段階だ，と言われていたとしても，じつは第7段階が存在しているかもしれないことを否定は出来ない．このことが意味するのは，ナラワンにおいては，αを共有しうる他者が誰かは分からない，言い換えれば，誰が対他関係の中で，「可能性として第二者となり得る存在」，他者であるのか分からない状況が生まれてしまうということである．

では，そのような脆弱性を持つナラワンの方がムボトゥゴトゥ社会で，なぜより高い価値を持っているのか．それはその脆弱性と裏腹にナラワン儀礼に希少性があるからだと言えよう．取り得る他者関係に価値や希少性が関わるこのありようについては，第6節でもう一度触れることにする．ここでは，ニマンギ儀礼では，誰もが受取人や仲介者としての他者になり得ること，すなわち，儀礼の欠かせない役割を果たすであろう階梯の上位者（第2論文で言うと，もの化した第三者としての第3項，α）が，儀礼システムのメンバー内に「いない」時にも，誰もが誰もの代替をし得るという理解の元に，ニマンギ儀礼をαとして，誰もが「可能性として第二者となり得る存在」，他者である，という重要な点を確認しておく．ナラワン儀礼より，ニマンギ儀礼の方が社会的な手段としては，他の人を他者として関係づけるのに，より適しているのだ．

4 ●「手紙」という二者間関係

手紙は二者間関係に特有のものとして好例である．手紙には，発信者がいて，受信者がいて，それ以外は手紙のらち外の存在である．手紙は二者以外の他人に読まれない，知られないことが前提である．口頭の場合だと，ひそひそ話とか耳打ちとかがこれに当たるだろう．ところが，実際には手紙は「社会的」には存在しない．誰か，二者以外の人間に読まれてしまって，手紙が手紙でなくなって，手紙はやっと社会的なものとなる．ここはややこしいのだが，分かりやすい例としてあげると，ラブレターとは，社会的には存在しない．誰かが誰かに，「好きだ」と書いて，誰にも読まれないようにそれが届く．読んだ方は，二人だけのこと，とそれを筐底にしまったり，燃やしたりするので，社会の場には現れない．たまたまそれが受け手の死後に見つかったりすると，それが当の二人以外に読まれて，社会的なものとなる．たとえば，『マディソン郡の橋』というベストセラー小説は，手紙が亡くなった主人公の二人の子供たちに読まれることが発端となっている．読まれる，とは社会的な水準に現れてしまうことである．手紙は手紙でなくなってはじめて社会的に

なるのだ．

　他者の議論に続けるために，別の面からこのことを説明する．手紙を「社会的」に露わにしないこと，それは社会にとって重要なことである．手紙が第三者に読まれないこと，「信書の自由」は，現在の社会の，基本的人権である．日本国憲法には，21条の第二項に，「2. 検閲は，これをしてはならない．通信の秘密は，これを侵してはならない．」と書かれている．基本的に，社会は，二者間関係のその部分，秘密に手を突っ込んではならないのだ．

　このように，もし，この世の手紙がすべて，手紙としてそのままのものであったら，手紙は書かれて受け手に読まれて，社会的とはならないはずで，ここで議論すら出来ない．それがここで議論できるのは，いくつかの手紙が，第三者，たとえば論者である私に読まれているからだ．言い換えれば，手紙でなくなってしまっている手紙があるからここで論じられる．いまから挙げる手紙の例，新約聖書，パウロの『書簡』，夏目漱石の小説『こころ』の中の「先生の書簡」，はいずれもこの読者である私によって読まれてしまって，書き手と読み手の二者間関係の外に出て，「手紙」ではなくなっている．そうした，公開されて社会的になっている手紙をテガミと書いて，本来の「手紙」と区別することにする．

　しかしながら，ここで取り上げる「先生の書簡」と「パウロの書簡」がテガミであるのは，第三者に読まれてしまって，社会的に公開されたからではない．これらの手紙がテガミであるのは，実は，これらの手紙が最初から第三者に読まれるもの，テガミとして書かれているからだ．四面体のモデルを使うとこのからくりは明瞭になる．AとBの二者間関係のあいだに交わされた手紙は，第三者（項）が介在されなければ，それ以上は関係が広がらない．手紙はたとえばA，Bそれぞれの内心の吐露であり，互いに互いを無視すれば，読まれずに存在は消されてしまうものである．たとえ読んだとしても，その内容に影響を及ぼされて，その後に何かが残るかどうかは，それぞれの内心のことがらに属していて，それは，ある一人の内心に生まれ，消える泡沫のようなものと言ってよい．それが，社会的な，外的な力となって働くとしたら，AB間に元々αが共有されていて，たとえば規範，戒律，あるいは利得となって働いたり，第2論文で論じたように，広い社会的な平面で関係の永続が望まれてαが出現し，前述の意味空間（別の次元では制度）の四面体によって，手紙がテガミとして社会的な機能を発揮するメカニズムが生じるからである．

　さて，第一の例として挙げる『こころ』の先生の遺書は，最初から小説家漱石が，新聞連載の小説として書いたのだから，私に読まれたのは当たり前のことである．しかし，それが手紙小説という手法を取ったことで，フィクションの内と外で，手紙とテガミの二重性を獲得した．外では私に読まれたテガミだが，小説の中の先生

の遺書は，第三者に読まれるものとしては書かれていない．それだけでなく，真正な「手紙」であるようにするため，何重にも鍵を掛けている．まず，小説の中で，先生は，この手紙は「私（小説の語り手）」宛に「私」だけが読むものとして書いていること，内容についてはそれに関わる当事者の一人である「奥さん」にも知らせないでほしいと念を押し，この小説の最後を「凡てを腹の中に仕舞って置いて下さい」と閉じている．小説内の当事者のもう一人，「K」は，すでに死んでいて，この手紙を書き終えた先生も早晩自殺することを予告しているので，この手紙の内容は，こののち，「私」の頭の中だけにあって，外には出ない，完全な「手紙」である．ところがその真正な手紙を，これまで何百万，何千万の『こころ』の読者が，「盗み読ん」でいるわけだ．

　この盗み読ませるところに，テガミという小説技法の肝がある．同じような書簡体小説として，ルソーの『新エロイーズ』（ルソー (1979-81 (1761))）が書かれた頃，手紙文学はヨーロッパで流行していた．流行った理由は，テガミを盗み読ませることに，強い効果があるからだが，この頃には，個人の「内面」と「他者」といった，「苦悩」の道具立てがそろっていたからだろう．テガミは，第三者でしかない読者を，小説の内側の第二者，「あなた」であるかのようにしてくれる仕掛けとして働くからだ．言い換えると，『こころ』も『新エロイーズ』も，それがテガミであるために，フィクションが読者に対して最も強く働きかけたい狙い，すなわち，仮構の物語を現実と取り違えさせる，という力をもつ．読者は，盗み読んでいるというよりは，手紙を受け取った本人であるかのように読み始めるのだ．そこには，読者を第二者であることに添わせたり離したり，さまざまな出し入れはあるが ── そうすることで，たとえば「盗み読み」の罪悪感によって読者の気持ちが逆に離れてしまったりすることを防ぐ ── 狙いは，読者を「あなた」という第二者，すなわち書き手との間の二者間関係に引き込むことにある．

　この説明ではいわゆる「文学的」になってしまうかも知れないので，本論に戻して考えてみる．四面体モデルにおいて，ある一通の手紙はAとBのあいだで交わされる．それは，第1論文でいう「単独者」間のやりとりとして仮構されている．世界の他の誰も手紙の内容を知らない．そこに読者はCとして現れる．読んでいる作品の手紙はもちろんテガミとなっているのだが，それはそれとして，Cは，CAあるいはCBの関係に入って，あたかも自分が手紙を受け取ったかのようにして読みうる．または，虚構としては，自分自身がαからすべてを見はるかすような立ち位置も持つかも知れない．それは擬似的に作者の立場に立っているとも言えよう．しかし，私たちの議論に最も重要なのは，読者としてのCが，AB間の手紙をテガミとしての社会性を保証する第三者になっていることである．テガミとして

の社会性の保証とは，テガミが，内面から内面への伝達として，社会的平面で意味のないものとして消える，あるときは抹消され踏みにじられる，そうした無価値に終わってしまうものを見届ける社会的な行為者として働くということだ．先の儀礼の例で言えば，Ｃはニマンギ儀礼の受取人あるいは仲介者としての働きを持つことで，この『こころ』，『新エロイーズ』の意味空間を構成するのだ．小説は虚構であって，現実社会ではない．しかし，虚構であろうと，物理的現実でなかろうと，正四面体のモデルで示される意味空間としては，人間が作り出す社会的現実なのだ．これに対比すれば，先に挙げた1980年という調査時点のナラワン儀礼は，αを頂点として，意味空間が成り立っているはずなのに，新たに加入したいＡの「手紙」は，Ｂ，Ｃによって，読まれずに終わっている，または，読まれたかどうか分からないまま，テガミにならずに消えている，と言えよう．

　パウロの『書簡』（『新約聖書Ⅳ パウロ書簡』1996）も不思議なテガミである．ひょっとすると有史以来，世界で最も読まれているであろうこの手紙は，パウロが各地の信者を教え，諭し，励ますために送られた信書である．しかし，それは最初からテガミであったとも言える．受け取った信者，まだ新興の宗教で基盤が弱かったキリスト教への入信者たちは，この手紙を同胞に語りかけたり，あるときは，敵対する人に対して論争したりするのに使ったのであろう．そう使われることを想定してパウロは書いている．

　この『書簡』でのパウロという人の語りかけ方は「あなたがた」である．しかし，このあなたがたは，新約聖書のキリストの使う「あなたがた」，とは微妙に異なる．キリストは救済者として，もしくは預言者として，人々にたいして「あなた方」は何々をしなさい，というかたちで，語る．このとき，あくまで，キリストと「あなた方」とは，神（の子）と人，救済者と救済される者，予言者と予言を受けるもの，と，一線が画され，二つに分けられている．こちら，人間側からすれば，「私たち」人間と，向こう側の神である「あなた」となる．こちらから対等に応じる言葉はない．あるとしたら，「祈り」．しかし，パウロの『書簡』の中の「あなたがた」，は，しばしばこういう言い回しで使われる．「兄弟たちよ，私はあなたがたが……」と「兄弟」という言葉をあいだにかませる．それはこう考えられる．「私（パウロ）」は指導者として，「あなたがた」に手紙を書いているが，この「あなたがた」は，パウロも含んだ「私たち」でもある．つまり，読んでいるあなたは書いている私と同じ兄弟である，というところ，第二者としての「あなた方」と呼びかけながらも，共なる「第一者」に引き込もうとするのである．

　パウロは，キリストに会ったことも無いのに，会ったことのある使徒たちがまだ生存しているときから指導者としてのふるまいは，強力であったようだ．その強さ

は，圧倒的に見え，もしかすると，もともと神の声を聞いてキリスト者に回心したくらいのパウロは，神の声を聞く預言者，救済者として，パウロ教を立ち上げることも出来たかもしれないと思わせる．そのパウロが，もう少し入り組んだ言葉遣いだと，「兄弟たちよ，私たちは主イエスにあってあなたがたに願い，そして勧める」（同書：216）と書く．この一節の構造は，パウロとその周りの「私たち」はあくまでもキリスト（α）の「下（もと）」（四面体の内）にあって，あなた（がた）との二者間関係を持とうと「願い」，「勧める」．この願い，勧めに応じれば，あなたがたは，私（たち）と同一の，第一者（神のしもべとしての兄弟）になり得るのだ，と勧誘しているのだ．

　四面体モデルに即して説明すれば，圧倒的な力を持ったパウロの手紙は，AやBやC……にたいして，αの位置にあるかのようだが，あくまで，ABCの平面の一人として，αを指さしながら，私たち，と他の人々に呼びかける．

　『こころ』の読者は，先生の手紙を読むことでそれを社会的なテガミと読み取り，先生や「私」と同じく苦悩を共有する「私たち」となる．パウロの『書簡』も，書簡の受取手であるローマ人やコリント人信者集団の人々には手紙であったかのようだが，それも手紙の二者間関係という虚構に置かれていただけで，最初から公開書簡，テガミとしてあったのだ．その手紙の意味は，主イエスをαとし，私，パウロとあなたがたは二者間関係A，B，Cの平面に位置して，私とあなたがたは共に兄弟となって，αに対して，四面体をなすことは可能であることを勧めるところにある．

　この，時代を異にしながら，どちらも今の私たちに意味をもたらす著名なる「手紙」のあいだに，『こころ』における苦悩を共有するばらばらの単独者としての私たちと，『書簡』における布教と迫害の困難を乗り越えようとする兄弟としての私たち，その「私たち」の成り立ちの違いがあることに気づく．その点について，言語的な観点から考えてみよう．

5 ●包括的一人称と排他的一人称

　ムボトゥゴトゥをふくむ太平洋地域の言語に，一人称複数が包括的一人称と排他的一人称に分かれている例が見られる．包括的一人称とは，話し手と相手とが同じ「私たち」に含まれるものであり，排他的一人称とは，話し手の一人称複数に，相手が含まれないものである．この分布は，太平洋の言語，インドネシア語，中国語やアイヌ語にも見られ，言語における特徴的な性質として，その分布がかねてより

論じられている．ここでは，その二つの一人称の意味の違いを本論に即して考えてみたい．

　ムボトゥゴトゥ人も含めて，バヌアツ国には共通語として，いわゆるピジンイングリッシュの一分派としてのビスラマ（Bislama あるいは Bichelamar とアルファベット表記される）という言語がある．それを以下取り上げて論じる．そこでは，包括的一人称は *yumi*，という．英語の"youme"から派生している．排他的一人称は *mifala*，という．英語の me から派生した me に Bislama の複数の語尾，*-fala* が付いている．実に，この二つの一人称の異なる性格を直裁に表した単語である．

　この二つの一人称の存在から，「私たち」について考えたい．ここでは，フンボルトが，『双数について』（フンボルト（2006（1827-1829）））の中で，この点に触れていることが先駆として知られているので，その確認をしながら，この一人称における言語的特質を一般的に論じる[1]．

　フンボルトは，人称を言語の根幹にあるものとする．彼は言語における第一者と第二者とは人間が対話をする存在であることから発する根源的なありようであると考える．人間が第一者と第二者だけであれば ── というのはまったく方法論的な仮想だが ── 言語に人称というもの自体は生まれない．第 3 人称を意識し，それに当たることばを持ったとき，初めて，振り返るように第一人称と第二人称が生まれる．このフンボルトの考え方は，論者の四面体モデルの人間関係の理解と，軌をまったく一にする．

　このことを説明しよう．フンボルトの浩瀚にして卓越する議論の一カ所を取り上げることの危険を顧みず，まず引用したいのは次の文である：

> 人間は，すべての身体的・感覚的な関係は別にしても，自らのたんなる思考のためだけにでも，〈私〉に対応する〈君〉を切望する．（フンボルト（2006（1827-1829）：33））

これは，第 1 論文の，人が人と対面する原初的モデルに対応するだろう．しかし，私たちの言語には，他人は〈君〉だけではなく，〈彼〉という人称代名詞で表される存在がある．〈彼〉は，〈私〉とは異なる．フンボルトの言を借りれば，〈私〉と〈彼〉は：

> 〈私〉と〈非・私〉を意味するからである．ところが，〈君〉は〈私に〉対峙する一つの〈彼〉である．〈私〉は内的な知覚に，〈彼〉は外的な知覚にもとづいているが，〈君〉には選択の自発性がある．〈君〉もまた一つの〈非・私〉だが，

……（中略）……〈彼〉そのもののうちには，〈非・私〉の他に，〈非・君〉も含まれていることになる．〈彼〉は［〈私〉と〈君〉という（訳者補足）］この両者の一方だけに対立するのではなく，そのいずれにも対立するのである．（フンボルト（2006（1827-1829）：32））

　ここの論理は，私たちの四面体モデルにぴったりと照応する．四面体モデルで言えば，AとBの関係において，AとBとは互いに異なる1個人であるがゆえに，自ずと（その底には「切望」があるとしてもよいだろう）関係が発生するのだが，それは，いわば，包括的一人称関係，yumiの状態と言えよう．そこにC，上記のフンボルトの引用で言えば〈彼〉，が現れて，〈彼〉は〈非・私〉であるだけでなく，〈非・君〉でもある．四面体モデルで言い換えれば，〈彼〉，Cは，CA（〈非・私〉）とCB（〈非・君〉）という「対立」（対抗・争うとの意ではなく相対する，ととらえるべき）関係をそれぞれ個別に持つ点において，すでにAという〈私〉にはコントロールできない，手に負えない（第2論文で言うところの「統御（control）することは出来ない」（船曳（2013）：313）存在であるのだ．
　ここのところをまた別様に言い換えれば，yumi（包括的一人称）としての私たち，ABは，C（彼）の出現により，mifala（排他的一人称）としてのABになる．もちろん，CAも，CBもそれぞれ，Bに対して，またAに対して，排他的一人称としての私たち，mifalaになるのだ．そして，yumi「だけ」で成り立つ世界は方法論的な仮想でしかないから，Aを主体としてここにある状況を説明すれば次のようになる．
　Aは，Bに対して，相互的にyumiでありうる．しかし，Cの存在は必然的であり，Cに対してはAとBはmifalaとなる．このyumiでありmifalaであるAB，BC，CAは，二者間の相互ではyumiであり，他の一者に対してはmifalaである．Aから見たこうした二者間関係をここに留まらない広さを獲得するためには，または，実際はすでにD，E，F……と（第1論文で言えば，BやCの向こう側に）場の上に広がってしまっている場面をも二者間関係（AD，AE，AF）として取ることが出来，現実的な交渉としては，三者以上のあいだに関係が「制度」として持続するには，αが現れていることが必要であり，必然的であるのだ．

6 ●他者という苦悩とその可能性

　十分に論議は尽くされていないが，ムボトゥゴトゥの儀礼と，手紙の例，排他的・包括的な一人称複数の例で，本章は，第1論文と第2論文で得た四面体モデルを，「他

者」を考えることで補強し，いくつかの応用例を示した．

　第1，第2論文で得た結論は，人間の関係は常に二者間関係であり，社会的関係は二者間関係の重なりであり，第三者は，そのままでは，二者間関係にあるA，Bと直接に社会的関係を持ち得ない，ということだった．そして，第三者，Cは，二者間関係にあるA，Bとαを共有することで，AとBと，それぞれに二者間関係に入り，同時に，αを共有することで，A，Bと社会関係に入る，というものだった．その結論によって，この第3論文でモデルが補強された点は，Cが現れて初めて，ABが，「関係」としてあらわれること，Cが現れて初めて，AにとってBが「他者の一人」となる，論理的なメカニズムを確認したことであった．何となれば，Aは，ACとの関係を持つことで，BがAにとって他者であったことに気づくのである．それはまた，「私たち」というものが，包括的一人称，yumiの関係である時には，苦悩の源となる「手に負えない他者」という存在は視野に入らないとも言える．Aにとっては，Cに出会ったとき「他者」(C) が見え，同時にBも「他者」となって現れる，といってよい．

　『こころ』に見られたのは，排他的一人称であった．その手紙は，先生と「私」によるyumiのあいだの手紙である．それは手紙のままに公開されないことになっている．しかし，小説という虚構の中で，最初から，テガミとして，私たちは，Cの位置に立っている．先生と「私」は，Cである私たち読者からは，mifalaの位置にいるのだ．私（たち）は，「先生と『私』」に気づかれると気づかれないとにかかわらず，「先生と『私』」をも巻き込んで，相互に細かなmifalaを重なり合わせ，誰をも逃さない蜘蛛の巣の網目のような「世間」を形成している．そこでは，mifalaの「私たち」性よりもしばしばその「排他」性が苦悩の根源となる．パウロの『書簡』にみられるのは包括的一人称である．AであるパウロはBに対して手紙を書き，それは最初からCを想定したテガミであり，そのとき，AであるパウロはBに対して，mifalaの私たちとして呼びかける．しかし，このパウロの書簡は，すでにC，D，E……をも「兄弟」としてmifalaに組み入れるテガミとしての巧妙な仕掛けを持っている．いずれ，すべてをキリスト教徒，mifalaとする包括的な，「教会」的な企図はこの書簡にはっきりと性格づけられている．

　本章の始めに示した「苦悩」としての他者は，このように，四面体モデルの底面の裏にあって，yumiとmifalaのあいだで「私たち」を位置づけることが出来ないところにあると言えようか．私たちは，その苦悩を「気がついてみると周りにいる人のことが分からないことの不安」とパラフレーズしたが，それは，まずは，αが共有できない不安といってよいだろう．そのことは超越的な「神(α)」の問題かも知れないし，C，D，E……と広がる規模と複雑さに関する社会論かも知れず，いず

れも本章では扱いきれていない．しかし，それへの示唆をここに読み取ることは可能だろう．たとえば，この時代に現れた，新たな SNS というツールは，超越性無しに，実践的に「苦悩無き他者」を切望するテガミと考えてもよい．

そこで順は逆となるが，ニマンギ儀礼において第二者，第三者が交換可能であるという儀礼執行上のルールはあらためて，画期的なものと映る．他者というものが，私も含めて，いかようにも役割を変えることが出来る．ムボトゥゴトゥ社会の日常的な社会関係がそのように行われているのではなく，それは儀礼を存続させるための方便とも見えようが，ナラワン儀礼の厳格性に対したとき，ここにはある「発明」が行われていることが見える．

筆者は，この「方便」を，再び四面体の中に置き，苦悩としての他者観から離れた角度から見直すことを試みようと思う．そこでは，本章の外に置いた「超越性」の問題が出てくるだろう．いかに否定されようと変奏されようと西洋的思考の中では，「超越性」は思考の焦点であることをやめない．しかし，西洋以外の社会で，たとえば，ムボトゥゴトゥ・グループの儀礼や日本列島の「世間」では，論理的には矛盾でありながら，「コントロール可能な超越性」が，人間関係の四面体モデルの「α」となっているように見える．それが，どのような「極限」に耐えうるのか，または「極限」には抗わないかたちでコントロール可能な超越性になり得るのか，という議論が，次に行われる．

注

1）本書の参照は内堀基光の教示による．

参照文献

船曳建夫（2009）「人間集団のゼロ水準」河合香吏編『集団 —— 人類社会の進化』京都大学学術出版会，293-305 頁．

Funabiki, T (2012) LIVING FIELD: Monograph and Models Concerning Human's Social Design, Based on the Mbotgote in Malakula Island, Vanuatu, The University Museum, The University of Tokyo.

船曳建夫（2013）「制度の基本構成要素」河合香吏編『制度 —— 人類社会の進化』京都大学学術出版会，309-323 頁．

フンボルト，W（2006（1827-1829））『双数について』（村岡晋一訳）新書館．

レヴィナス，E（2005（1961））「第 1 部・A，第 3 部・B」『全体性と無限』（熊野純彦訳）（岩波文庫青 691-1）岩波書店．

夏目漱石（1915（1994））『道草』『漱石全集　第 10 巻』岩波書店．

Rimbaud, A (2009 (1871)), Lettres du Voyant, *Œuvres complètes* (Bibliothèque de la Pléiade, n° 68), Editions Gallimard.
ルソー，JJ (1979-1981 (1761))『新エロイーズ』『ルソー全集 9 巻，10 巻』(松本勤訳) 白水社.
Sartre, J-P (1943 (1982)), Huit Clos, *Théâtre complet* (Bibliothèque de la Pléiade, n° 512), Editions Gallimard.
『新約聖書 IV　パウロ書簡』(1996)(青野太潮訳) 岩波書店.

あとがき

　本書は東京外国語大学アジア・アフリカ言語文化研究所（以下，AA研）において，2012年度から2014年度までの3年間に実施された共同研究課題「人類社会の進化史的基盤研究（3）」の成果である．

　「人類社会の進化史的基盤研究」と題する共同研究課題（旧・共同研究プロジェクト）は，長期的な展望に立ち，2005年度より3期10年にわたって継続されてきた一連の共同研究である．主として現生の野生霊長類を対象とする研究者と現生の人類を対象とする研究者が集い，人類の社会と社会性（sociality）の進化を探究すべく，3ないし4年ごとにテーマを展開しながら共同研究を継続してきた．本書はその第3期で，書名に冠した「他者」をテーマとした共同研究（以下，他者研究会）の成果であり，また，「人類社会の進化」という副題を付した書物として，『集団』，『制度』に続いて3冊目となる．他者研究会の活動は，専用のWebサイト［http://human3.aa-ken.jp］に概要や目的，メンバー紹介等のほか，毎回の研究会における報告内容の要旨も掲載しているので，本書とあわせてご覧いただければと思う．

　序章でも述べたように，一連の共同研究の第1期および第2期は，それぞれ「集団」および「制度」をテーマとしていた．その成果は，『集団――人類社会の進化』（京都大学学術出版会，2009年）と "Groups: The Evolution of Human Sociality"（Trans Pacific Press and Kyoto University Press, 2013），および『制度――人類社会の進化』（京都大学学術出版会，2013年）と "Practices, Conventions and Institutions: The Evolution of Human Sociality"（Trans Pacific Press and Kyoto University Press, in print）として刊行され（てい）る．本書を加えて，これらはとくにシリーズ本とは謳っていないが，いずれも上記，共同研究課題「人類社会の進化史的基盤研究」の成果として刊行されたものであり，その内容において強い関連性と連続性を有している．本共同研究課題は，引き続き本年度（2015年度）より「人類社会の進化史的基盤研究（4）」として，「生存・環境・極限」をテーマに，本書の執筆陣（概ね他者研究会のメンバーと重なっている）に霊長類社会生態学や歴史地理学の専門家が加わって研究会活動を開始している．こちらも詳細は専用のWebサイト［http://human4.aa-ken.jp］をご参照いただきたい．

　以下に，他者研究会，および一連の共同研究課題に関連するシンポジウム等の履

歴を記す．前者には，本書に執筆してはいないものの，AA 研の共同研究員として他者研究会において刺激的なご発表をしてくださった熊野純彦先生（東京大学）と寺嶋秀明先生（神戸学院大学），およびゲストスピーカーとして発達心理学というわれわれとは異なった視点・立場からたいへん興味深いご発表をしてくださった水野友有先生（中部学院大学）が含まれている（氏名の＊印はゲストスピーカー，［　］内はご発表当時の所属を示す）．後者には，関連シンポジウム等において，コメンテーターとしてご登壇いただき，さまざまな視点から貴重なご意見をくださったみなさまのお名前を掲載させていただいた（同じく［　］内はご登壇当時の所属を示す）．両者のすべてのみなさまに対し，ここに深く感謝したい．

＊　　　＊　　　＊

2012 年度
第 1 回　2012 年 5 月 19 日（土）
0.　少し長めの自己紹介
1.　本共同研究課題の趣旨説明（河合香吏）
2.　各学問領域における「他者」
　2-1　霊長類社会学（早木仁成）
　2-2　生態人類学（曽我亨）
　2-3　社会文化人類学（大村敬一）

第 2 回　2012 年 7 月 21 日（土）〜22 日（日）
1.「集団」，「制度」，そして「他者」へ（全員）

第 3 回　2012 年 10 月 14 日（日）
1.　野生動物の「ハビチュエーション」について（山越言）
2.　見えない他者，非在の他者：カミなどのあり方をめぐって（内堀基光）

第 4 回　2012 年 12 月 9 日（日）
1.　他者＝「敵」にも「友」にもなりうる存在（北村光二）
2.　霊長類の集団へのアイデンティティ（黒田末寿）

第 5 回　2013 年 2 月 11 日（月・祝）
1.　環境を共有するものとしての他者（竹ノ下祐二）
2.　他性をめぐる哲学小史（熊野純彦）

2013 年度

第 1 回（通算第 6 回）　2013 年 4 月 28 日（日）
1. 動物の他者論（中村美知夫）
2. 他者としての子どもと野生動物：システムを動かす自己と他者（大村敬一）

第 2 回（通算第 7 回）　2013 年 6 月 30 日（日）
1. 平衡，自然の調和，システム（足立薫）
2. 非人間の〈もの〉が他者となるとき：真珠貝，機械のアニミズム，野生のチューリング・テスト（床呂郁哉）

第 3 回（通算第 8 回）　2013 年 7 月 27 日（日）
1. 他者とは誰か：〈ある〉と〈もつ〉と〈する〉（伊藤詞子）
2. 自己の中の他者（西井涼子）

第 4 回（通算第 9 回）　2013 年 9 月 29 日（日）
1. チンパンジーにおける他者：チンパンジーはどのようにして互いに出会わないのか？（西江仁徳）
2. 学習と他者：教えの制度化と他者の誕生（寺嶋秀明）

2014 年度

第 1 回（通算第 10 回）　2014 年 6 月 29 日（日）
1. 社会関係の中の他者：私以外のすべての人は他者である（船曳建夫）
2. チンパンジーにおける「他者」：不意に到来するよそ者の声，新入りメスと在住個体のふるまい方の違い（花村俊吉）

第 2 回（通算第 11 回）　2014 年 8 月 2 日（土）
1. ブレインストーミング（全員）
2. ヒトにおける協同育児の進化と他者の出現（竹ノ下祐二）

第 3 回（通算第 12 回）　2014 年 10 月 11 日（土）
1. 三項関係のなかで生まれる他者（曽我亨）
2. 他者と異者のダイナミクス：カナダ・イヌイト社会にみる倫理の基盤（大村敬一）

第 4 回（通算第 13 回）　2014 年 12 月 13 日（土）
1. 「顔」と他者：ムスリム女性のヴェール着用をめぐって（西井凉子）
2. 祖霊・呪い・日常生活における他者の諸相：ザンビア農耕民ベンバの事例から（杉山祐子）
3. 比較発達心理学的観点からみた発達初期における「他者」の存在（*水野友有［中部学院大学子ども学部］）

第 5 回（通算第 14 回）　2015 年 2 月 14 日（土）
1. 連続と不連続：移籍再考／前編・認知と共感：他者理解の進化（早木仁成）
2. 暴力とセックスから他者を考える，あるいは供犠的身体の可能性（田中雅一）

第 6 回（通算第 15 回）　2015 年 3 月 1 日（日）
1. 成果論文集の刊行に向けたミーティング／編集会議（全員）

　以上の，いずれも AA 研において，主として他者研究会のメンバーによって実施された通常の研究会のほかに，メンバー以外にも公開するかたちで，本共同研究課題の (1) ～ (3) に関連ないし通底する内容の研究集会として，以下のシンポジウム等を開催した．

1. 日本人類学会第 68 回大会・第 33 回進化人類学分科会シンポジウム「人類の社会性とその進化：共在様態の構造と非構造」2014 年 11 月 3 日（月・祝）於浜松アクトシティ
■講演
1. 趣旨説明・司会（河合香吏）
2. 「接続」の方法：霊長類社会学に於ける非構造（足立薫）
3. 人類学的視点から考える新たな他者像（曽我亨）
4. 人類小集団の生成と崩壊（内堀基光）
■コメント
1. 坪川桂子［京都大学大学院理学研究科博士課程］
2. 真島一郎［東京外国語大学アジア・アフリカ言語文化研究所］
3. 諏訪元［東京大学総合研究博物館］
■総合討論

2. 東京外国語大学アジア・アフリカ言語文化研究所，基幹研究人類学班・2014 年

度第 2 回公開シンポジウム「河合香吏編『制度 —— 人類社会の進化』(京都大学学術出版会, 2013) をめぐって」2014 年 12 月 6 日 (土) 於東京外国語大学アジア・アフリカ言語文化研究所
■報告
編者による概要説明・司会：河合香吏
執筆者による報告 1 (霊長類学)：黒田末寿
執筆者による報告 2 (生態人類学)：曽我亨
執筆者による報告 3 (社会文化人類学)：内堀基光
執筆者による報告 4 (理論的視座)：足立薫
■コメント
1. 名和克郎 [東京大学東洋文化研究所]
2. 山極壽一 [京都大学総長]
3. 野村雅一 [国立民族学博物館名誉教授]
■総合討論

3. 第31回日本霊長類学会大会・自由集会「サル屋とヒト屋の共同研究とは？：『人類社会の進化史的基盤研究』の試み」2015 年 7 月 18 日 (土) 於京都大学百周年時計台記念館
企画責任者・司会：河合香吏
■話題提供
0. 趣旨説明 (河合香吏)
1. 霊長類学者, 人類学者に出会う (伊藤詞子)
2. 「コミュニケーションの進化」を考える (北村光二)
3. 凡庸ながらマルクスの箴言から：サルの解剖とヒトの解剖との対照の延長線上で語ること (内堀基光)
■コメント
1. 西川真理 [京都大学大学院理学研究科]
2. 水野友有 [中部学院大学教育学部]
3. 座馬耕一郎 [京都大学大学院アジア・アフリカ地域研究研究科]
■総合討論

＊　　＊　　＊

　AA 研における一連の共同研究課題 (旧共同研究プロジェクト)「人類社会の進化史的基盤研究」の成果である『集団』や『制度』と同様に, 本書もまた, 多くの方々

や諸機関から多大なる援助を受けて刊行されるものである．以下に，感謝の意を表したい．

　本書執筆陣の専門領域である霊長類社会学，生態人類学，社会文化人類学は，いずれもフィールド調査を不可欠な研究基盤とし，自らのフィールドデータを最も重要な根拠として研究が成り立つ学問分野であると言ってよい．したがって，執筆者おのおののフィールドにおいて，その滞在と調査活動を認めてくださった現地の人びとや，調査助手をつとめてくださった方々，そして，常に「（しつこく）ついてまわる」ことを許してくれた霊長類たちには，個々の名前を挙げられないことをお詫びしつつ，まずいちばんにお礼を言いたい．彼/彼女たちのさまざまなかたちによる「協力」なくして，本書が生まれることはなかった．心よりお礼申しあげる．ありがとうございました．

　以下の諸機関，および，そこに所属する方々からは，調査の実施にあたって，さまざまな便宜を図っていただいた．日本学術振興会ナイロビ研究連絡センター，アジス・アベバ大学エチオピア学研究所，マケレレ大学社会学部，ケニア・ナイロビ国立公園，タンザニア科学技術局，タンザニア野生生物研究所，タンザニア国立公園局，タンザニア・マハレ山塊国立公園，在ギニア日本大使館，ギニア科学技術局，ギニア・ボッソウ環境研究所，名古屋市東山動植物園，中部学院大学子ども家庭支援センター「ラ・ルーラ」．

　フィールド調査や，その成果である資料の整理・分析，そして口頭発表や論文執筆に至る過程では，以下の諸経費の支援を受けている．文部科学省および独立法人日本学術振興会の科学研究費補助金（課題番号：#08041059, #11691186, #12J00004, #14J00963, #15H04429, #15K03034, #15710182, #16255007, #18520617, #18681036, #20320131, #21681031, #21770262, #22101003, #22221010, #22520814, #22651088, #23520980, #24255010, #25300012, #25244043, #25257002, #25370948, #25560392, #26370941, #59043012），トヨタ財団研究助成プログラム（#D13-R-0577），総合地球環境学研究所基幹研究プロジェクト E0-5．

　日本人類学会進化人類学分科会，日本霊長類学会，AA研基幹研究人類学班には，シンポジウム等のかたちで本共同研究課題の成果報告の機会を与えていただいた．

　本書の刊行はAA研の共同研究課題成果出版経費の補助を受けて可能となったものである．また，本書のもととなった他者研究会の開催に際しては，AA研の全国共同利用・共同研究拠点係のみなさまに，3年間にわたり毎回さまざまなご面倒をおかけした．

　最後に，本書の刊行にあたり，これまでも『集団』や『制度』等でお世話になってきた京都大学学術出版会の鈴木哲也編集長には，企画段階から最終的な念校校正

に至るまで，すべての過程でお世話になった．原稿執筆や校正作業が遅れがちのわれわれ執筆陣を粘り強くお待ちくださり，いつまでたっても未熟者の編者を常に支えてくださった．また，ご自身のお名前に因んだ屋号をもつ桃夭舎の高瀬桃子さんは校正や索引作りなどの繁雑で神経を使う編集作業を丁寧にこなしてくださった．

　以上の方々と諸機関に対し，衷心より感謝申し上げたい．

2016 年 3 月　　　　　　　　　　　　　　　　　　　　　　　　　　　　河合香吏

索　引

【事項索引】

natural pedagogy　394

愛情　232
アイデンティティ　214, 316
アニミズム　322, 404
アルファオス　130
威嚇　189
怒り　257-258, 260, 266　→感情
移籍　53, 364
一人称的視点　409
逸脱　33, 39
　　逸脱者　39
　　逸脱の場　25, 33
遺伝子の利益　359
移動　271
イニシエーション　424
いま，ここ（今この時，この場所における環境・認識・行為）　5, 119, 163, 269, 368, 373
イミテーション・ゲーム　→チューリング・テスト
イライザ（コンピュータプログラム）　408
因果関係　264, 266, 268
因果的　267
インセスト　35
インターネット　409
インタラクション　→相互行為
インタラクト可能な相手　48
ヴェール　277, 279, 283, 286-287, 291
ウシに生きる牧畜民　216, 222
占い　258
エージェンシー　408
餌づけ　348
大きな物語　16, 214, 396
大人　232
踊り　428
お話作りの力　385
慮り　212-214, 220-221, 223

顔　276, 280, 415
覚醒時　321
拡大家族集団　229, 231, 236, 248

学問分野　61
家畜化　341
カニバリズム　33
神々　328
仮契約　36
感覚　213, 319, 331-332
環境　358, 401
　　環境を媒介にする　365-366, 371, 374
　　行動環境　320
　　人為的環境　342
関係性としての自己と他者　254　→自己，他者
関係づけの「物語」　192
関係づけの「枠組み」　192
観光　344
　　ピクチャレスク観光　344
　　野生動物観光　354
慣習　362, 367
間主観性　67
感情　211, 213
管理　237, 239, 244-245
機械的／物理的な反応　59
きざし　153-154, 159, 163
技術・知識　238
希少性（機会の）　367, 371
奇妙な衝動　347
求愛　359-360
境界　194, 197
共感　109, 208, 210-211, 221-223, 254
　　共感の他者理解　211, 223
　　共感能力　120
　　共感の起源　211
競合　372
共生　1, 7, 17, 59, 210, 212
共在　35
　　共在集団　→集団
　　共在の承認　→承認
共食　229, 238-239, 241
鏡像　329
共存機構　23, 35
共存原理　23
協働（collaboration）　238, 395-396
協同（cooperation）　396

索　引　447

協同育児　395
極限　437
拒否する自由　97
拒否できる他者　→他者
儀礼
　　浄化儀礼　260
　　収穫儀礼　260
　　昇位儀礼　260
　　祖霊遊ばせ儀礼　262
　　治療儀礼　261
　　ナラワン（儀礼）　424
　　ニマンギ（儀礼）　424
　　豚の供儀　428
キリスト教　321, 335
近代　343
偶有性　145
苦悩　422
首狩　330
供養塔　407
グルーミング　360
群居性　1
群集構造　372
経済人類学　304
獣の殺害者　326
権威　267, 269
言語　192, 194-195, 197
　　言語的作品　421
　　言語の獲得　95
原制度（プロト制度）　2, 216　→制度
現代思想　46
交渉
　　交渉可能な他者　261, 264, 268　→他者
　　交渉不可能な他者　261, 264, 267-268, 270　→他者
行動
　　行動環境　320　→環境
　　行動の自由　38
　　行動の層位　320
高揚感　280
ゴール指向　192, 194-195　→プロセス志向
五感　→感覚
互恵的利他行動　210
『こころ』　430, 436
子殺し　33, 396
心の鬼　329
心の理論（Theory of Mind）　112, 115-116, 381, 415
誤信念 / 誤信念課題　381
コスモロジー　277

個としての他者　45　→他者
コミュニケーション　88, 97, 99-100, 103, 277, 329, 358-360, 363, 370-371, 394, 401, 403, 408
コミュニタス的状況　36
コンヴェンション　6
混群　59, 364-365
コンピュータ　408-409
コンフリクト　89-90, 93-94

採餌　344
再帰的な相互作用　361-363, 367, 370, 374　→相互作用
再帰的なシナリオ構成力　386
採食　370-371
　　採食競合　371
　　採食における相互作用　365
災厄　261, 266, 268
殺人　330
里の動物　342
サバンナ　349
サファリ　344
　　狩猟サファリ　348
　　フォト・サファリ　346, 353-354
サリーとアンの課題　381
三項関係 / 三者間関係　73, 421
　　三項的相互行為　→相互行為
参照基準　80-81, 84
三人称的視点　409
資源　299
自己（自我）　2, 194
　　自己＝役 / 役者　387　→他者＝役 / 役者
　　自己と異質の他者　9　→他者
　　自己と同質の他者　9　→他者
　　自己の他者化　331　→他者
　　自我―他我問題　46
死者　318, 322
自制　36, 218
　　自制の解放　36
自生的秩序　126
自然
　　自然物　406
　　自然保護区　345
　　手つかずの自然　345
自然状態　233-234, 244
自然制度　39
シニフィアン
　　シニフィエなきシニフィアン　310

浮遊するシニファン　310
支配　237, 239, 244-245, 308
自発的な選択　98
四面体モデル　425
邪悪　318
シャーマン　317-318, 324, 328, 331, 334
社会
　社会化　24, 389
　社会構造　364, 368
　社会的促進/社会的抑制　89-92
　社会的な相手　61
　社会的なインタラクション　48
　社会的な出会い　252
　社会の選択　88
社会性（sociality）　2-3, 7-8, 10-11, 13, 243, 252, 415
社会性昆虫　59
社会生物学　47, 359-360
呪医　260
収穫儀礼　→儀礼
宗教的カリスマ　301
集合的他者　253　→他者
重層社会　116, 118
集団　1-2, 4-8, 12, 151, 164-166, 168-171
　集団間関係　52, 179
　集団生活　197
　集団的興奮　23, 36
　集団的消費　99
　集団的対処　96
　集団としての他者　45　→他者
　集団の分裂　258
　共在集団　316
　小集団（パーティ）　129
　親族集団　248
　他集団　51, 53
　単位集団　51, 129
『集団――人類社会の進化』　2
守護霊　327
主体性　230, 234, 243
主知主義的　322
狩猟（漁労・罠猟）・採集　54, 236, 326
　狩猟サファリ　348　→サファリ
順位秩序　31, 36
馴化　237, 341, 344, 351
循環的過程　92
浄化儀礼　→儀礼
昇位儀礼　→儀礼
状況　3
小集団（パーティ）　129　→集団

象徴　421
情動　211, 415
承認
　承認する他者　24-28, 30-32, 39　→他者
　承認要求/被承認欲求　24, 27-28, 30
　承認を求める主体　31-32
　共在の承認　30, 32
　相互承認　30, 35, 219
食物分配　94
所有物　229, 242
知り合い　178, 196
自立した「個」　46
自律性　232, 244
思慮　232
ジレンマ　231-232, 236, 238, 242
人為的環境　→環境
新入りメス　197-198
『新エロイーズ』　431
人格論　319
進化史的基盤　12-13, 15
信号刺激　358
人工知能　411
人工物　407
人身被害　351
親族集団　248　→集団
身体的同調　211
真なるイヌイト　232, 235, 239-240, 243　→民族名・生物名索引参照
「真なる食物」（niqinmarik）　241, 248
新約聖書　430
信頼　237
人類社会の進化史的基盤研究　4-5, 8, 17
神霊　316
神話　248
親和的関係　33
スーパーエゴ　329
すきま　153-157, 159-164, 168-169
スポーツ・ハンティング　343, 346, 354
すり合わせ　271
ずれ　253
生活形　366
生活世界　236, 238
正義　221
性器こすり　32
生業
　生業技術　236
　生業システム　229, 231, 236, 245, 248
性的不均衡　326
制度　4-8, 12, 126, 192, 194

索引　449

制度的他者　127, 145, 147, 150-151, 271　→他者
　制度的な慣習　361
　原制度（プロト制度）　2, 216
『制度 —— 人類社会の進化』　2
正当性　221
精霊　316, 323, 352, 428
世界観　237
責任　247
世間　423
セックスワーカー　304
絶対他者　375　→他者
説話　248
責め　247
セルフスクラッチ　159
先住民　231
戦術　237, 373
戦術的欺き　382
戦争　215-216, 218
戦略　373
相互行為／相互作用／相互認知　2, 4, 7, 9, 10, 16, 48-49, 51, 70, 72, 85, 91, 100, 190, 208, 401, 403, 408
　相互行為システムの再生産　88
　三項的相互行為　111
　相互認知／行為のよどみ（滞り）　128
　相互認知／行為の構え（可能性）　128
　再帰的な相互作用　361-363, 367, 370, 374
相互承認　30, 35　→承認
操作とマインドリーディング　360
想像上の相手　49, 53
贈与　306
ソーシャル・キャピタル　298
祖霊　256, 258, 264-270
　祖霊遊ばせ儀礼　→儀礼
　祖霊信仰　257
　祖霊憑き　262
存在論　15-16, 319

対称性の公準　411
大地　238
態度　74, 84
対話的自己　254
互いに参照可能な関係づけの枠組み　144-145
他我　331
他個体　50
他者　61, 194, 252, 297, 380
　他者＝役／役者　387　→自己＝役／役者

他者Ⅰ／Ⅱ　403
他者化　248
他者からの呼びかけ　246
他者に対する責め　243-244, 246, 248
他者認知　50
他者の自己化　331
他者の条件　46
他者を抹消しようとする衝動　246
拒否できる他者　103
交渉可能な他者　261, 264, 268
交渉不可能な他者　261, 264, 267-268, 270
個としての他者　45
集合的他者　253
集団としての他者　45
承認する他者　24-28, 30-32, 39
制度的他者　127, 145, 147, 150-151, 271
絶対他者　375
超越的他者　262
不可解な他者　24-27, 33-36, 39
見知った他者　321
剥き出しの他者　13, 127, 142, 145, 147, 151
他者性（他性）
　他者性の感知　66
　他者性の消滅　36
　他者性の度合　316
　他者性への対処の仕方　178, 187, 195
　他性　150
他者理解　81, 109, 111-112, 117, 120
　認知的他者理解　211, 223
他集団　51, 53　→集団
多声性　254
他なるもの　141
達成の喜び　27, 28
脱人間中心主義的　414
ダッワ運動　277-278, 286-287
種の利益　359
種間関係　60
タフさ　→認知的強靱さ
ダブル・コンティンジェンシー　247
食べ物　236, 238
魂　236, 414
単位集団　51, 129　→集団
探索行動　135, 140, 142, 151, 153-157, 159-160, 163-166, 168-171, 185, 189, 191-192
単独オス　196
単独　431
宙吊りの関係　136, 142
チューリング・テスト（イミテーション・ゲーム）　410, 413

野生のチューリング・テスト　412
超越性　437
超越的他者　262　→他者
治療儀礼　→儀礼
チンパンジー属の社会構造　31　→民族名・生物名索引参照
出会い　150-151, 153-154, 157, 164, 166, 168-169, 172
定住化　248, 342
テガミ／手紙　429-430
敵　330
適応　350
哲学　2, 8, 45, 422
手つかずの自然　345　→自然
統一中立論　372
道義と道具　302
道具使用行動　350
同情　221-223
闘争　359-360
同調能力　108-109
道徳　208, 210, 218, 222
動物　44, 236-238, 404
　動物機械論　404
　動物行動学　50
　動物種間での違い　58
　動物の死体　57
　動物論　47
捉えきれない全体　129, 145

ナカマ（仲間）　190, 198, 251-252, 261, 264, 270-271
なじみ　113-114
ナラワン　424　→儀礼
二者間関係　361, 420
ニッチ　368, 370
ニマンギ　424　→儀礼
人間　171, 230-231
　人間形象主義　325
　人間中心主義　416
　人間であること　150
　人間の非人間化　416
認識論　17
認知科学　50, 414
認知的強靭さ　142, 145, 188
認知的他者理解　211, 223　→他者理解
認知能力　109
妬み　257
ネットハンティング　258, 260, 265-266, 268
ネポチズム　112
農作物被害　340
のぞき込み　37-39
呪い　257, 261, 270

場　150-151, 154, 164, 366, 370, 374
パーソナリティ　231-232
パーソナル・リフォーム（個人的改革）　277
排他的一人称　433
パウロの『書簡』　430, 432, 436
離れていることの可能な社会　179, 196
原制度＝プロト制度　2, 216　→制度
パラドクス　291
バランス　233
繁殖　344
ハンター　239
パントグラント　130, 132, 137, 141, 143
パントフート　133, 137, 142, 178-179, 183, 187, 196
反復　154, 164, 168-170
非構造　5, 368
非集中性　164, 166, 168, 170
被承認欲求　24, 27-28, 30　→承認
　被承認要求の欠如　28
被食　360, 366
人獣共通感染症　340, 351
人づけ　56, 348-349, 351
人馴れ　352
非人間（Non-Human）　47, 400
非平衡理論　372
憑依　264
表象　15
平等　237
　平等原則　22-23, 35-36, 38-39
　平等主義社会　102
昼の残渣　324
フィクションとしての「自然」　345
フォト・サファリ　346, 353-354　→サファリ
深い関与　27, 29-30
不可解な他者　24-27, 33-36, 39　→他者
不可視の関係づけの全体　136-137
「不気味なもの」（Das Unheimlich）　333
複雑性の縮減　85
父系型社会構造　23, 31, 35, 38　→母系型社会集団
豚の供儀　→儀礼
仏教徒　276
不平等原則　35-36, 39

索引　451

フリーライダー　249
プロセス志向　179, 187-189, 191, 193-195　→ゴール指向
プロト制度　→原制度
文化　361
文化人類学　45
文化的定型夢　322, 330
分業　396
文脈　3, 7
ヘソの名　257, 262, 264
ペット　48
　ペットロボット　49
包括的一人称　433
方法論　11, 17
ホカホカ　32, 38
牧畜価値共有集合　213-214, 216, 218, 222-223
牧畜民　208
母系型社会集団　35, 38, 265　→父系型社会構造
捕食─被食関係　59, 360, 366
ポストコロニアル / ポストモダン人類学　248

巻き込み　73, 76, 79, 84
マキャベリ的知性仮説　415-416
身内と他人　296
ミオンボ林　256, 265
見知った他者　321　→他者
民族誌的資料　421
剥き出しの他者　13, 127, 142, 145, 147, 151　→他者
剥き出しの出会い　141
ムスリム　276
夢魔　325
群れ　361, 373
群れ外オス（ハナレザル，孤猿）　364
名誉殺人　306, 308
命令　237-238
メタ群集　372
メタファー　413
メタ民族集合　213

モノ　343, 407
物語　39, 255, 264-268, 270-271, 387

役割　368
野生動物　340, 348
野生のチューリング・テスト　→チューリング・テスト
誘惑　237-238
夢　319, 321
緩いまとまり　213
妖怪　318
抑制　38
邪術者　262, 266
よそ者　178, 183-184, 191-192, 195-196, 199　→他者

ラーコール　197
離合集散　168-170, 271
利他的な行為　211, 296
了解共同体　329
リリーサー　358
理論　82
隣接群　362
倫理　208, 210, 218, 222, 243, 246-247, 329
倫理学　2, 8
霊魂　316, 318
霊長類　210
霊長類研究　349
レイディング　208, 212, 214-215, 218-222
零度の記号　310
連帯感　280
ロープナー・コンテスト　410
ロングハウス　317-318, 332
和解　262
わからなさ　150-163, 166, 168-172
私たち（我々）　25-26, 33, 39, 269, 362-363, 373
〈私たち〉性　118-119

【民族名・生物名索引】

アカコロブス　54, 365-366
アリ　59
イトヨ　59
イヌイト　229, 231-232

イバン　317
イボイノシシ　55
猿人　114, 115
大型類人猿　388

オナガザル類　367
ガブラ　224
　ガブラ・マルベ　74-75, 78, 85
　ガブラ・ミゴ　74, 78, 80
ゴリラ　114, 349, 353, 388
サマ　402
ジェネット　57
初期人類　116-118
ダイアナモンキー　365-366
ダサネッチ　80
チンパンジー　44, 51, 93, 113-114, 150-151, 154, 157, 160, 162-164, 166, 168-171, 177, 349-350, 353, 366-367, 388
ツチブタ　57

トゥルカナ　208, 212-213, 215-216, 218-223
ドドス　208, 212
ニホンザル　91, 112, 349
ヒョウ　55
ベンバ　251, 256
ボノボ　93, 114
ホモ・エレクトス　115-116, 118
ホモ・サピエンス　44, 55, 114, 120, 340
ホモ属　115
ムボトゥゴトゥ　424
野生チンパンジー　110, 126, 178
ヤブイノシシ　57
類人猿　341

【地名・調査施設名索引】

アウシュヴィッツ（ポーランド）　296, 309
インド　303, 307
ウガンダ　207
エチオピア　71, 74, 78, 80, 82
カナダ極北圏　231
ケニア　75, 78, 208, 346
ゴンベ・ストリーム（タンザニア）　34, 180
サラワク（マレーシア）　317
ザンビア　256
スールー諸島（フィリピン）　402
タイ国立公園（コートジボアール）　365, 368
東南アジア大陸部　328
東南アジア島嶼部　326, 328
ナイロビ国立公園（ケニア）　347

中部学院大学子ども家庭支援センター（名古屋市・日本）　392
バリ島（インドネシア）　408
東山動物園（名古屋市・日本）　389
ボッソウ村（ギニア共和国）　28, 40, 343, 350
マレクラ島（バヌアツ）　424
マハレ山塊国立公園（タンザニア）　43-44, 129-130, 154, 168, 170, 179
南スーダン　208
南タイ　276, 278, 283
ミャンマー　278
ムンバイ（インド）　305
メーソット　278
ワンバ（コンゴ民主共和国）　32, 38

【人名・個体名索引】

伊谷純一郎　22, 25, 30, 35
今西錦司　341
ウィトゲンシュタイン, L　414
エクマン, P　276
エリクソン, EH　24-25
カーステン, J　301, 310
掛谷誠　258, 260
グドール, J　34-36, 180
ゴブリン［チンパンジー］　34-35
坂本治也　300
サベッジ＝ランバウ, S　38
サルトル, JP　422

杉山幸丸　350
ズデンドルフ, T　395
タイラー, E　322
チューリング, A　410
デカルト, R　404
デスコラ, P　405
ドゥ・ヴァール, F　11, 36, 109, 119, 210-211, 221-222, 348
トマセロ, M　73, 119
トリヴァース, R　112
夏目漱石　430
西田利貞　23, 36

索引　453

ノーマン, D　415
ハイエク, F　126
パットナム, R　299, 310
ハッベル, SP　372
ハロウェル, I　320
ヒューレット, BS　394
フィガン［チンパンジー］　34
フッサール, E　69
フリーマン, D　318
ブリクセン, K（アイザック・ディネーセン）
　　346
フンボルト, F　434

ヘーゲル, GWF　218-219
ミード, GH　24
ミズン, S　116
モース, M　407
ランボー, A　422
リード, ES　110
ルーマン, N　104, 247, 291
ルソー, J-J　22, 431
レヴィナス, E　23, 25, 69, 230-231, 243, 276,
　　290-292
ロサルド, R　68, 82

著者紹介

足立　薫（あだち　かおる）

京都産業大学非常勤講師

1968 年生まれ．京都大学大学院理学研究科博士課程修了，博士（理学）．

主な著書に，『制度 —— 人類社会の進化』（共著，京都大学学術出版会，2009 年），『集団 —— 人類社会の進化』（共著，京都大学学術出版会，2009 年），『人間性の起源と進化』（共著，昭和堂，2003 年）．

伊藤詞子（いとう　のりこ）

京都大学野生動物研究センター研究員

1971 年生まれ．京都大学大学院理学研究科博士課程終了，博士（理学）．

主な著書に，『人間性の起源と進化』（共著，昭和堂，2003 年），『インタラクションの接続と境界』（共著，昭和堂，2010 年），*Mahale Chimpanzees: 50 Years of Research*（共編著，Cambridge University Press，2015 年）など．

内堀基光（うちぼり　もとみつ）

放送大学教授

1948 年生まれ．オーストラリア国立大学太平洋地域研究所博士課程修了，Ph.D.

主な著書に，『人類文化の現在 —— 人類学研究』（共編著，放送大学教育振興会，2016 年），『「ひと学」への招待』（放送大学教育振興会，2012 年），『人類学研究 —— 環境問題の文化人類学』（共編著，放送大学教育振興会，2010 年）など．

大村敬一（おおむら　けいいち）

大阪大学大学院言語文化研究科准教授

1966 年生まれ．早稲田大学大学院文学研究科博士課程修了，博士（文学）．

主な著書に，『カナダ・イヌイトの民族誌 —— 日常的実践のダイナミクス』（大阪大学出版会，2013 年），『宇宙人類学の挑戦 —— 人類の未来を問う』（共編著，昭和堂，2014 年），『グーバリゼーションの人類学 —— 争いと和解の諸相』（共編著，放送大学教育振興会，2011 年），『極北と森林の記憶 —— イヌイットと北西海岸インディアンのアート』（昭和堂，2009 年），『文化人類学研究 —— 先住民の世界』（共編著，放送大学教育振興会，2005 年），*Self and Other Images of Hunter-Gatherers*（共編著，National Museum of Ethnology，2002 年）など．

河合香吏（かわい　かおり）

東京外国語大学アジア・アフリカ言語文化研究所教授

1961年生まれ．京都大学大学院理学研究科博士課程修了，理学博士．
主な著書に，『野の医療 —— 牧畜民チャムスの身体世界』(東京大学出版会，1998年)，『集団 —— 人類社会の進化』(編著，京都大学学術出版会，2009年)，『ものの人類学』(共編著，京都大学学術出版会，2011年)，『制度 —— 人類社会の進化』(編著，京都大学学術出版会，2013年) など．

北村光二（きたむら　こうじ）

岡山大学名誉教授
1949年生まれ．京都大学大学院理学研究科博士課程修了，理学博士．
主な著書に，『人間性の起源と進化』(共編著，昭和堂，2003年)，『制度 —— 人類社会の進化』(共著，京都大学学術出版会，2013年)，『動物と出会うII —— 心と社会の生成』(ナカニシヤ出版，2015年) など．

黒田末寿（くろだ　すえひさ）

滋賀県立大学名誉教授
1947年生まれ．京都大学大学院理学研究科博士課程満期退学，理学博士．
主な著作に，『人類進化再考 —— 社会生成の考古学』(以文社，1999年)，『自然学の未来 —— 自然との共感』(弘文堂，2002年)，『アフリカを歩く —— フィールドノートの余白に』(共編著，以文社，2002年)，「滋賀県高時川上流域の焼畑技法 —— 実践による復元」(『人間文化』(滋賀県立大学人間文化学部紀要) 32：2-11，2012年) など．

曽我　亨（そが　とおる）

弘前大学人文学部教授
1964年生まれ．京都大学大学院理学研究科博士課程修了，理学博士．
主な著書に，『シベリアとアフリカの遊牧民 —— 極北と砂漠で家畜とともに暮らす』(共著，東北大学出版会，2011年)，『生業と生産の社会的布置』(分担執筆，昭和堂，2011年) など．

杉山祐子（すぎやま　ゆうこ）

弘前大学人文学部教授
1958年生まれ，筑波大学大学院歴史・人類学研究科博士課程単位取得退学，京都大学博士（地域研究）．
主な著書に，『制度 —— 人類社会の進化』(共著，京都大学学術出版会，2013年)，『アフリカ地域研究と農村開発』(共著，京都大学学術出版会，2011年)，『津軽，近代化のダイナミズム』(共著，御茶ノ水書房，2009年) など．

竹ノ下祐二（たけのした　ゆうじ）

中部学院大学教育学部准教授
1970 年生まれ．京都大学大学院理学研究科博士後期課程修了，理学博士．
主な著書に，『フィールドに入る（百万人の Field worker シリーズ 1)』(共著，古今書院，2014 年)，『セックスの人類学（シリーズ　来るべき人類学 1)』(共編著，春風社，2009 年) など．

田中雅一（たなか　まさかず）

京都大学人文科学研究所教授
1955 年生まれ．ロンドン大学経済政治学院 (LSE) 博士課程修了，Ph.D.
主な著書に，『供犠世界の変貌』(法藏館，2002 年)，『フェティシズム研究 1　フェティシズム論の系譜と展望』(編著，京都大学学術出版会，2009 年)，『フェティシズム研究 2　越境するモノ』(編著，京都大学学術出版会，2014 年)，『コンタクト・ゾーンの人文学』(全 4 巻，共編著，晃洋書房，2011 − 12 年)，『軍隊の文化人類学』(編著，風響社，2015 年) など．

床呂郁哉（ところ　いくや）

東京外国語大学アジア・アフリカ言語文化研究所教授
1965 年生まれ．東京大学大学院総合文化研究科中退，学術博士．
主な著書に，『ものの人類学』(共編，京都大学学術出版会，2011 年)，『人はなぜフィールドに行くのか —— フィールドワークへの誘い』(編著，東京外国語大学出版会，2015 年)，『グローバリゼーションズ —— 人類学，歴史学，地域研究の視点から』(共編著，弘文堂，2012 年)，『越境 —— スールー海域世界から』(岩波書店，1999 年) など．

中村美知夫（なかむら　みちお）

京都大学野生動物研究センター准教授
1971 年生まれ．京都大学大学院理学研究科博士課程単位取得退学，理学博士．
主な著書に，『チンパンジー —— ことばのない彼らが語ること』(中公新書，2009 年)，『インタラクションの境界と接続 —— サル・人・会話研究から』(共編著，昭和堂，2010 年)，『「サル学」の系譜 —— 人とチンパンジーの 50 年』(中公叢書，2015 年) など．

西井凉子（にしい　りょうこ）

東京外国語大学アジア・アフリカ言語文化研究所教授
1959 年生まれ．京都大学大学院文学研究科博士課程単位取得退学，総合研究大学院大学文化科学研究科博士課程中退，博士（文学）．
主な著書に，『死をめぐる実践宗教 —— 南タイのムスリム・仏教徒関係へのパースペクティヴ』(世界思想社，2001 年)，『情動のエスノグラフィ —— 南タイの村で感じる＊つながる＊生きる』(京都大学学術出版会，2013 年)，『時間の人類学 —— 情動・自然・社会空間』(編著，

世界思想社, 2011 年) など.

西江仁徳 (にしえ　ひとなる)

日本学術振興会特別研究員 PD・京都大学野生動物研究センター
1976 年生まれ. 京都大学大学院理学研究科博士課程認定退学, 博士 (理学).
主な著書・論文に,「チンパンジーの「文化」と社会性 —— 「知識の伝達メタファー」再考」(『霊長類研究』24 (2), 2008 年),『インタラクションの境界と接続 —— サル・人・会話研究から』(共著, 昭和堂, 2010 年),『制度 —— 人類社会の進化』(共著, 京都大学学術出版会, 2013 年) など.

花村俊吉 (はなむら　しゅんきち)

京都大学野生動物研究センター研究員
1980 年生まれ. 京都大学大学院理学研究科博士課程単位取得退学, 修士 (理学).
主な著書に,『インタラクションの境界と接続 —— サル・人・会話研究から』(共著, 昭和堂, 2010 年),『制度 —— 人類社会の進化』(共著, 京都大学学術出版会, 2013 年),『動物と出会うⅠ —— 出会いの相互行為』(共著, ナカニシヤ出版, 2015 年), *Mahale Chimpanzees: 50 Years of Research* (共著, Cambridge University Press, 2015 年) など.

早木仁成 (はやき　ひとしげ)

神戸学院大学人文学部教授
1953 年生まれ. 京都大学大学院理学研究科博士課程修了, 理学博士.
主な著書に,『チンパンジーのなかのヒト』(裳華房, 1990 年),『マハレのチンパンジー —— 《パンスロポロジー》の 37 年』(共著, 京都大学学術出版会, 2002 年),『制度 —— 人類社会の進化』(共著, 京都大学学術出版会, 2013 年) など.

船曳建夫

東京大学名誉教授
1948 年生まれ. ケンブリッジ大学大学院社会人類学博士課程卒業, Ph.D. (学術博士).
主な著書に,『国民文化が生れる時』(共編著, リブロポート, 1994 年),『「日本人論」再考』(講談社学術文庫, 2010 年),『Living Field』(東京大学総合研究博物館, 2012 年) など.

山越　言 (やまこし　げん)

京都大学大学院アジア・アフリカ地域研究研究科准教授
1969 年生まれ. 京都大学大学院理学研究科博士課程修了, 博士 (理学).
主な著書に,『講座生態人類学 8 ホミニゼーション』(共著, 京都大学学術出版会, 2001 年) など.

他者	
──人類社会の進化	© Kaori Kawai 2016

2016年3月25日　初版第一刷発行

編　著　　河　合　香　吏
発行人　　末　原　達　郎
発行所　　**京都大学学術出版会**
　　　　　京都市左京区吉田近衛町69番地
　　　　　京都大学吉田南構内（〒606-8315）
　　　　　電　話（075）761-6182
　　　　　ＦＡＸ（075）761-6190
　　　　　URL http://www.kyoto-up.or.jp
　　　　　振　替　01000-8-64677

ISBN 978-4-8140-0002-9　　　印刷・製本　㈱クイックス
Printed in Japan　　　　　　　定価はカバーに表示してあります

本書のコピー，スキャン，デジタル化等の無断複製は著作権法上での例外を除き禁じられています。本書を代行業者等の第三者に依頼してスキャンやデジタル化することは，たとえ個人や家庭内での利用でも著作権法違反です。